Dieter Smidt

Reaktor-Sicherheitstechnik

Sicherheitssysteme und Störfallanalyse für
Leichtwasserreaktoren und schnelle Brüter

Mit 148 Abbildungen

Springer-Verlag Berlin · Heidelberg · New York 1979

Professor Dr. Dieter Smidt
Institut für Reaktortechnik der Universität Karlsruhe und
Institut für Reaktorentwicklung des Kernforschungszentrums Karlsruhe

CIP-Kurztitelaufnahme der Deutschen Bibliothek:
Smidt, Dieter:
Reaktor-Sicherheitstechnik: Sicherheitssysteme u. Störfallanalyse für Leichtwasserreaktoren u.
schnelle Brüter / Dieter Smidt. − Berlin, Heidelberg, New York: Springer, 1979.

ISBN 978-3-642-50226-2   ISBN 978-3-642-50225-5 (eBook)
DOI: 10.1007/978-3-642-50225-5

Das Werk ist urheberrechtlich geschützt. Die dadurch begründeten Rechte, insbesondere die der Übersetzung, des Nachdruckes, der Entnahme von Abbildungen, der Funksendung, der Wiedergabe auf photomechanischem oder ähnlichem Wege und der Speicherung in Datenverarbeitungsanlagen, bleiben, auch bei nur auszugsweiser Verwertung vorbehalten.

Bei Vervielfältigungen für gewerbliche Zwecke ist gemäß § 54 UrhG eine Vergütung an den Verlag zu zahlen, deren Höhe mit dem Verlag zu vereinbaren ist.

© by Springer-Verlag, Berlin, Heidelberg 1979
Softcover reprint of the hardcover 1st edition 1979

Die Wiedergabe von Gebrauchsnamen, Handelsnamen, Warenbezeichnungen usw. in diesem Buche berechtigt auch ohne besondere Kennzeichnung nicht zu der Annahme, daß solche Namen im Sinne der Warenzeichen- und Markenschutz-Gesetzgebung als frei zu betrachten wären und daher von jedermann benutzt werden dürften.

Gesamtherstellung: Mercedes-Druck, Berlin
2061/3020-543210

Vorwort

Die Arbeitsberichte und Veröffentlichungen über Reaktorsicherheit füllen heute ganze Bibliotheken. Es ist für den Anfänger, aber auch für den Fachmann auf einem begrenzten Spezialgebiet unmöglich, sich in einer vernünftigen Zeit einen Gesamtüberblick zu verschaffen. Genau das aber erfordert der Umgang mit einem großen System, wie es ein Kernkraftwerk darstellt, bei dem alle Teile starke Rückwirkungen aufeinander ausüben. Versucht man, spezielle Sicherheitsforderungen zu stellen und zu erfüllen, ohne immer das Ganze im Auge zu haben, kann man böse Überraschungen erleben und manchmal mehr Schaden als Nutzen stiften.

Das vorliegende Buch ist der Versuch, hier eine Verbindung zu schaffen und die wichtigsten Probleme der Gesamtsicherheit darzustellen. Im Interesse der Kürze und der Lesbarkeit wurde vieles an nicht unbedingt erforderlichen Details fortgelassen; ich hoffe, daß die wichtigen Dinge und Grundgedanken, die mir aus meiner Tätigkeit in der Reaktorsicherheitskommission bedeutsam erscheinen, um so klarer hervortreten. Der Spezialist sollte nicht erwarten, für sein ureigenes Gebiet viel Neues zu finden; aber über Grundsatzfragen, Systeme anderer Hersteller, die Gesamtbewertung und insbesondere die Einbettung seiner Arbeit in die benachbarten Gebiete wird er hoffentlich etwas lernen. Die Literaturangaben (auch hier war durch die Fülle des Stoffs eine Begrenzung notwendig) sind so ausgewählt, daß ein tieferes Eindringen ohne Schwierigkeiten möglich sein sollte, wenn man das hier Dargestellte verstanden hat.

Das Buch beschränkt sich inhaltlich auf die Anlagentechnik und schließt die Behandlung von Freisetzungsmechanismen, Ausbreitung in der Umgebung, Dosisberechnung und Dosis-Wirkungsbeziehungen aus. Hierüber wird in den Sicherheitsstudien (z. B. Rasmussen-Studie) umfassend berichtet. Auch die betrieblichen Abgaben sind hier ausgeklammert. Die Darstellung läßt sich grob in zwei Teile gliedern: Aufbau und daraus folgende Zuverlässigkeit der Sicherheitssysteme auf der einen, die Störfallanalyse auf der anderen Seite.

Im systemtechnischen Teil wird im Gegensatz zu den Sicherheitsstudien angestrebt, die Einrichtungen auf einer breiteren Basis miteinander zu vergleichen, so bei den Leichtwasserreaktoren die Erzeugnisse amerikanischer und deutscher Hersteller und auch den natriumgekühlten schnellen Reaktor in die Betrachtung einzubeziehen. Ich hätte auch gerne die Schwerwasserreaktoren und Hochtemperaturreaktoren behandelt, doch zeigte sich, daß die mit ihren Fragen beschäftigten Gruppen ungleich kleiner sind und daß ihre Sicherheitsliteratur bisher auf einzelne Aspekte begrenzt ist. So mußte ihre Hinzunahme zurückgestellt werden.

Die Störfallanalysen konzentrieren sich nicht wie in den Sicherheitsstudien fast ausschließlich auf den Kernschmelzunfall, sondern umfassen all die anderen, ja viel wahrscheinlicheren Ereignisse und versuchen, den Stand von Wissenschaft und Technik zu durchleuchten, den die Sicherheitsstudien einfach als gegeben hinnehmen. Störfallanalysen vertiefen natürlich das Verständnis für die Funktion der Systeme. Die Betrachtung darf sich aber nicht auf die Theorie beschränken; so werden im letzten Kapitel in aller Offenheit die wichtigsten Vorkommnisse und Störfälle, die sich in den letzten Jahren ereignet haben, diskutiert.

Es wurde zwar eine elementare Darstellungsweise angestrebt, doch tut der Leser gut daran, sich durch eines der auf dem Markt befindlichen Bücher über Reaktortechnik die Grundbegriffe anzueignen.

Mein Dank gilt den vielen Fachleuten, die mich tatkräftig unterstützt haben. In erster Linie möchte ich meine Kollegen aus der Reaktorsicherheitskommission K. Kußmaul und R. Trumpfheller nennen, die mir wertvolle Informationen über Reaktordruckbehälter zukommen ließen, sowie Th. Jaeger, der mich mit einer umfassenden Literaturzusammenstellung über Erdbebenfragen versorgte. Mitarbeiter der Gesellschaft für Reaktorsicherheit beschafften mir zahlreiche Berichte oder gaben mir Einblick in ihre Untersuchungen: Ich nenne die Herren Ullrich, Farber und Hoffmeister sowie die Geschäftsstelle der Reaktorsicherheitskommission unter Herrn Jahns. Die Herren R. Fröhlich, D. Struwe und P. Royl aus dem Kernforschungszentrum Karlsruhe versorgten mich mit einer exzellenten Übersicht über die Kernzerlegungsstörfälle bei schnellen Reaktoren. Die Firmen KWU und Interatom stellten mir zahlreiche Detailinformationen zur Verfügung. Das Radiation Laboratory der Oregon State University gab mir die Möglichkeit, mich für einige Monate aus dem täglichen Betrieb zurückzuziehen und besonders die amerikanischen Anlagen genauer zu studieren.

Frau H. Jansky brachte mit viel Geduld das Manuskript in eine lesbare Form, Herr E. Erb und Fräulein U. Stutz fertigten in sorgfältiger Kleinarbeit die vielen Abbildungen an. Ganz besonders aber bin ich Herrn G. Class verpflichtet, der das Manuskript kritisch durchgearbeitet und mir wertvolle Ratschläge gegeben hat.

Karlsruhe, im März 1979   Dieter Smidt

Nachtrag zum Vorwort

Als sich dies Buch bereits im Druck befand, kam es am 28.3.1979 zu dem Ereignis von Harrisburg. Wegen seiner allgemeinen Bedeutung muß es unbedingt in der Reaktor-Sicherheitstechnik berücksichtigt werden, und ich habe deshalb nachträglich eine Ergänzung an das Kapitel 11 angeschlossen, die Harrisburg in den Kontext dieses Buches stellt und eine vorläufige Auswertung enthält.

D. Smidt

Inhaltsverzeichnis

1	*Einleitung*	1
1.1	Allgemeine Definition einer sicherheitstechnisch bedeutsamen Störung	1
1.2	Sicherheitssysteme	2
1.3	Allgemeine Einteilung der Störungen	2
1.4	Mehrstufenprinzip	3
1.5	Bisherige Erfahrung	4
	Literatur	5
2	*Das Kernkraftwerk als System*	6
2.1	Qualitative Grundlagen zur Gewährleistung der Zuverlässigkeit von Systemen	6
2.1.1	Unterscheidung von Fehlertypen	6
2.1.2	Strategie zur Verhinderung und Beherrschung von Fehlern	7
2.2	Quantitative Behandlung von Zuverlässigkeitsproblemen	13
2.2.1	Verknüpfung von Systemverhalten und Komponentenverhalten durch Fehlerbäume	14
2.2.2	Wahrscheinlichkeiten in Systemen	20
2.2.3	Wahrscheinlichkeiten bei Komponenten	23
2.2.4	Unsicherheitsbereich von Wahrscheinlichkeiten	25
2.2.5	Bemerkungen über Störfallablaufdiagramme (event trees)	25
	Literatur	26
3	*Wichtige Untersysteme des Druckwasserreaktors*	27
3.1	Reaktorkern und Einbauten des Reaktordruckbehälters	31
3.2	Druckführende Umschließung (Primärkreis)	34
3.2.1	Aufbau des Reaktordruckbehälters	36
3.2.2	Versagenskriterien von Druckbehältern	39
3.2.3	Beeinflussung der Bruchzähigkeit und der Rißgröße durch Fertigung und Betrieb	45
3.2.4	Auslegung gegen sprödes Versagen	49
3.2.5	Qualitätssicherung und wiederkehrende Prüfungen	51
3.2.6	Wahrscheinlichkeitsbetrachtungen	55
3.3	Haupt-Wärmeabfuhrsystem	61
3.4	Regelsystem	64
3.5	Notspeisewassersystem	65
3.5.1	W-Notspeisewassersystem	65
3.5.2	KWU-Notspeisewassersystem	66

3.5.3	Ergebnisse der Sicherheitsstudie	67
3.6	Notkühl- und Nachwärmeabfuhrsystem	67
3.6.1	W-Niederdruckteil	68
3.6.2	W-Hochdruckteil	71
3.6.3	KWU-Niederdrucksystem	72
3.6.4	KWU-Hochdrucksystem	74
3.6.5	Nachgeschaltete Kühlkreise	74
3.6.6	Unterschiede zwischen den KWU- und den W-Systemen	75
3.6.7	Ergebnisse der Sicherheitsstudie	78
3.7	Das Volumenregel- und Boreinspeisesystem	79
3.8	Die Stromversorgung und das Notstromsystem	80
3.8.1	KWU-Stromversorgung	80
3.8.2	W-Stromversorgung	82
3.8.3	Vergleichende Gesichtspunkte	82
3.8.4	Ergebnisse der Sicherheitsstudie	84
3.9	Das Reaktorschutzsystem	84
3.9.1.	Allgemeiner Aufbau	85
3.9.2	Diagnose von Störungen	87
3.9.3	Ergebnisse der Sicherheitsstudie	90
3.10	Notstandssystem	90
3.11	Reaktor-Sicherheitsbehälter	91
3.11.1	Sicherheitseinrichtungen im W-Sicherheitsbehälter	91
3.11.2	Unterschiede beim KWU-Sicherheitsbehälter	92
	Literatur	95
4	*Besondere Systemeigenschaften des Siedewasserreaktors*	99
4.1	Reaktorkern und Druckbehältereinbauten	100
4.1.1	Allgemeine Anordnung	100
4.1.2	Reaktorkern	104
4.2	Druckführende Umschließung	106
4.3	Das Haupt-Wärmeabfuhrsystem	107
4.4	Das Regelsystem	108
4.5	Das Druckentlastungssystem	109
4.6	Das Not- und Nachkühlsystem	110
4.6.1	KWU-Anlagen	110
4.6.2	GE-Anlagen	111
4.6.3	Unterschiede zwischen KWU- und GE-Anlagen	113
4.7	Das Reaktorschutzsystem	114
4.8	Die Stromversorgung und das Notstromsystem	114
4.9	Der Reaktor-Sicherheitsbehälter	114
4.10	Das Notstandssystem	119
	Literatur	119
5	*Sicherheitstechnische Besonderheiten des natriumgekühlten schnellen Reaktors*	120
5.1	Die primäre Kuhlmittelumschließung	123
5.1.1	Auslegung des Loop-Systems gegen Versagen	123

Inhaltsverzeichnis   IX

5.1.2	Auslegung des Pool-Systems gegen Versagen	125
5.1.3	Vergleich der Sicherheitseigenschaften von Loop und Pool	126
5.1.4	Materialverhalten	127
5.2	Der Reaktorkern	128
5.3	Reaktorschutzsystem	132
5.4	Das Not- und Nachkühlsystem	134
5.5	Der Sicherheitsbehälter	135
	Literatur	137

6	*Transienten bei funktionierenden Sicherheitssystemen*	139
6.1	Druckwasserreaktor	139
6.1.1	Überblick über Störungsauslöser (Vollständigkeit)	139
6.1.2	Ablauf der Transientenereignisse	142
6.1.3	Schlußbemerkung	154
6.2	Siedewasserreaktor	154
6.2.1	Überblick über Störungsauslöser (Vollständigkeit)	154
6.2.2	Ablauf der Transientenereignisse	156
6.2.3	Schlußbemerkung	163
6.3	Natriumgekühlter schneller Reaktor	163
6.3.1	Überblick über Störungsauslöser (Vollständigkeit)	163
6.3.2	Signale und Aktionen	165
6.3.3	Zusammenfassende Betrachtung	167
	Literatur	168

7	*Transienten ohne Schnellabschaltung (Reaktoren mit einfachen Schnellabschaltsystemen)*	169
7.1	Entwicklung der ATWS-Diskussion und bisherige Untersuchungen	170
7.2	Rechenprogramme	171
7.2.1	Druckwasserreaktor	171
7.2.2	Siedewasserreaktor	172
7.2.3	Verifikation der Rechenprogramme	172
7.3	Kriterien für die Folgenbewertung	173
7.4	Ergebnisse für den Druckwasserreaktor	173
7.4.1	Ereignisablauf	173
7.4.2	Zusammenfassung	179
7.5	Ergebnisse für den Siedewasserreaktor	180
7.5.1	Ereignisablauf	180
7.5.2	Zusammenfassung	184
	Literatur	184

8	*Verlust des Reaktorkühlmittels*	188
8.1	Klassifikation von Störfallmöglichkeiten beim Leichtwasserreaktor	188
8.2	Überblick über die Phänomene beim Kühlmittelverluststörfall des Leichtwasserreaktors	191
8.3	Standardrechenmethoden am Beispiel des Druckwasserreaktors	197
8.4	Experimentelle Verifikation der ablaufenden Prozesse	206
8.5	Analyse des Kühlmittelverluststörfalls im Genehmigungsverfahren	214

8.6	Fortgeschrittene Analysemethoden	217
8.7	Containmentbelastung beim Kühlmittelverluststörfall	220
8.7.1	Druckwasserreaktor	220
8.7.2	Siedewasserreaktor	221
	Literatur	223

9	*Einwirkungen von außen*	228
9.1	Stürme und Tromben (Tornados), Flugzeugabsturz	229
9.2	Chemische Explosionen	231
9.3	Erdbeben	232
	Literatur	240

10	*Zerstörung des Reaktorkerns*	242
10.1	Kernschmelzunfall beim Leichtwasserreaktor	242
10.1.1	Störfallablaufdiagramm für die Einleitung des Kernschmelzens	242
10.1.2	Ablauf des Kernschmelzens	246
10.1.3	Gesamtergebnisse für den Leichtwasserreaktor	253
10.2	Kernzerlegung beim natriumgekühlten schnellen Reaktor	253
10.2.1	Ablaufdiagramm für den Kernzerlegungsstörfall	253
10.2.2	Der Ablauf des Durchsatzstörfalls ohne Schnellabschaltung	254˙
10.2.3	Diskussion und Bewertung der Schlüsselphänomene der Einleitungsphase	258
10.2.4	Analyse und Ergebnisse des Durchsatzstörfalls ohne Schnellabschaltung am Beispiel des SNR-300	261
10.2.5	Die Bedeutung der Dampfexplosion für den Ablauf des Kernzerlegungsstörfalls	266
10.2.6	Schlußfolgerungen für den natriumgekühlten schnellen Brutreaktor, Ausblick auf künftige Anlagen	267
	Literatur	267

11	*Sicherheitstechnisch bedeutsame Vorkommnisse an Kernkraftwerken*	271
	Ergänzung: Beschreibung und vorläufige Auswertung des Vorfalls von Harrisburg	284

Sachverzeichnis ... 288

1 Einleitung

Das Ziel der Reaktor-Sicherheitstechnik ist der Schutz der Umgebung eines Kernkraftwerkes vor störungsbedingter Freisetzung von Radioaktivität. Dazu sollen Störungen durch Konzeption und Ausführung der Anlage weitgehend ausgeschlossen und die Folgen dennoch unterstellter Störungen zuverlässig begrenzt werden.

Auch im normalen, störungsfreien Betrieb gibt ein Kernkraftwerk geringe Mengen radioaktiver Stoffe an Luft und Wasser ab. Diese sogenannten *betrieblichen Abgaben* werden z. B. in der Bundesrepublik durch § 45 der Strahlenschutzverordnung [1] geregelt. Die möglichen Immissionswerte werden unter Berücksichtigung des realen Standortes in einer radioökologischen Untersuchung bestimmt und müssen unter festgelegten Grenzwerten liegen, die die Unbedenklichkeit gewährleisten. Das Problem der betrieblichen Abgaben ist nicht Gegenstand dieses Buches. Ebensowenig sollen hier Fragen des Brennstoffzyklus behandelt werden.

1.1 Allgemeine Definition einer sicherheitstechnisch bedeutsamen Störung

Das wesentliche radioaktive Inventar eines Kernkraftwerkes besteht aus den in den Brennelementen entstandenen Spaltprodukten. Sie können nicht in die Umwelt gelangen, solange das Brennelement intakt bleibt und insbesondere seine – meist metallische – Hülle geschlossen ist. Eine Zerstörung von Brennelementen ist praktisch nur möglich durch Übertemperaturen, durch die die Hülle aufreißt bzw. schmilzt und durch die schließlich auch der Brennstoff zum Schmelzen gebracht wird (thermische Zerstörung). Hierbei können zunächst die gasförmigen, mit steigender Temperatur auch die weniger leicht flüchtigen Spaltprodukte freigesetzt werden. Demgegenüber spielen Handhabungszwischenfälle beim Be- bzw. Entladen und Transport einzelner Brennelemente, die zu einer *mechanischen* Beschädigung mit Freisetzung flüchtiger Spaltprodukte führen können, wegen der meist kleinen involvierten Stoffmengen eine weniger wichtige Rolle und lassen sich vom Konzept her leichter beherrschen.

Die übergreifende Strategie der Reaktor-Sicherheitstechnik besteht demnach darin, Übertemperaturen am Brennelement, das heißt aber *ein Ungleichgewicht zwischen erzeugter und abgeführter Wärme zu verhindern*.

Solch ein Ungleichgewicht kann während des Leistungsbetriebes oder auch bei abgeschaltetem Reaktor auftreten.

Beim *Leistungsbetrieb* unterscheiden wir
– Transienten (zeitlich veränderliche Ereignisse), bei denen entweder die Wärmeerzeugung *über* dem Sollwert oder die Wärmeabfuhr *unter* dem Sollwert liegt, und den
– Kühlmittelverlust, bei dem das zur Kühlung des Reaktorkerns eingesetzte Medium durch ein Leck entweicht.

1.2 Sicherheitssysteme

Die Sicherheitstechnik sieht im Kernkraftwerk Systeme — *Sicherheitssysteme* — vor, die das Gleichgewicht wieder herstellen, wenn es durch Versagen von *Betriebssystemen* verlorengegangen ist.

Tritt die Störung im *Leistungsbetrieb* auf, so müssen die Sicherheitssysteme im allgemeinen den Reaktor zunächst abschalten und dann für die Abfuhr der *Nachwärme* sorgen.

Beim *abgeschalteten Reaktor* ist nur die Nachwärme abzuführen.

Hierzu haben die meisten Reaktortypen verschiedene Systeme, die je nach der Art der vorangegangenen Störung und dem Zustand des Reaktors (z. B. drucklos oder nicht) eingesetzt werden.

Neben den Sicherheitssystemen, die zur Beherrschung von Störungen erforderlich sind, haben natürlich auch die dem normalen Betrieb dienenden *Betriebssysteme* eine hohe sicherheitstechnische Bedeutung. Ihre zuverlässige Funktion bewirkt ja, daß Störungen von vornherein vermieden werden. Sie sind deshalb entsprechend in die sicherheitstechnische Betrachtung einzubeziehen.

1.3 Allgemeine Einteilung der Störungen

Man kann prinzipiell 3 Klassen von Störungen unterscheiden:
- *Betriebliche Störungen,* die nach Auffangen durch das System einen normalen Weiterbetrieb der Anlage ermöglichen. Bei ihnen werden die zugelassenen betrieblichen Abgabewerte nicht überschritten. Im amerikanischen Sprachgebrauch werden sie als *upset conditions* bezeichnet. Sie treten im Grundsatz vorhersehbar mit einer solchen Frequenz auf, daß das System die Fähigkeit besitzen sollte, dieser Abweichung vom Normalbetrieb ohne Beeinträchtigung des Betriebes standzuhalten.
- *Störfälle,* für deren Beherrschung die Sicherheitssysteme ausgelegt sind, die aber ggf. Reparaturen und Prüfungen erfordern und so den kurzfristigen Weiterbetrieb verhindern. Die Strahlenschutzverordnung läßt für sie bestimmte einmalige radioaktive Belastungswerte zu. Im amerikanischen Sprachgebrauch werden bei den Störfällen zwei Untergruppen unterschieden:
Emergency-conditions sind seltene Ereignisse, die ein Abschalten für die Korrektur oder Reparatur benötigen.
Fault-conditions sind verbunden mit Ereignissen, bei denen Erwägungen im Zusammenhang mit gesundheitlichen Auswirkungen in der Umgebung angestellt werden müssen, die aber ihrer Natur nach eine extrem niedere Auftretenswahrscheinlichkeit haben. § 28.3 der Strahlenschutzverordnung [1] definiert für diesen Fall nachzuweisende obere Grenzwerte der Strahlendosis.
- *Unfälle,* deren Folgen nicht mehr durch spezielle Sicherheitssysteme innerhalb der zulässigen Grenzen beherrscht werden.

Die Sicherheitstechnik hat dafür zu sorgen, daß Unfälle nicht auftreten können und Störfälle sehr unwahrscheinlich gemacht werden.

Die Unterscheidung zwischen Störfällen, für deren Beherrschung Sicherheitssysteme vorgesehen sind und Unfällen, für die dies nicht mehr der Fall ist, wird nur im Deutschen gemacht. Im Englischen wird das Wort „accident" allgemeiner verwendet.

1.4 Mehrstufenprinzip

Die grundsätzliche Vorgehensweise zur Erfüllung dieser Forderung wird durch das *Mehrstufenprinzip* beschrieben. Die amerikanische Bezeichnung „defense in depth" veranschaulicht vielleicht noch deutlicher, daß es sich dabei um eine mehrfache, sich gegenseitig überdeckende Gewährleistung der Sicherheit handelt:

1. Sicherheitsebene: *Basissicherheit und Qualitätssicherung*
   Alle Systeme der Anlage werden so ausgelegt, hergestellt und ständig überwacht, daß Störungen sehr unwahrscheinlich werden.
2. Sicherheitsebene: *Störfallverhinderung*
   Dennoch auftretende Störungen werden zuverlässig detektiert; erforderlichenfalls bewirken Gegenmaßnahmen der Sicherheitssysteme, daß ein Störfall vermieden wird.
3. Sicherheitsebene: *Folgenbegrenzung*
   Dennoch wird das Auftreten unwahrscheinlicher Ereignisse, der Störfälle unterstellt. Durch zuverlässig wirkende Einrichtungen muß der Störfall beherrscht und müssen seine Folgen ggf. auf ein für die Umgebung unbedenkliches Maß begrenzt werden.

Die 3 Sicherheitsebenen oder Sicherheitsbarrieren des Mehrstufenprinzips können pauschal den Definitionen nach 1.1 zugeordnet werden (s. Tabelle 1.1).

Tabelle 1.1. Wichtige Systeme für die Gewährleistung der Sicherheit gegen Reaktorunfälle

	Transienten	Kühlmittelverlust
1. Ebene Basissicherheit	Steuersysteme Kühlsysteme	Kühlmittelumschließung
2. Ebene Störfallverhinderung	Abschalteinrichtungen Nachwärmeabfuhr Sicherheitsventile	bei kleinen Lecks Notkühlsysteme
3. Ebene Folgenbegrenzungen	Sicherheitsventile Sicherheitsbehälter	Notkühlsysteme (mehrfach) Sicherheitsbehälter

Die Gewährleistung der *Basissicherheit* soll schon die Wahrscheinlichkeit betrieblicher Störungen herabsetzen. Die Maßnahmen zur *Störfallverhinderung* sollen bewirken, daß sich betriebliche Störungen nicht zu Störfällen entwickeln und die *Folgenbegrenzung* soll verhüten, daß Störfälle sich zu Unfällen auswachsen. Je nach der Art der betrachteten Störung haben die einzelnen Ebenen allerdings unterschiedliches Gewicht.

(a) Basissicherheit

Im Hinblick auf die *Transientenstörungen* wird die Primärsicherheit durch die zuverlässige Ausführung der Steuersysteme zur Einstellung der Leistungserzeugung sowie der Kühlsysteme zur Leistungsabfuhr bestimmt. Im Hinblick auf den *Kühlmittelverlust* dagegen wird die Primärsicherheit durch die Integritätsgewährleistung der Umschließung des Kühlmittels (Reaktorbehälter, Rohrleitungen, Armaturen) gegeben.

(b) Störfallverhinderung

Zur Störfallverhinderung dienen im Falle der *Transienten* vor allem das Abschaltsystem, das beim Auftreten von Störungen die Leistung auf das Nachwärmeniveau zurückführt. Dazu gehören weiter Nachwärmeabfuhr- oder Nachkühlsysteme, die oft auch im störungsfreien Normalbetrieb eine Funktion haben und darum nicht nur der 2., sondern auch der 1. Sicherheitsebene zuzuordnen sind. Bei Drucktransienten dienen auch die Sicherheitsventile zur Störfallverhinderung. Beim *Kühlmittelverlust* liegen die Dinge dann anders, wenn die 1. Ebene in größerem Umfang versagt, d. h. ein größeres Leck in der Kühlmittelumschließung auftritt. Wenn das Kühlmittel außerdem unter höherem Druck steht, ist damit bereits ein Störfall eingetreten und die Gegenmaßnahmen finden bereits auf der 3. Ebene der Folgenbegrenzung statt, die dann besonders zuverlässig ausgeführt wird. Bei kleinen Lecks dagegen bewirken die Notkühlsysteme, die den Kühlmittelverlust überspeisen, daß es zu keinem Störfall kommt.

(c) Folgenbegrenzung

Die Folgenbegrenzung bei *Transienten* wird erforderlich, wenn die Leistungsreduktion oder das Nachwärmeabfuhrsystem versagen. Die Folgen des *Kühlmittelverlustes* werden durch mehrfach vorhandene und entsprechend überdimensionierte Notkühlsysteme und den sicheren Einschluß der Anlage beherrscht.

Jede der 3 Ebenen gewährleistet bereits für sich allein ein hohes Maß an Sicherheit. Ihr Zusammenwirken soll Unfälle mit an Sicherheit grenzender Wahrscheinlichkeit ausschließen; wie dies geschieht, soll in diesem Buch eingehend verdeutlicht und begründet werden.

1.5 Bisherige Erfahrung

Die bisher auf der ganzen Welt vorliegende Erfahrung hat gezeigt, daß bei etwa 500 [1] Reaktor-Betriebsjahren kein einziger Mensch aus der unbeteiligten Bevölkerung in der Umgebung eines Kernkraftwerkes durch Störfälle oder gar Unfälle zu Schaden gekommen ist.

Ein Kernkraftwerk als großes stationäres System ermöglicht einen im Prinzip fast beliebig hohen Sicherheitsaufwand. Durch Automatisierung und durch geeignete Auslegung kann menschliches Fehlverhalten als Störungsursache weitgehend kompensiert werden. Darin besteht z. B. der Unterschied zu einer anderen Technologie mit weit entwickeltem Sicherheitsstandard, dem zivilen Flugverkehr. Die mobilen Systeme dort hängen aus prinzipiellen Gründen in viel stärkerem Maße vom richtigen menschlichen Handeln ab. Die Ursache dabei auftretender Unfälle liegt deshalb auch meist im menschlichen Fehlverhalten in unerwarteten Situationen, insbesondere bei Start und Landung.

Es hat auch in Kernkraftwerken einige Störfälle gegeben, bei denen letztlich menschliches Fehlverhalten die Ursache war. In allen Fällen aber haben weitere Sicherheitsebenen bestanden, so daß es nicht zu Auswirkungen in der Umgebung kam. Die Struktur der Sicherheitsebenen und der Ablauf der Störfälle werden in späteren Kapiteln

---

[1] Für Leichtwasserreaktoren. Die Betriebserfahrungen bei militärischen Reaktoren betragen etwa 2500 Betriebsjahre.

genau beschrieben werden. Die Erfahrung aus solchen Ereignissen führt zu einer Verbesserung der Systeme, so daß die Störanfälligkeit allgemein zurückgeht.

In den folgenden Kapiteln 2–5 werden zunächst die sicherheitstechnisch relevanten Systeme behandelt und in ihrer Zuverlässigkeit untersucht. Ein zweiter Teil behandelt dann die Störfallanalyse, in die auch hypothetische Unfallabläufe eingeschlossen werden.

Literatur zu Kapitel 1

1. Verordnung über den Schutz vor Schäden durch ionisierende Strahlen (Strahlenschutzverordnung – StrlSchV) vom 13. Oktober 1976. Bundesgesetzblatt Teil I, Z1997A, Nr. 125, 20. 10. 1976

2 Das Kernkraftwerk als System

In Tabelle 1.1 sind in Form eines ersten Überblicks bereits einige für die Gewährleistung der Sicherheit des Kernkraftwerkes wichtige Teilsysteme zusammengestellt worden. Die Schutzwirkung oder Undurchdringlichkeit der einzelnen Sicherheitsebenen hängt davon ab, wie *zuverlässig* diese Systeme funktionieren. Es kommt im allgemeinen dann zu einem Unfall, wenn alle drei Ebenen miteinander versagen.

Es sind zunächst methodische Grundlagen zu entwickeln, wie die Zuverlässigkeit der Einzelsysteme optimiert werden kann. In einem ersten Schritt geschieht dies qualitativ, in einem zweiten Schritt quantitativ.

2.1 Qualitative Grundlagen zur Gewährleistung der Zuverlässigkeit von Systemen

Systeme bestehen aus Untersystemen, diese sind aus einzelnen *Bauelementen* oder *Komponenten* zusammengesetzt. Unter Bauelementen verstehen wir hier Ventile, Pumpen, Leitungen, Schalter, Meßgeräte usw. Keine Technik ist so perfekt, daß sie Störungen an den Bauelementen ausschließen könnte. Mit ihrem Versagen aus unterschiedlicher Ursache muß von Zeit zu Zeit gerechnet werden. Daraus ergibt sich die Aufgabe für den Systemaufbau. Die Untersysteme, in jedem Falle aber das Gesamtsystem müssen so konzipiert und aufgebaut sein, daß das Versagen eines oder auch einiger Bauelemente zu keiner Beeinträchtigung der sicherheitsgerichteten Funktion führt.

2.1.1 Unterscheidung von Fehlertypen

Wir unterscheiden

(1) Unabhängige Fehler (UF)

Ihre Ursache liegt im Bauelement selber begründet. Sie kann durch Alterungseffekte, Fertigungsmängel oder anderes gegeben sein. Unabhängige Fehler könnten in diesem Sinne auch als *innere Fehler* bezeichnet werden. Da sie per definitionem nicht mit anderen Fehlern korreliert sind, treten sie prinzipiell als statistisch unabhängige Einzelereignisse auf. Kann ein unabhängiger Fehler ein Teilsystem außer Funktion setzen, wird er auch als Einzelfehler bezeichnet. (Entsprechende zwei unabhängige Ereignisse als Doppelfehler usw.) So fordern Regeln zur Funktion bestimmter Systeme, daß Teilsysteme oder Komponenten durch Einzelfehler ausfallen können, ohne daß die Funktion des Systems in Frage gestellt wird.

(2) Abhängige Fehler (AF)

Im Gegensatz zu den unabhängigen Fehlern sind sie miteinander korreliert. Sind A und B abhängige Fehler, so besteht eine ursächliche Verknüpfung derart, daß das Auftreten von A auch das Auftreten von B erwarten läßt. In der amerikanischen Literatur werden abhängige Fehler auch als *common-mode-failures* bezeichnet. Das Wort „common" weist darauf hin, daß die Abhängigkeit der Fehler durch irgendeine Gemeinsamkeit oder Gleichartigkeit bedingt ist: [7] erwähnt gemeinsamen Umgebungszustand, gemeinsamen Entwurf, gemeinsamen Herstellungsprozeß oder gemeinsame menschliche Wechselwirkung mit dem System (einschließlich Betrieb, Wartung und die damit verbundenen Testprozeduren). Die abhängigen Fehler lassen sich in 2 Gruppen einordnen:

(a) Systematische Fehler, bei denen mehrere gleichartige, an sich als unabhängig zu betrachtende Bauelemente infolge gleichartiger fehlerhafter Konstruktion oder fehlerhafter Kalibrierung gleichzeitig oder in einem sehr engen Zeitraum zusammen versagen. Im allgemeinen ist dies auf menschliches Fehlverhalten zurückzuführen. Als Beispiel sei die falsche Kalibrierung einer Anzahl gleichartiger Meßinstrumente erwähnt. Wenn eines falsch kalibriert wird, ist mit einer gewissen Wahrscheinlichkeit zu erwarten, daß der damit beauftragte Techniker beim zweiten den gleichen Irrtum begeht. Die beiden Fehler sind also korreliert.

(b) Direkt ursächlich verknüpfte Fehler derart, daß A ursächlich B bewirkt. In diesem Sinne spricht man auch von *Fehler-* oder *Schadenspropagation*. Als Beispiel sei hier ein Kühlmitteleck erwähnt, das durch die dabei auftretenden Strahlkräfte etwa das Notkühlsystem beschädigt oder zu Kurzschlüssen in der Stromversorgung von Sicherheitssystemen führt.

(3) Nichtverfügbarkeit durch Wartung und Reparatur (NWR)

Die Sicherheitssysteme müssen in gewissen Abständen geprüft und gewartet werden; gelegentlich sind auch Reparaturen erforderlich. In dieser Zeit stehen sie unter Umständen nicht in ihrer Funktion zur Verfügung.

(4) Einwirkungen von außen (EVA)

Man unterscheidet naturbedingte und zivilisatorisch bedingte Einwirkungen. Zu den ersteren gehören Erdbeben, Sturm, Blitzschlag und Hochwasser, zu den letzteren Feuer, Flugzeugabsturz auf das Kernkraftwerk und chemische Explosionen in der Nachbarschaft.

(5) Einwirkungen Dritter (ED) (d. h. Sabotage oder kriegerische Einwirkungen)

Diese gezielten menschlichen Eingriffe können in ihrer Auswirkung mit einer der Kategorien unabhängiger Fehler, abhängiger Fehler oder Einwirkung von außen verglichen werden, erfordern aber zu den ohnehin hierfür vorgesehenen Sicherheitseinrichtungen zusätzliche Maßnahmen.

2.1.2 Strategie zur Verhinderung und Beherrschung von Fehlern

Es muß nun eine Strategie entwickelt werden, die einen ausreichenden Schutz gegen diese Ereignisse gewährleistet.

Auf allen Sicherheitsebenen
- Basissicherheit und Qualitätsgewährleistung,
- Störfallverhinderung,
- Folgenbegrenzung,

müssen Methoden vorgestellt werden, die eine zuverlässige Verhinderung und Beherrschung von Fehlern ermöglichen. Je nach der Sicherheitsebene, je nach den unterschiedlichen Fehlertypen und je nachdem, ob es sich um die Beherrschung von Transienten oder des Kühlmittelverlustes handelt, wird das Gewicht auf unterschiedlichen Strategien liegen.

Eine allgemein hohe Zuverlässigkeit von Systemen und Komponenten muß von vornherein über die Basissicherheit angestrebt werden. Wesentliche Voraussetzungen hierfür sind

- gute Konstruktion,
- qualitativ hochwertige Fertigung und Fertigungsüberwachung,
- ausgedehnte Prüfungen vor der Inbetriebnahme,
- Spezifikation und Überwachung der Betriebsbedingungen,
- regelmäßig wiederkehrende Prüfungen während der Betriebszeit.

In diesem Bereich wirken sich vor allen Dingen die Erfahrungen aus, die im Laufe des Betriebs eines bestimmten Reaktortyps detailliert zusammenkommen. Alle Betreiber von Kernkraftwerken sammeln systematisch die Erkenntnisse aus den wiederkehrenden Prüfungen der Einzelkomponenten bis hin zu den einzelnen Meßfühlern, Schaltkreisen und Elementen der Betätigungsebene wie Schaltern, Ventilen usw. Aufgrund der Erfahrung werden Komponenten mit begrenzter Lebensdauer in bestimmten Zeitabschnitten durch neue ersetzt. Die Rückführung der diesbezüglichen Betriebserfahrungen zu den Herstellern und auch zu den Genehmigungsinstanzen ist organisatorisch geregelt.

Im Hinblick auf die einzelnen Fehlertypen soll das nun in größerem Detail diskutiert werden. Ein Überblick ist in Tabelle 2.1 gegeben.

Tabelle 2.1. Beherrschung verschiedener Fehlertypen

Unabhängige Fehler	Einwirkungen Dritter
- Redundanz	(a) Terrorismus
- Fail-safe-Prinzip	- Räumliche Trennung
- Wiederkehrende Prüfung	- Widerstandswerte
und Erneuerung von Komponenten	- Risiko der Täter
Abhängige Fehler (common mode)	(b) Subversive Aktionen
- Qualitätssicherung	- Überwachung
- Diversität	- Visuelle Beobachtung
- Räumliche Trennung	- Zeitbedarf
Einwirkungen von außen	- Risiko der Täter
- Verbunkerung	(c) Krieg
- Räumliche Trennung	- Maßnahmen gegen EVA
	- Verletzlichkeit beider Seiten
	- Rückwirkungen
	- Langlebige Verseuchung

2.1 Qualitative Grundlagen zur Gewährleistung der Zuverlässigkeit von Systemen

(1) Beherrschung unabhängiger Fehler

Das wichtigste Schutzprinzip gegen unabhängige Fehler ist das Prinzip der *Redundanz*. Redundanz, lateinisch Überfluß, bedeutet, daß für jede Sicherheitsfunktion mehr Bauelemente oder Systeme vorhanden sind, als an sich dafür erforderlich wären. Wenn dann eines durch einen unabhängigen Fehler ausfällt, übernimmt ein zweites, ggf. noch ein drittes usw. seine Aufgabe. Je nach der gewünschten Funktion müssen redundante Bauelemente sehr verschieden miteinander verknüpft werden. Bild 2.1 zeigt dies am Beispiel von zwei redundanten Ventilen. Ist die gewünschte Sicherheitsfunktion ein Schließen, so sind sie hintereinander zu schalten, während ein redundantes Öffnen eine Parallelschaltung erfordert.

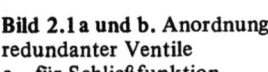
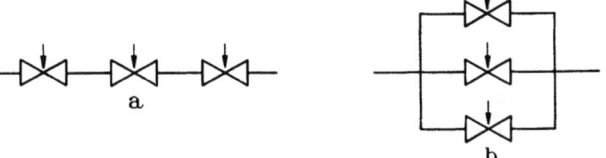

Bild 2.1 a und b. Anordnung redundanter Ventile
a für Schließfunktion
b für Öffnungsfunktion

Man kann dem Bauelement eine Ausfallwahrscheinlichkeit zuordnen, die man aufgrund der Erfahrungen mit diesem Bauelement kennt. Die Ausfallwahrscheinlichkeit $P(A)$ ist die Wahrscheinlichkeit dafür, daß das Bauelement A im Zeitintervall Δt ausfällt. Die kombinierte Ausfallwahrscheinlichkeit zweier unabhängiger redundanter Bauelemente A und B ist dann $P(A) \cdot P(B)$. Sind A und B gleichartig, wird daraus $P(A)^2$.

Da die Wahrscheinlichkeiten kleiner als 1 sind, ist die kombinierte Wahrscheinlichkeit kleiner als die Einzelwahrscheinlichkeiten.

Bei n redundanten Bauelementen sei die Sicherheitsfunktion möglich, wenn von ihnen a Bauelemente funktionieren. Man spricht dann von einem *a-von-n-System*. Die Redundanz ist um so größer, je größer die Differenz zwischen n und a ist. Die Versagenswahrscheinlichkeit eines 1-von-2-Systems aus gleichartigen Bauelementen ist nach dem oben Gesagten $P(A)^2$, des 1-von-4-Systems $P(A)^4$ usw.

Je größer die Redundanz wird, desto größer wird allerdings auch die Wahrscheinlichkeit, daß durch fehlerhaftes Verhalten der Komponenten auch unnötige Sicherheitsaktionen stattfinden. Das beeinträchtigt zwar nicht die Sicherheit, wohl aber den Betrieb. Diese Überlegung gilt speziell für die Steuersysteme, die die anderen Sicherheitssysteme zum Eingriff veranlassen. Deshalb verwendet man hier nicht eine 1-von-n-Redundanz, sondern eine 2-von-n-Redundanz. Erst wenn z. B. mindestens 2 der Meßfühler einen unerwünschten Zustand anzeigen, greifen die Sicherheitssysteme ein. Am häufigsten wird das 2-von-3-System eingesetzt, bei höherer Redundanzforderung findet sich auch das 2-von4-System.

Ein weiteres zur Folgenverhütung von Einzelfehlern, aber auch anderer Fehlertypen wichtiges Prinzip ist das *Prinzip der sicheren Richtung* oder *„Fail-safe-Prinzip"*. Danach sollen Sicherheitssysteme so konzipiert sein, daß die Anlage bei ihrem Ausfall von selbst in einen sicheren Zustand übergeht. So soll z. B. die Unterbrechung einer Instrumentenleitung von selbst das gleiche Ergebnis haben, als zeige das Instrument einen unzulässigen Meßwert an. Insbesondere die Abschaltstäbe werden so durch Elektromagnete gehalten, daß ein Ausfall ihrer Stromversorgung unmittelbar ihr Hineinfallen in den Reaktorkern zur Folge hat. Das fail-safe-Prinzip ist deshalb mit dem bekannten

Ruhestromprinzip verwandt, wo ein System für den Ruhezustand (hier der normale Betrieb ohne Sicherheitsaktionen) Energie braucht, im energielosen Zustand aber seine Funktion vollführt. Ein fail-safe ausgeführtes 2-von-4-System würde z. B. durch Ausfall eines Stranges ein 1-von-3-System. Die späteren Darlegungen werden zeigen, daß dadurch die sicherheitsgerichtete Zuverlässigkeit sogar verbessert wird. Schließlich gewährleisten natürlich auch die wiederkehrenden Prüfungen während des Betriebs einen Schutz gegen unabhängige Fehler.

(2) Beherrschung abhängiger Fehler

Es ist klar, daß bei abhängigen Fehlern die Redundanz nicht hilft. Man kann aber zunächst davon ausgehen, daß Fehler, insbesondere auch abhängige Fehler durch *Qualitätssicherung* vermieden werden (1. Sicherheitsebene). Dazu gehört eine solide, übersichtliche Konstruktion und eine ausführliche Erprobung, bei der regelmäßig während des Betriebes wiederkehrende Prüfungen eine wichtige Rolle spielen. Spätestens hier werden abhängige Fehler im allgemeinen entdeckt. Eine genaue Untersuchung auf ursächlich verknüpftes Folgeversagen ist Aufgabe der Störfallanalyse.

Daneben wendet man zur Vermeidung abhängiger Fehler das wichtige Prinzip der *Diversität* an. Es besagt, daß für jede Sicherheitsfunktion nebeneinander verschiedenartige Prozeßgrößen das Anregesignal bewirken, verschiedenartige Verarbeitungsstränge die Signale umsetzen und in der Wirkungsweise, mindestens aber im Konstruktionsprinzip verschiedenartige Stellglieder die sicherheitsgerichtete Aktion bewirken. Als Beispiel sei Abs. 6.3 (6) der Leitlinien für Druckwasserreaktoren der deutschen Reaktorsicherheitskommission (RSK) [5] erwähnt: „Jeder im Rahmen der Störfallanalyse zu betrachtende Störfall ist durch Messung von mindestens zwei diversitären Prozeßgrößen zu erfassen, wobei abgeleitete Prozeßgrößen als *eine* Größe gelten". Bei Nichterfüllbarkeit dieser Forderung wird mindestens ein Einsatz diversitärer Meßgeräte für die gleiche Prozeßgröße gefordert. So kann die Reaktorleistung außer über den Neutronenfluß auch über die Kühlmittelaufheizspanne gemessen werden; das Auftreten eines Kühlmittelverlustes macht sich über den Druck und über den Wasserstand bemerkbar usw.

Eine diversitäre Auslegung schützt in erster Linie gegen systematische Fehler in Konstruktion und Kalibrierung, in gewissem Umfang aber auch gegen Verknüpfungen.

Gegen abhängige Fehler durch ursächliche Verknüpfung schützt das Prinzip der *räumlichen Trennung*. Danach werden die verschiedenen untereinander redundanten Sicherheitssysteme wie Meßkanäle, Grenzwertgeber, Not- und Nachkühlleitungen, dazugehörige Armaturen und Kabelkanäle voneinander durch größere Abstände getrennt. Dadurch nimmt die Möglichkeit einer gegensätzlichen ursächlichen Beeinflussung von Fehlerns in Teilsystemen stark ab.

Darüber hinaus wird in der Auslegung darauf hingewirkt, daß Abhängigkeiten und ursächliche Verknüpfungen unterbunden werden. Als Beispiel sei die Abstützung der Hauptkühlmittelleitungen von Leichtwasserreaktoren durch Stoßdämpfer erwähnt (s. z. B. Reg. Guide 1.46 [1]), die beim postulierten Bruch ein Schlagen der Leitungen durch Strahlkräfte und eine damit mögliche Beschädigung von Sicherheitseinrichtungen verhindern sollen. In dieselbe Kategorie gehört, daß z. B. nach [5, Abs. 4.3.1 (6)] die redundanten Kernnotkühlteilsysteme nicht miteinander vermascht sein, also hinsichtlich Maschinentechnik, Energie- und Medienversorgung, Instrumentierung und Steuerung getrennt und ohne gemeinsame Komponenten ausgeführt werden sollen.

2.1 Qualitative Grundlagen zur Gewährleistung der Zuverlässigkeit von Systemen

(3) Nichtverfügbarkeit bei Wartung und Reparatur

Für die Zeit von Wiederholungsprüfungen und Reparaturen sind die Teilsysteme im allgemeinen außer Funktion. Es hängt von der verbleibenden *Redundanz* ab, ob der Reaktor während der Nichtverfügbarkeit des Teilsystems abgeschaltet werden muß. Als Beispiel für die daraus abgeleitete Redundanzforderung sei RSK-Leitlinie 4.3.1 (8) für das Kernnotkühlsystem genannt, wonach das Notkühlsystem bei Wartung oder Reparatur an einem Teilsystem *und* einem davon unabhängig in einem anderen Teilsystem auftretenden Einzelfehler funktionsfähig bleiben muß (Einzelfehler- und Reparaturkriterium). Im Unterschied dazu steht nach Reg. Guide 1.53 nur das Einzelfehlerkriterium im Vordergrund, so daß für Wartung und Reparatur andere Gesichtspunkte gelten und die Anlage hierfür ggf. öfter abgeschaltet werden muß.

(4) Schutz gegen Einwirkungen von außen

Schädliche Auswirkungen der in 2.1.1 (4) genannten äußeren Einwirkung können durch *baulichen Schutz* (Verbunkerung), durch *räumliche Trennung* oder durch eine Kombination aus beiden Maßnahmen verhindert werden. Es ist dabei nicht unbedingt erforderlich, daß die Anlage die Einwirkung völlig unbeschädigt übersteht, sondern es reicht an sich immer aus, wenn die Abschaltung des Reaktors und die Nachwärmeabfuhr gewährleistet bleiben. Der Schutz kann sich auf die hierzu notwendigen Einrichtungen beschränken.

In diesem Zusammenhang besitzt das *Notstandssystem* eine besondere Bedeutung. Das Notstandssystem bewirkt die Funktionen der

— Abschaltung und
— Nachwärmeabfuhr

auch dann, wenn wichtige Betriebs- und Sicherheitssysteme durch äußere Einwirkungen zerstört worden sind.

Beim Ereignis Erdbeben unterscheiden die Regelwerke z.B. das *Auslegungserdbeben*, das die Anlage noch intakt überstehen muß, vom Sicherheitserdbeben, bei dem noch Abschaltung und Nachkühlung gewährleistet sein müssen. Nach KTA 2201.1 [6] wird das erstere dadurch definiert, daß es „unter Berücksichtigung einer näheren Umgebung des Standortes (in derselben seismotektonischen Einheit bis etwa 50 km Entfernung vom Standort) in der Vergangenheit aufgetreten ist." Für das Sicherheitserdbeben wird entsprechend eine weitere Umgebung bis etwa 200 km vom Standort angeführt.

Genauere Ausführungen zu den Einwirkungen von außen werden in Kapitel 9 gemacht.

Die Schutzmaßnahmen gegen Feuer bestehen in der Verwendung geeigneter Materialien, Abschottung, räumlicher Trennung und aktiven Maßnahmen. Der Schutz gegen die weiter genannten Einwirkungen richtet sich nach den örtlichen Gegebenheiten.

(5) Schutz gegen Einwirkungen Dritter (Sabotage)

Die Diskussion des Schutzes gegen Sabotage leidet unvermeidlich meistens darunter, daß sachliche Probleme nicht öffentlich erörtert werden können, um nicht potentiellen Saboteuren dadurch für sie wertvolle Informationen und Handlungsanweisungen zu geben. Man kann aber doch, ohne in die Details zu gehen, einige wesentliche Zusammenhänge aufzeigen.

Fall A: Gewaltsame Aktion

Es werde unterstellt, eine Tätergruppe wolle eine erpresserische Forderung durchsetzen, sich zu diesem Zweck eines Kernkraftwerkes bemächtigen und eine mit einer massiven Freisetzung von Radioaktivität verbundene Zerstörung des Reaktorkerns androhen.

Auch in diesem Fall wird der Schutz auf mehreren voneinander unabhängigen Ebenen analog zum Mehrstufenprinzip verwirklicht:

1. Ebene: Das bereits aus Gründen der betrieblichen Reaktorsicherheit streng durchgeführte Prinzip der räumlichen Trennung redundanter Systeme zur Wäremeabfuhr, Schnellabschaltung und Nachwärmeabfuhr und der generell hohe Redundanzgrad erschwert ein vollständiges Außer-Funktion-Setzen dieser sicherheitstechnisch wichtigen Systeme. Das vorhandene Strahlenfeld oder auch Hilfseinrichtungen bilden in einigen Bereichen eine zusätzliche Erschwerung. Nur durch Einsatz sehr starker und hochentwickelter Kampfmittel an mehreren Stellen gleichzeitig könnte das beabsichtigte Ziel erreicht werden.

2. Ebene: Ein unbefugtes Eindringen in die sensitiven Teile der Anlage (dazu gehören i. allg. nicht mehr als 2 bis 3 Gebäude) wird durch technische Gegenmaßnahmen erschwert. Es ist zwar nicht möglich, ein solches Eindringen auf Dauer zu verhindern, es kann aber doch so lange verzögert werden, daß ausreichende Sicherheitskräfte (Polizei) herangeführt und an Ort und Stelle eingesetzt werden können. Man ordnet in diesem Sinne den technischen Maßnahmen bestimmte *Widerstands-Zeitwerte* zu. Die technischen Maßnahmen müssen und können so beschaffen sein, daß sie weder durch einzelne Komplizen der Angreifer im Wachpersonal noch durch Geiselnahme außer Funktion gesetzt oder unterlaufen werden können. Besondere Bedeutung kommt hier auch dem Objektsicherungsdienst zu.

3. Ebene: Wegen der speziellen technischen Gegebenheiten eines Kernkraftwerks und wegen der für die Vorbereitung der Aktion und für die Ausführung der Erpressung erforderlichen Zeiten würden die Täter selbst mit hoher Wahrscheinlichkeit unmittelbar betroffene Opfer ihrer Tat sein. Eine erfolgreiche Flucht nach einem gelungenen Anschlag erscheint völlig ausgeschlossen.

Das Zusammenkommen der verschiedenen Maßnahmen und Gegebenheiten, das so anderswo nicht vorliegt, häufig (z. B. im Flugverkehr) auch gar nicht möglich ist, ergibt einen ausreichenden Schutz. Um ein bestimmtes Erpressungsziel zu erreichen, ist die Besetzung eines Kernkraftwerkes von Anfang bis Ende der Aktion für eine Terroristengruppe ein ungleich risikoreicheres und wesentlich mehr Aufwand erforderndes Unternehmen als einige andere, die den gleichen Zweck erfüllen. In diesem Sinne ist ein Kernkraftwerk tatsächlich ein wenig geeignetes Objekt für terroristische Aktionen.

Fall B: Subersive Aktion

Neben dem bisher behandelten direkten, gewaltsamen Angriff bleibt noch zu prüfen, ob eventuell auch durch subversive Aktionen, durch „stille" Sabotage gefährliche Situationen für die Umgebung erzeugt werden können. Theoretisch wäre es denkbar, daß durch Betriebsangehörige Anlageteile so verändert oder beschädigt werden könnten, daß schädliche Folgen für die Umgebung eintreten. Auch gegen diese Möglichkeit wird auf mehreren Ebenen Vorsorge getroffen.

1. Ebene: Durch Auslese und Sicherheitsüberprüfung des Betriebspersonals kann das Einschleusen oder Anwerben von Saboteuren weitgehend ausgeschlossen werden. Dabei werden administrative Maßnahmen durch technische (z. B. Überwachung bestimmter Bereiche durch Fernsehkameras, Personenkontroll- und Schlüsselsystem u. a.) ergänzt.

2. Ebene: Durch die Anlageninstrumentierung werden alle sicherheitsrelevanten Veränderungen in der Warte angezeigt. Dies gilt insbesondere für die Anlagenbereiche, deren Zugänglichkeit nicht ohnehin durch das Strahlenfeld oder durch spezielle Maßnahmen eingeschränkt ist. Im Prinzip gilt das zu Fall A Gesagte auch hier: Nur durch den Einsatz sehr starker Kampfmittel — und hier ist es schwierig, diese unentdeckt durch die Kontrollen einzuschleusen — könnte eine entsprechende Wirkung erzielt werden.

3. Ebene: Bei einer Erpressung muß notwendigerweise irgendwann die Absicht offengelegt und dem Erpreßten Zeit eingeräumt werden, um die gestellten Forderungen zu erfüllen. In dieser Zeit sind wirksame Gegenmaßnahmen möglich.

4. Ebene: Noch weniger als im Fall B haben die Täter praktisch eine Möglichkeit, im Falle einer Aktion unversehrt zu entkommen. Es gilt wie im Fall A, daß die Kombination der verschiedenen Ebenen einen ausreichenden Schutz gewährt.

Fall C: Krieg

In vielen Publikationen werden Kernkraftwerke für den Kriegsfall als die Schwachstelle apostrophiert, über die ein Angreifer den durch seine Waffen angerichteten Schaden potenzieren kann. Beim Einsatz konventioneller Waffen würden nukleare Auswirkungen erzielt, beim Einsatz von Nuklearwaffen würde das Schadensausmaß durch die wesentlich größeren Halbwertszeiten der im Reaktor vorhandenen Spaltprodukte gesteigert.

Dazu ist folgendes zu bemerken:

(a) Bis zu einem gewissen Grad geben die Schutzmaßnahmen gegen Einwirkungen von außen auch einen Schutz gegen kriegerische Einwirkungen.
(b) Nicht nur die westlichen, auch die östlichen Staaten bauen Kernkraftwerke in zunehmender Zahl. Dies bedingt eine Reziprozität auch in der möglichen Bedrohung durch kerntechnische Anlagen.
(c) Die Kleinräumigkeit Mitteleuropas und die stark schwankenden meteorologischen Verhältnisse können starke Rückwirkungen auch auf das Gebiet und die Streitkräfte des Angreifers mit sich bringen.

Diese Argumente sollten Ost und West zum Abschluß einer Konvention veranlassen, die ähnlich wie der Nichteinsatz von Giftgas im 2. Weltkrieg eine Ächtung von Angriffen auf kerntechnische Anlagen beinhaltet.

2.2 Quantitative Behandlung von Zuverlässigkeitsproblemen

Ein System versagt, wenn eine bestimmte Anzahl seiner Komponenten versagt. Der Grad der Redundanz spielt dabei eine Rolle, aber auch der Zustand, in dem sich die ausgefallene Komponente befindet. Denn z. B. ein elektrischer Schalter, der sich bei seinem Ausfall in einer bestimmten Stellung befindet, kann durchaus noch die Funktion eines Systems ermöglichen, solange nicht zusätzliche Aktionen erforderlich werden.

Für die quantitative Behandlung müssen zunächst alle *Kombinationen von Komponentenausfällen* oder *Primärereignissen* bestimmt werden, die zu einem Systemausfall führen. In einem zweiten Schritt kann man das Gewicht der Primärereignisse und der zu betrachtenden Kombinationen dadurch bestimmen, daß man ihnen *Auftretenswahrscheinlichkeiten* zuordnet, die auf der empirischen Kenntnis über die Komponenten beruhen. (Eine gute Zusammenfassung der Methodik ist in [7] gegeben.)

2.2.1 Verknüpfung von Systemverhalten und Komponentenverhalten durch Fehlerbäume

Der Zusammenhang von Ereignissen, die gemeinsam bewirken, daß ein bestimmtes System versagt, bestimmte Funktionen nicht ausführt oder durch Fehlfunktionen die Anlage in einen unsicheren Zustand bringt, wird allgemein durch einen *Fehlerbaum* beschrieben. Ein Fehlerbaum ist ein logisches Diagramm, an dessen Spitze das zu betrachtende Ereignis, der betreffende Systemfehler steht. Dies Ereignis wird als *TOP-Ereignis* bezeichnet. Darunter werden die Ereignisse eingetragen, die unmittelbar zum TOP-Ereignis führen, also etwa das Versagen von Teilsystemen, darunter werden die wiederum vorangehenden Ereignisse eingetragen usw. bis zum nicht mehr weiter aufzulösenden Verhalten der einzelnen Komponenten. Die ihnen zugeordneten Ereignisse werden *Primärereignisse* genannt.

In Bild 2.2 ist als Beispiel ein vereinfachtes Schaltschema eines Notkühlsystems gezeichnet, das zur Beherrschung eines großen Bruches einer Hauptkühlmittelleitung in einem Druckwasserreaktor dient. Zusätzliche Komponenten, die für die Beherrschung kleinerer Lecks vorgesehen sind, sind zur Vereinfachung weggelassen worden. Die wesentliche Aufgabe dieses Systems besteht darin, nach dem zunächst unvermeidlichen Kühlmittelverlust den Reaktorbehälter wieder aufzufüllen und anschließend das

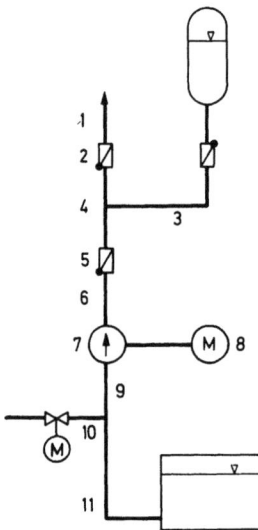

Bild 2.2. Vereinfachtes Schaltschema eines Notkühlsystems für die Aufstellung eines Fehlerbaums. (Die Zahlen beziehen sich auf den Fehlerbaum des Bildes 2.3)

2.2 Quantitative Behandlung von Zuverlässigkeitsproblemen   15

Wasser zur Nachwärmeabfuhr umzuwälzen. Das geschieht einerseits aus einem unter Stickstoffdruck stehenden Wasserbehälter (Druckspeicher), andererseits durch eine Pumpe. Insgesamt sind 4 gleichartige Systeme vorgesehen, von denen 2 für die Funktion ausreichen.

Bild 2.3 zeigt den zugehörigen Fehlerbaum. Das TOP-Ereignis ist das Versagen der Notkühlung. Die Verknüpfungen haben vorwiegend die Form des logischen UND (AND) (Konjunktion) bzw. ODER (Disjunktion); die Negation „nicht" als prinzipielle dritte Möglichkeit kommt verhältnismäßig selten vor. Die meisten Verknüpfungen sind hier vom ODER-Typ. Weitere Symbole, die im Fehlerbaum vorkommen, sind in Tabelle 2.2 erklärt.

Tabelle 2.2. Symbole in Fehlerbäumen. (Nach [7])

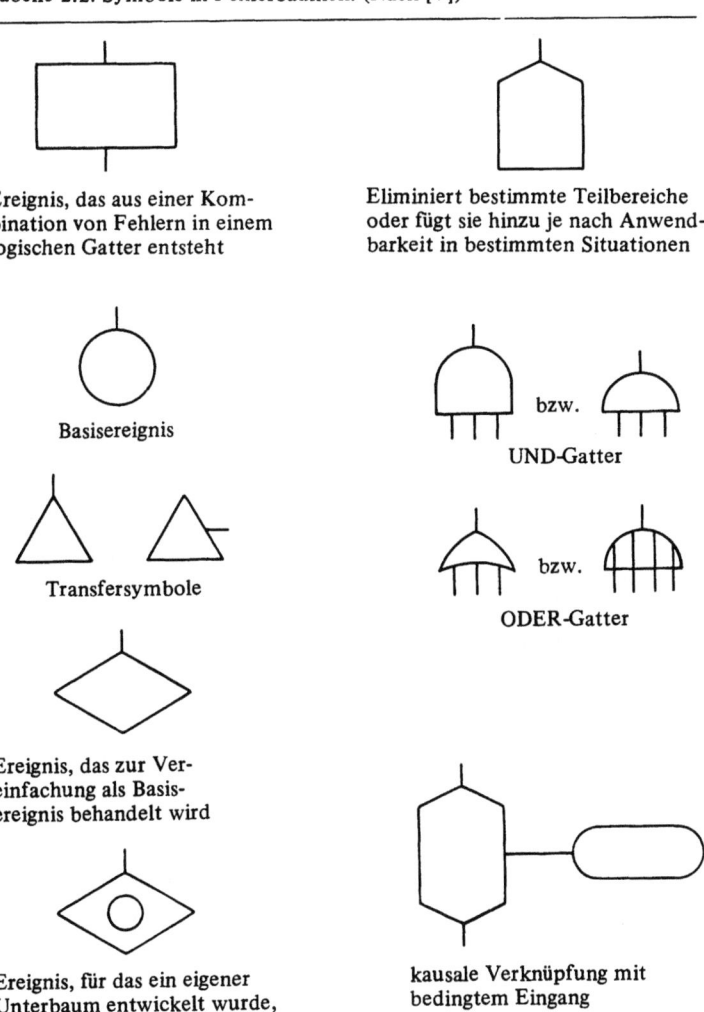

Ereignis, das aus einer Kombination von Fehlern in einem logischen Gatter entsteht

Eliminiert bestimmte Teilbereiche oder fügt sie hinzu je nach Anwendbarkeit in bestimmten Situationen

Basisereignis

UND-Gatter

Transfersymbole

ODER-Gatter

Ereignis, das zur Vereinfachung als Basisereignis behandelt wird

Ereignis, für das ein eigener Unterbaum entwickelt wurde, dessen quantitative Ergebnisse hier eingesetzt werden

kausale Verknüpfung mit bedingtem Eingang

16 2 Das Kernkraftwerk als System

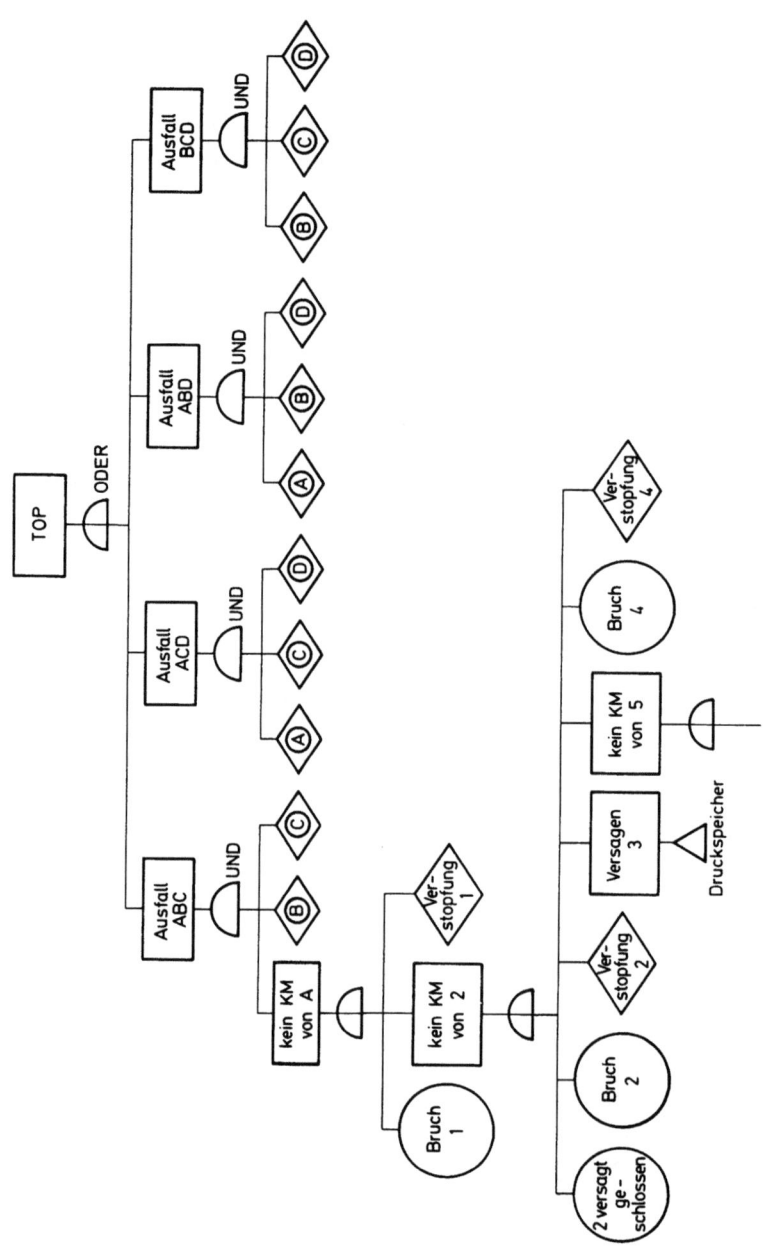

2.2 Quantitative Behandlung von Zuverlässigkeitsproblemen

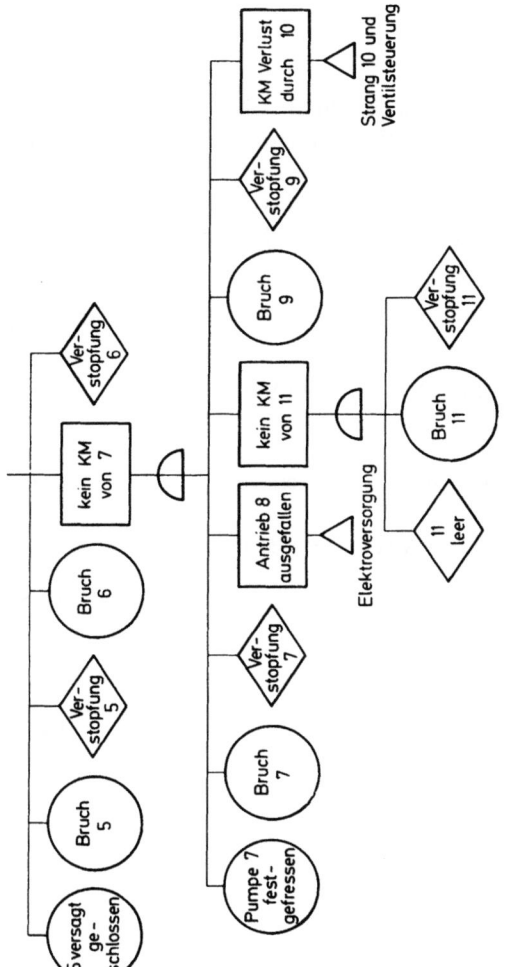

Bild 2.3. Fehlerbaum für das Notkühlsystem des Bildes 2.2. KM Kühlmittel

In der Booleschen Algebra wird UND mit dem Symbol ∩, ODER mit ∪ bezeichnet. Wenn die Ereignisse A, B, C, D das Versagen der Notkühlsysteme 1, 2, 3 oder 4 bezeichnen, so ist die Bedingung für das Versagen des Gesamtsystems:

$$\text{TOP} = (A \cap B \cap C) \cup (A \cap C \cap D) \cup (A \cap B \cap D) \cup (B \cap C \cap D). \quad (2.1)$$

Die Schreibweise von (2.1), nach der das TOP-Ereignis als Boolesche Funktion der vorangehenden Ereignisse dargestellt ist, ist der Fehlerbaumdarstellung völlig gleichwertig.

Die Ereignisse A, B, C, D betreffen das Versagen gleichartiger Teilsysteme und sind darum von gleicher Struktur. Da der Ausfall jeder einzelnen Komponente des Bildes 2.2 einen Ausfall des Teilsystems bewirken kann, ergeben sich z. B. A, B usw. aus ODER-Kombinationen:

$$A = A_1 \cup A_2 \cup A_i \cup \ldots \cup A_n. \quad (2.2)$$

Einzelne Ereignisse A_i können ihrerseits wieder durch UND-Kombinationen zustande kommen, wenn entsprechende Redundanzen vorhanden sind. Ein Beispiel ist die Stromversorgung der Pumpe, die sowohl durch das Netz (evtl. auch mehrere Netze) als auch über die Notstrom-Dieselgeneratoren gewährleistet wird. In dieser Weise stellt man schließlich das TOP-Ereignis als Boolesche Funktion der Primärereignisse dar.

Die Auswertung des Fehlerbaums führt darauf hinaus, daß die so aufgestellte Boolesche Funktion in eine Normalform als Disjunktion von Konjunktionen der Primärereignisse überführt wird:

$$\text{TOP} = (X_1 \cap X_2 \cap \ldots \cap X_m) \cup (Y_1 \cap Y_2 \cap \ldots \cap Y_n) \cup (\ldots) \ldots \quad (2.3)$$

wo X_i, Y_j die Primärereignisse sind.

Zu diesem Zweck müssen die A, B usw. in (2.1) sukzessive durch ihre Vorläuferereignisse substituiert werden.

Dabei sind folgende Gesetze der Booleschen Algebra von Bedeutung:

Identitäten (2.4a)

$A \cup A = A$

$A \cap A = A$.

Distributive Gesetze (2.4b)

$A \cap (B \cup C) = (A \cap B) \cup (A \cap C)$

$A \cup (B \cap C) = (A \cup B) \cap (A \cup C)$.

Absorptionsgesetze (2.4c)

$A \cup (A \cap B) = A$

$A \cap (A \cap B) = A \cap B$.

Die Gesetze lassen sich leicht durch entsprechend Venn-Diagramme verdeutlichen, wenn das UND als Schnitt, das ODER als Vereinigung von Mengen interpretiert werden.

Die einzelnen Konjunktionen aus Primärereignissen werden nach Anwendung der Absorptionsgesetze *minimale Schnittmengen* (minimal cut sets) genannt. Sie bezeich-

2.2 Quantitative Behandlung von Zuverlässigkeitsproblemen

nen die Kombinationen von Primärereignissen (Einzelfehler), die jeweils ein TOP-Ereignis (Systemfehler) bewirken.

Für die Auswertung von Fehlerbäumen komplexer Systeme aus sehr vielen Komponenten, also die Umwandlung in die Form von (2.3), gibt es Rechnerprogramme, die die minimal cut sets bestimmen. Dabei werden entweder Monte-Carlo-Verfahren benutzt [7–9] oder analytische Methoden [10], bei denen die Booleschen Operationen durch spezielle Algorithmen ausgeführt werden.

Eine Komponente kann in verschiedener Weise versagen, woraus sich sehr unterschiedliche Auswirkungen auf das Verhalten des Gesamtsystems ergeben können. Beispiel: Ein Ventil versagt offen, ein Ventil versagt geschlossen, oder ein Ventil versagt durch Gehäusebruch. Man muß für die spätere Umsetzung in zugeordnete Wahrscheinlichkeiten auch unterscheiden zwischen Fehlern die auftreten und Fehlern die existieren, aber nicht entdeckt worden sind. Sie müssen ebenfalls als gesonderte Ereignisse in den Fehlerbaum eingebracht werden.

Es gibt einige Arbeiten [11, 12], die Methoden zu einer Automatisierung der Fehlerbaumerstellung entwickeln und die im wesentlichen darauf hinauslaufen, daß jeder Komponente ihre möglichen Fehlerzustände in Form einer einmal festgelegten Tabelle zugeordnet und vom Programm automatisch an der richtigen Stelle im Fehlerbaum eingebracht werden.

Es vereinfacht die Auswertung, wenn ein unter einem UND- oder ODER-Symbol stehender Bereich völlig unabhängig vom übrigen Fehlerbaum ist, d.h., daß seine Primärereignisse nirgendwo sonst im Fehlerbaum auftreten. Man kann diesen Bereich dann als „Superereignis" wie ein Primärereignis behandeln. Durch die weitgehende Entkopplung oder Entmaschung der einzelnen Notkühlsysteme nach Bild 2.2 ist dies annähernd für die Ereignisse A, B, C, D der Gleichung (2.1) der Fall und die 4 cut sets (Schnittmengen) wären damit schon gegeben. Es gibt jedoch über die schon erwähnte Stromversorgung der Notkühlpumpen aus dem Netz und über die Ansteuerung Vermaschungen.

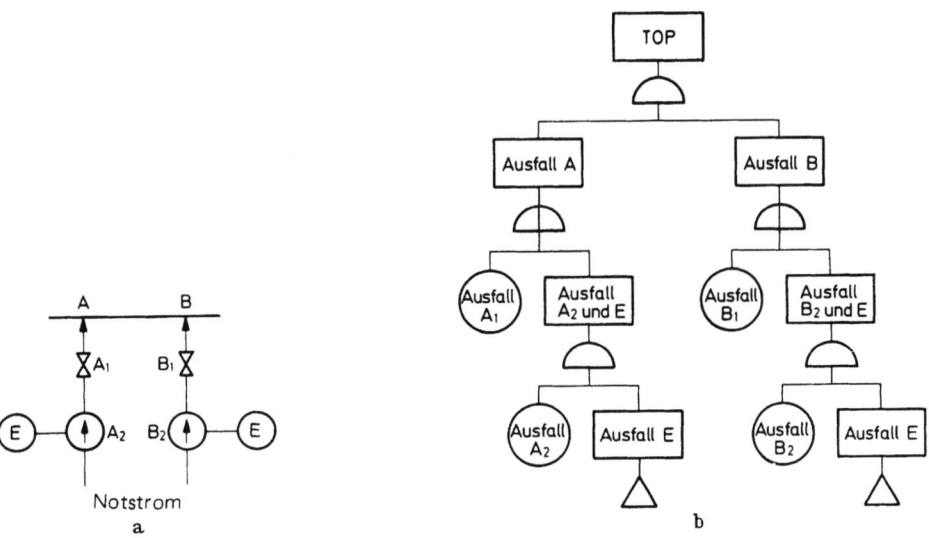

Bild 2.4a und b. Notkühlsystem entsprechend Gleichung (2.5). **a** Schaltung. **b** Fehlerbaum

Der Einfluß der Vermaschung läßt sich leicht an einem nochmals vereinfachten Beispiel zeigen (Bild 2.4). Wir betrachten

$$TOP = A \cap B$$
$$A = A_1 \cup (A_2 \cap E) \tag{2.5}$$
$$B = B_1 \cup (B_2 \cap E).$$

TOP sei der Ausfall der gesamten Notkühlung, die aus 2 Teilsystemen A und B mit Kühleinrichtungen (Versagen A_1 bzw. B_1) und einer Energieversorgung aus Notstromsystemen oder Netz. A_2 und B_2 kennzeichnen das Versagen der Notstromsysteme, die redundant sind zur Versorgung aus dem Netz, dessen Ausfall durch E gekennzeichnet wird.

Die Entwicklung ergibt nach Anwendung des ersten Absorptionsgesetzes

$$TOP = (A_1 \cap B_1) \cup (A_1 \cap B_2 \cap E) \cup (A_2 \cap B_1 \cap E) \cup (A_2 \cap B_2 \cap E). \tag{2.6}$$

Drei der vier cut sets enthalten E. Auch wenn sie von höherer Ordnung sind als der erste, kann ihr Einfluß auf das Gesamtsystem beträchtlich werden.

2.2.2 Wahrscheinlichkeiten in Systemen

(1) Unabhängige Ereignisse

Gegeben seien zwei unabhängige Ereignisse (Komponentenfehler) A und B mit den zugeordneten Wahrscheinlichkeiten (Versagenswahrscheinlichkeiten) P(A) und P(B). Aus einfachen Überlegungen folgt dann für die kombinierte Wahrscheinlichkeit:

$$\text{UND-Kombination } A \cap B: \quad P(A \cap B) = P(A) \cdot P(B), \tag{2.7}$$

$$\text{ODER-Kombination } A \cup B: \quad P(A \cup B) = P(A) + P(B) - P(A \cap B)$$
$$= P(A) + P(B) - P(A) \cdot P(B). \tag{2.8}$$

Das letzte Glied in (2.8) ist von zweiter Ordnung und kann deshalb i. allg. vernachlässigt werden. Es läßt sich durch ein Venn-Diagramm leicht veranschaulichen.

In Verbindung mit der Darstellung eines Fehlerbaums nach (2.3) ist dann die Wahrscheinlichkeit für das TOP-Ereignis berechenbar.

Generell läßt sich feststellen, daß die TOP-Wahrscheinlichkeit mit der Zahl der Glieder je minimal cut set abnimmt und mit der Zahl der minimal cut sets zunimmt.

Beispiel A: Verringerung der Ausfallwahrscheinlichkeit durch Unterteilung in unabhängige Teilsysteme

Die Ausfallwahrscheinlichkeit z. B. eines 2-von-3-Systems (2 von 3 Komponenten müssen für einen Systemausfall versagen) mit den Komponenten A, B, C ergibt sich bei Anwendung der Regeln (2.7) und (2.8) zu

$$P(2v3) = P(A) \cdot P(B) + P(A) P(C) + P(B) P(C) - 2 P(A) \cdot P(B) \cdot P(C). \tag{2.9}$$

Haben wir 3 gleiche Systeme A = B = C, so ergibt sich

$$P(2v2) = P^2(A) \quad \text{(beide Komponenten versagen und bewirken einen Systemausfall),} \tag{2.10}$$

$$P(2v3) = 3 P^2(A) - 2 P^3(A), \tag{2.11}$$

2.2 Quantitative Behandlung von Zuverlässigkeitsproblemen

ebenso

$$P(3v4) = 4P^3(A) - 3P^4(A), \tag{2.12}$$

$$P(4v5) = 5P^4(A) - (\text{Terme höherer Ordnung}), \tag{2.13}$$

$$P(4v6) = 10P^4(A) - (\text{Terme höherer Ordnung}). \tag{2.14}$$

Die Notkühlsysteme, aber auch andere Sicherheitssysteme der Druckwasserreaktoren der KWU ebenso wie die von Westinghouse und anderen Herstellern besitzen insgesamt das Doppelte der Kapazität, die sie für die Beherrschung des für sie gültigen Referenzstörfalls (Auslegungsstörfall) benötigen.

Die Westinghouse-Systeme sind in 2 Stränge unterteilt, von denen jeder 100% der erforderlichen Kapazität besitzt (2 × 100%).

Die KWU-Systeme besitzen 4 Stränge zu je 50% der erforderlichen Kapazität (4 × 50%).

Die W-Systeme versagen bei einem 2-von-2-Ausfall, die KWU-Systeme bei einem 3-von-4-Ausfall.

Aus (2.10) und (2.12) ergibt sich bei Vernachlässigung der Terme höherer Ordnung, daß

$$P(3v4) < P(2v2), \text{ wenn } P(A) < \frac{1}{4}, \tag{2.15}$$

also würde 4 × 50% Vorteile gegenüber 2 × 100% bringen.

Würde man die gleiche Kapazität noch weiter aufteilen (6 × 33⅓%), so ergäbe sich aus (2.12) und (2.14) mit den gleichen Vernachlässigungen:

$$P(4v6) < P(3v4), \text{ wenn } P(A) < \frac{4}{10}. \tag{2.16}$$

Man kann also durch immer feinere Aufteilung der Kapazität die Ausfallwahrscheinlichkeit eines Systems immer weiter herabsetzen. Hier ist aber bald dadurch eine Grenze erreicht, daß die abhängigen Felder (common mode) die hier betrachteten unabhängigen Fehler überwiegen.

Beispiel B: Vermaschte und unvermaschte Systeme

Bei redundanten Sicherheitssystemen wird zwischen der *vermaschten* und der *unvermaschten* Ausführungsform unterschieden.

Bei vermaschten Systemen bestehen Querverbindungen zwischen den redundanten Komponenten, während bei unvermaschten Systemen die redundanten Komponenten vollkommen voneinander getrennt sind.

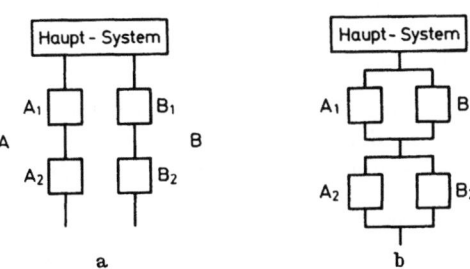

Bild 2.5a und b. Zuverlässigkeit vermaschter und unvermaschter Systeme
a unvermascht, b vermascht

Bild 2.5a zeigt zwei unvermaschte Sicherheitsteilsysteme A und B, die je aus zwei Komponenten A_1, A_2 bzw. B_1, B_2 bestehen sollen.

Die Komponenten A_1 und B_1 sind gleichartig, ebenso A_2 und B_2. Ein Teilsystem A bzw. B versagt, wenn eine seiner beiden Komponenten versagt. Die Sicherheitsfunktion kann nicht mehr ausgeführt werden (= TOP), wenn A *und* B nicht mehr zur Verfügung stehen.

Die Boolesche Gleichung lautet dann:

$$\text{TOP} = (A_1 \cup A_2) \cap (B_1 \cup B_2) \qquad (2.17)$$

und umgeformt mit (2.5)

$$\text{TOP} = (A_1 \cap B_1) \cup (A_1 \cap B_2) \cup (A_2 \cap B_1) \cup (A_2 \cap B_2). \qquad (2.18)$$

Bild 2.5b zeigt dieselben Komponenten in vermaschter Schaltung. Zwischen ihnen bestehen jetzt Verbindungen, die sie funktionell verknüpfen. Die Boolesche Gleichung lautet jetzt:

$$\text{TOP} = (A_1 \cap B_1) \cup (A_2 \cap B_2). \qquad (2.19)$$

Gegenüber (2.18) existieren nur halb so viel minimal cut sets und die TOP-Wahrscheinlichkeit ist dementsprechend geringer. Darin drückt sich die Tatsache aus, daß die Komponenten in stärkerer Weise miteinander verbunden sind und sich gegenseitig abstützen können.

Man kann sich bei realen Systemen jedoch nicht auf diesen formalen Vergleich beschränken. Man muß berücksichtigen, daß durch die Vermaschung auch die gegenseitige Beeinflussung redundanter Komponenten steigen und die Möglichkeit von abhängigen Fehlern zunehmen kann. So nützt die Vermaschung nur bei bestimmten Versagensarten, bei anderen schadet sie und begünstigt das abhängige, gemeinsame Versagen.

Sind z. B. die Komponenten in Bild 2.5 Pumpen, Ventile und Rohrleitungen, so hilft die Vermaschung wohl, wenn ein Ventil nicht öffnet, eine Pumpe nicht anläuft; nicht jedoch, wenn der Fehler ein Bruch an einem Pumpengehäuse, Ventilgehäuse oder einer Rohrleitung ist. Hier wird so das ganze System unwirksam gemacht. Das gleiche gilt im Falle eines Kurzschlusses, wenn es sich um elektrische Systeme oder Komponenten handelt. Um das System gegen derartige Störungen zu schützen, müssen Absperrventile bzw. Unterbrecherrelais vorgesehen werden, die die Anlage komplizieren und ihrerseits die Quelle neuer Störungen sein können. Ebenso muß natürlich vermieden werden, daß diejenigen Komponenten, die beiden Teilsystemen gemeinsam sind, durch ihre Ausfallwahrscheinlichkeit die Systemwahrscheinlichkeit wesentlich beeinflussen. Denn in diesen Komponenten existiert keine Redundanz und ein Einzelfehler führt bereits zum Systemausfall.

Stellt man die Vorteile beider Bauweisen einander gegenüber, so hat die *unvermaschte* Form

— einen übersichtlicheren, einfacheren Aufbau,
— keine Rückwirkungseffekte,
— keine unmittelbare Auswirkung von Einzelfehlern,

während die *vermaschte* Form

— prinzipiell ein Zusammenschalten von Komponenten verschiedener Stränge erlaubt,

2.2 Quantitative Behandlung von Zuverlässigkeitsproblemen

— u. U. billiger ist, da bestimmte Komponenten nur einfach vorhanden sind (z. B. Vorratsbehälter, Durchführung von Rohrleitungen oder Kabeln durch den Sicherheitsbehälter).

Speziell bei Langzeitbetrieb, wo die Versagenswahrscheinlichkeit von Komponenten zunimmt und für Umschaltoperationen mehr Zeit zur Verfügung steht, könnten die Vorteile der Vermaschung Gewicht bekommen.

(2) Abhängige Ereignisse

Das Auftreten eines Ereignisses A_2 sei abhängig vom Auftreten eines Ereignisses A_1, von beiden hänge das Auftreten eines Ereignisses A_3 ab usw. Es gibt dann eine bedingte Wahrscheinlichkeit $P(A_2/A_1)$, daß A_2 mit A_1 auftritt, $P(A_3/A_1 A_2)$, daß A_3 mit A_1 und A_2 auftritt usw.

An die Stelle von (2.7) für die UND-Kombination unabhängiger Ereignisse tritt dann die bedingte Wahrscheinlichkeit

$$P(A_1 \cap A_2 \cap \ldots \cap A_n) = P(A_1) \cdot P(A_2 | A_1) \ldots P(A_n | A_1 A_2 \ldots A_{n-1}).$$

(2.7a)

Wenn die Abhängigkeit von Ereignissen quantitativ bekannt ist, so lassen sich also auch abhängige Fehler in die Wahrscheinlichkeitsanalyse eines Systems einbeziehen.

2.2.3 Wahrscheinlichkeiten bei Komponenten

Der Ausfall der Komponenten nach verschiedenen Versagensarten ergibt die Primärereignisse, die im Fehlerbaum oder dem äquivalenten Booleschen Ausdruck kombiniert werden.

Man unterscheidet zwei Arten des Ausfalls:

(a) Die *Versagenswahrscheinlichkeit P* als die Wahrscheinlichkeit, daß eine in Betrieb befindliche Komponente in einem gegebenen Zeitintervall ausfällt. Manchmal bezieht man die Wahrscheinlichkeit auch auf das Zeitintervall und erhält dann eine Größe der Dimension einer reziproken Zeit [1/Zeit].

(b) Die *Unverfügbarkeit Q* als die Wahrscheinlichkeit, daß eine nicht in Betrieb befindliche (Stand-by-)Komponente bei Anforderung nicht verfügbar ist (Punkt-Unverfügbarkeit).

Als Verteilungsfunktion kommt die *Exponentialverteilung* der Erfahrung am nächsten. Die Wahrscheinlichkeitsdichtefunktion als der Wahrscheinlichkeit, daß eine Komponente im Intervall (t, t + d t) versagt, lautet hierfür

$$W(t) \, dt \, \exp(-\lambda t) \, dt \quad (2.20)$$

und die über das Zeitintervall von 0 bis t kumulierte Versagenswahrscheinlichkeit

$$P(t) = \int_0^t \exp(-\lambda t) = 1 - \exp(-\lambda t). \quad (2.21)$$

Für kleine t gilt

$$P(t) = \lambda t \quad \text{als 1. Näherung}. \quad (2.22)$$

λ ist dabei die *Versagensrate* oder *Ausfallrate* [1/Zeit], die experimentell bestimmt wird. Sie wird als konstant angenommen, was besonders zu Beginn und am Ende der Lebensdauer nicht unbedingt zutrifft.

Die Unverfügbarkeit ergibt entsprechend (2.22) in 1. Näherung

$$Q = \lambda \tau \qquad (2.23)$$

mit τ als der durchschnittlichen Zeit, während der Fehler existiert.

τ bedeutet je nach dem vorliegenden Fall
- die halbe Zeit zwischen zwei periodisch wiederkehrenden Prüfungen,
- die durchschnittliche Zeit, während der der Fehler nach der Entdeckung noch existiert,
- die Zeit, während der eine redundante Komponente wegen einer wiederkehrenden Prüfung nicht funktionsfähig ist.

Für die Unverfügbarkeit einer Komponente durch wiederkehrende Prüfung gilt

$$Q = \frac{t_D}{t_T} \qquad (2.24)$$

mit t_D als der Dauer des Ausfalls der Komponente durch den Test und t_T als dem Abstand zwischen zwei Prüfungen (Zykluszeit). Für die Bestimmung der Systemwahrscheinlichkeit müssen Versagenswahrscheinlichkeiten und Unverfügbarkeiten in der der jeweiligen Fragestellung entsprechenden Form verknüpft werden.

Tabelle 2.3 gibt eine Zusammenstellung typischer Ausfallraten sicherheitstechnisch relevanter Komponenten.

Tabelle 2.3. Auswahl typischer Ausfallraten von Komponenten [13]

		Median	untere Grenze	obere Grenze
Pumpe	Startfehler	$1 \cdot 10^{-3}$/d	$3 \cdot 10^{-4}$/d	$3 \cdot 10^{-3}$/d
	Ausfall Normalbetrieb	$3 \cdot 10^{-5}$/h	$3 \cdot 10^{-6}$/h	$3 \cdot 10^{-4}$/h
	Ausfall unter Extrembed.	$1 \cdot 10^{-3}$/h	$1 \cdot 10^{-4}$/h	$1 \cdot 10^{-2}$/h
	Arbeitet nicht	$1 \cdot 10^{-3}$/d	$3 \cdot 10^{-4}$/d	$3 \cdot 10^{-3}$/d
Motorventile	bleibt nicht offen	$1 \cdot 10^{-4}$/d	$3 \cdot 10^{-5}$/d	$3 \cdot 10^{-4}$/d
	Bruch oder großes Leck	$1 \cdot 10^{-8}$/h	$1 \cdot 10^{-9}$/h	$1 \cdot 10^{-7}$/h
Rückschlagklappen	öffnet nicht	$1 \cdot 10^{-4}$/d	$1 \cdot 10^{-5}$/d	$3 \cdot 10^{-4}$/d
	Leck in Rückwärtsrichtg.	$3 \cdot 10^{-7}$/h	$1 \cdot 10^{-7}$/h	$1 \cdot 10^{-6}$/h
	Bruch oder großes Leck	$1 \cdot 10^{-8}$/h	$1 \cdot 10^{-9}$/h	$1 \cdot 10^{-7}$/h
Entlastungsventile	öffnet nicht	$1 \cdot 10^{-5}$/d	$3 \cdot 10^{-6}$/d	$3 \cdot 10^{-5}$/d
	öffnet unbeabsichtigt	$1 \cdot 10^{-5}$/h	$3 \cdot 10^{-6}$/h	$3 \cdot 10^{-5}$/h
Rohrleitungen	Bruch	$1 \cdot 10^{-9}$/h	$3 \cdot 10^{-11}$/h	$3 \cdot 10^{-8}$/h
Diesel	Startversagen	$3 \cdot 10^{-2}$/d	$1 \cdot 10^{-2}$/d	$1 \cdot 10^{-1}$/d
	Versagen im Betrieb	$3 \cdot 10^{-4}$/h	$3 \cdot 10^{-5}$/h	$3 \cdot 10^{-3}$/h
Elektromotoren	Startversagen	$3 \cdot 10^{-4}$/d	$1 \cdot 10^{-4}$/d	$1 \cdot 10^{-3}$/d
	Versagen im Betrieb	$1 \cdot 10^{-5}$/h	$3 \cdot 10^{-6}$/h	$3 \cdot 10^{-5}$/h
	Versagen im Betrieb unter Extrembeding.	$1 \cdot 10^{-3}$/h	$1 \cdot 10^{-4}$/h	$1 \cdot 10^{-2}$/h
Abschaltstäbe	Einzelstab fällt nicht	$1 \cdot 10^{-4}$/d	$3 \cdot 10^{-5}$/d	$3 \cdot 10^{-4}$/d

Einflüsse von Prüfung und Reparatur auf die Wahrscheinlichkeit sind in vielen Arbeiten detailliert untersucht worden. Hier beschränken wir uns jedoch auf die wiedergegebene 1. Näherung.

2.2.4 Unsicherheitsbereich von Wahrscheinlichkeiten

Die Komponentenwahrscheinlichkeiten haben einen gewissen Unsicherheitsbereich, der eine entsprechende Unsicherheit in der ermittelten Systemwahrscheinlichkeit bewirkt. Dazu muß eine Verteilungsfunktion angegeben werden. In [7] wird dazu die logarithmische Normalverteilung vorgeschlagen:

$$f(x) = \frac{1}{\sqrt{2\pi}\,\sigma\,x} \exp\left(-\frac{(\ln x - \mu)^2}{2\sigma^2}\right). \tag{2.25}$$

Als *untere Begrenzung* x_L wird der Wert genommen, unterhalb dessen 5% der beobachteten Werte liegen, unterhalb der *oberen Begrenzung* x_u liegen 95% der beobachteten Werte. Der Median ist dann

$$x_{0,5} = \sqrt{x_L x_u} = e^{-\mu}. \tag{2.26}$$

Durch den Logarithmus unterscheiden sich x_L, $x_{0,5}$ und x_u um bestimmte Faktoren. Zum Beispiel gilt $x_L = 10^{-4}$, $x_{0,5} = 10^{-3}$, $x_u = 10^{-2}$.

Für x werden dann die Wahrscheinlichkeiten eingesetzt. Sie sollen nach diesem Modell ihrer Größenordnung nach abschätzbar sein. Der Unsicherheitsbereich für das System wird aus dem für die Komponenten durch ein Monte-Carlo-Verfahren bestimmt.

2.2.5 Bemerkungen über Störfallablaufdiagramme (event trees)

Will man ein ganzes Kernkraftwerk auf einen einzigen Fehlerbaum abbilden, so wird dieser so groß, daß er nicht mehr mit den gegenwärtigen Programmen auswertbar ist. In [7] wurde deshalb eine heuristische Vorgehensweise über das Störfallablaufdiagramm (am. event tree) gewählt.

Beim Ablaufdiagramm geht man von bestimmten Anfangsereignissen aus, wie sie in Kapitel 1 in Gestalt der Transienten und des Kühlmittelverlustes prinzipiell definiert

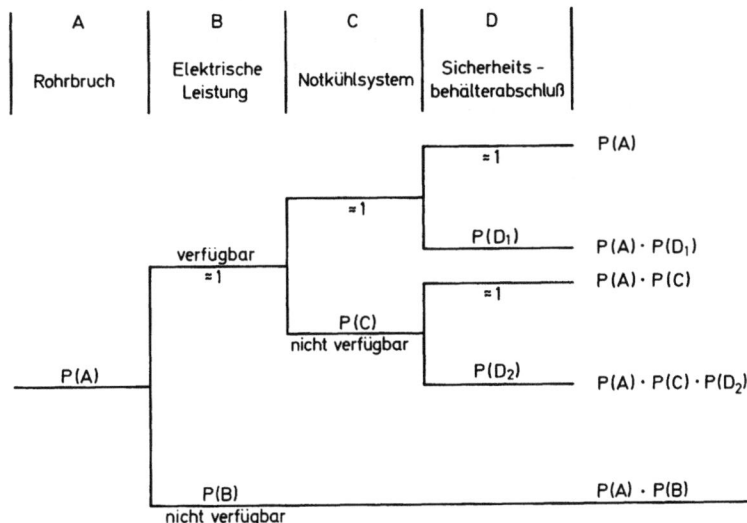

Bild 2.6. Ablaufdiagramm für großen Kühlmittelverluststörfall

wurden. Man verfolgt dann die Weiterentwicklung des Ereignisses je nachdem, ob die verschiedenen hierfür vorgesehenen Sicherheitssysteme funktionieren oder nicht und mit welcher Wahrscheinlichkeit dies der Fall ist. Bild 2.6 zeigt als Beispiel ein Ablaufdiagramm für einen großen Bruch der Hauptkühlmittelleitung eines Druckwasserreaktors. Das auslösende Ereignis ist der Rohrbruch selber, seine Wahrscheinlichkeit P(A). Für die Sicherheitssysteme wird in jedem Fall elektrische Leistung benötigt, P(B) ist die Wahrscheinlichkeit, daß sie nicht verfügbar ist, $1 - P(B) \approx 1$ (wegen $P(B) \ll 1$), daß sie vorhanden ist. Entsprechende Wahrscheinlichkeiten werden für das Notkühlsystem und den Sicherheitsbehälterabschluß definiert.

Die Wahrscheinlichkeit, daß das Anfangsereignis in verschiedenem Grade nicht beherrscht wird, wird durch die rechts im Bild 2.6 angegebenen Produkte bezeichnet. Man kann a priori den Ereignisbaum vereinfachen, und den unteren Ast nicht mehr verzweigen, weil nach Ausfall der elektrischen Leistung Notkühlung und Sicherheitsbehälterabschluß ohnehin nicht funktionieren und darum irrelevant sind.

In [7] werden dann erst die Wahrscheinlichkeiten der Teilsysteme P(A), P(B) usw. durch Fehlerbäume bestimmt.

Literatur zu Kapitel 2

1. US-Nuclear Regulatory Commission (NRC), Regulatory Guides, Div. 1, Power Reactors, 10 CFR, June 1977
2. Safety Criteria, US-AEC
3. ASME Boiler and Pressure Vessel Code, Section III – Div. 1, Rules for Construction of Nuclear Power Plant Components, July 1, 1974
4. Der Bundesminister des Innern, Sicherheitskriterien für Kernkraftwerke, 21. 10. 1977
5. Leitlinien der Reaktor-Sicherheitskommission,
   (a) für Druckwasserreaktoren, (b) für Siedewasserreaktoren.
   Nach dem jeweils neuesten Stand erhältlich bei GRS, Glockengasse 2, 5000 Köln
6. Kerntechnischer Ausschuß (KTA), Regeln. Erhältlich über GRS, Glockengasse 2, 5000 Köln
7. Reactor Safety Study, Appendix II, Fault Trees. USNRC, PB-248 203, Oct. 1975
8. Kamarinopoulos, J.: Direkte und gewichtete Simulationsmethoden zur Zuverlässigkeitsuntersuchung technischer Systeme. Technische Universität Berlin, Dissertation, 1972
9. Mazumdar, M.: Importance Sampling in Reliability Estimation, Reliability and Fault Tree Analysis. SIAM, Philadelphia (1975), 153–163
10. Caldarola, L.; Wickenhäuser, A.: The Karlsruhe Computer Program for the Evaluation of the Availability and Reliability of Complex Repairable System. Nucl. Eng. Des. 43 (1977) 463–470
11. Apostolakis, G. E.; Salem, S. L.; Wu, J. S.: A Computer Code for the Automated Construction of Fault Trees. EPRI NP-705, March 1978
12. Lapp, S. A.; Powers, G. J.: The Synthesis of Fault Trees. Nucl. Systems Reliability Engineering and Risk Assessment. Fussel and Burdick (eds.), SIAM (1977) 778–799
13. Reactor Safety Study, Appendix III, Failure Data. USNRC, PB-248 204

3 Wichtige Untersysteme des Druckwasserreaktors

Der Druckwasserreaktor (DWR, engl. PWR, pressurized water reactor) hat heute eine mehr als 20jährige Entwicklung hinter sich. Er wurde zunächst für den Antrieb von Kriegsschiffen entwickelt und gebaut; die erste Anlage zur Stromerzeugung (136 MW) wurde 1957 in Shippingport, USA, fertiggestellt. Der Druckwasserreaktor ist der heute am häufigsten für die kommerzielle Stromerzeugung eingesetzte Typ. Seine Ausführungsform ist weitgehend standardisiert. Bei gleichem grundsätzlichen Aufbau gibt es jedoch bei den verschiedenen Herstellern Unterschiede in der Detailausführung der einzelnen Untersysteme, die interessante Vergleiche ermöglichen, das Verständnis für ihre Wirkungsweise vertiefen und dadurch den Stand der heute erreichten Sicherheitstechnik verdeutlichen. In diesem Kapitel sollen insbesondere die Systeme der Firmen Westinghouse (W), USA, und Kraftwerk-Union (KWU), Bundesrepublik Deutschland, einander gegenübergestellt werden.

Kernkraftwerke mit Druckwasserreaktoren werden im Zweikreissystem betrieben (Bild 3.1). Im Primärkreis wird Wasser umgewälzt, dessen Druck so hoch ist, daß es bei den gegebenen Temperaturen nicht siedet (unterkühltes Wasser). Das Primärwasser ist radioaktiv durch Aktivierung und durch Kontamination mit Spaltprodukten aus Spaltstoffresten an der Brennelementoberfläche und aus defekten Brennstäben. Es wird normalerweise ein Betrieb mit bis zu 1 % beschädigten Hüllrohren zugelassen, obwohl die tatsächlichen Werte aufgrund der vorliegenden Erfahrung wesentlich tiefer liegen. In diesem Zusammenhang sind neben flüchtigen Spaltprodukten Xe-133, Xe-135, Kr-85, Kr-88 und J-131 auch nichtflüchtige Spaltprodukte, aktivierte Korrosionsprodukte und spaltbare Stoffe von Bedeutung. Ihre sicherheitstechnische Bedeutung liegt in der Erschwerung von Reparatur- und Wartungsarbeiten durch Strahlenbelastung des Personals. Tabelle 3.1 gibt als Beispiel die Kontamination des Kühlwassers der Anlage Biblis A wieder.

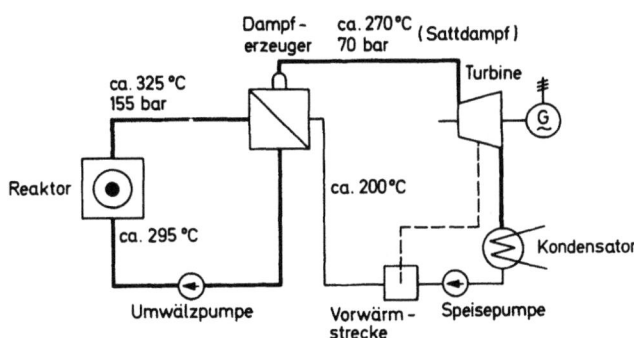

Bild 3.1. Stark vereinfachte Schaltung eines Druckwasser-Kernkraftwerkes

Tabelle 3.1. Aktivität des Primärwassers in Biblis A [58]

Spaltprodukt/ Korrosionsprodukt	Aktivität Ci/m^3
Σ Jod	$1,8 \cdot 10^{-1}$
Cs-134	$2,5 \cdot 10^{-3}$
Cs-137	$2,4 \cdot 10^{-4}$
Cr-51	$1,6 \cdot 10^{-3}$
Mn-54	$6,8 \cdot 10^{-5}$
Co-58	$9,1 \cdot 10^{-4}$
Co-60	$3,1 \cdot 10^{-4}$
[a] Sb-122	$1,2 \cdot 10^{-3}$
[a] Sb-124	$4,7 \cdot 10^{-4}$
Np-239	$4,2 \cdot 10^{-5}$
Na-24	$7,5 \cdot 10^{-3}$

[a] Speziell aus den Lagern der Umwälzpumpen stammend.

Das primäre Kühlmittel fließt auf der Innenseite der Dampferzeuger-Heizrohre und überträgt seine Wärme an den Sekundärkreislauf, in dem Wasser verdampft und zum Antrieb der Turbine verwendet wird. Das sekundäre Kühlmittel ist normalerweise nicht radioaktiv. Wegen der Druckunterschiede zwischen Primär- und Sekundärseite des Dampferzeugers gelangt aber bei eventuell auftretenden Undichtigkeiten Primärwasser in das Sekundärsystem. Deshalb wird die sekundärseitige N-16-Aktivität laufend überwacht. Dies ist radiologisch bei Lecks im Sekundärkreis von Bedeutung.

Bild 3.2 gibt einen prinzipiellen Überblick über die sicherheitsrelevanten Untersysteme eines DWR-Kernkraftwerks. Sie werden in den folgenden Abschnitten im einzelnen behandelt werden und sind:

(a) Der Reaktorkern (Core) und die Einbauten des Reaktordruckbehälters. Der Reaktorkern
 – produziert die Wärmeleistung im Betrieb,
 – produziert die Nachwärmeleistung im abgeschalteten Zustand,
 – enthält das wesentliche radioaktive Inventar des Kernkraftwerkes
    und muß deshalb
 – im möglichst intakten, in jedem Falle kühlfähigen Zustand erhalten werden.
 Die Einbauten des Reaktordruckbehälters sollen
 – ein rechtzeitiges Abschalten ermöglichen,
 – die Kühlmittelströmung richtig führen,
 – eine kühlfähige Geometrie des Cores gewährleisten.

(b) Die druckführende Umschließung (Primärsystem) hat die Funktion
 – das dauernde Vorhandensein von Kühlwasser für das Core zu gewährleisten,
 – das Austreten von Aktivität in die Umgebung zu verhindern.

(c) Das Haupt-Wärmeabfuhrsystem (im wesentlichen identisch mit dem Sekundär-Kreislauf)
 – soll die Wärme im Normalbetrieb und bei leichten Betriebsstörungen (upset conditions, s. Abschnitt 2.1) aufnehmen und abführen,
 – soll bei ernsthafteren Betriebsstörungen eine Wärmeabfuhr über die Frischdampf-Sicherheits- und Entlastungsventile ermöglichen.

3 Wichtige Untersysteme des Druckwasserreaktors

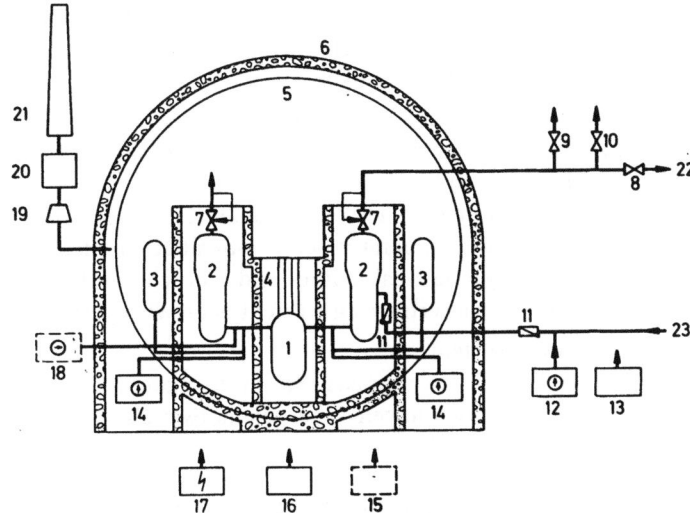

Bild 3.2. Schematische Zusammenstellung der sicherheitsrelevanten Untersysteme eines Druckwasser Kernkraftwerkes

1 Reaktordruckbehälter
2 Dampferzeuger
3 Druckspeicher (Notkühlung)
4 Be- und Entladebecken (kein Sicherheitssystem)
5 Sicherheitsbehälter
6 Betonhülle
7 Kombinierte Sicherheitsventil-Absperrarmatur
8 Absperrarmatur
9 Sicherheitsventil
10 Entlastungsventil
11 Rückschlagklappe
12 Notspeisewassersystem
13 Notstandssystem
14 Not- und Nachkühlsystem
15 Regelsystem (kein Sicherheitssystem)
16 Reaktorschutzsystem
17 Stromversorgung und Notstromsystem
18 Volumenregelsystem (nur partiell ein Sicherheitssystem)
19 Gebläse
20 Filter
21 Kamin
22 zur Turbine
23 von den Haupt-Speisewasserpumpen. Die Sicherheitsventile des Primärkreises befinden sich am hier nicht gezeichneten Druckhalter

(d) Das Regelsystem
 — sorgt für das Gleichgewicht zwischen erzeugter und abgeführter Wärmeleistung im Normalbetrieb und bei leichten Betriebsstörungen.

(e) Das Not-Speisewassersystem
 — versorgt bei Ausfall des elektrischen Eigenbedarfs die Dampferzeuger mit Wasser,
 — kühlt bei Ausfall des elektrischen Eigenbedarfs das Primärsystem und setzt seinen Druck herab (zus. mit Frischdampf-Entlastungssystem),
 — kühlt das Primärsystem im Falle äußerer Einwirkungen Dritter (zus. mit Frischdampf-Entlastungssystem).

(f) Das Notkühl- und Nachwärmeabfuhrsystem
 — führt die Nachwärme im normalen abgeschalteten Zustand ab, sobald der Primärdruck entsprechend reduziert ist,
 — kühlt nach äußeren Einwirkungen und Einwirkungen Dritter das Beladebecken mit dem Core im zum Brennelementwechsel geöffneten Druckbehälter und das Brennelement-Lagerbecken (nur bei KWU-Systemen),

- injiziert Kühlmittel nach einem Kühlmittelverlust-Störfall (Noteinspeisesystem),
- wälzt das Kühlmittel nach einem Kühlmittelverlust-Störfall um und führt die Nachwärme ab (Notnachkühlsystem).

(g) Das Volumenregel- und Boreinspeisesystem
- hält das Kühlwasservolumen im Primärkreislauf während des Normalbetriebes und bei leichten Betriebsstörungen konstant,
- regelt den Borgehalt des Primärkühlmittels entsprechend Brennelementabbrand und Kühlmitteltemperatur beim Normalbetrieb und Transienten,
- sorgt für negative Reaktivität bei der durch den Frischdampfleitungsbruch bedingten Kaltwassertransiente (nicht bei KWU-Systemen).

(h) Das Notstromsystem
stellt bei Ausfall der normalen Stromversorgung aus Netz und Generator die Versorgung aller Einrichtungen sicher, die notwendig sind für
- die Abschaltung der Anlage,
- die Nachwärmeabfuhr,
- die Abkühlung und Druckabsenkung des Primärkreises,
- die Überwachung und Regelung der obigen Einrichtungen,
- die Überwachung und Niedrighaltung der Radioaktivität in den Anlageräumen und in der Umgebung.

(i) Das Reaktorschutzsystem
soll verhindern, daß normale Betriebsstörungen in Störfälle übergehen (emergency oder fault conditions nach Abschnitt 2.1).
Dazu
- überwacht es die sicherheitsrelevanten Meßgrößen,
- reduziert die erzeugte Reaktorleistung oder schaltet sie ab,
- steuert alle für die Sicherheit (Nachwärmeabfuhr, Druckabsenkung, Aktivitätskontrolle) wichtigen Systeme.

(k) Das Notstandssystem
übernimmt die Funktion des Reaktorschutzsystems im Falle äußerer Einwirkungen oder Einwirkungen Dritter und gewährleistet die Nachwärmeabfuhr.

(l) Der Reaktor-Sicherheitsbehälter (Containment) mit zugehörigen Systemen soll
- die Freisetzung von Radioaktivität in die Umgebung im Normalbetrieb und bei Störfällen minimieren,
- einen Teil der Nachwärme nach dem Kühlmittelverluststörfall abführen (nicht bei KWU-Systemen).

Bei bestimmten Herstellern (KWU) ist der Sicherheitsbehälter vom Reaktorgebäude umgeben, das den ersteren vor äußeren Einwirkungen schützt, eine kontrollierte Ableitung von Leckagen über das Abgassystem ermöglicht und das Notkühl- und Nachwärmeabfuhrsystem aufnimmt.

(m) Das Abgas- und Abwassersystem
- reinigt die Abluft über Filter, das Abwasser über Zonenaustauscher,
- ermöglicht eine kontrollierte Abgabe (Abluft über Kamin) und Verdünnung.

Die Ablaufdiagramme im Kapitel 10 zeigen im einzelnen, welche Teilsysteme bei bestimmten Ereignissen benötigt werden, um eine Kernschmelze mit größerer Aktivitätsfreisetzung zu verhindern.

3.1 Reaktorkern und Einbauten des Reaktordruckbehälters

Bild 3.3 zeigt das Brennelement eines Druckwasserreaktors, Bild 3.4 einen Querschnitt durch den Kern. In einen Teil der *Brennelemente* tauchen von oben die sog. *Finger-Regelstäbe* ein, die in besonderen Rohren im Brennelement geführt werden. Die Zahl der in das Brennelement eintauchenden Kontrollstab-„Finger" beträgt etwa 20. In den Brennelementen, die keine Regelstäbe enthalten, werden die entsprechenden Führungsrohre mit abbrennbarem Neutronengift (Bor) gefüllt oder einfach zugestopft. Das Rohr in der mittleren Position des Brennelements wird bei W für die Incore-Neutronenflußinstrumentierung benutzt. Dort werden die Meßkammern durch kleine Stutzen im Boden des Reaktordruckbehälters von unten in das Core eingeführt und erlauben eine kontinuierliche Messung. Bei den KWU-Reaktoren werden Stahlkügelchen von oben in einzelne Regelstabführungsrohre eingeführt und ergeben durch Aktivierung so eine diskontinuierliche Messung. Für die kontinuierliche Messung werden in einzelne Positio-

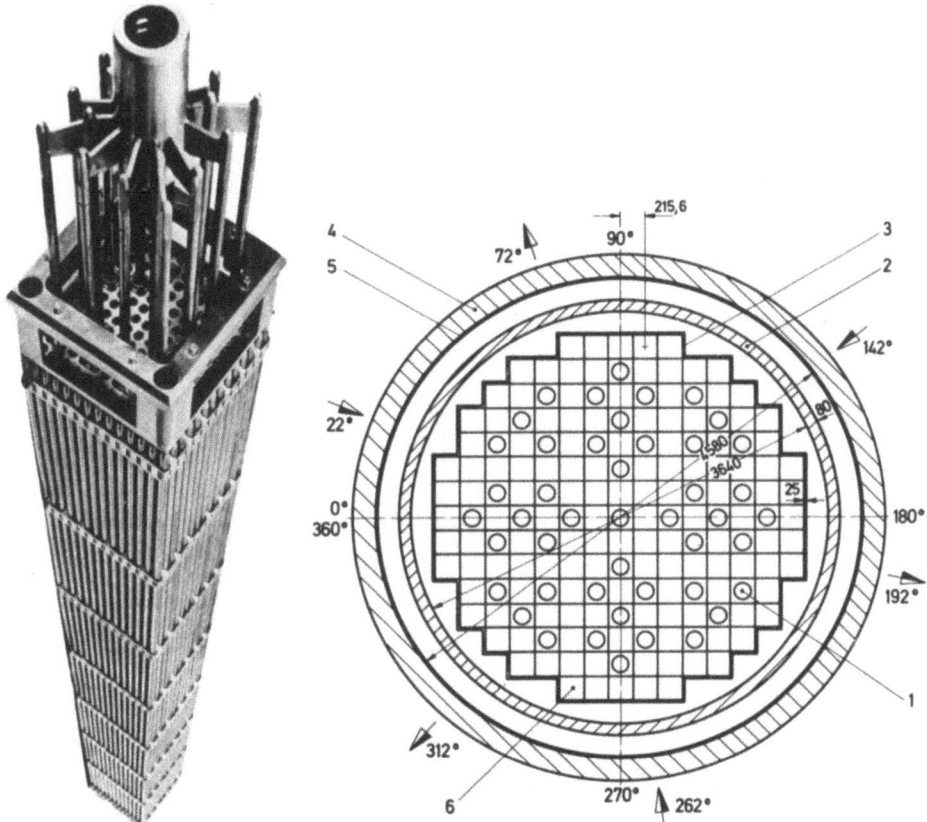

Bild 3.3. Brennelement eines Druckwasserreaktors mit Fingerregelelement [2]

Bild 3.4. Querschnitt durch den Kern eines Druckwasserreaktors [2]
1 Brennelement mit Steuerelement
2 Kernbehälter
3 Kernumfassung
4 Reaktordruckbehälter
5 Austenitische Plattierung
6 Brennelement

nen, ebenfalls von oben, Neutronen-Meßkammern eingeführt. Jedes Brennelement hat bei W 15 × 15 − 1 − 20 = 204 Brennstäbe[1], bei KWU 16 × 16 − 20 = 236 Brennstäbe. Eine Besonderheit des Druckwasserreaktors ist, daß die Brennelemente offen und nicht von einem Brennelementkasten umschlossen sind. Tabelle 3.2 gibt eine Zusammenstellung wichtiger Daten über das Brennelement und den Reaktorkern.

Tabelle 3.2. Übersicht über den Kern des Druckwasserreaktors 1200 bis 1300 MW$_{el}$ [1, 2]

		KWU	Westinghouse
Thermische Leistung	MW	3765	3411
Kühlmitteldruck	bar	158	155,2
mittl. Kühlmittelaustrittstemperatur	°C	326,1	326,1
äquivalenter Kerndurchmesser	mm	3605	3371
aktive Kernhöhe	mm	3900	3600
Weite des Brennelements (quadratisch)	mm	229,6	214,0
Zahl der Brennstäbe je BE		236	204
n × n Regelstabrohre − Inst. Kanäle		16 × 16−20	15 × 15−20-1
Gesamtzahl der BE		193	193
Zahl der Steuerelemente		53	53 + 8 (Teillänge)
Hüllrohraußendurchmesser	mm	10,75	10,71
Hüllwandstärke	mm	0,725	0,610
Pelletdurchmesser (kalt)	mm	9,11	9,39
Spalt zwischen Hülle und Brennstoff (frisch, kalt)	mm	0,105	0,05
Stabachsenabstand	mm	14,3	14,3
max. Wärmestromdichte	W/cm^2	152,9	164,5
Flußformfaktor		2,5	2,4
Anreicherungsstufen	%	1,9/2,5/3,2	2,25/2,80/3,80
Borkonzentration des frischen Reaktors			
kalt, ohne Xe	ppm	1450	1460
heiß, mit Xe und Sm	ppm	1020	880
max. Blasen-Koeffizient	$\frac{\Delta \rho}{\%}$	$-0,2 \cdot 10^{-3}$ (heiß, Nennleistung Xe, Sm) (pos. bei Nulleistung)	$+0,5 \cdot 10^{-3}$ (Corezustand nicht angegeben)
max. Moderator-Temperatur-Koeffizient	$\frac{\Delta \rho}{K}$	$-9 \cdot 10^{-5}$	−
max. Moderator-Druck-Koeffizient	$\frac{\Delta \rho}{bar}$	$3 \cdot 10^{-6}$ (frisch)	$43 \cdot 10^{-6}$ (abgebrannt)
Doppler-Koeffizient	$\frac{\Delta \rho}{K}$	$-1,6$ bis $-2,7 \cdot 10^{-5}$	$-1,8$ bis $-3,6 \cdot 10^{-5}$
verfügbare Regelstabreaktivität bei Vollast	%	7,5	7,92 (frisch) 7,41 (abgebrannt)
Abschaltreserve bei Vollast Ausfall des wirksamsten Stabes	%	4,6	3,6 (einschl. 10 % Unsicherheit)

---

1 Bei neueren Anlagen werden die Stäbe in der 17 × 17-Konfiguration eingesetzt.

3.1 Reaktorkern und Einbauten des Reaktordruckbehälters

Um den Flußformfaktor[2] als Verhältnis von maximaler zu mittlerer Leistungsdichte gering zu halten, sind die Brennelemente in den Zentralpositionen des Cores weniger angereichert bzw. stärker abgebrannt (Umsetzen) als diejenigen in den Randpositionen. Durch die mit zunehmendem Abbrand reduzierte Borvergiftung wird der Reaktivitätskoeffizient des Kühlmittels zunehmend negativ. (Genauere Erläuterung dieser und anderer Zusammenhänge in [32]). Durch die in eine Anzahl Brennelemente eingesetzten Stäbe aus abbrennbarem Neutronengift wird erreicht, daß der Reaktor möglichst keinen positiven Temperaturkoeffizient der Reaktivität des Kühlmittels erhält.

Die Regelstäbe werden über Antriebsstangen in geschlossenen Stutzen geführt und durch ein System von Klinken bewegt, die durch die Stutzenwand hindurch magnetisch betätigt werden. Zur Auslösung der Schnellabschaltung werden die Magnete stromlos gemacht (fail-safe), die Klinken lösen sich und die Regelstäbe fallen durch Schwerkraft in den Kern (Genaueres in [32]).

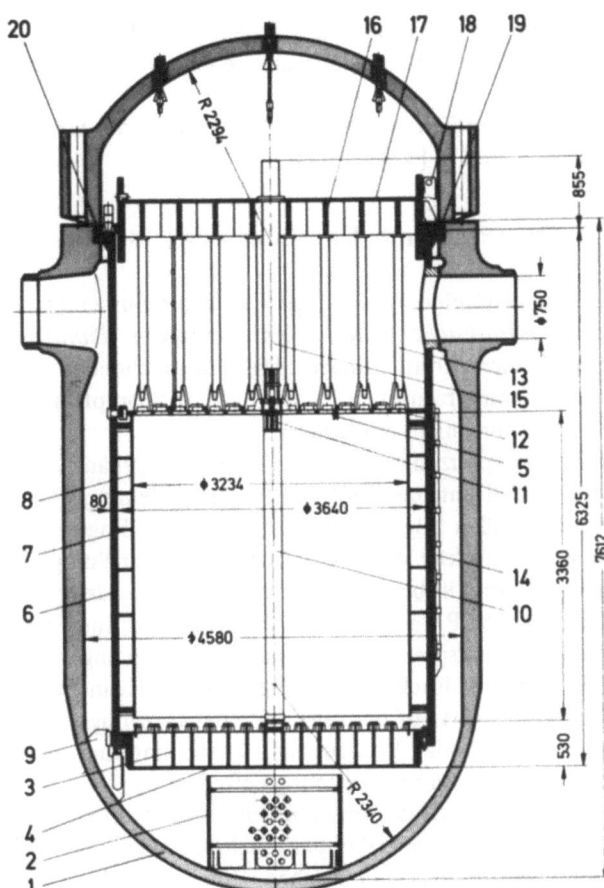

Bild 3.5. Längsschnitt durch den Reaktordruckbehälter mit Einbauten [2]

1 Druckbehälter
2 Siebtonne
3 Unterer Rost
4 Stauplatte
5 BE-Zentrierstifte
6 Kernbehälter
7 Formblech
8 Kernumfassung
9 Kernbehälter-Begrenzung
10 Brennelement
11 Steuerstab
12 Gitterplatte
13 Stütze
14 Bestrahlungskanal
15 Steuerstabführung
16 Oberer Rost
17 Deckplatte
18 Anhängeöse
19 Niederhalter
20 Zentrierung

---

[2] Als Flußformfaktor wird hier das Verhältnis maximaler Neutronenfluß/mittlerer Neutronenfluß bezeichnet. In der Literatur (z. B. [32]) wird mit diesem Ausdruck auch manchmal das Reziproke des genannten Verhältnisses bezeichnet.

Bild 3.5 zeigt einen Längsschnitt durch den *Reaktordruckbehälter* mit seinen Einbauten. Das Core steht auf einer Gitterplatte, die den Boden des *Coretragezylinders* bildet. Dieser ist oben am Druckbehälterflansch eingespannt. Die Ein- und Austrittsstutzen für das Kühlmittel liegen in einer Ebene oberhalb des Cores. Das kalte eintretende Kühlmittel fließt im *Ringraum* (Downcomer) außerhalb des Coretragezylinders abwärts, durchströmt von unten nach oben das Core und verläßt den oberhalb liegenden Sammelraum durch die Austrittsleitungen. An die Reaktoren der 1300 MW-Klasse sind 4 Kühlkreisläufe mit je 4 Eintritts- und Austrittsstutzen angeschlossen.

Die wichtigste Auslegungsgrenze des Cores ist die kritische Heizflächenbelastung, bei deren Überschreitung der Wärmeübergang durch Bildung eines isolierenden Dampffilms drastisch reduziert wird und Schäden an den Hüllrohren mit Spaltproduktfreisetzung erfolgen können. Die kritische Heizflächenbelastung hängt u. a. vom Druck p, vom Dampfgehalt x und von der Enthalpie h des Kühlwassers ab. Die Meßergebnisse werden durch verschiedene empirische Beziehungen (in [32] zitiert) interpoliert.

Das Verhältnis der so errechneten kritischen Heizflächenbelastung q_{krit} zur tatsächlichen maximalen Heizflächenbelastung q wird als *DNB-Verhältnis* bezeichnet. Im normalen Betrieb hat es im allgemeinen einen Wert $\geqslant 2$. Transienten werden dann als unschädlich für die Brennstäbe angesehen, wenn in ihrem Verlauf das DNB-Verhältnis $> 1,3$ bleibt.

Eine wesentlich detailliertere Darstellung der Grundsätze und Methoden der Kernauslegung wird in [32] gegeben.

3.2 Druckführende Umschließung (Primärsystem)

Bild 3.6 zeigt eine Ansicht des *Primärsystems* eines Druckwasserreaktors, bestehend aus *Reaktordruckbehälter*, *Dampferzeugern*, *Pumpen*, einem *Druckhalter* und den verbindenden Rohrleitungen. Die entsprechenden Anschlüsse des Sekundärsystems an die Dampferzeuger in Form von Frischdampf- und Speisewasserleitungen sind zur Vereinfachung nicht eingetragen.

Die Dampferzeuger sind schwenkbar aufgehängt. Dadurch können sie sich in ihrem unteren Teil entsprechend der Wärmeausdehnung der Kühlmittelleitung verschieben. Somit entfallen Bögen in der Leitung (der U-Bogen zwischen Pumpe und Dampferzeuger ist konstruktiv durch die Zuströmung zur Pumpe bedingt). Der Druckbehälter ist also Festpunkt in bezug auf die thermische Ausdehnung. Ebenso gibt es keine Absperrorgane in den Primärleitungen. Frischdampf- und Speisewasserleitungen sind dagegen flexibel mit entsprechenden Entlastungsbögen angeschlossen.

Ein Schnitt durch einen *Dampferzeuger* ist in Bild 3.7 wiedergegeben. Das primäre Kühlmittel fließt auf der Innenseite der U-förmigen Heizrohre; das Sekundärwasser befindet sich auf der Rohraußenseite und hat eine freie Oberfläche, über der sich Einrichtungen zur Dampftrocknung befinden.

Die druckführende Umschließung ist also durch den Reaktordruckbehälter, Druckhalter, Rohrleitungen, Pumpengehäuse, unterer Sammelraum des Dampferzeugers und Dampferzeugerheizrohre gegeben. Ihre Integrität ist die Barriere gegen den Kühlmittelverluststörfall.

Der Reaktordruckbehälter besteht aus einem hochfesten, legierten Vergütungs-Feinkorn-Baustahl mit Edelstahlauskleidung auf der Innenseite; das gleiche gilt i. allg. für Druckhalter, Rohrleitungen, Pumpengehäuse und Dampferzeugersammler. In einigen

3.2 Druckführende Umschließung (Primärsystem)

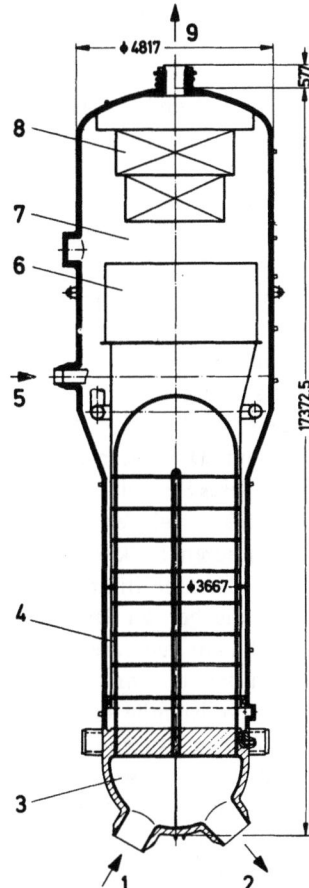

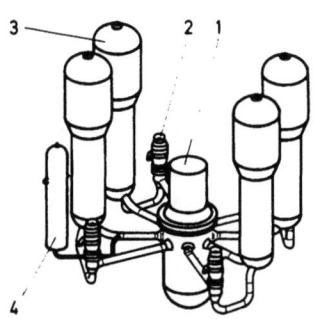

Bild 3.6. Primärsystem (druckführende Umschließung) eines Druckwasserreaktors mit 4 Kreisläufen
1 Reaktordruckbehälter
2 Kühlmittelumwälzpumpe
3 Dampferzeuger
4 Druckhalter

Bild 3.7. Schnitt durch einen Dampferzeuger [2]
1 Primäreintritt
2 Primäraustritt
3 Sammler (Primärkammer)
4 Rohrbündel
5 Speisewassereintritt
6 Grobabscheider
7 Dampfraum
8 Feinabscheider
9 Dampfaustritt

Westinghouse-Anlagen werden allerdings auch Rohrleitungen aus Edelstahl eingesetzt. Das hat Vorteile im Hinblick auf die Materialeigenschaften (Zähigkeit), Nachteile im Hinblick auf die Schweißverbindung mit dem Reaktordruckbehälter. Die Dampferzeuger-Heizrohre bestehen heute aus der Nickelbasislegierung Inconel (zunächst Inconel 600, dann nach Korrosionsschwierigkeiten Inconel 800).

Die *Hauptkühlmittelpumpen* haben rein betriebliche Funktionen. Im Falle eines Leitungsbruches ist allerdings die Möglichkeit nicht ganz auszuschließen, daß eine Pumpe durch das ausströmende Kühlmittel wie eine Turbine auf sehr hohe Drehzahlen gebracht wird. Es könnte dabei zum Zerknall des Pumpenschwungrades mit Folgeschäden kommen. Deshalb entkoppeln sich bei den KWU-Anlagen die Schwungräder bei hohen Drehzahlen durch Fliehkraft von der Pumpenwelle.

Die einzige freie Wasseroberfläche des Primärkreises befindet sich im *Druckhalter*. Durch Heizen bzw. durch Einsprühen von kaltem Wasser wird hier der Kühlmitteldruck geregelt. Am Druckhalter sind auch die Sicherheitsventile für den Primärkreis angebracht.

Was geschieht nun, wenn an irgendeiner Stelle des Primärsystems ein Leck bzw. ein Bruch, also ein Kühlmittelverluststörfall auftritt?

Tritt der Bruch in den Rohrleitungen, dem Druckhalter, den Pumpengehäusen, dem Dampferzeugersammelraum oder den Dampferzeugerheizrohren auf, so kann das Kühlmittel höchstens so schnell wie bei einem Bruch maximaler Größe in einer der Rohrleitungen ausströmen. Die Folgen für das Core sind darum eingeschlossen in diejenigen, die sich ergeben, wenn eine Rohrleitung bricht und einen äquivalenten Ausströmungsquerschnitt freigibt. Die in Abschnitt 8.1 beschriebene Analyse für Bruchquerschnitte bis zum Doppelten des maximalen Rohrquerschnittes (2-F-Bruch) zeigt, daß die Folgen dieses Störfalls durch die Sicherheitseinrichtungen beherrscht werden[3].

Anders steht es, wenn der Bruch im Reaktordruckbehälter auftritt. Oberhalb einer bestimmten Leckgröße und unterschiedlich je nach dem Ort kann es geschehen, daß entweder eine hinreichend schnelle Einspeisung des Notkühlwassers nicht möglich ist oder die bei der Druckentlastung auftretenden dynamischen Kräfte das Core in eine nicht mehr kühlbare Geometrie überführen.

In diesem Sinne werden also die Folgen eines Versagens des Reaktordruckbehälters nicht vollständig durch redundante oder diversitäre Einrichtungen abgedeckt. Es ist deshalb im folgenden zu zeigen, daß ein Versagen des Reaktordruckbehälters sicher ausgeschlossen werden kann und die Sicherheitsmaßnahmen bei der Materialauswahl, Konstruktion, Fertigung, Prüfung und betrieblichen Überwachung sich untereinander mit einem hinreichenden Grad an Redundanz und Diversität überdecken.

Ergänzend kommt hinzu, daß bei einem *Druckbehälterversagen* in Form eines Berstens u. U. auch Bruchstücke den Sicherheitsbehälter beschädigen und so zu einer raschen und großen Aktivitätsfreisetzung in die Umgebung führen könnten. Auch hier ist zu zeigen, daß diese Möglichkeit nicht existiert. Diese Überlegung gilt auch für den Druckhalter, der in diesem Sinne den gleichen Anforderungen genügen muß wie der Reaktordruckbehälter.

Wir werden im folgenden deshalb den Reaktordruckbehälter behandeln. Alle hierfür abgeleiteten Forderungen hinsichtlich der Qualitätssicherung gelten entsprechend auch für die anderen Komponenten des Primärkreises.

3.2.1 Aufbau des Reaktordruckbehälters

Bild 3.8 zeigt den Reaktordruckbehälter für das Beispiel einer Westinghouse-Anlage mit 4 Kreisläufen. Ein äquivalenter KWU-Behälter ist in Bild 3.5 zu sehen. Tabelle 3.3 zeigt die Gegenüberstellung einiger wichtiger Daten für die KWU- und Westinghouse-Anlagen.

---

[3] Von den Folgen für das Core sind allerdings die unmittelbaren dynamischen Auswirkungen auf die Umgebung der versagenden Rohrleitung zu unterscheiden.

3.2 Druckführende Umschließung (Primärsystem)

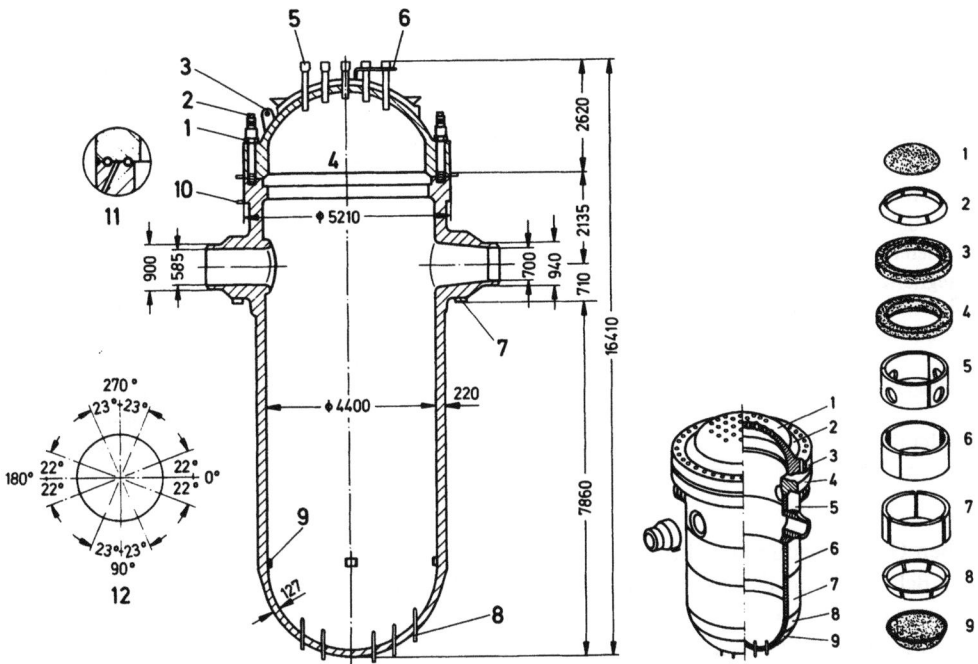

Bild 3.8. Schnitt durch einen Westinghouse-Reaktordruckbehälter (KWU-Druckbehälter s. Bild 3.5)

1 Deckelmutter
2 Schraubbolzen
3 Halteösen
4 Auflage für Kernbehälter
5 Regelstabstutzen
6 Entlüftungsleitung
7 Auflagerung (der KWU-Behälter besitzt stattdessen speziell angeschweißte Tragepratzen)
8 Instrumentierungsstutzen
9 Führung für Kernbehälter
10 Überwachungsleitung für Leckagekontrolle
11 Schnitt durch Deckeldichtung
12 Orientierung der Kühlmittelstutzen

Bild 3.9. Zusammensetzung eines Westinghouse-Druckbehälters aus Schmiedestücken und längsgeschweißten Platten

1 Deckelkalotte
2 Deckeltorus
3 Deckelflansch
4 Behälterflansch
5 Obere Behälterschale, Löcher für *eingesetzte* Stutzen
6 Mittlere Behälterschale
7 Untere Behälterschale
8 Unterer Torus
9 Untere Kalotte

Die schattierten Teile werden in der gleichen Form bei Behältern aus längsgeschweißten Platten wie bei solchen aus geschmiedeten Platten eingesetzt.
Werkstoffe: Schattierte Teile SA 508 Cl 2
           Übrige   Teile SA 533 Grd. B, Cl 1

Ein wichtiger Unterschied zwischen den W- und KWU-Anlagen ist der große Unterschied im Durchmesser, der bei den KWU-Anlagen einen deutlich größeren Zwischenraum zwischen Reaktorkern und Druckbehälterwand zuläßt. Die Ausfüllung dieses Zwischenraums mit Wasser- und Stahlschichten bewirkt die Abschirmung gegen die Strahlung aus dem Core und damit die effektive Begrenzung der Materialschäden. Die Begrenzung des integrierten Neutronenflusses auf $1 \cdot 10^{19}/cm^2$ ist Bestandteil der deut-

Tabelle 3.3. Daten von Reaktordruckbehältern

		Trojan (Westinghouse, 3423 MW$_{th}$)	Philippsburg 2 (KWU, 3765 MW$_{th}$)
Innendurchmesser	m	4,39	5,00
Wandstärke	cm	22,2	25,0
äquivalenter Kerndurchmesser	m	3,37	3,60
mittlerer Spalt	cm	51	70
integrierter Neutronenfluß nach 40 Jahren an der Innenwand		$2 \cdot 10^{19}$	$1 \cdot 10^{19}$
Aufbau des zylindrischen Teils		längsgeschweißte Platten	Schmiederinge
Auflagerung		auf den Kühlmittelstutzen	auf speziellen Tragepratzen
Kühlmittelstutzen		eingeschweißt	aufgeschweißt

schen Genehmigungsvorschriften [48]. In den USA verläßt man sich weitgehender auf die Beherrschung des Problems der Strahlenschäden durch die Legierungszusammensetzung (s. Abschnitt 3.2.3 (b)).

In Bild 3.9 ist gezeigt, wie ein Druckbehälter der Westinghouse-Bauart aus einzelnen Teilen zusammengesetzt ist. Die Teile 1, 3 und 4 (Flansche) und 9 sind in einem Stück geschmiedet aus dem Material SA 508 Cl 2 (deutsches Äquivalent 22NiMoCr 37), alle übrigen bestehen aus gewalzten Platten aus SA 533 Grd B, Cl 1 (deutsches Äquivalent 20MnMoNi 55) mit Längsschweißnähten; die so gebildeten Ringe werden durch Rundschweißnähte verbunden. In einigen Fällen werden aber auch alle Teile aus geschmiedeten Ringen zusammengesetzt. Tabelle 3.4 enthält einige Daten über die genannten Werkstoffe. Die verhältnismäßig hohe Festigkeit der Werkstoffe wird durch die allgemeine Struktur und Feinkörnigkeit erzielt, für die Zusätze von Cr, Ni, Mo, C, Mn, Si, Al, V in unterschiedlicher Konzentration verantwortlich sind. Im Hinblick auf die Darlegungen in Abschnitt 3.2.4 können aber einige der genannten Zusätze schädlich sein; sie sollten deshalb so gering wie möglich gehalten werden.

Tabelle 3.4. Zusammensetzung und wichtige Eigenschaften von Stählen für Reaktordruckbehälter

(a) Zusammensetzung (Gew.-%)

ASTM A 508 Cl 2	C	Si	Mn	P	S	Al	Cr	Cu	Ni	V
bzw. 22NiMoCr37	0,15 bis 0,25	0,1 0,35	0,5 1,5	≤ 0,01	≤ 0,015	0,01 0,04	0,4	≤ 0,1	0,5 1,2	0,01 0,02

ASTM A 533 B Cl 1 bzw. 20 MnMoNi 55 ist ähnlich zusammengesetzt, enthält etwas mehr Mn (1,2–1,5) und etwas weniger oder kein Cr (≤ 0,02)

(b) Festigkeitseigenschaften

$\sigma_{0,2} = (430 - 500) \text{ N/mm}^2$
$\sigma_B = (580 - 650) \text{ N/mm}^2$
$C_V = (100 - 180) \text{ J/cm}^2$ (Kerbschlagzähigkeit in der Hochlage)
Sprödbruchübergangstemperatur -10 bis $-20\,°C$.

3.2 Druckführende Umschließung (Primärsystem)

Auch V und Nb sollten drastisch verringert werden. Dadurch wird auch eine Seigerungsneigung (Inhomogenität) von C, Mn und Si vermindert, wodurch eine gleichmäßigere Vergütbarkeit und demzufolge eine geringere Veränderung der mechanisch-technologischen Eigenschaften über die Behälterwand erreicht werden kann.

Neben den Materialeigenschaften läßt sich auch durch konstruktive Maßnahmen eine Verbesserung der Behälterqualität erreichen. Dazu gehören die Sicherstellung der vollen Prüfbarkeit auch im Bereich der Regelstabstutzen, die weitgehende Vermeidung der Längsschweißnähte (bekanntlich sind die Umfangsspannungen in einem Zylinder, die auf die Längsnähte wirken, doppelt so groß wie die axial gerichteten Spannungen), die Vermeidung von Schweißnähten im core-nahen Bereich und eine geeignete Konstruktion der Kühlmittelstutzen.

Die KWU-Druckbehälter bestehen heute aus aneinandergeschweißten Schmiederingen. In den bisherigen Anlagen wurde das Material 22 NiMoCr 37 verwendet, inzwischen ist man zu 20 MnMoNi 55 übergegangen.

Die Kühlmittelstutzen werden bei den amerikanischen Anlagen in eine Bohrung der Wand *ein*geschweißt, während sie bei den KWU-Anlagen auf eine entsprechend kleinere Bohrung *auf*geschweißt werden. Der hierbei geringere Durchmesser von Bohrung und Schweißnaht wird als sicherheitstechnischer Vorteil gewertet.

Die mechanische Spannung, die in der Wand des Druckbehälters auftritt, hat 3 wesentliche Ursachen:
- Belastung durch den Innendruck,
- Wärmespannungen infolge von Temperaturdifferenzen,
- Belastung durch das Eigengewicht.

Die Methoden, nach denen die Spannungen zu berechnen sind, sind am umfassendsten in den Vorschriften des ASME-Codes [4] zusammengefaßt.

In bezug auf die letzte Belastungsart unterscheiden sich die KWU- und W-Druckbehälter dadurch, daß bei den ersteren der Druckbehälter auf besonderen Tragepratzen aufgelagert ist, während der letztere an den Kühlmittelstutzen aufgehängt wird. Dadurch werden die Belastungen an dieser sicherheitstechnisch wichtigen Stelle sehr komplex.

3.2.2 Versagenskriterien von Druckbehältern

Man unterscheidet die *duktile* (oder zähe) und die *spröde* Versagensform.

(1) Duktiles Versagen

Das duktile Versagen entspricht den bekannten klassischen Vorstellungen. Aufgrund der angelegten Spannung verformt sich der Werkstoff nach dem Spannungs-Dehnungs-Diagramm des Bildes 3.10 zunächst linear elastisch, von Erreichen der Streckgrenze $\sigma_{0,2}$ an dann plastisch, bis er bei Erreichen der Bruchspannung σ_B versagt.

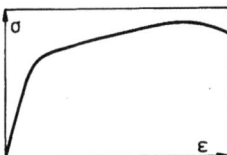

Bild 3.10. Klassisches Spannungs-Dehnungsdiagramm

Es ist hierbei vorausgesetzt, daß das Material in seinen Eigenschaften völlig homogen ist, daß ferner der Zusammenhang zwischen Spannung und Dehnung eindeutig ist, so daß man mit den an kleinen Proben gemessenen Materialeigenschaften das Verhalten großer Werkstücke mit ausreichender Genauigkeit voraussagen kann, sofern man die Spannungen richtig bestimmen kann. Mit den modernen Rechenverfahren, die mit der Methode der finiten Elemente ihren höchsten Entwicklungsstand erreicht haben [49], ist dies möglich.

Der Stand des Wissens ist am umfassendsten in den Berechnungsvorschriften des ASME-Codes [4] zusammengetragen worden. Insbesondere sind hier auch die anzuwendenden Sicherheitsfaktoren festgelegt worden. Es wird hier zwischen primären und sekundären Spannungen unterschieden. Primäre Spannungen sind solche, die sich *nicht* durch plastische Verformung abbauen (wichtigstes Beispiel sind die durch den Innendruck und das Eigengewicht erzeugten Spannungen). Sekundäre Spannungen bauen sich dagegen durch plastische Verformung ab (wichtigstes Beispiel sind die meisten Wärmespannungen).

Anmerkung: Hier ist jedoch Vorsicht geboten. Die Spannungen, die z. B. eine lange flexible Rohrleitung durch ihre Wärmeausdehnung an einem Anschlußstutzen (Festpunkt) bewirkt, läßt sich nicht durch Verformung in diesem begrenzten Bereich abbauen und ist deshalb eine Primärspannung.

Eine wichtige Vorschrift des ASME-Codes ist, daß die primären Spannungen im ungestörten Bereich den kleineren der beiden Werte $\sigma_B/3$ oder $\sigma_{0,2}/1,5$ bei Betriebstemperatur nicht überschreiten.

Man kann deshalb feststellen, daß ein duktiles Versagen bei einem Druckbehälter, der nach den genannten Regeln gebaut ist, unmöglich ist. Die Einhaltung der Regeln wird durch mehrere unabhängige Instanzen überprüft, es ist außerdem ein großer Sicherheitsspielraum vorhanden, so daß ihre Verletzung durch menschliches Versagen auszuschließen ist.

(2) Sprödes Versagen

Das Material, aus dem ein Druckbehälter besteht, ist möglicherweise nicht homogen, sondern kann Zonen unterschiedlichen Gefüges und insbesondere kleine Risse enthalten. Ein Bruch könnte dadurch entstehen, daß einer dieser Risse unter Einfluß der anliegenden Spannung unbeschränkt wächst.

Dazu betrachten wir die Anordnung des Bildes 3.11, die ein Wandstück der Dicke t und der Breite l zeigt, das in Längsrichtung unter einer gleichförmigen Zugspannung σ stehe. Im Wandinneren befinde sich ein Riß der Tiefe 2a, in der Breitenrichtung habe er eine beliebige Ausdehnung (z. B. e, d. h. über die ganze Breite der Wand oder ebenfalls a, linsenförmiger Riß).

Überschreitet die Zugspannung σ einen bestimmten Grenzwert σ_c, so wird der Riß instabil, wächst mit sehr großer Geschwindigkeit und der Behälter versagt. Die Bedingungen für das Auftreten solcher Instabilitäten werden heute mit den Methoden der *Bruchmechanik,* insbesondere der *linear-elastischen Bruchmechanik* (LEBM), wie sie zuerst von Griffith [50] und Irwin [51] entwickelt wurden, beschrieben. Eine sehr gute Einführung wird in [52] gegeben. Die für unsere Betrachtungen wichtigen Grundgedanken sollen in der Folge zunächst kurz dargestellt werden.

3.2 Druckführende Umschließung (Primärsystem)

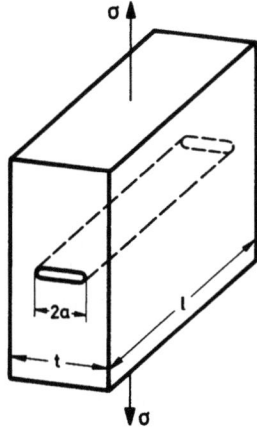

Bild 3.11. Wandstück mit Riß

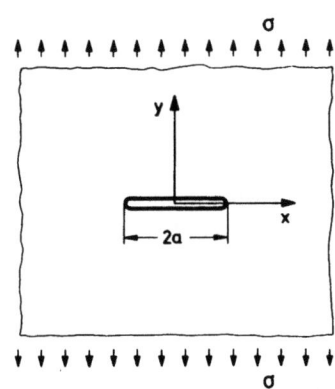

Bild 3.12. Riß in dünner, unendlich ausgedehnter Scheibe

(a) Energetische Betrachtung des kritischen Rißwachstums

Durch einen Riß wird die in einem unter Spannung stehenden Körper gespeicherte *elastische Energie* U erniedrigt. Andererseits muß bei Bildung eines Risses die zur Trennung der freiwerdenden Oberflächen benötigte *Oberflächenenergie* S aufgebracht werden. U und S ergeben zusammen die hier bedeutsame potentielle Energie des Körpers. Nimmt bei einem inkrementalen Rißwachstum die potentielle Energie ab, d. h. überwiegt die freigesetzte elastische Energie die benötigte Oberflächenenergie, so ist der Riß instabil oder überkritisch geworden und wächst mit einer Geschwindigkeit, die sich aus dynamischen Erwägungen ergibt.

Die Instabilitätsbedingung lautet also allgemein

$$\frac{d}{da}(U + S) \leq 0 , \qquad (3.1)$$

(ggf. muß dabei auch noch die Arbeit äußerer Kräfte berücksichtigt werden).

Die Änderung der elastischen Energie durch einen Riß der Länge 2a in einer unter Zugspannung stehenden dünnen, unendlich ausgedehnten zweidimensionalen Scheibe (s. Bild 3.12) beträgt z. B. bei Vorliegen des einachsigen Spannungszustandes σ

$$\Delta U = - \frac{\pi a^2 \sigma^2}{E} . \qquad (3.2)$$

Sie kann mit den Methoden der Elastizitätstheorie ausgerechnet werden. E ist der Elastizitätsmodul.

Andererseits ist der Energiebedarf für die Bildung der Rißoberfläche für den Riß der Länge 2a

$$S = 4a\gamma . \qquad (3.3)$$

(Es werden ja 2 Oberflächen gebildet.) γ ist die spezifische Oberflächenenergie (Oberflächenspannung) des Körpers. Sie kann im Grundsatz aus der Trennarbeit der Bausteine des Kristallgitters theoretisch bestimmt werden.

Setzt man (3.2) und (3.3) in (3.1) ein, so folgt als Ergebnis für die kritische Spannung σ_c für die Platte des Bildes 3.12

$$\sigma_c^2 = \frac{2\gamma E}{\pi a}. \tag{3.4}$$

Diese Gleichung gilt zunächst nur für sehr spröde Materialien. Sie kann aber auch auf andere duktilere Werkstoffe wie z.B. Metalle angewandt werden, wenn die dort auftretende plastische Verformung auf einen kleinen Bereich in der unmittelbaren Umgebung der Rißenden beschränkt bleibt und im übrigen der elastische Zustand erhalten bleibt. Zu γ ist dann lediglich ein Anteil zu addieren, der der an den Rißenden auftretenden plastischen Verformungsarbeit entspricht.

Für die elastische Energie in einem rißbehafteten Körper existiert nur in geometrisch einfachen Sonderfällen eine analytische Lösung. Gerade bei den technisch interessanten Fällen mit dreidimensionalen Körpern endlicher Abmessungen, oberflächennahen Rissen usw. ist man auf Näherungslösungen angewiesen. Dabei zeigt sich, daß es für die Bestimmung der Änderung der elastischen Energie im wesentlichen nur auf die Bereiche in der Umgebung der Rißenden ankommt, für die die Spannung bzw. elastische Energie aus Näherungsmethoden bestimmt werden kann.

Die Änderung der elastischen Energie beim Wachsen eines Risses ist gleich der Arbeit, die beim Wiederschließen des Risses gegen die im Bereich der Rißenden herrschende Spannung aufgebracht werden müßte.

Als zweiter wichtiger Bestandteil der LEBM ist daher die Bestimmung der Spannung in der näheren Umgebung der Rißenden zu betrachten, wodurch die Verallgemeinerung auf praktisch bedeutsame Geometrien möglich wird.

(b) Bestimmung des Spannungsfeldes in der Umgebung der Rißenden

Bild 3.13 zeigt die 3 möglichen Zuordnungen zwischen der Spannung in einem Körper und einem Riß. Fall I betrifft die praktisch bedeutsamste reine Zugspannung, die Fälle II und III Schubspannungen in verschiedener Orientierung zum Riß.

Für den Riß des Bildes 3.14, der sich in z-Richtung durch den gesamten Körper erstreckt, läßt sich mit den Methoden der Elastizitätstheorie folgender Ausdruck für den Spannungstensor σ_{kl} in der Nähe der Rißenden finden:

$$\sigma_{kl} = \frac{1}{\sqrt{2\pi r}} [K_I f_{kl}^I(\Phi) + K_{II} f_{kl}^{II}(\Phi) + K_{III} f_{kl}^{III}(\Phi)]. \tag{3.5}$$

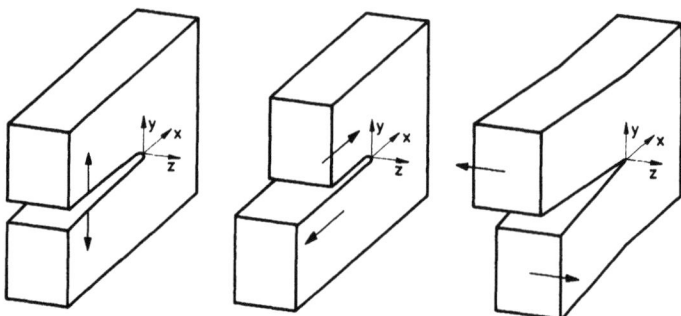

Bild 3.13. Prinzipielle Zuordnungsmöglichkeiten zwischen Spannungs- und Rißorientierung (Rißöffnungsarten), von links nach rechts: Belastungsarten I, II, III

3.2 Druckführende Umschließung (Primärsystem) 43

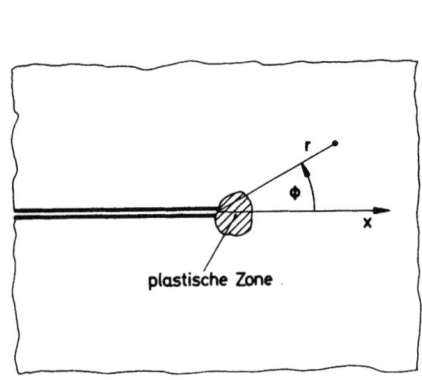
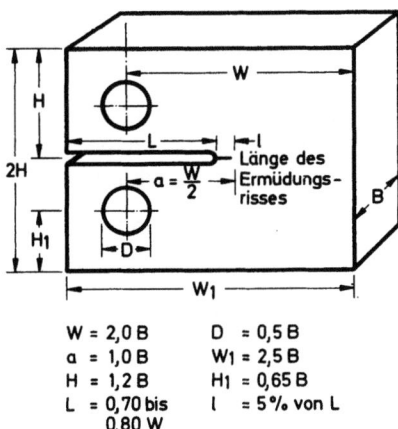

W = 2,0 B   D = 0,5 B
a = 1,0 B W_1 = 2,5 B
H = 1,2 B H_1 = 0,65 B
L = 0,70 bis 0,80 W   l = 5 % von L

Bild 3.14. Koordinaten in der Umgebung der Rißspitzen und plastische Zone (schraffiert) kleiner Ausdehnung

Bild 3.15. Materialprobe für Bruchzähigkeitsmessung

Die Indizes I, II und III entsprechen den Belastungsarten des Bildes 3.13. Liegt z. B. nur die Belastungsart I vor, so ist nur K_I von Null verschieden. Die Funktionen f_{kl}^I, f_{kl}^{II} und f_{kl}^{III} sind dimensionslos und hängen nur von Φ ab. Eigenspannungen und Inhomogenitäten sind dabei nicht berücksichtigt.

Für die praktisch wichtigste Belastungsart I ist die maximal auftretende Spannung σ_y für $\Phi = 0$ mit $f_y^I = 0$. Aus (3.6) wird dann

$$\sigma_y = \frac{K_I}{\sqrt{2\pi r}}. \tag{3.6}$$

K_I, K_{II} und K_{III} werden *Spannungsintensitätsfaktoren* genannt. Sie hängen vom allgemeinen Spannungszustand σ im Körper und von der Rißabmessung a ab. Sie haben gemäß (3.6) die Dimension [Kraft/Länge$^{3/2}$].

Für die Scheibe des Bildes 3.11 ergibt sich

$$K_I = \sigma \sqrt{\pi a}, \tag{3.7}$$

Der Zusammenhang $K_I \sim \sigma \sqrt{a}$ gilt auch im allgemeineren Falle. Für einen Riß, der unter einer Membranspannung σ_m und einer Biegespannung σ_b steht, ergibt sich nach dem ASME-Regelwerk [31]

$$K_I = \sigma_m M_m \sqrt{\pi} \sqrt{a/Q} + \sigma_b M_b \sqrt{\pi} \sqrt{a/Q} \tag{3.8}$$

mit a   Kleiner halber Durchmesser eines eingeschlossenen Fehlers oder Fehlertiefe für einen Oberflächenfehler

Q   Formparameter des Fehlers nach angegebenem Diagramm (Q liegt zwischen 0,8 und 2,2 je nach dem Achsenverhältnis der Ellipse)

M_m Korrekturfaktor für Membranspannung nach angegebenem Diagramm (Achsenverhältnis)

M_b Korrekturfaktor für Biegespannungen nach angegebenem Diagramm (Exzentrizität).

Die Gleichungen (3.5) bzw. (3.6) sind für r → 0 singulär, was sich aus der rein theoretischen Annahme eines unendlich scharfen Rißendes erklärt. Die Gleichungen für reale Risse mit endlichem Krümmungsradius an den Enden lauten aber sehr ähnlich. Zum Beispiel bleibt (3.6) völlig gleich, nur ist r anders definiert und wird an der Rißkante nicht 0. Die Spannungsintensitätsfaktoren stehen deshalb in engem Zusammenhang mit der Spannungskonzentration (Kerbwirkung) durch den Riß.

(c) Zusammenhang zwischen K_I und Rißstabilität

Mit (3.4) und (3.6) kann man σ durch K_I und σ_c durch ein entsprechendes K_{Ic} ausdrücken:

$$K_{Ic} = \sigma_c \sqrt{\pi a} = \sqrt{2 E \gamma} . \tag{3.9}$$

Man kann diese Beziehung verallgemeinern und als Bedingung für das Instabilwerden eines Risses schreiben

$$K_I \geqslant K_{Ic} . \tag{3.10}$$

K_{Ic} ist nach (3.9) eine Eigenschaft des Werkstoffes und wird als *Bruchzähigkeit* bezeichnet.

Daneben definiert man zusätzlich K_{Ia} als denjenigen werkstoffbedingten Spannungsintensitätsfaktor, bei dem das Wachstum eines Risses zum Stillstand kommt (crackarrest).

Für Auslegungsberechnungen verwendet man ferner eine konservative *Referenz-Bruchzähigkeit* K_{IR}, die nach dem ASME-Code die untere Einhüllende verschiedener Meßwerte ist. Entsprechende Werte können für die anderen Belastungsformen des Bildes 3.13 gebildet werden.

Im allgemeinen Fall ergibt sich K_{Ic} nicht aus allgemeinen Materialkennwerten wie in (3.9), da Materialinhomogenitäten und Korngrenzen in der Theorie nicht berücksichtigt sind. Die Bruchzähigkeit K_{Ic} wird deshalb mit den in Bild 3.15 dargestellten Proben gemessen. An den gezeichneten Bohrungen greift die vertikale Belastung an. Vor dem Test wird die Kerbe durch Ermüdungsbeanspruchung auf die gezeigte Länge vergrößert.

Die Bruchzähigkeit hängt in der in Bild 3.16 gezeigten Weise von der Temperatur und der Plattendicke ab (Belastung parallel zur Walzrichtung der Platte). Mit zunehmender Temperatur steigt K_{Ic} an, um dann auf einem mehr oder weniger konstanten oberen Niveau (upper shelf) zu verbleiben. Mit größeren Abmessungen (näher an den tatsächlichen Wanddimensionen des Reaktordruckbehälters) nimmt die Zähigkeit im

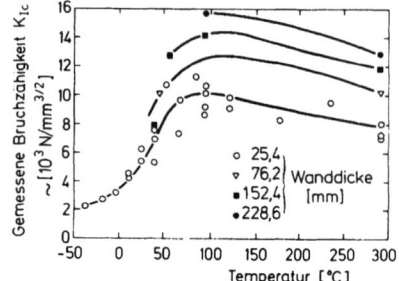

Bild 3.16. Gemessene Bruchzähigkeitswerte an Proben des Stahls SA 533 B Cl 1 als Funktion der Temperatur bei longitudinaler Belastung (parallel zur Walzrichtung) für verschiedene Wanddicken [9]

3.2 Druckführende Umschließung (Primärsystem)

oberen Niveau zu, was günstig ist. Das Problem der Bruchzähigkeitsmessung ist, daß sie besonders bei großen Proben und im Bereich des oberen Niveraus sehr aufwendig ist.

Einfachere Messungen, deren Ergebnisse zur Bruchzähigkeit korreliert sind, sind der Kerbschlagbiegeversuch (Charpy-V-Test) und der Pelliniversuch. Beim Kerbschlagbiegeversuch wird eine Norm-Kleinprobe, in die eine Kerbe eingefräst ist, durch einen Pendelhammer schlagartig auf Biegung beansprucht, wodurch die Probe ausgehend von der Kerbstelle bricht. Aus dem Versuchsaufbau des Kerbschlagbiegeversuchs wird die Schlagarbeit (in J) berechnet, die bezogen auf die Bruchfläche der Probe die Kerbschlagzähigkeit a_K (in J/cm^2) ergibt. Die Temperaturabhängigkeit wird durch die NDT-Temperatur (Nil-Ductility-Transition-Temperatur) charakterisiert, bei der im Fallgewichtsversuch nach ASTME 208 ein eingeleiteter Riß gerade noch gefangen wird.

Der relativ einfache und kostengünstige Kerbschlagbiegeversuch ermöglicht eine qualitative Beurteilung der Bruchsicherheit und eine Einordnung verschiedener Stähle hinsichtlich ihrer Sprödbruchneigung in ihrer Zähigkeit bei hohen und tiefen Temperaturen. Qualitativ ergibt sich eine ähnliche Temperaturabhängigkeit wie bei der Bruchzähigkeit mit dem Übergang von einem niedrigen zu einem hohen Niveau. Es sind quantitative Relationen vorgeschlagen, aber noch nicht hinreichend belegt worden.

Zur Ermittlung der Bauteilsicherheit gegen sprödes Versagen dient der Fallgewichtsversuch (drop-weight-test) nach Pellini. Es werden Grundwerkstoff- bzw. Schweißproben mit einer Einlagenschweißraupe als Rißeinleitung versehen und durch ein Fallgewicht bei verschiedenen Prüftemperaturen beansprucht. Es wird die Temperatur ermittelt, bei der ein Anriß im Grundwerkstoff nicht mehr aufgefangen wird.

Die andere Größe, die in dem Sprödbruch-Sicherheitskriterium (3.10) auftritt, nämlich K_I, ist eine auf das Material aufgebrachte Beanspruchung. Wie (3.18) zeigt, hängt K_I nicht nur von der Rißgröße a, sondern auch von der Geometrie des Bauteils ab. K_I steigt mit abnehmender Wanddicke und sinkt mit abnehmender Breite.

3.2.3 Beeinflussung der Bruchzähigkeit und der Rißgröße durch Fertigung und Betrieb

Die Bruchzähigkeit der Halbzeuge für den Reaktordruckbehälter wird an hinreichend vielen Proben im Kerbschlagbiegeversuch überprüft. Die Rißverteilung folgt aus Ultraschallprüfungen. Bruchzähigkeit und Rißgröße werden durch 3 Effekte wesentlich beeinflußt:
(a) Durch die Schweißvorgänge bei der Fertigung,
(b) durch die Neutronenbestrahlung während des Betriebs,
(c) durch Materialermüdung und/oder Korrosion.

(a) Rißbildung, Zähigkeits- und Gefügeänderungen als Folge von Schweißvorgängen*

Beim Schweißen entsteht neben dem Schweißgut durch die hohe thermische Beeinflussung eine *Wärmeeinflußzone* (WEZ), in der Temperaturen vom Schmelzpunkt des Grundwerkstoffs bis zur Werkstücktemperatur herrschen. Dabei treten kontinuierlich ineinander übergehende Kornvergröberung, Gefügeänderungen und Ausscheidungsvorgänge auf. Entsprechend dem sich im zunehmenden Abstand von der Schmelzlinie ändernden Gefügezustand entstehen in der WEZ örtlich unterschiedliche mechanische

---

* Wesentliche Formulierungen dieses Abschnittes verdanke ich meinen Kollegen Kußmaul und Trumpfheller.

Eigenschaften wie Härte, Festigkeit und Zähigkeit. Auch das Korrosionsverhalten und die Dauerschwingfestigkeit sind in diesem Bereich gegenüber dem unbeeinflußten Grundwerkstoff verändert. Allerdings beträgt die Breite der WEZ bei den beim Schweißen von hochfesten Vergütungsstählen üblichen Wärmeeinbringungen nur ca. 1 bis 2 mm. Es wird auch vermutet, daß die eventuell gegenüber dem Grundwerkstoff verringerten Zähigkeitseigenschaften in der WEZ durch die zäheren Nachbarbereiche ausgeglichen werden und sich nicht auf die Bauteilzähigkeit auswirken. Ausgehend von dieser Annahme wird bei der Fertigung darauf geachtet, daß in keinem Fall größere zusammenhängende Grobkornbereiche auftreten.

Bei den möglichen Rissen sind zu unterscheiden:
— Heißrisse,
— Kaltrisse,
— Relaxationsrisse in der WEZ.

Heißrisse können in der WEZ (Aufschmelzungsrisse) auftreten, wenn gleichzeitig beim Erstarren Schrumpfspannungen und flüssige Phasen auf den Korngrenzen vorliegen. Durch die Erhöhung der Reinheitsgrade mit Verminderung der heißrißfördernden Elemente wie S, P, As, Sn im Grundwerkstoff und in den Schweißzusatzwerkstoffen sowie durch günstigere Schweißverfahren, günstigeren Nahtaufbau und verbesserte Wärmezuführung können Heißrisse weitgehend vermieden werden.

Kaltrisse, auch Unternahtrisse genannt, können in Bereichen geringer Verformungsfähigkeit der WEZ (Überhitzungszone) in Verbindung mit höheren Wasserstoffgehalten im Gefüge und hohen Zugspannungen entstehen. Zur Vermeidung dieser Werkstoffschädigung, die auch noch Tage nach dem Schweißen verzögert auftreten kann, werden durch Vorwärmen die Härtezunahme in der Schweißnaht und damit zugleich die Eigenspannungen vermindert. Durch sorgfältiges Trocknen der Schweißelektroden bzw. der Schweißpulver und Einhalten günstiger Zwischenlagentemperaturen kann der Wasserstoffgehalt in der Schweißnaht so klein gehalten werden, daß Kaltrisse weitgehend vermieden werden können.

Relaxationsrisse. Beim Schweißen der ferritischen Reaktordruckbehälterstähle entstehen in der Wärmeeinflußzone und im Schweißgut bleibende Schrumpf- und Umwandlungsspannungen, die je nach der Art der Schrumpfbehinderung Werte bis zur Höhe der Streckgrenze erreichen können. Bei zusätzlichem Aufbringen von Betriebsspannungen könnte der Werkstoff überbeansprucht werden. Durch das sog. Spannungsarmglühen bei ca. 580 bis 650 °C werden die Eigenspannungen durch plastische Dehnung bis zur Höhe der Warmstreckgrenze abgebaut. Die dabei auftretenden Beträge der bleibenden Dehnung belaufen sich auf einige zehntel Prozent.

Infolge einer durch das Schweißen verminderten Verformungsfähigkeit in der WEZ können beim Spannungsarmglühen Relaxationsrisse auftreten. Je nach Richtung der Spannung und der dadurch verursachten Dehnung können sie parallel oder senkrecht zur Wand ausgerichtet sein.

Auch die Zähigkeitseigenschaften können sich dabei ändern. Eine Relaxationssprödigkeit kann auftreten, wenn ein durch das Schweißen überhitzter Gefügebereich vorliegt, in dem beim Spannungsarmglühen Ausscheidungsvorgänge ablaufen und die plastischen Dehnungen insbesondere an den Korngrenzen ablaufen. Die Relaxationsversprödung ist deshalb in besonderem Maße von der chemischen Zusammensetzung des Druckbehälterstahls abhängig. Das Ausmaß der Relaxationseffekte hängt außerdem

3.2 Druckführende Umschließung (Primärsystem)

von der je nach Art des Schweißverfahrens mehr oder weniger großen Wärmeeinbringung ab. Wenige sehr dicke Schweißlagen sind ungünstiger als viele dünne.

An einigen Druckbehältern sind im Bereich der WEZ in einigen Fällen Zähigkeitsabnahmen und gelegentlich Mikrorisse und -rißnester beobachtet worden [25, 28]. Entsprechende Risse traten auch unter der als Auftragsschweißung aufgebrachten Edelstahlplattierung [14] auf. Der Stahl SA 508 Cl 2 (22 NiMoCr 37) erwies sich dabei als anfälliger als SA 533 Grd B, Cl 1 (20 MnMoNi 55) [28, 41, 43, 45].

Insbesondere Kußmaul und Mitarbeiter haben diese Problematik aufgeklärt [28, 42, 66, 67]. Sie setzten ihre Materialproben einem Temperaturzyklus mit begleitender Dehnungsbeanspruchung aus, die die Verhältnisse in der WEZ simulierte. Sie wiesen nach, daß die Bruchzähigkeit auch in der WEZ ausreichende Werte behält und daß Risse vermieden werden können, wenn der Gehalt an bestimmten Legierungsbestandteilen oder Spurenelementen klein bleibt. Die an Proben gemessene Kriechdehnung sollte zur Vermeidung von Mikrorissen Werte von 1 % überschreiten können. Nach der Simulationsbehandlung sollten Kerbschlagwerte von 68 J/cm² nicht unterschritten werden.

Für Mo werden Grenzwerte bei etwa 0,6 % vorgeschrieben, P, S, Sn, N, As, Co, Cu und Al sollten im Bereich weniger zehntel % liegen, V und Nb sollten ebenfalls soweit als möglich reduziert werden. Allgemein gilt, daß eine Erhöhung der Festigkeit, insbesondere der Streckgrenze mit einer Verminderung der Bruchzähigkeit verbunden sein kann.

Da es heute möglich ist, die sich daraus im Hinblick auf die chemische Zusammensetzung ergebenden Spezifikationen zu erfüllen, kann das Problem der WEZ als gelöst betrachtet werden [28].

(b) Beeinflussung der Bruchzähigkeit durch die Neutronenbestrahlung

Durch den Einfluß der Neutronenbestrahlung verschiebt sich der Übergang von geringen zu höheren Bruchzähigkeitswerten zu höheren Temperaturen, wie dies in Bild 3.17

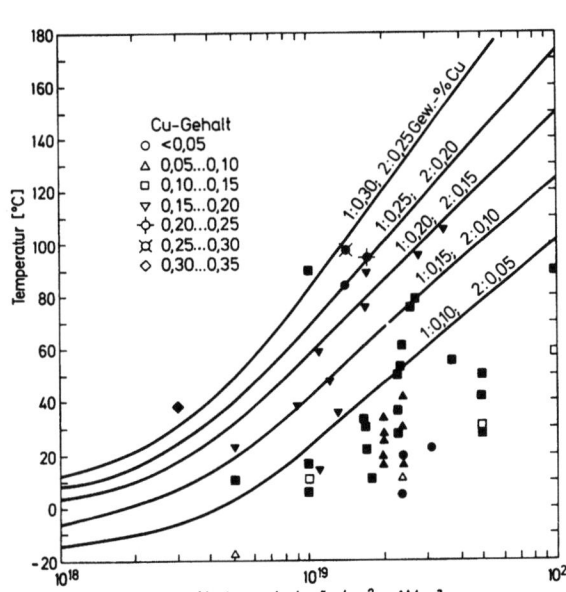

Bild 3.17. Einfluß der Neutronenbestrahlung auf die Erhöhung der NDT-Temperatur [9]
1: Gew.-% Cu Grundwerkstoff
2: Gew.-% Cu Schweißwerkstoff
schraffierte Symbole: Normales Material
offene Symbole: Wärmeeinflußzone

für die NDT-Temperatur dargestellt ist. Dieser Einfluß wird vor allem durch die Anwesenheit der Elemente Cu, P, S verstärkt. Ihr Anteil ist darum unter 0,2 bzw. 0,02 % zu halten [7, 62–65]. In [6] sind daraus Konsequenzen für die Genehmigung gezogen worden. Um diesen Sachverhalt weiter abzusichern, müssen in jedem Reaktor Proben aus den relevanten Wandmaterialien unter höherem als dem an der Wand auftretenden Neutronenfluß eingesetzt werden, um voreilend die Zähigkeitsabnahme verfolgen zu können. Die Zähigkeitsabnahme gehört zu den ausheilbaren Strahlenschäden und kann im Prinzip durch Erwärmung des Druckbehälters wieder beseitigt werden.

Wenn die genannten Materialbedingungen erfüllt werden, so ist nach den experimentellen Ergebnissen keine bedenkliche Abnahme der Bruchzähigkeit zu erwarten. Dennoch wird in den Leitlinien der deutschen Reaktorsicherheitskommission [48] gefordert, daß der integrierte Neutronenfluß während der Lebensdauer der Anlage unter 10^{19} cm^{-2} bleiben muß, um einen zusätzlichen Sicherheitsspielraum zu erhalten.

(c) Rißwachstum unter Ermüdung und/oder Korrosion

Unter dem Einfluß von Spannungszyklen können vorhandene Risse durch Ermüdungseffekte weiter wachsen, auch wenn $K_I < K_{Ic}$. Durch die Gegenwart von Wasser und die Kombination von Korrosion und Ermüdung kann diese Tendenz verstärkt werden. Man kann nicht mit Sicherheit ausschließen, daß auch Risse in der Schweißplattierung auftreten können.

Über diese Effekte sind eine Anzahl neuerer Untersuchungen [16–22] erschienen. Im ASME-Code Section XI, Article 4000 ist die in Bild 3.18 wiedergegebene Referenz-

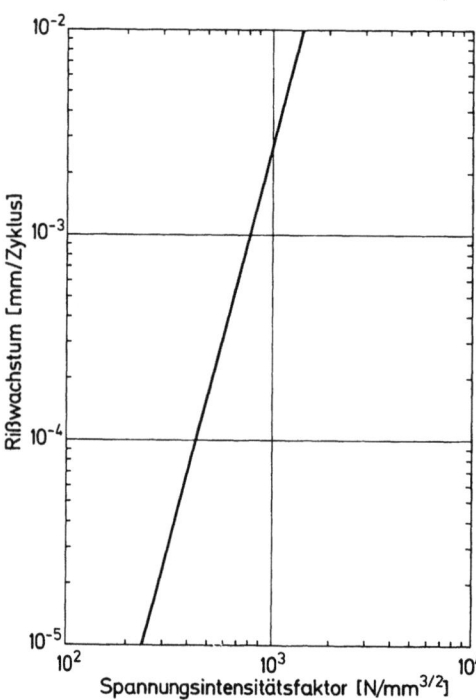

Bild 3.18. Obere Grenze für das Wachstum von Ermüdungsrissen in Reaktordruckbehälter-Stählen [31, Fig. A-4300.1] als Funktion der Amplitude der Spannungsintensität

3.2 Druckführende Umschließung (Primärsystem)

kurve für das Rißwachstum als Funktion des aufgebrachten Spannungszyklus als konservative Grenzkurve vereinbart worden. Die sich daraus ergebenden Rißwachstumsgeschwindigkeiten sind im allgemeinen sehr gering.

3.2.4 Auslegung gegen sprödes Versagen

Aus den bisherigen Darlegungen ergibt sich die Forderung

$K_I < K_{Ic}$ bei einer gegebenen Rißverteilung.

Eine Analyse der Spannungsintensität kann sich auf die Bereiche des Reaktordruckbehälters beschränken, an denen Spannungsspitzen auftreten. Man kann für diese Stellen die kritische Rißgröße berechnen und mit den insgesamt im Behälter vorhandenen Rißgrößen vergleichen.

Bild 3.19 zeigt die für diese Untersuchung kritischen Stellen, die sich an durch Wandstärkenübergänge gebildeten Kerben bzw. im maximal durch den Neutronenfluß belasteten Bereich befinden. Man muß auch hier zwischen den Belastungen unter normalen Bedingungen oder leichten Betriebsstörungen (upset conditions) und den Störfällen (emergency und fault conditions) unterscheiden.

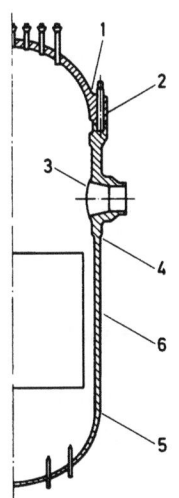
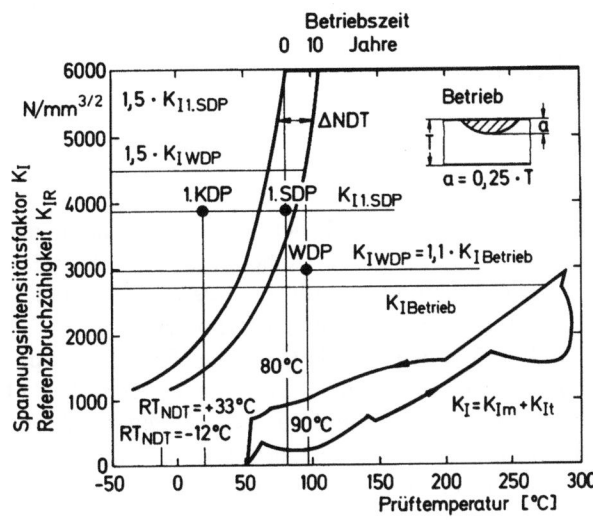

Bild 3.19. Kritische Stellen mit Spannungsspitzen beim Betrieb oder bei Transienten (W-Druckbehälter) [9]

1 Wandstärkeübergang am Deckel
2 Deckelflansch
3 Stutzeninnenkante
4 Wandstärkenübergang
5 Wandstärkenübergang zwischen zylindrischem und kugelförmigem Teil
6 Kernzone mit höchster Neutronenflußbelastung

Bild 3.20. Referenzbruchzähigkeit K_{IR} und Spannungsintensitätsfaktor K_I während des Betriebs und bei Druckproben eines Reaktordruckbehälters.
(ASME Section III und XI [5, 31]).
NDT-Temperatur = Nil Ductility Transition Temperature, Def. S. 45
KDP: Komponentendruckprobe
SDP: Systemdruckprobe
WDP: Wiederholungsdruckprobe

$a = 0{,}25\,T$
Rißlänge = 1,5 T

(a) Normalbetrieb und leichte Betriebsstörungen

Typische Zusatzbelastungen ergeben sich aus Temperaturspannungen durch Transienten wie
— Anfahren,
— Abkühlen,
— Laständerung,
— sekundäre Dampfentlastung,
— Schnellabschaltung,
— Lastabwurf,
— Verlust der normalen Stromversorgung.

Auch die Wasserdruckprobe muß hier erwähnt werden.

In [9] wurden die zugehörigen *kritischen Rißlängen* a im Verhältnis zur Wandstärke t berechnet. Die schwerwiegendsten Fälle sind in Tabelle 3.5 für einen Westinghouse-Reaktor zusammengestellt. (Rißform halb elliptisch. Tiefe a, Länge 2c, $a/2c = 1/6$.)

Tabelle 3.5. Kritische Rißverhältnisse a/t bei Betriebstransienten

	Umfang in Corehöhe	Oberer Kalottenübergang	Übergang Stutzen-Schale	Stutzen-Innenkante
Druckprobe	0,66	0,79	0,53	0,34
Lastabwurf	0,74	0,80	0,61	0,49
Verlust der Stromversorgung	0,73	0,80	0,63	0,45

Im Detail werden sich bei anderen Entwürfen die Verhältnisse etwas ändern, die Tendenz wird aber gleich bleiben mit kritischen Rißtiefen, die sehr groß im Verhältnis zur Wandstärke und deshalb leicht detektierbar sind. Die kritische Stelle ist offensichtlich die Innenkante der Kühlmittelstutzen.

In Bild 3.20 wird der betriebliche Verlauf der Spannungsintensität unter Einbeziehung von An- und Abfahren sowie Druckproben (1,3facher Auslegungsdruck) mit einem spezifizierten Anriß mit der Referenzbruchzähigkeit verglichen für 2 Werte der NDT-Temperatur (vor und nach Bestrahlung). Man erkennt den großen Abstand, zumal ein solcher Anriß nicht unentdeckt bliebe.

(b) Störfälle

Hier sind der Kühlmittelverluststörfall (durch Bruch der Hauptkühlmittelleitung) mit seiner starken Temperaturtransiente und der Bruch der Frischdampfleitung im Sekundärkreis mit einer nicht ganz so starken Temperaturtransiente durch die sekundäre Abkühlung, aber einer Wiederanhebung des Kühlmitteldrucks auf Werte um und bei W-Anlagen evtl. auch über den Betriebsdruck.

Bild 3.21 zeigt 1400 s nach dem Kühlmittelverluststörfall K_{Ic} als Funktion des Verhältnisses Rißtiefe/Wandstärke a/t für einen linienförmigen, axial verlaufenden Riß im Gürtelbereich (Corenähe) [9]. Als Folge des Temperaturgradienten in der Wand ist K_{Ic} an der Innenseite sehr niedrig. K_I liegt in diesem Bereich sehr nahe an K_{Ic}, die kritische Rißdimension wird jedoch erst bei a/t = 0,55 erreicht. In [9] wird daraus gefolgert, daß

3.2 Druckführende Umschließung (Primärsystem)

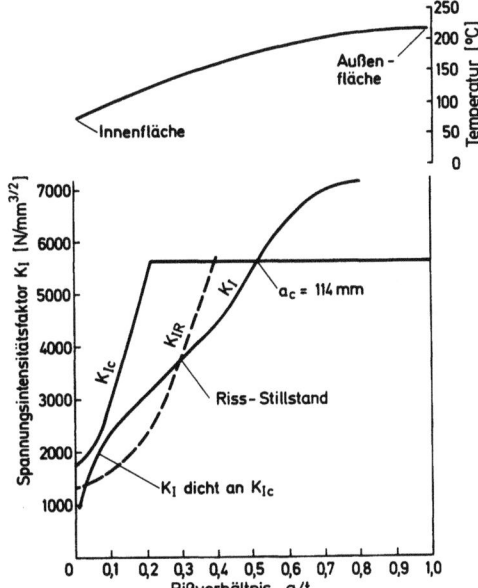

Bild 3.21. Verlauf von K_I und K_{Ic} 1400 s nach einem großen Kühlmittelverluststörfall [9]

die Temperatur des Notkühlwassers nicht niedriger als unbedingt erforderlich sein sollte. Man sollte bei dieser Art Betrachtung allerdings berücksichtigen, daß im Verlauf des Kühlmittelverluststörfalls der Kühlmitteldruck abfällt und das Druckgefäß nach einem Thermoschock dieser Größe praktisch nicht mehr beansprucht wird.

Alle diese Untersuchungen zeigen, daß die kritischen Rißgrößen in einem Reaktordruckgefäß auch bei Beanspruchungen durch sehr unwahrscheinliche Störfälle sehr groß, sehr viel größer als durch zerstörungsfreie Prüfungen einwandfrei detektierbare Risse sind. Hierzu sei auch auf die deutschen [48] und amerikanischen Vorschriften [8] der atomrechtlichen Genehmigungsbehörden verwiesen.

3.2.5 Qualitätssicherung und wiederkehrende Prüfungen

Um die nach den vorstehenden Darlegungen erforderliche Zähigkeit im ganzen Grundwerkstoff und in den Schweißnähten einhalten zu können, muß die *Qualitätssicherung* während des Herstellungsprozesses gewährleistet werden. Ebenso muß dafür gesorgt werden, daß die Größe etwa vorhandener Risse weit unter den aus der Bruchmechanik bestimmbaren kritischen Werten bleibt.

Zur Kontrolle der Festigkeit und Zähigkeit dienen die unter 3.2.2 besprochenen *zerstörenden Prüfungen* einschließlich der chemischen Analyse.

Zur Bestimmung der Rißverteilung dienen die *zerstörungsfreien Prüfungen*. Dazu gehören die *Oberflächenrißprüfung* (OR), die unter Benutzung kontrasterhöhender Hilfsmittel visuell erfolgt und die *Ultraschallprüfung* (US). Die letztere Technik ist in den letzten Jahren erheblich weiterentwickelt worden. In den deutschen Regeln [48] wird z. B. der Einsatz verschiedener sich ergänzender und zum Teil redundanter Ultraschallmethoden gefordert. Unterschiede bestehen dabei z. B. in der Kombination verschiedener Einschallwinkel und Reflektionswege. Durch die konstruktiven Verbesserungen der Behälter ist es möglich geworden, jedes Volumenelement auch im Bereich

3 Wichtige Untersysteme des Druckwasserreaktors

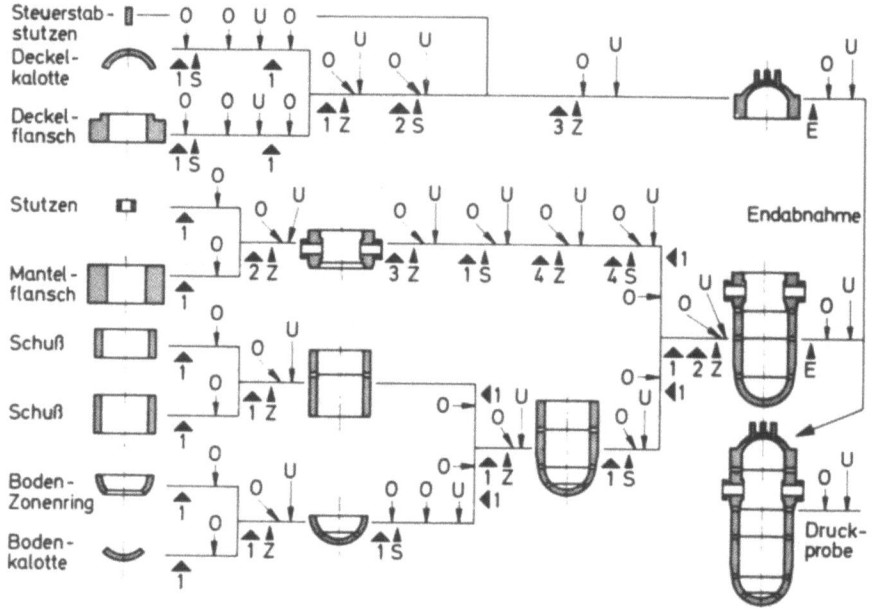

▲ Z Zwischenglühung ▲ E Endglühung ▲ O Oberflächenrißprüfung ▲ U Ultraschallprüfung
▲ S Soaking

Bild 3.22. Herstellungsablauf eines Reaktordruckbehälters mit Wärmebehandlung und zerstörungsfreien Prüfungen (Prinzip, KWU-Bauart)

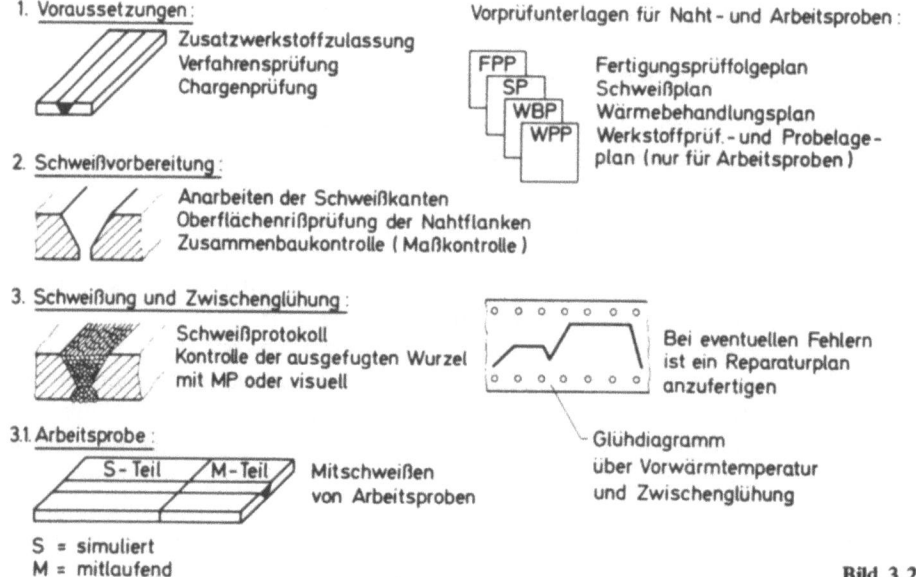

Bild 3.23

3.2 Druckführende Umschließung (Primärsystem)

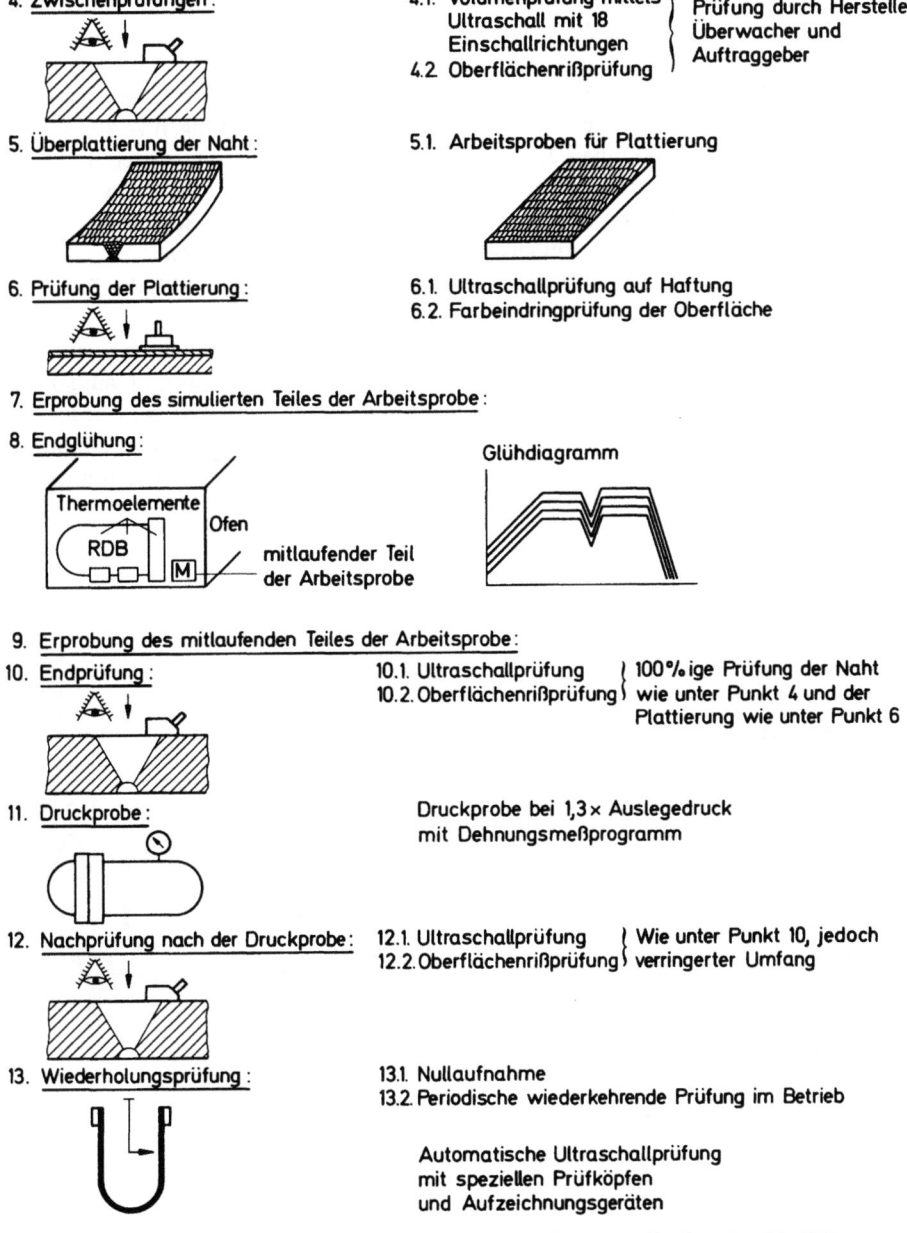

Bild 3.23. Herstellungs- und Prüfgeschichte einer Schweißnaht am Reaktordruckbehälter

der Durchdringungen der Regelstabstutzen zu erfassen. Ebenso erleichtern die erzielte höhere Reinheit und Homogenität der Werkstoffe die Fehlerkennbarkeit.

Der Ablauf der Herstellung eines Reaktordruckbehälters mit den einzelnen Schritten der zerstörungsfreien Prüfungen und dem Spannungsarmglühen sind in Bild 3.22

zusammengestellt[4]. Alle Schritte sollen nach den deutschen Vorschriften unabhängig von den 3 Instanzen Hersteller des Druckbehälters, Hersteller des Reaktorsystems und Technische Überwachungsvereine kontrolliert werden.

Bild 3.23 zeigt in mehr Detail die Herstellungs- und Prüfgeschichte einer Schweißnaht. Von besonderer Bedeutung sind die für die zerstörenden Prüfungen vorgesehenen Arbeitsproben. Ein Teil von ihnen durchläuft den ganzen Herstellungsprozeß und wird allen Operationen mit unterzogen, bei einem anderen Teil werden diese Operationen (Wärmeeinbringung beim Schweißen, plastische Verformung beim Spannungsarmglühen usw.) pessimistisch simuliert, um ausgedehntere WEZ zu bekommen.

Bei der Endprüfung des Druckbehälters werden dann nochmals 100 % der Schweißnähte und der Plattierung auf Fehlerfreiheit überprüft.

Als integraler Test schließt sich dann eine Wasserdruckprobe an, die mit dem 1,3-fachen Auslegungsdruck, der etwa dem 1,4fachen Betriebsdruck entspricht, ausgeführt wird. Die Druckprobe wird bei Temperaturen unter 100 °C, die damit weit unter der Betriebstemperatur liegen, ausgeführt, Da nach Bild 3.16 hier die Zähigkeit abnimmt, führt die Beanspruchung nicht nur im Hinblick auf die Spannung, sondern auch im

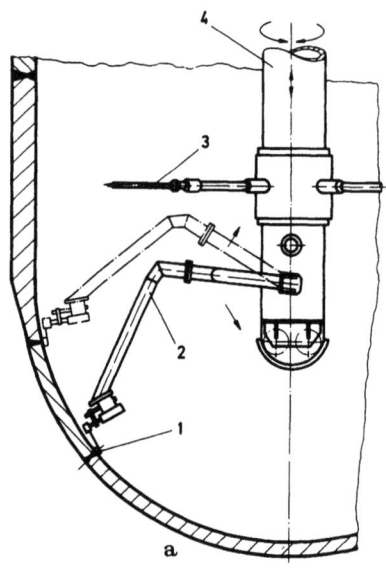
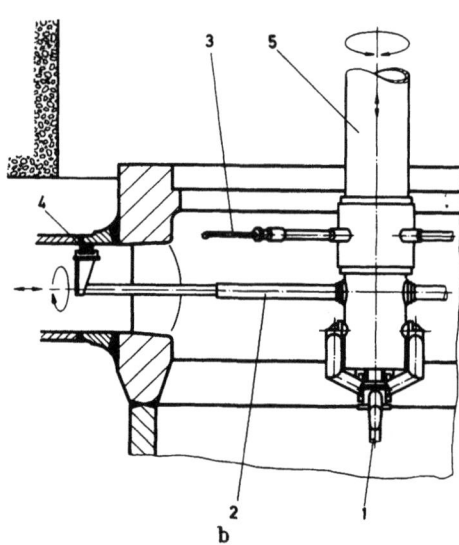

Bild 3.24 a und b. Manipulator für Ultraschall-Wiederholungsprüfung (KWU-Bauart, [2])

a Prüfung einer Behälterrundnaht
  1 Ultraschall-Prüfköpfe
  2 „Spinnenbein"
  3 Stützstern (Zentrierung)
  4 Manipulatormast

b Prüfung eines Kühlmittelstutzens
  1 „Spinnenbein"
  2 Teleskoparm
  3 Stützstern
  4 Ultraschall-Prüfköpfe
  5 Manipulatormast

---

4 Für die Überlassung der Bilder 3.22 und 3.23 bin ich dem RSK-Unterausschuß Reaktordruckbehälter und insbesondere den Herren Trumpfheller und Kußmaul zu Dank verbunden.

3.2 Druckführende Umschließung (Primärsystem)

Hinblick auf die Werkstoffeigenschaften näher an die Auslegungsgrenzen heran. Eine häufig geforderte Druckprobentemperatur liegt etwa 35 °C über der NDT-Temperatur.

Kleine Risse, die weit unterhalb der kritischen Rißgröße liegen und die nicht eindeutig als Fehler erkannt werden konnten, können insbesondere dann, wenn sie in weniger zähen Bereichen liegen, durch die Höhe der Beanspruchung bei der Druckprobe vergrößert werden. Deshalb muß nach der Druckprobe nochmals eine zerstörungsfreie Prüfung mit einem Vergleich der Ergebnisse durchgeführt werden. Dabei erkannte Fehler, die wegen ihrer geringen Größe nicht ausbesserungspflichtig sind, werden bei den späteren wiederkehrenden Prüfungen mit besonderer Sorgfalt auf Veränderungen überprüft.

Für die in der Betriebszeit *wiederkehrenden Prüfungen* werden ebenfalls die genannten zerstörungsfreien Prüfverfahren eingesetzt. Die Bilder 3.24a und b zeigen den hierfür von der KWU entwickelten Manipulator, der von der Innenseite des wassergekühlten Behälters angesetzt wird, aus dem vorher alle Einbauten entfernt worden sind.

Obwohl nach den vorliegenden Ergebnissen eine Prüfung von der Innenseite ausreichend ist, fordern die deutschen Richtlinien [48] auch die Ermöglichung einer US-Prüfbarkeit von der Außenseite. Dazu muß zwischen Wärmeisolierung und Behälterwand ein etwa 25 cm breiter Spalt vorgesehen werden.

Vor der Inbetriebnahme werden unter Einsatz der Manipulatoren in einer *Nullmessung* die Ergebnisse der fernbedienten US-Prüfung mit denen aus der oben beschriebenen nach der Druckprobe verglichen. In regelmäßigen Abständen (alle 4 bis 8 Jahre) werden dann zerstörungsfreie Prüfungen und Wiederholungsdruckproben durchgeführt.

Durch die beschriebenen Maßnahmen zur Qualitätssicherung war auch für die Reaktordruckbehälter die Gewährleistung eines sicheren Betriebes möglich, deren Werkstoffe noch nicht in bezug auf ihre chemische Zusammensetzung optimiert waren. Durch die beschriebenen Verbesserungen der *Basissicherheit* durch Werkstoffwahl, Fertigungsverfahren und Konstruktion, wie sie vorstehend beschrieben wurden, erhalten die Prüfverfahren, insbesondere die wiederkehrenden Prüfungen den Charakter einer zusätzlichen Redundanz.

3.2.6 Wahrscheinlichkeitsbetrachtungen

(a) Allgemeine Bewertung

Aus der konventionellen Technik liegt ein umfassendes Erfahrungsmaterial über die Sicherheit von Druckbehältern vor. Es ist in verschiedenen Berichten [23–26] insbesondere für die USA, Großbritannien und Deutschland ausgewertet worden. Eine Übertragbarkeit auf nukleare Druckbehälter ist wegen der unterschiedlichen Verhältnisse jedoch nicht unmittelbar gegeben.

In allen Fällen ergab die Analyse von kritischen Versagensereignissen, daß die im vorangehenden Teil dieses Kapitels beschriebenen Regeln verletzt, z. T. sogar grob verletzt worden waren. Vor allem Materialien zu geringer Bruchzähigkeit oder eine den Spezifikationen nicht entsprechende Betriebsweise (vor allem zu große und zu zahlreiche Temperatur- bzw. Lastgradienten) waren die Ursache. Darin drückt sich vor allem auch der damals noch unvollkommene Stand der Technik aus.

Aufgrund der verbesserten Kenntnisse der Zusammenhänge zwischen Materialzusammensetzung, Materialeigenschaften, Fertigung und Prüfung und aufgrund des bei

Reaktordruckbehältern im Gegensatz zu den für die Statistik ausgewerteten Druckbehältern hundertprozentigen Umfanges der regelmäßig wiederkehrenden Prüfungen wird in [10] der Schluß gezogen, daß bei Reaktordruckbehältern eine Versagenswahrscheinlichkeit von nicht höher als $10^{-7}/a$ zu erwarten ist. In der Rasmussenstudie [3] wird darauf aufbauend dieser Wert mit einem Vertrauensbereich von $10^{-6}/a$ bis $10^{-8}/a$ angenommen. Ein Versagen des Reaktordruckbehälters ergab dabei nur einen vernachlässigbaren Beitrag zum Gesamtrisiko der Anlage.

Im Rahmen des amerikanischen HSST-Programms [30, 37] wurden Modelldruckbehälter mit großen künstlich aufgebrachten Rissen unter Überdruck zum Bersten gebracht. Der Materialzustand war in einer Anzahl der Tests aber so zähe, daß vor dem Bruch große plastische Verformungen auftraten. Solche Verformungen machen die Risse weniger scharfkantig und reduzieren so die durch die Kerbwirkung auftretenden Spannungsspitzen. Es handelt sich dabei schon um einen Übergang zum duktilen Versagen und die Gesetze der linear-elastischen Bruchmechanik sind nicht mehr anwendbar. Bei spröderem Werkstoffzustand (Temperatur) erwiesen sich die bruchmechanischen Vorausberechnungen als konservativ. Für duktiles Versagen ohne künstliche Fehler wurde mindestens der zweifache Wert des Auslegungsdrucks zur Einleitung des Versagens benötigt [53]. Dadurch wurde insbesondere das Argument relativiert, daß die Ergebnisse der Bruchmechanik, die auf Messungen in einfachen Belastungsformen an Proben beruhen, nicht auf die Verhältnisse im mehrachsigen Spannungsfeld in kritischen Bereichen des Druckbehälters übertragen werden können.

Es zeigt sich allerdings bei kritischer Betrachtung, daß die hohen Auslegungsreserven für die Sicherheit von erheblicher Bedeutung sind. Denn auch abgesehen von der Beschränkung auf den linear elastischen Bereich ist die Bruchmechanik in der praktischen Anwendung immer noch ein recht grobes Werkzeug. Das liegt an der inhomogenen Verteilung der Bruchzähigkeit und den damit verbundenen Schwierigkeiten sie zu messen. Die K_{Ic}-Proben sind sehr ausgedehnt und es ergibt sich dann immer die Frage, ob die mit ihnen ermittelten Werte auch dem auslegungsrelevanten Minimum entsprechen, das durch die inhomogene Zähigkeitsverteilung gegeben wird. Selbst bei den kleinen Kerbschlagbiegeproben stellt sich das Problem ähnlich; erschwerend kommt hinzu, daß hier keine strenge Relation mit K_{Ic}-Werten besteht. Gerade dann, wenn in irgendwelchen Sonderfällen bei Sonderbehältern (nicht Reaktordruckbehälter) die Zähigkeitswerte ungünstig liegen und die Sicherheitsabstände klein sind, wird die Diskussion verhältnismäßig schwierig und unterstreicht den Wert der Sicherheitsabstände.

(b) Theoretische Wahrscheinlichkeitsermittlung

In [9] ist die *Versagenswahrscheinlichkeit von Reaktordruckbehältern* auch unter Benutzung unmittelbarer Sachverhalte, wie Streuung von Materialeigenschaften, Zuverlässigkeit von Ultraschallprüfverfahren und Rißwachstumsraten, berechnet worden. Es ergeben sich ebenfalls Wahrscheinlichkeitswerte in der oben genannten Größenordnung.

Ein auf dieser Methode aufbauendes, zur größeren Klarheit aber etwas abgeändertes Verfahren soll im folgenden beschrieben werden. Der Punkt ist dabei nicht so sehr die Berechnung der absoluten Versagenswahrscheinlichkeit, die im Bereich so kleiner Zahlen immer sehr unscharf bleiben muß, als vielmehr die Herausarbeitung derjenigen Bestimmungsgrößen, die für die Herabsetzung der Wahrscheinlichkeit besonders wichtig sind und der Grenzen der probabilistischen Analyse in diesem Zusammenhang. Wir

3.2 Druckführende Umschließung (Primärsystem)

beschränken uns dabei auf den Gültigkeitsbereich der linear-elastischen Bruchmechanik. Wir teilen den Druckbehälter nach Maßgabe des Spannungsniveaus in R Regionen r ein, die ein unterschiedliches Spannungsniveau und ggf. unterschiedliche Materialeigenschaften haben. $N^r(a)\,da$ sei die Anzahl der Risse der Tiefe a bis $a+da$ in der Region r.

Die Verteilungsfunktion $N^r(a)$ folgt dabei qualitativ der in Bild 3.25 gezeichneten Kurve.

$P^r(a_c)\,da_c$ sei der Bruchteil an Druckgefäßen, deren kritische Fehlertiefe bei der gegebenen Belastung zwischen a_c und $a_c + da_c$ liegt.

Es besteht eine Beziehung

$$a_c = a_c(K_{Ic}, \sigma) \quad \text{bzw.} \tag{3.11a}$$

$$K_{Ic} = K_{Ic}(a_c, \sigma) \tag{3.11b}$$

zwischen Rißtiefe, Spannung und Materialzustand.

Man kann deshalb auch eine Verteilungsfunktion

$$f(K_{Ic})\,dK_{Ic} = P^r(a_c)\,da_c \tag{3.12}$$

definieren, wobei die Spannungsabhängigkeit durch den Index r gekennzeichnet ist, da sich die einzelnen Regionen ja durch ihr Spannungsniveau unterscheiden. $f(K_{Ic})$ hängen nicht von der Region r ab.

Gemäß (3.9) ist

$$K_{Ic} \sim \sqrt{a_c}\;.$$

Die Häufigkeitsverteilung $f(K_{Ic})$ kann aus Messungen bestimmt werden und ist qualitativ in Bild 3.26 eingetragen.

Der Bruchteil der versagenden Druckbehälter ist dann

$$P = \sum_{r=1}^{R} \int_{0}^{a_{max}} N^r(a) \int_{0}^{a} P^r(a_c)\,da_c\,da = \sum_{r=1}^{R} \int_{0}^{\infty} P^r(a_c) \int_{a_c}^{a_{max}} N^r(a)\,da\,da_c \tag{3.13}$$

und mit (3.12)

$$P = \sum_{r=1}^{R} \int_{0}^{\infty} f(K_{Ic}) \int_{a_c(K_{Ic},\sigma)}^{a_{max}} N^r(a)\,da\,dK_{Ic}\;.$$

a_{max} ist dabei die sinnvolle obere Grenze der Rißtiefe (z. B. die Wandstärke).

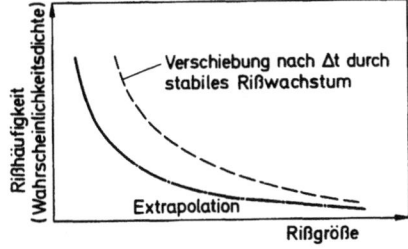
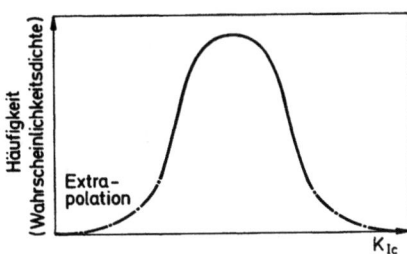

Bild 3.25. Typische Form der Verteilungsfunktion der Rißhäufigkeit und ihre Verschiebung mit der Zeit

Bild 3.26. Typische Form der Verteilungsfunktion der Bruchzähigkeit K_{Ic}

Wir gehen nun davon aus, daß zum Zeitpunkt t = 0 eine Druckprobe gemacht wird, die das Gefäß mit einer Spannung σ_T bei einer (unter der kleinsten Betriebstemperatur liegenden) Temperatur T_T beansprucht. Alle Druckbehälter mit einer Rißgröße

$a > a_c (K_{Ic}^T, \sigma_T)$ (K_{Ic}^T ist die zur Testtemperatur,
T_T gehörende Bruchzähigkeit,
σ_T die entsprechende Spannung)

sollen dabei versagen und werden somit „aussortiert".

Wenn $a_c (K_{Ic}, \sigma_T) < a_c (K_{Ic}, \sigma)$, den betrieblichen Werten wird, kann der Druckbehälter nicht mehr während des Betriebes versagen. Hier kommt das deterministische Konzept der Druckprobe in Verbindung mit der Bruchmechanik zum Tragen.

Es gibt also nur Beiträge zur Versagenswahrscheinlichkeit für $a_c (K_{Ic}^T, \sigma_T) > a_c (K_{Ic}, \sigma)$.

Es folgt dann aus (3.13) für den Bruchteil der versagenden Gefäße:

$$P(\sigma) = \sum_{r=1}^{R} \int_0^\infty f(K_{Ic}) \int_{a_c(K_{Ic},\sigma)}^{a_c(K_{Ic}^T, \sigma_T)} N^r(a)\, da\, dK_{Ic} \,. \qquad (3.14)$$

Die Rißverteilung $N^r(a)$ verschiebt sich nun gemäß Bild 3.18 und 3.25 als Funktion der Zeit, die Risse wachsen. Es wird angenommen, daß

$$\int_{a_t}^{a_{max}} N(x)\, dx = \int_{\xi^{-1}(a_t)}^{\xi^{-1}(a_{max})} N_0(x_0)\, dx_0 \,, \qquad (3.15)$$

wo $N_0(x_0)$ die Verteilungsfunktion zum Ausgangszeitpunkt t = 0 ist und die Risse nach der Zeitfunktion

$$a_t = \xi(x_0, t) \qquad (3.16)$$

wachsen.

Setzt man das entsprechend in (3.14) ein, so ergibt sich mit

$$x_0 = \xi^{-1} [a_c (K_{Ic}, \sigma), t_1] \qquad (3.16)$$

und t_1 als der Betriebsdauer zwischen zwei Druckproben:

$$P(\sigma) = \sum_{r=1}^{R} \int_0^\infty f(K_{Ic}) \int_{x_0}^{a_c(K_{Ic}^T, \sigma_T)} N^r(a_0)\, da_0\, dK_{Ic} \,. \qquad (3.17)$$

Mit fortschreitender Zeit wird x_0 immer kleiner und P wird größer (bzw. es entsteht überhaupt erst ein Beitrag zu P).

In dieser Gleichung wird davon ausgegangen, daß die Versagenswahrscheinlichkeit im Betrieb zum Zeitpunkt t_1 unmittelbar vor der Wiederholungsdruckprobe am größten ist, weil dann das Rißwachstum am weitesten fortgeschritten ist.

Die Versagenswahrscheinlichkeit je Zeiteinheit ist dann

$$P_v(\sigma, t_1) = \frac{P(\sigma, t_1)}{t_1} \qquad (3.18)$$

für das Versagen im Normalbetrieb. Man kann auch, wie in [9] (3.17) nach der Zeit ableiten. Da x_0 die einzige zeitabhängige Größe ist, entfällt dann das zweite Integral.

3.2 Druckführende Umschließung (Primärsystem)

Die Versagenswahrscheinlichkeit bei einem Störfall (Transiente), durch den die Spannung σ_s bei der Temperatur T_s aufgebracht wird, ergibt sich zu

$$P_{vs}(\sigma_s, t_1) = P\left(\sigma_s, \frac{t_1}{2}\right) \times \text{(Wahrscheinlichkeit des Störfalls)}. \quad (3.19)$$

Wir nehmen dabei an, daß der Störfall beliebig zwischen $t = 0$ und $t = t_1$ auftritt. Der Erwartungswert der Rißverteilung entspricht deshalb in erster Näherung dem Zustand für $t = t_1/2$.

Die Verteilungsfunktionen sind nun festzulegen. Für $f(K_{Ic})$ wird in [9] aufgrund der Meßergebnisse eine Gaußverteilung vorgeschlagen:

$$f(K_{Ic}) = \frac{1}{(2\pi)^{1/2}\alpha} \exp\left[-(K_{Ic} - \bar{K}_{Ic})^2/2\alpha^2\right] \quad (3.20)$$

$\bar{K}_{Ic} = 7700 \, \text{Nmm}^{-3/2}$,
$\alpha = 426 \, \text{Nmm}^{-3/2}$ bzw. $\alpha = 770 \, \text{Nmm}^{-3/2}$.

Die Verteilungsfunktion der Rißgröße ergibt sich als

$$N(a) = A(a) \cdot B(a). \quad (3.21)$$

Dabei ist $A(a)$ die vorhandene Rißverteilung, $B(a)$ ist die Wahrscheinlichkeit, daß ein Riß bei einer US-Inspektion nicht gefunden wird.

In [9] wird für $A(a)$ eine Exponentialfunktion

$$A(a) = A_0 \exp(-\lambda a) \quad (3.22)$$

$A = 5{,}9 \, \text{cm}^{-1}$
$\lambda = 1{,}63 \, \text{cm}^{-1}$

zugrunde gelegt.

$B(a)$ wurde durch Befragung von Ultraschallprüfern bestimmt und führte zu dem Ausdruck

$$B(a) = \epsilon + (1 - \epsilon) e^{-\mu x} \quad (3.23)$$

mit $\epsilon = 0{,}005$ und $\mu = 1{,}15 \, \text{cm}^{-1}$.

Die mit diesen Ausdrücken bestimmten Zahlenwerte für die Versagenswahrscheinlichkeit lagen zur Befriedigung der Autoren von [9] ebenfalls in der Größenordnung $10^{-6}/a$.

Ohne diesem Endergebnis allzuviel Gewicht zu geben, läßt sich doch aus (3.17) klarer als aus einer rein qualitativen Überlegung der Einfluß der

— Zähigkeitsverteilung,
— Rißverteilung,
— Druckprobe, und insbesondere der
— Rißwachstumsrate (unterkritisch)

erkennen und beurteilen. Durch Parameterstudien kann die Empfindlichkeit gegenüber Änderung dieser Größen bestimmt werden.

Es wurde die Änderung der K_{Ic}-Verteilung durch den Bestrahlungseinfluß hier nicht berücksichtigt mit der Begründung, daß in den Bereichen hoher Bestrahlung keine Spitzenwerte der Spannung auftreten. Das ist natürlich im Einzelfall zu prüfen.

Die Wiederholungsprüfung mit Ultraschall hat neben einer gewissen Redundanzfunktion zu den US-Prüfungen vor der Inbetriebnahme vor allem die Aufgabe, das Rißwachstum festzustellen. Sie ist darum am wirkungsvollsten gegen Ende der Periode t_1 und natürlich aus den obengenannten Gründen nach der Druckprobe.

Die Gleichungen machen aber auch die Problematik aller Wahrscheinlichkeitsüberlegungen zum Druckbehälterversagen deutlich. Die Beträge der Verteilungsfunktionen $f(K_{Ic})$, $A(a)$ und $B(a)$ zu P_f kommen jeweils von weit extrapolierten Ausläufern der Bilder 3.25 bzw. 3.26, die nicht mehr durch experimentelle Daten belegt sind. Entsprechendes gilt für $B(a)$. Im Grunde sind die Verteilungsfunktionen in diesen extremen Bereichen unbekannt. Die tatsächlich errechneten Zahlenwerte der Wahrscheinlichkeit haben keine Aussagekraft. Man könnte genauso gut, ja im Grunde sogar mit mehr Berechtigung feststellen:

— So große Abweichungen von K_{Ic} vom Sollwert, wie zum Versagen erforderlich, kommen bei diesem Werkstoff, bei dieser Verarbeitungsweise, bei diesen Prüfverfahren nicht vor,
— so große Risse können bei keiner Fertigung mit ihren Prüfungen und der Erstdruckprobe unentdeckt bleiben,
— so große Risse können bei den Wiederholungsprüfungen nicht unentdeckt bleiben.

In anderen Worten bedeutet dies, daß nur sehr grobe Verstöße gegen die heute etablierten Regeln der Technik, die in dem sich mehrfach überdeckenden Netz der Kontrollen nicht übersehen werden können, zu einem Versagen des Reaktordruckbehälters führen.

Der Druckbehälter als Komponente besitzt zwar keine Redundanz, seine Sicherheit aber ist doch redundant begründet. Bild 3.27 zeigt dies schematisch nach einem Vorschlag von Kußmaul. Danach gewährleistet die sog. „Basissicherheit" durch richtige

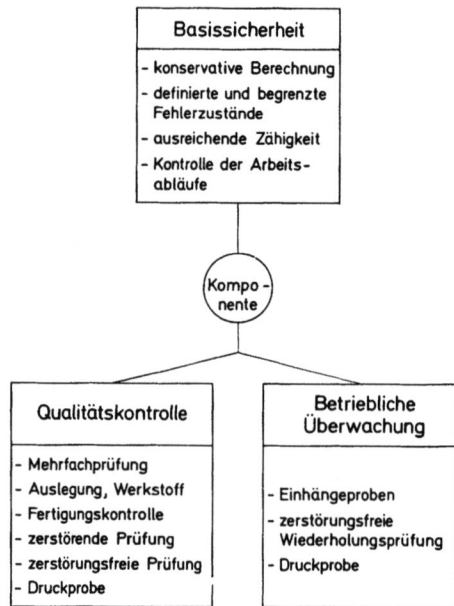

Bild 3.27. Prinzip der redundanten Absicherung der Reaktordruckbehälterintegrität nach Kußmaul [58]

Auslegung, Materialeigenschaften, Rißverteilung und Fertigung, daß ein Versagen ausgeschlossen werden kann. Alle zerstörenden und zerstörungsfreien Prüfungen der Qualitätskontrolle ebenso wie die wiederkehrenden Prüfungen können dann als echte Redundanz betrachtet werden.

3.3 Haupt-Wärmeabfuhrsystem

Das Hauptwärmeabfuhrsystem nimmt im Betrieb die Wärmeleistung des Reaktors auf und führt sie entweder als elektrische Leistung oder als Abwärme ab. Es ist selbst kein Sicherheitssystem. Seine Bedeutung für die Reaktorsicherheit kommt daher, daß sein Ausfall in der einen oder anderen Weise einen wesentlichen Teil der Transienten erzeugt, zu deren Beherrschung Sicherheitssysteme benötigt werden. Zu diesen gehören auch einzelne Komponenten des Haupt-Wärmeabfuhrsystems selbst.

Bild 3.28 zeigt einen vereinfachten Schaltplan des Haupt-Wärmeabfuhrsystems, das im Maschinenhaus außerhalb des Sicherheitsbehälters angeordnet ist (Bild 3.2). Der in den Dampferzeugern entstandene Frischdampf verläßt über die Frischdampfleitungen (hier nur einmal gezeichnet) den Sicherheitsbehälter und strömt über das zur Leistungsregelung benutzte Turbinenregelventil (7) zur Turbine. In der üblichen Weise wird an

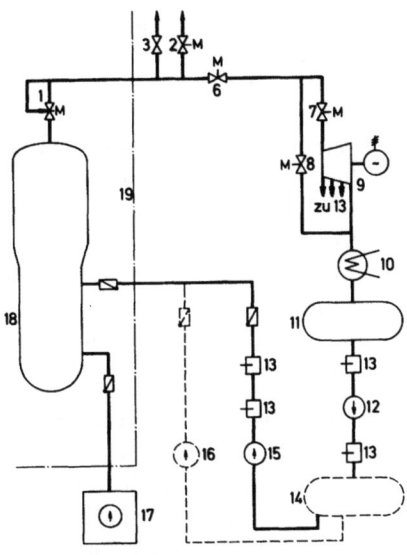

Bild 3.28. Prinzipschaltplan des Haupt-Wärmeabfuhrsystems (Sekundärsystem)

1 Kombinierte Armatur (Absperrung, Sicherheits-Umgehungsventil, bei einigen KWU-Anlagen)
2 Entlastungsventil
3 Sicherheitsventil
6 Schnellschlußarmatur
7 Turbinen Absperr- und Regelventil
8 Turbinenumleitstation
9 Turbine
10 Kondensator
11 Kondensatbehälter
12 Kondensatpumpe
13 Vorwärmer
14 Speisewasserbehälter
15 Hauptspeisewasserpumpe(n)
16 An- und Abfahrpumpe
17 Notspeisewassersystem
18 Dampferzeuger
19 Sicherheitsbehälter

Fernbetätigte Armaturen sind durch ein M gekennzeichnet

verschiedenen Stufen der Turbine Dampf abgezapft und zur Vorwärmung des Kondensats bzw. Speisewassers benutzt. Zur Dampftrocknung häufig verwendete Zwischenüberhitzungskreise sind nicht gezeichnet.

Vom Kondensatsammelbehälter wird das Kondensat durch die Kondensatpumpe über einige Vorwärmstufen zur Speisewasserpumpe und von dort über weitere Vorwärmstufen und zwei Rückschlagklappen wieder in den Dampferzeuger geführt. Vor die Speisewasserpumpen ist bei den KWU-Anlagen ein Speisewasserbehälter geschaltet, der beträchtliche Dimensionen hat (50 m Länge, 4 m Durchmesser). Der durch die Kondensatpumpen erzeugte Druck beträgt ca. 10 bis 15 bar, so daß auch der Speisewasserbehälter ein Druckbehälter ist.

Die KWU- und die Westinghouse-Anlagen unterscheiden sich in folgenden wesentlichen Punkten [1, 2]:

(a) Unmittelbar auf dem Dampferzeuger ist bei einigen KWU-Anlagen eine Absperrarmatur (1), kombiniert mit einer wie ein Sicherheitsventil wirkenden Überbrückung, angeordnet. Die Absperrarmatur ist eine Sicherheitseinrichtung. Sie wurde gefordert, um bei einem Bruch der Frischdampfleitung außerhalb des Sicherheitsbehälters, aber vor der äußeren Absperrarmatur (6) bei einem gleichzeitig unterstellten Versagen von Dampferzeugerheizrohren die Aktivitätsfreisetzung zu begrenzen[5].

Ein Frischdampfleitungsbruch ohne sofortige Absperrung der Leitung führt zu einer starken sekundärseitigen Verdampfung im Dampferzeuger und damit zu einem starken Temperaturrückgang im Sekundär- und als Folge auch im Primärsystem. Der damit verbundene Reaktivitätsanstieg kann durch die Abschaltstäbe allein nicht beherrscht werden und führt zu einer Exkursion, die durch die Temperaturrückwirkung aufgefangen wird.

Bei den W-Anlagen ist für diesen Fall eine besondere Boreinspritzung durch das Notkühlsystem vorgesehen, die mittelfristig die Reaktivität herabsetzt und das Notkühlsystem etwas komplizierter werden läßt (Abschnitt 3.6). Bei den KWU-Anlagen wird beim Frischdampfleitungsbruch die Notspeisewasserversorgung zum betroffenen Dampferzeuger automatisch abgeschaltet, um die Temperaturtransiente nach dem Ausdampfen zu beenden. Dafür wird eine sog. Auswahlschaltung (Druckvergleich) verwendet.

(b) Die KWU-Systeme besitzen zusätzlich An- und Abfahrpumpen (16), die an die Notstromversorgung angeschlossen sind und die Dampferzeuger mit Wasser aus dem Speisewasserbehälter versorgen können, wenn die normalen Speisewasserpumpen ausgefallen sind.

Für den Fall, daß die Turbine keinen Dampf mehr aufnehmen kann (TUSA, Turbinenschnellabschaltung durch Schließen des Ventils (7)), öffnet die Turbinenleitstation (8) und leitet Dampf direkt in den Kondensator. Bei allen Systemherstellern kann die über die Umleitstation verfügbare Wärmesenke etwa 40 bis 45 %

---

5 Dies gilt nach dem Sicherheitsbericht der Anlage Philippsburg II [2]. In anderen KWU-Anlagen fehlt diese Einrichtung; das gleiche Sicherheitsziel wird dort durch eine qualitativ besonders hochwertige Ausführung der Frischdampfleitung bis zur ersten Absperrarmatur sowie zwei parallele Sicherheitsventile, die beim Störfall „Versagen in Offenstellung" abgesperrt werden können. Eine Druckentlastung unterhalb des Ansprechniveaus der Sicherheitsventile ist über Entlastungsventile möglich.

3.3 Haupt-Wärmeabfuhrsystem

des bei voller Reaktorleistung erzeugten Dampfes aufnehmen. Steht die Turbinenleitstation nicht zur Verfügung (Kondensatorausfall), so kann eine Dampfabgabe durch die Sicherheits- und Druckentlastungsventile (2) bzw. (3) erfolgen.

Die vom Haupt-Wärmeabfuhrsystem ausgehenden Transienten lassen sich in 5 Klassen einteilen:
(1) Zu geringe Dampfaufnahme.
(2) Zu hohe Dampfaufnahme.
(3) Zu geringe Speisewasserzufuhr.
(4) Zu hohe Speisewasserzufuhr.
(5) Ausfall der Stromversorgung.

(1) Zu geringe Dampfaufnahme

Der härteste Fall ist ein Schließen der Ventile (1), (6) bzw. (7). In diesem Falle wird der Reaktor abgeschaltet und im letzteren Falle öffnet die Umleitstation (8). (Bei den KWU-Anlagen erfolgt lediglich eine Leistungsreduktion auf 20% Vollast.) Steht der Kondensator nicht zur Verfügung (z. B. Stromausfall, Ausfall der Vakuumpumpen), so öffnen die Sicherheitsventile (3). In diesem Falle erfolgt immer Reaktorschnellabschaltung. Die Umleitstation muß dann geschlossen bleiben. Der sekundäre Druck und damit zugleich Primärdruck und Temperatur können anschließend über Entlastungsventile (2) abgesenkt werden. Neuere KWU-Anlagen haben eine Automatik, die automatisch eine bestimmte Abkühlgeschwindigkeit des Primärsystems (100 °C/h) einhält.

(2) Zu hohe Dampfaufnahme

Der härteste Fall ist der Bruch der Frischdampfleitung, zu den milderen Fällen gehört das unbeabsichtigte Öffnen eines Sicherheits- bzw. Druckentlastungsventils. In diesem Fall müssen durch das Schnellabschaltsystem und bei den Westinghouse-Anlagen ggf. durch die Boreinspritzung die Leistungstransiente im Primärsystem aufgefangen werden. Die besprochene KWU-Auswahlschaltung kommt zur Wirkung.

(3) Zu geringe Speisewasserzufuhr

Der härteste Fall ist der Ausfall aller Speisewasserpumpen (durch Stromausfall). In diesem Falle übernehmen nach Schnellabschaltung des Reaktors (bei den KWU-Systemen die An- und Abfahrpumpen (16) und redundant dazu) die Notspeisewassersysteme (17) die Speisewasserversorgung. Beim Bruch einer (von 4) Speisewasserleitungen schließen die doppelt vorhandenen Rückschlagklappen. In diesem Fall wird ebenfalls nach der Reaktorschnellabschaltung das Notspeisewassersystem benutzt.

(4) Zu hohe Speisewasserzufuhr

Durch unbeabsichtigtes Zuschalten einer Speisewasserpumpe kann eine begrenzte Kaltwasserzufuhr mit einer Leistungstransiente möglich sein.

(5) Ausfall der Stromversorgung

Dieser Fall schließt die Fälle (1) und (3) ein. Hier stehen die Kondensat- und Speisewasserpumpen und die Vakuumpumpen des Kondensators (und damit der Kondensator selbst) nicht mehr zur Verfügung. Neben der Reaktorschnellabschaltung sind das Öffnen der sekundären Sicherheitsventile und das Anfahren der Notspeisewasserversorgung die wichtigsten Sicherheitsaktionen. Die Auswirkungen dieser und anderer

Transienten werden in Abschnitt 6.1 genauer behandelt werden. Dadurch wird die Wirkungsweise der hier nur kurz besprochenen Systeme deutlicher.

Ein ganz andersartiges Problem ist schließlich eine potentielle Gefährdung sicherheitsrelevanter Teile des Kernkraftwerkes durch Geschosse, die beim Versagen des Turbinenlaufrades durch davonfliegende Turbinenschaufeln und dergl. auftreten können [59–61]. Bei den heutigen Anlagen ist die Turbinenwelle deshalb so orientiert, daß empfindliche Anlagenteile, insbesondere das Reaktorgebäude außerhalb der zu erwartenden Flugbahn stehen.

3.4 Regelsystem

Das Regelsystem des Kernkraftwerkes ist ebenfalls kein Sicherheitssystem. Es beeinflußt durch seine Aktionen jedoch den Ablauf von transienten Störungen und führt in vielen Fällen sicherheitsgerichtete Operationen ergänzend oder in Redundanz zu den Sicherheitssystemen durch.

Das Schema der Lastfolgeregelung ist in Bild 3.29 dargestellt. Änderungen der Last führen über die Frequenz bzw. die Turbinendrehzahl zu einem Auf- oder Zufahren des Turbinenventils (7) in Bild 3.28. Das als Folge auftretende Absinken bzw. Ansteigen von Frischdampfdruck und Frischdampftemperatur führt zu einem Nachfahren der Reaktorleistung über den Reaktivitätskoeffizienten der Kühlmitteltemperatur. (Genaueres in [32, Bd. 2.])

Im unteren Leistungsbereich werden die Regelstäbe zur Leistungsregelung mit eingesetzt (Einstellung einer bestimmten Kühlmitteltemperatur), die im übrigen in Verbindung mit der Incore-Instrumentierung vor allem für den Ausgleich von Leistungsüberhöhungen im Kern zu sorgen haben.

Die Drehzahl der primären Kühlmittelumwälzpumpen ist konstant.

Besondere Regelsysteme sind für die Druck- und Wasserstandshaltung im Druckhalter vorgesehen. Sie steuern die Förderpumpen des Volumenregelsystems sowie die Wassereinspritzung und Heizung.

Der Wasserstand im Dampferzeuger wird durch die Speisewasserpumpen geregelt.

Von besonderer Bedeutung für die Beherrschung von transienten Störungen sind die Wassereinsprühung im Druckhalter und das Turbinenventil.

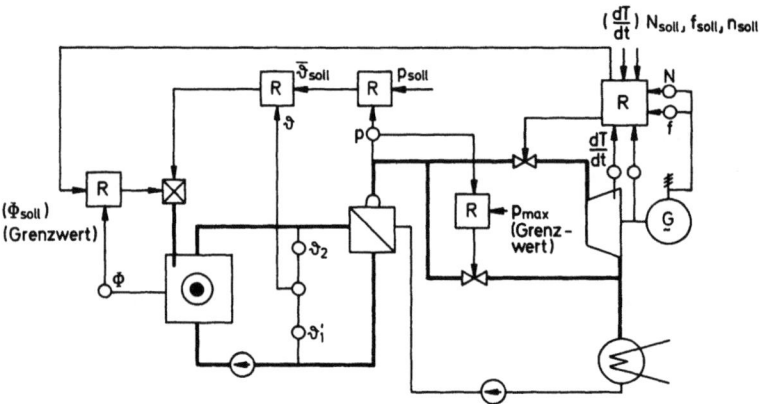

Bild 3.29. Regelschema eines Druckwasser-Kernkraftwerkes

Das Regelsystem hält aber, obwohl es nicht zu den Sicherheitssystemen gehört, eine Anzahl sicherheitstechnisch bedeutsamer Größen innerhalb bestimmter Grenzwerte und vermindert so die Wahrscheinlichkeit für ein Ansprechen des Reaktorschutzsystems. Beispielsweise steuert es bei den KWU-Anlagen beim Netzausfall das Kernkraftwerk auf das Niveau der Eigenbedarfsversorgung herunter und vermeidet so die Inanspruchnahme der Notstromversorgung. Dadurch wird zur Erhöhung der Gesamtsicherheit beigetragen.

3.5 Notspeisewassersystem

Das Notspeisewassersystem versorgt die Dampferzeuger mit Wasser, wenn
— im Falle der Westinghouse-Anlagen die Hauptspeisewasserpumpen oder sonst für die Speisewasserversorgung wesentliche Teile des Haupt-Wärmeabfuhrsystems ausgefallen sind (die Hauptspeisewasserpumpen werden bei jeder Reaktorschnellabschaltung abgeschaltet),
— im Falle der KWU-Anlagen zusätzlich zu den genannten Komponenten auch die An- und Abfahrpumpe (16) in Bild 3.28 nicht zur Verfügung steht oder zum Abkühlen des Primärkreises mehr Speisewasser benötigt wird, als die An- und Abfahrpumpe fördert.

Ein wichtiges Ereignis in diesem Zusammenhang ist der Ausfall der Hauptstromversorgung. Das Notspeisewassersystem (bzw. zunächst die An- und Abfahrpumpe) wird aber praktisch bei allen Störungen (außer größeren Brüchen im Primärkreis) eingeschaltet, bei denen es zur Reaktorschnellabschaltung, damit dann auch zur Turbinenschnellabschaltung und Abschaltung der Haupt-Speisewasserpumpen kommt (s. dazu Abschnitt 3.9 über die Aktionen, die das Reaktorschutzsystem steuert).

Das Notspeisewassersystem ermöglicht in Verbindung mit der Dampffreisetzung über die Druckentlastungs- und Sicherheitsventile (2) bzw. (3) des Bildes 3.28 die Nachwärmeabfuhr aus dem abgeschalteten Reaktor, insbesondere wenn der Primärdruck noch hoch ist. Dazu strömt das im Core erwärmte Primärwasser mittels Naturkonvektion durch die höher angeordneten Dampferzeuger (s. Bild 3.6), wird dort abgekühlt und fließt zum Core zurück.

Erst wenn das Primärsystem durch Abkühlung drucklos gemacht worden ist, kann die Nachwärmeabfuhr durch das Notkühl- und Nachwärmeabfuhrsystem übernommen werden.

Um ihre Aufgabe erfüllen zu können, benötigen die Notspeisewassersysteme einen ausreichenden Wasservorrat. Bei den Westinghouse-Systemen wird das Wasser zunächst aus dem Kondensatbehälter des Hauptwärmeabfuhrsystems entnommen. Sein Inhalt reicht für etwa 8 Stunden, dann ist eine Umschaltung auf das sog. service-water-system möglich.

Die KWU-Notspeisewassersysteme haben ihre eigenen Wasservorräte (Deionat), die für 10 Stunden ausreichen. Danach muß eine andere Wasserversorgung sichergestellt sein.

3.5.1 W-Notspeisewassersystem

Bild 3.30 zeigt die Schaltung des Westinghouse-Notspeisewassersystems [1]. Es stehen zwei redundante Notspeisewasserpumpen zur Verfügung, die je für sich eine ausreichende Versorgung bewerkstelligen können (2 × 100%-System Einzelfehlerkriterium). Eine Pumpe wird durch einen Dieselmotor angetrieben, die andere durch eine Turbine, die durch den in den Dampferzeugern noch gebildeten Dampf gespeist wird. Bei der Anlage Surry-1 (ebenfalls Westinghouse), die für die Rasmussenstudie [3] untersucht wurde, stehen zwei elektrisch und eine durch eine Turbine angetriebene Notspeisewasserpumpe zur Verfügung.

Beide Pumpen sind auf der Saugseite verbunden, ebenso speisen sie auf je eine Sammlerleitung, die die vier Dampferzeuger versorgt. Wir haben hier also ein Sicherheitssystem mit der in Abschnitt 2.3 beschriebenen *vermaschten Redundanz*. Die vorgesehenen 2 × 100% entsprechen der amerikanischen Vorschrift [47], daß bei Sicherheitssystemen ein Ausfall aktiver Komponenten durch Einzelfehler zu unterstellen ist.

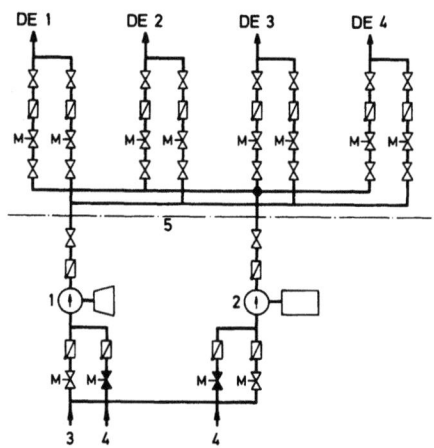 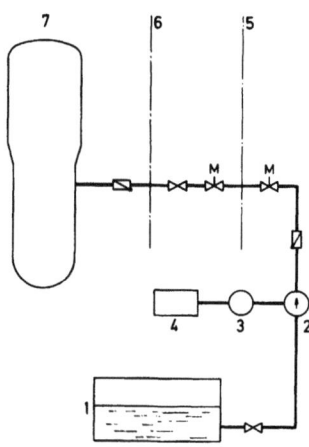

Bild 3.30. Westinghouse-Notspeisewassersystem [1]
1 Turbinengetriebene Notspeisewasserpumpe
2 Dieselgetriebene Notspeisewasserpumpe
3 Vom Kondensatbehälter
4 Vom Hilfswassersystem (Service Water System)
5 Sicherheitsbehälter
(Fernbetätigte Armaturen sind durch ein M gekennzeichnet)

Bild 3.31. Eines von vier KWU-Notspeisewassersystemen [2]
1 Deionatbehälter
2 Notspeisewasserpumpe
3 Generator
4 Dieselmotor
5 Betonzylinder
6 Sicherheitsbehälter
7 Dampferzeuger
(Fernbetätigte Armaturen sind durch ein M gekennzeichnet)

3.5.2 KWU-Notspeisewassersystem

In Bild 3.31 ist eines von vier KWU-Notspeisewassersystemen dargestellt, die alle den gleichen Aufbau besitzen und an je einen Dampferzeuger angeschlossen sind. Sie besitzen je einen Deionatvorrat und eine durch Dieselmotor angetriebene Notspeisepumpe sowie entsprechende Armaturen und Rückschlagklappen. Die Pumpenachse treibt außerdem einen Generator. Zwei der vier Notspeisewassersysteme genügen für die

3.6 Notkühl- und Nachwärmeabfuhrsystem

Nachwärmeabfuhr (4 × 50%)[6]. Die Redundanzen sind entmascht. Dies entspricht der deutschen Vorschrift [48], nach der der Ausfall eines vollen *Systems* durch Einzelfehler und die Nichtverfügbarkeit eines weiteren durch Wartung oder Reparatur zu unterstellen ist.

Eine weitere wichtige Funktion haben die KWU-Notspeisewassersysteme für die Beherrschung äußerer Einwirkungen. Hierfür sind sie teilweise (d.h. ohne zusätzliche Redundanz) Bestandteil des in Abschnitt 3.10 behandelten Notstandssystems. Auch die Bemessung des Wasservorrates folgt aus derartigen Überlegungen. Deshalb sind sie speziell geschützt und verbunkert. Der Generator versorgt die erforderliche sicherheitsrelevante Instrumentierung und die Stellantriebe für die entsprechenden Armaturen.

3.5.3 Ergebnisse der Sicherheitsstudie

Aus der Rasmussenstudie findet man für die Notspeisewassersysteme folgende Werte für die Unverfügbarkeit im Anforderungsfall:

Nach [4] für das dem hier beschrieben Westinghouse-System ähnliche der Anlage Surry-1.

Bei einem kleinen Leitungsbruch im Haupt-Wärmeabfuhrsystem:

Für die ersten 8 Stunden sind die wesentlichen Beiträge:

$Q_{Einzelfehler} = 5{,}1 \cdot 10^{-7}$, bewirkt durch die gemeinsamen Sammler,

$Q_{Common\,Mode} = 3 \cdot 10^{-5}$, bewirkt durch Fehler an den (zusätzlich benötigten) Frischdampf-Entlastungsventilen,

$Q_{Test,\,Instandhaltung} = 3{,}2 \cdot 10^{-3}$ (wegen der 2 × 100% Redundanz).

Für den Betrieb von 8 bis 24 Stunden kommt der größte Beitrag von den Einzelfehlern

$Q_{Einzelfehler} = 1{,}1 \cdot 10^{-3}$.

Hierfür ist fehlerhaftes Umschalten (durch die Betriebsmannschaft) von der Versorgung aus dem Kondensatsammelbehälter auf andere Vorräte die Ursache.

3.6 Notkühl- und Nachwärmeabfuhrsystem

Das Notkühl- und Nachwärmeabfuhrsystem hat die folgenden wesentlichen Aufgaben:

— Wärmeabfuhr aus dem Core in der zweiten Phase der Abschaltung, wenn also das Primärsystem kalt und drucklos ist,
— Kühlmittelinjektion und ggf. Wiederauffüllung des Reaktordruckbehälters nach einem Kühlmittelverluststörfall einschließlich des Bruchs eines Dampferzeugerrohres,
— Überführung von Wasser vom und zum Brennelement-Beladebecken für Be- und Entladeoperationen,

---
6 Sofern es nicht auf die Größe des den einzelnen Teilsystemen zugeordneten Wasservorrats ankommt, genügt sogar eines für die Nachwärmenachfuhr. Insbesondere die Förderkapazität der Pumpen reicht hierzu aus.

— Beherrschung der mittelfristigen Reaktivitätszufuhr (Kaltwasser-Einbruch) beim postulierten Bruch einer Frischdampfleitung (nur bei W-Anlagen). Bei KWU-Anlagen wird dieser Störfall durch die in Abschnitt 3.3 beschriebene Auswahlschaltung und ggf. durch die Schnellschlußarmaturen beherrscht,
— Wärmeabfuhr aus dem Beladebecken (bei dem zum Beladevorgang geöffneten Reaktordruckbehälter) und aus dem Brennelement-Lagerbecken im Falle äußerer Einwirkungen (nur bei KWU-Anlagen).

Um diese Aufgaben erfüllen zu können, enthält das Notkühl- und Nachwärmeabfuhrsystem die folgenden wichtigen Teilsysteme:
— Hochdruck-Einspeisesysteme, die im wesentlichen Pumpen großer Förderhöhe, aber geringerer Förderkapazität enthalten (hier Hochdruck- oder Sicherheitseinspeisepumpe genannt), um die Kühlmittelverluste bei kleineren Lecks im Primärsystem auszugleichen,
— Niederdruck-Einspeise- und -umwälzsysteme, die im wesentlichen Pumpgen geringer Förderhöhe, aber großer Förderkapazität (hier Niederdruck- oder Nachkühlpumpe genannt) enthalten, um den zunächst entleerten Reaktordruckbehälter bei mittleren und großen Lecks oder Brüchen im Primärsystem wieder aufzufüllen und außerdem die langfristige Nachwärmeabfuhr sowohl im Normalbetrieb wie bei den genannten Störfällen zu gewährleisten,
— Druckspeicher (accumulators), im Prinzip Behälter mit unter Druck (Stickstoff) stehendem kalten Wasser, die sich im Falle eines Kühlmittelverluststörfalls automatisch und ohne Aktionen des Reaktorschutzsystems zu erfordern in den Primärkreis entleeren,
— dazu die erforderlichen Meß- und Steuerungssysteme, Prüfeinrichtungen, sekundäre Kühlkreise und endgültige Wärmesenken.

Die Notkühl- und Nachwärmeabfuhrsysteme sind besonders im Hinblick auf den Kühlmittelverluststörfall redundant ausgeführt. Im Falle der KWU-Anlagen sind sie weitgehend entmascht, im Falle der W-Anlagen dagegen vermascht ausgeführt (s. Abschnitt 2.3). Bei den KWU-Anlagen gibt es deshalb mehrere, in sich jeweils autarke, gleiche Systeme, die alle oben aufgeführten Untersysteme enthalten und insgesamt zueinander redundant sind. Bei den W-Anlagen sind einzelne Komponenten wie Pumpen oder Armaturen zueinander redundant, aber in einem Gesamtsystem miteinander vermascht.

3.6.1 W-Niederdruckteil

Bild 3.32 zeigt ein etwas vereinfachtes Schaltschema des Niederdruckteils und der Druckspeicher der W-Anlage Trojan (3423 MW$_{th}$).

Im Notkühlfall wird Wasser (es enthält aus Reaktivitätsgründen etwa 2000 ppm Bor) aus einem Flutbehälter (Vorratsbehälter) (1) durch zwei Pumpen (2) angesaugt. (Auch das hier nicht gezeichnete Hochdrucksystem bezieht sein Wasser über die Ansaugleitung (3) aus dem gleichen Vorratsbehälter.) Die Pumpen (2) fördern das Wasser über zwei Wärmetauscher (4) und verschiedenen Armaturen und Rückschlagklappen in die 4 „kalten" Stränge (Kühlmitteleintrittsleitung in den Reaktordruckbehälter) des Primärkreises (5). Sowohl auf der Saug- wie auf der Druckseite der Pumpen wie hinter den Wärmetauschern sind die Rohrleitungen miteinander verbunden. Zu den

3.6 Notkühl- und Nachwärmeabfuhrsystem

1 Flutbehälter (nur einfach vorhanden)
2 (Niederdruck)-Nachkühlpumpen
3 bis 3b Entnahme für Ladepumpen, (HD)-Sicherheitseinspeisepumpen und Sicherheitsbehälter-Sprühpumpen
4 Wärmetauscher
5 zu den 4 kalten Strängen
6 Sicherheitsbehälter
7 Druckspeicher
8 bis 14 Ventile
15 Ventile für die Ansaugung aus dem heißen Strang Nr. 4
16 Ventil für Einspeisung in heiße Stränge Nr. 2 und 4
17 Saugleitungen für Hochdrucksystem
18 Einspeisung in die heißen Stränge Nr. 2 und 4
19 Einspeisung aus dem Hochdrucksystem
20 Sumpfansaugestellen

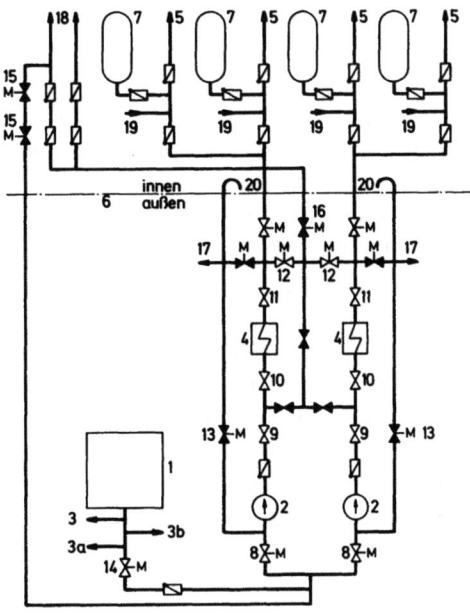

Bild 3.32. Westinghouse-Notkühl- und Nachwärmeabfuhrsystem, Druckspeicher mit Niederdruckteil. Vereinfachtes Schema, Prüfleitungen, Auffüll- und Ablaßleitungen, Entlüftungsleitungen usw. sind weggelassen [1]

1 Sicherheitseinspeisepumpen
2 Ventile in der Saugleitung des Volumenregelsystems (müssen im Notkühlfall geschlossen werden)
3 Ventile in der Druckleitung des Volumenregelsystems (müssen im Notkühlfall geschlossen werden)
4 Ladepumpen des Volumenregelsystems (Kreiselpumpen)
5 Ladepumpen des Volumenregelsystems (Kolbenpumpe)
6 Ventile der Saugleitung (müssen im Notkühlfall geöffnet werden)
7 bis 8 Ventile in der Druckleitung zum Borierungssystem (müssen im Notkühlfall geöffnet werden)
9 Saugleitung vom Flutbehälter (1 in Bild 3.32)
10 Saugleitung von den Niederdruckpumpen (17 in Bild 3.32)
11 Einspeisung in die kalten Stränge (19) in Bild 3.32)
12 Einspeisung in die heißen Stränge 2 und 4 (18 in Bild 3.32)
13 Einspeisung in die heißen Stränge 1 und 3
B Borsäurebehälter

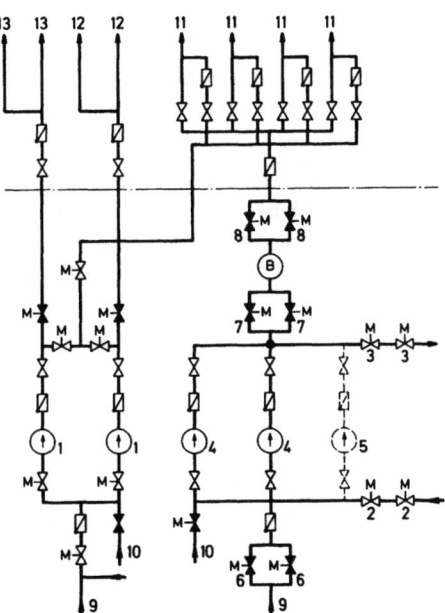

Bild 3.33. Westinghouse-(Hochdruck)-Sicherheitseinspeisesystem [1]
(In der Einspeisephase speist das Hochdrucksystem ausschließlich in die kalten Stränge ein.)

vier Einspeiseleitungen (5) gehören nur zwei Durchführungen durch die Wand des Sicherheitsbehälters (6).

Unabhängig hiervon sind die 4 Druckspeicher (7); sie befinden sich innerhalb des Sicherheitsbehälters und sind ebenfalls je einem der 4 kalten Stränge zugeordnet. Das in ihnen enthaltene ebenfalls borierte Wasser wird durch ein Stickstoffpolster unter einem Druck von etwa 45 bar gehalten. Sobald der Druck im Primärsystem unter diesen Wert absinkt, öffnen sich ohne weiteres Zutun die Rückschlagklappen und die Einspeisung in das Primärsystem beginnt.

Noch einige Bemerkungen zu den Armaturen, die auf die Zuverlässigkeit des Systems einen wesentlichen Einfluß haben. Normalerweise offene Ventile sind hell, normalerweise geschlossene Ventile sind schwarz gezeichnet. Ventile, die von der Warte aus über einen Stellmotor betätigt werden können, sind durch ein M gekennzeichnet. Die übrigen, nur vor Ort zu betätigenden Ventile werden nur für Prüf-, Wartungs- und Reparaturzwecke benötigt.

Die Zahl der Ventile ist im W-System verhältnismäßig groß, um die Vermaschung durch die vorhandenen Querverbindungen einerseits nutzen, andererseits bei entsprechenden Störungen, Prüf-, Wartungs- und Reparaturarbeiten auch ausschalten zu können.

Die Verbindung zwischen dem Niederdrucksystem und dem unter etwa 150 bar stehenden Primärkreis ist über jeweils 2 hintereinander geschaltete Rückschlagklappen gegeben. Würden sie gleichzeitig versagen, würde als Folge auch das auf einen geringen Druck ausgelegte Niederdrucksystem versagen und es läge die Situation eines Kühlmittelverluststörfalls mit unwirksamem Sicherheitsbehälter und unwirksamem Notkühlsystem vor. Daraus ergibt sich ein verhältnismäßig folgenschwerer Unfall, auf den zuerst in [3] hingewiesen wurde (interfacing systems LOCA). Durch entsprechende Überwachung der Integrität der Rückschlagklappen in Verbindung mit der vorhandenen Redundanz kann er jedoch ausgeschlossen werden.

Die in Bild 3.32 gezeigte Ventilstellung ist die für den Normalbetrieb und für die erste sog. *Einspeisephase* (injection phase) des Kühlmittelverluststörfalls, in der der Wasserinhalt des Flutbehälters (1) aufgebraucht wird.

Ist der Flutbehälter leer, so hat sich im Sumpf des Sicherheitsbehälters das über das Leck ausgetretene oder über das Sicherheitsbehälter-Sprühsystem freigesetzte Wasser angesammelt, das über die Ansaugrohre (20) entnommen werden kann. Es wird auf die *Rezirkulationsphase* (recirculation phase) umgeschaltet. Dazu werden nach Erreichen eines bestimmten unteren Füllstandes im Vorratsbehälter (1) zunächst die Ventile (12) der Verbindungsleitung geschlossen, dann in einem, dann im anderen Strang

— die Pumpe (2) abgeschaltet,
— Ventil (8) geschlossen,
— Ventil (13) geöffnet,
— Ventil für das sekundäre Kühlwasser des Wärmetauschers geöffnet,
— die Pumpe wieder in Betrieb gesetzt,
— das Ventil zur Saugseite der Hochdruckpumpen (17) geöffnet.

Nachdem die gleiche Operation auch im zweiten Strang durchgeführt ist, wird auch (14) geschlossen und beide Ventile (12) können wieder geöffnet werden. Die Operationen werden manuell eingeleitet.

3.6 Notkühl- und Nachwärmeabfuhrsystem

Das Abtrennen und Abschalten der Pumpen wird zur Vermeidung von Kavitation beim Umschalten der Ansaugung erforderlich. In der Rezirkulationsphase sind die Wärmetauscher (4) zur Kühlung erforderlich.

Eine dritte Nutzungsmöglichkeit des Systems ist der normale *Nachkühlbetrieb*. Er betrifft die zweite Phase der Nachkühlung, wenn der Primärkreis bereits auf niedrigem Druckniveau steht. Durch Öffnen der doppelten Ventile (15) kann Primärwasser angesaugt und über Pumpen, Wärmetauscher und kalte Stränge wieder zurückgeführt werden. Da die Ansaugleitung nur an einem der 4 heißen Stränge angeschlossen ist, kann diese Betriebsweise nicht allgemein nach einem Kühlmittelverluststörfall eingesetzt werden, da der heiße Strang, aus dem angesaugt wird, ja der gebrochene sein könnte. Sie ist auch nicht für den Störfall gedacht.

3.6.2 W-Hochdruckteil

Das *Hochdruck-Einspeisesystem* der W-Anlagen ist in Bild 3.33 zu sehen. Es besteht aus zwei getrennten Teilen. Links sind zwei Sicherheitseinspeisepumpen gezeigt, die in der Einspeisephase ebenfalls Wasser aus dem Flutbehälter (1), (3), in Bild 3.32, entnehmen und über *eine* Containmentdurchführung und eine Verteilerleitung in die 4 heißen Stränge geben. Für die Rezirkulationsphase wird die Verbindung zum Vorratstank geschlossen und dafür zur Druckseite der Niederdruckpumpen (17) in Bild 3.32 hergestellt.

Das das Hochdruckeinspeisesystem nur bei kleinen Lecks erforderlich ist und nur so lange gebraucht wird, wie der Primärdruck noch hoch ist, fragt man nach dem Sinn dieser Maßnahme. Der Inhalt des Flutbehälters liegt mit 1400 m³ über dem Volumen des Primärsystems. Man sollte annehmen, daß nach Einspeisen dieser Menge kalten Wassers der Druck so niedrig ist, daß das Hochdruckeinspeisesystem nicht mehr gebraucht wird.

Diese Überlegung ist deshalb unrichtig, weil auch das Sicherheitsbehälter-Sprühsystem sein Wasser aus dem gleichen Flutbehälter bezieht und bei jedem Kühlmittelverluststörfall unabhängig von der Größe des Lecks (die ja im Augenblick schwer bestimmbar wäre) durch das Reaktorschutzsystem ausgelöst wird. Dadurch kann der Flutbehälter leer sein, bevor bei einem kleinen Leck der Druck hinreichend abgebaut ist.

Als weiteres Teilsystem zur Hochdruckeinspeisung sind auf der rechten Seite des Bildes 3.33 die Pumpen (4), (5) dargestellt, die zum Volumenregelsystem gehören. Das Volumenregelsystem ist an sich kein Sicherheitssystem und dient im Normalbetrieb dazu, den Wasserstand im Druckhalten zu regeln und dem Primärkreis die für die Langzeitregelung benötigte Borsäurelösung zuzuführen (s. Abschnitt 3.7). Die Schaltung für die Hochdruckeinspeisung beim Kühlmittelverluststörfall muß darum erst hergestellt werden. Dazu werden die Verbindungen zum übrigen Volumenregelsystem (2) und (3) geschlossen, die Verbindungen zum Vorratsbehälter (6) und zur Einspeisestelle (7), (8) in den 4 kalten Strängen geöffnet; (11) ist (19) in Bild 3.32. Die Einspeisung geschieht über einen Behälter mit hochkonzentrierter Borsäurelösung. Für die Rezirkulationsphase kann auch hier auf der Druckseite der Niederdruckpumpen angesaugt werden.

Im Falle der hier betrachteten Anlage Trojan [1] hat das Volumenregelsystem zwei Kreiselpumpen (4) und eine Kolbenpumpe (5). Nur die Kreiselpumpen werden für die Notkühlfunktion verwendet. Sie sind deshalb, wie das übrige Notkühlsystem, an die Notstromversorgung angeschlossen.

Das Teilsystem der Hochdruckeinspeisung mit Komponenten des Volumenregelsystems besitzt eine Förderhöhe, die dem normalen Kühlmitteldruck voll entspricht und über der des anderen Teilsystems liegt (Tabelle 3.6, S. 77). Es ermöglicht dadurch eine Überspeisung kleiner Lecks.

Eine weitere wichtige Funktion dieses Teilsystems ist die Beherrschung der Kaltwassertransiente nach einem Dampfleitungsbruch. Es wirkt in diesem Falle mit seinem Borsäuretank (B) als schnelles Boreinspritzsystem, das die Reaktivitätsexkursion mittelfristig beherrscht.

Daneben gibt es noch ein Hochdruckeinspeisesystem ohne betriebliche Funktion mit den Pumpen (1), das in die heißen Stränge (12), (13) einspeist.

3.6.3 KWU-Niederdrucksystem

Im Vergleich zum W-System ist das Notkühl- und Nachwärmeabfuhrsystem der KWU-Anlagen entmascht aufgebaut. Bild 3.34 zeigt wieder den Niederdruckteil und die Druckspeicher von 2 der 4 Teilsysteme [7]. Man erkennt, das sie im wesentlichen gleich aufgebaut und voneinander getrennt (entmascht) sind. Es gibt zwar einige hier nicht eingezeichnete Verbindungsleitungen für Prüf- und Wartungszwecke, doch sind diese im Betrieb geschlossen.

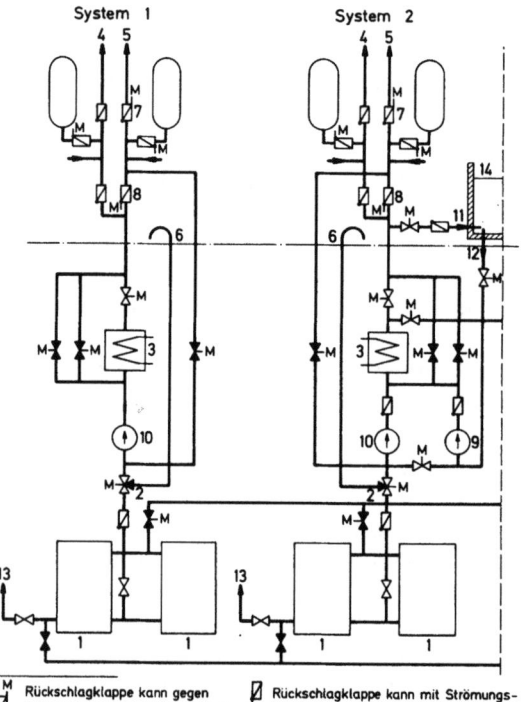

Bild 3.34. KWU-Notkühl- und Nachwärmeabfuhrsystem [2] (vereinfachtes Schema). Es ist nur die eine Hälfte mit zwei Teilsystemen gezeigt. Die anderen beiden Teilsysteme sind spiegelbildlich angeordnet.

1 Flutbehälter
2 Dreiwegeventile
3 Wärmetauscher
4 Einspeisung in kalten Strang
5 Einspeisung in heißen Strang
6 Sumpfansaugestellen
7 gegen Strömung zu öffnende Rückschlagklappe
8 mit Strömung schließbare Rückschlagklappe
9 Beckenkühlpumpe
10 Nachkühlpumpe
11 Einspeisung für Beckenkühlwasser
12 Absaugung von Beckenkühlwasser
13 Saugleitung für (Hochdruck-)-Sicherheitseinspeisepumpen
14 Be- und Entladebecken und ggf. BE-Lagerbecken
15 Containment

---

[7] Die beiden anderen Teilsysteme sind spiegelsymmetrisch zur gestrichelten Linie.

3.6 Notkühl- und Nachwärmeabfuhrsystem

Der Aufbau sei am Beispiel des Teilsystems 1 genauer beschrieben. Auch hier wird zwischen
- Einspeisephase,
- Rezirkulationsphase und
- Nachkühlbetrieb

unterschieden.

In der *Einspeisephase* nach dem Kühlmittelverluststörfall wird dem Flutbehälter (1), der hier allerdings für jedes Teilsystem vorhanden und jeweils als Doppelbehälter ausgeführt ist, boriertes Wasser entnommen und über das Dreiwegeventil (2), die Niederdruckpumpe (Nachkühlpumpe (10)), den Wärmetauscher (3) über eine eigene Sicherheitsbehälterdurchführung sowohl in den kalten Strang (4) als auch in den heißen Strang (5) des Primärkreises Nr. 1 eingespeist. Die Einspeisung in beide Stränge erhöht nicht nur die Redundanz (ein Strang könnte ja der gebrochene sein), sondern hat auch einen großen Einfluß auf die Wirksamkeit der Notkühlung und wird in Abschnitt 8.1 behandelt werden.

Das gleiche Prinzip der Einspeisung in beide Stränge wird auch bei den Druckspeichern angewandt, wobei bei den neueren Anlagen für den heißen und den kalten Strang jeweils ein Druckspeicher vorgesehen ist. Statt 4 wie bei den W-Anlagen enthalten die KWU-Anlagen also insgesamt 8 Druckspeicher. Ihr Druck ist mit etwa 25 bar niedriger angesetzt als bei W. Die Bedeutung dieses Unterschiedes wird in Abschnitt 8.1 behandelt werden.

Das Umschalten auf die *Rezirkulationsphase* geschieht durch einfaches Umschalten des Dreiwegeventils (2) auf die Saugleitung (6) aus dem Sicherheitsbehältersumpf und wird automatisch durch das Reaktorschutzsystem eingeleitet.

Für den *Nachkühlbetrieb*, der hier sowohl im ungestörten Falle wie nach dem Kühlmittelverluststörfall möglich ist, kann die Rückschlagklappe (7) durch einen Stellmotor im heißen Strang entgegen ihrer normalen Schließrichtung geöffnet werden, während die Rückschlagklappe (8) geschlossen wird. Dann ist nach Öffnung des entsprechenden Ventils eine Ansaugung aus dem heißen und Rückspeisung des gekühlten Wassers in den kalten Strang möglich.

Auch hier ist der unter hohem Druck stehende Primärkreis durch zwei hintereinander liegende Rückschlagklappen vom Niederdruckteil getrennt. Der unterstellte „interfacing systems LOCA" (gleichzeitiger Bruch zweier Klappen) setzt hier nur eines der Notkühlsysteme außer Funktion, während die andern intakt bleiben und nur ggf. durch langfristigen Wasserverlust in der Rezirkulationsphase beeinträchtigt werden können. Da hier Zeit zur Verfügung steht, sind im Prinzip adhoc-Gegenmaßnahmen möglich.

Die Teilsysteme 2, 3, 4 sind zunächst gleich aufgebaut. Die Systeme 2 und 3 übernehmen allerdings noch zusätzlich die Funktion der Kühlung des Beladebeckens und ggf. des Brennelementlagerbeckens bei geöffnetem Reaktordruckbehälter und äußeren Einwirkungen. Darin ist ja in diesem Falle auch die Nachwärmeabfuhr aus dem Core enthalten.

Dazu sind die Teilsysteme 2 und 3 speziell gegen äußere Einwirkungen und Einwirkungen Dritter geschützt (und ebenso natürlich ihre sekundärseitigen Wärmeabfuhrsysteme bis hin zur endgültigen Wärmesenke). Sie entnehmen Wasser aus den Becken und führen es nach der Kühlung zurück. Während dazu die gleichen Wärmetauscher wie für die anderen Funktionen benutzt werden, ist eine besondere Pumpe (9) vorgesehen.

Durch aktive Maßnahmen, passive Einrichtungen (Rohrquerschnitte) und durch inhärente Eigenschaften (hydrostatischer Druck im Becken) wird eine Zuverlässigkeitsminderung des Notkühlsystems durch Übernahme dieser Zusatzfunktionen verhindert (daß also z. B. nicht durch einen Schaltfehler das für die Notkühleinspeisung vorgesehene Wasser in das Brennelementlagerbecken gefördert wird).

3.6.4 KWU-Hochdrucksystem

Das KWU-Hochdruck-Einspeisesystem (auch Sicherheits-Einspeisesystem genannt) ist in Bild 3.35 dargestellt. Wir haben 4 identische, unvermaschte Stränge, die boriertes Wasser aus den Vorratsbehältern wieder jeweils in die kalten und heißen Stränge fördern. Ein Dreiwegeventil (1), dessen Einstellung vom Druckniveau in den beiden Einspeiseleitungen geregelt wird, sorgt dafür, daß normalerweise die Einspeisung in den heißen Strang erfolgt, es sei denn, daß dieser der gebrochene ist (und dann einen niedrigeren Druck als der andere hat). Dann wird der kalte Strang bevorzugt, um möglichst geringe Verluste an Notkühlwasser zu haben. Die bevorzugte Einspeisung in den heißen Strang vermindert die Thermoschockbelastung des Reaktordruckbehälters. Bei Einspeisung in den kalten Strang käme das kalte Wasser in den Ringraum (Downcomer),

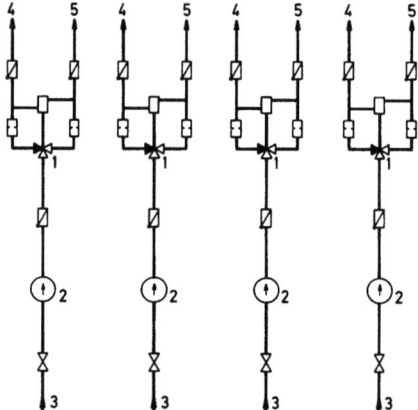

Bild 3.35. KWU-(Hochdruck)-Sicherheitseinspeisesystem [2]

1 Dreiwegeventil, durch die Druckdifferenz in beiden Einspeiseleitungen gesteuert. Es wird normalerweise in die heißen Stränge eingespeist, außer wenn ein heißer Strang gebrochen ist
2 Sicherheitseinspeisepumpen
3 Saugleitungen vor den Flutbehältern (1 in Bild 3.34)
4 Einspeisung in die kalten Stränge (4 in Bild 3.34)
5 Einspeisung in die heißen Stränge (5 in Bild 3.34)

(s. Bild 3.5), und damit im engen Kontakt mit der Druckbehälterwand, bei Einspeisung in den heißen Strang dagegen nur in den Sammelraum oberhalb des Cores.

Die *KWU-Hochdruck-Einspeisesysteme* werden in der Rezirkulationsphase nicht mehr eingesetzt, da das Sicherheitsbehälter-Sprühsystem den Inhalt des Vorratsbehälters nicht in Anspruch nimmt und deshalb auch bei kleinen Lecks Temperatur und Druck am Ende der Einspeisephase niedrig genug sind. Dadurch entfallen die für die W-Systeme beschriebenen Umschalteoperationen.

3.6.5 Nachgeschaltete Kühlkreise

Die Funktion der Not- und Nachkühlsysteme in der Rezirkulationsphase setzt natürlich voraus, daß auch die sekundären und ggf. tertiären Kühlsysteme ihre Aufgabe erfüllen, die die in den Wärmetauschern abgegebene Energie aufnehmen und schließlich in die

3.6 Notkühl- und Nachwärmeabfuhrsystem

endgültige Wärmesenke überführen. Dabei geht es nicht nur um die Abfuhr der Nachwärme selbst, sondern eine ganze Anzahl weiterer Aufgaben. Dazu gehören Versorgung der Lager- und Sperrwasserkühler der Niederdruckpumpen, Ölkühler und Gleitringdichtungskühler der Hochdruck-Einspeisepumpen sowie die Luftkühler der Antriebsmotoren.

Für alle diese Aufgaben wird das *nukleare Zwischenkühlsystem* eingesetzt, das für jede der genannten Aufgaben einen eigenen Wärmetauscher sekundärseitig versorgt.

Seinerseits gibt es dann die aufgenommene Wärme über einen Wärmeaustauscher an das *Nebenkühlwassersystem* weiter, das als Wärmesenke ein fließendes Gewässer, einen Kühlteich oder besondere Kühltürme besitzt.

Bei den KWU-Anlagen sind auch diese Systeme weitgehend entmascht ausgeführt und den 4 Strängen des Not- und Nachkühlsystems zugeordnet, während bei Westinghouse die vermaschte Form mit der 2 × 100%-Ausführung vorliegt.

Soweit die Not- und Nachkühlsysteme eine Bedeutung für die Beherrschung äußerer Einwirkungen haben (wie dies oben für 2 der 4 KWU-Teilsysteme beschrieben wurde), gelten die dann anzuwendenden Auslegungsprinzipien natürlich auch für die entsprechenden Bereiche des nuklearen Zwischenkühlsystems und des Nebenkühlwassersystems bis hin zu den Kühlwasserentnahmestellen oder den Kühltürmen. Die Grundsätze des baulichen Schutzes und/oder der räumlichen Trennung sind auch hier konsequent durchzuführen.

3.6.6 Unterschiede zwischen den KWU- und den W-Systemen

Die Unterschiede zwischen beiden Systemen sollen noch einmal zusammenfassend einander gegenübergestellt und diskutiert werden.

(1) Bei W wird die Einspeisung in die kalten, bei einzelnen Anlagen auch in die heißen Stränge bevorzugt, während die KWU-Lösung eine symmetrische Einspeisung oder Einspeisungsmöglichkeit vorsieht. Diskussion in Abschnitt 8.1.

(2) Bei W werden 4, bei KWU 8 Druckspeicher eingesetzt. Bei W gibt es einen, bei KWU 8 Flutbehälter (von denen jeweils 2 miteinander verbunden sind).

(3) Der Druck in den Druckspeichern ist unterschiedlich (s. Tabelle 3.6), Bewertung in Abschnitt 8.1.

(4) Die W-Anlagen beziehen die Ladepumpen des Volumenregelsystems mit ihrer großen Förderhöhe in das Hochdruck-Einspeisesystem ein, um vor allem über die Boreinspeisung den Dampfleitungsbruch zu beherrschen. Auf die Bedeutung der damit verbundenen Temperatur- und Drucktransiente für den Reaktordruckbehälter wurde in Abschnitt 3.2.4 hingewiesen. Neben der erheblichen Temperaturtransiente ist die Wiederanhebung des Drucks durch die Ladepumpen (Förderhöhe > Betriebsdruck) von Bedeutung. Die KWU-Anlagen mildern diesen Störfall durch die in Abschnitt 3.3 beschriebenen Einrichtungen ab. Das vereinfacht den schaltungsmäßigen Aufbau und die Inbetriebnahme des Hochdruck-Einspeisesystems, wo bei W besonders für die Trennung vom Volumenregelsystem komplexe Operationen erforderlich sind. Für die Wärmeabfuhr bei kleinen Lecks, insbesondere wenn die Energieverluste durch das Leck für die Kühlung nicht ausreichen, ist das Hochdruck-Einspeisesystem nicht von Bedeutung. Hier wird die Wärme ggf. durch Naturkonvektion zu den Dampferzeugern transportiert, die über das Notspeisesystem mit Wasser versorgt werden.

(5) Das Hochdruck-Einspeisesystem der KWU-Anlagen wird im Unterschied zu den W-Anlagen in der Rezirkulationsphase nicht mehr eingesetzt. Die Begründung liegt in der unterschiedlichen Verknüpfung mit dem Sicherheitsbehälter-Sprühsystem, die Vereinfachung der Schaltvorgänge wurde gezeigt.

(6) Die Umschaltung des Niederdrucksystems von der Einspeise- in die Rezirkulationsphase geschieht bei den KWU-Anlagen durch die automatisch eingeleitete Verstellung eines einzigen Dreiwegeventils, während bei den W-Anlagen, teilweise durch die Vermaschung bedingt, ein größeres Programm verbunden mit einem Aus- und Einschalten der Pumpen ablaufen muß. Zumindest bei der älteren Anlage wird dies Programm durch das Betriebspersonal abgewickelt. Wie die Rasmussen-Studie [3] zeigte, ergibt sich dabei durch menschliches Fehlverhalten eine relativ große Ausfallwahrscheinlichkeit.

(7) Der Nachkühlbetrieb ist bei den KWU-Anlagen mit Ansaugung aus jedem der vier heißen Stränge möglich, bei W nur aus einem. Das kann bei einem kleinen Leck in diesem Strang, das keinen ausreichenden Energieverlust erlaubt, in der Niederdruckphase des Nachkühlbetriebs von Bedeutung sein. Bei den W-Anlagen muß die Wärmeabfuhr dann in jedem Falle über die Dampferzeuger erfolgen.

(8) Die prinzipielle Bedeutung der Vermaschung redundanter Stränge wurde in Abschnitt 2.3 aufgezeigt. Am Beispiel des Not- und Nachkühlsystems läßt sich das dort Gesagte vertiefen. Unvermaschte Systeme haben den Vorteil der geringeren gegenseitigen Beeinflussung und erlauben eine klare (besonders für die Beherrschung äußerer Einwirkungen wichtige) räumliche Trennung der Teilsysteme. Vermaschte Systeme haben, wenn sie aus der gleichen Zahl von Komponenten bestehen, weniger minimal cut sets; also Versagenskombinationen. Um die Vorteile der Vermaschung zu nutzen und um schädliche Rückwirkungen zu vermeiden, ist aber die Zahl der zu betätigenden Komponenten, insbesondere der Armaturen größer als bei den unvermaschten Systemen. Der Vorteil der Vermaschung, den Ausfall von Komponenten durch flexible Schaltmöglichkeiten zu kompensieren, setzt die Steuerung durch das Betriebspersonal mit der Möglichkeit menschlichen Fehlverhaltens voraus. Zum mindesten in der Einspeisephase und bei der Umschaltung auf die Rezirkulationsphase, wo wenig Zeit zur Verfügung steht, dürfte der letztgenannte Einfluß überwiegen. In der dann folgenden Nachkühlphase mit den langen Betriebszeiten der Komponenten könnten mögliche Querverbindungen dagegen Vorteile bringen. Zu diesem Schluß kommt auch eine Untersuchung der Gesellschaft für Reaktorsicherheit [54].

(9) Die Redundanz ist unterschiedlich. Nach den US-Kriterien müssen Einzelfehler der aktiven Komponenten beherrscht werden [47], während in der Bundesrepublik die Funktion auch bei Einzelfehler und Reparatur an unterschiedlichen Komponenten oder Teilsystemen noch gewährleistet sein muß [48].
Das führt dazu, daß bei den W-Anlagen prinzipiell 2mal 100% der benötigten Kapazität vorgesehen sind. In Abschnitt 2.3 wurde gezeigt, daß die Größenordnung der Nichtverfügbarkeit des Gesamtsystems im ersten Falle vom Quadrat, im zweiten Falle von der dritten Potenz der Nichtverfügbarkeit der Einzelkomponenten oder -systeme abhängt.

Tabelle 3.6 gibt eine Übersicht über die Dimensionierung der wichtigen Komponenten der KWU- und W-Systeme. Das Gesamtvolumen der Druckspeicher in beiden Systemen unterscheidet sich um fast den Faktor 2. Davon stünden, nimmt man nur den

3.6 Notkühl- und Nachwärmeabfuhrsystem

Tabelle 3.6. Auslegungsdaten von Komponenten der Notkühlsysteme

	Einheit	KWU	W
A. Druckspeicher			
Anzahl		8	4
Druck	bar	25	45 (!)
Volumen	m³	31	34
Gesamtvolumen	m³	248	136

			Ladepumpen	Sicherheitseinspeisepumpen
	Einheit	KWU	W	
B. Hochdruck-Einspeisepumpen				
Anzahl		4	2	2
Fördermenge	kg/s	62	10–36	26–43
Förderhöhe	bar	50	193–43	83–50
C. Niederdruckpumpen				
Anzahl		4	2	
Fördermenge	kg/s	306	200–300	
Förderhöhe	bar	9	11,5–10	
D. Vorratsbehälter				
Anzahl		8	1	
Volumen	m³	185	1400	
Gesamtvolumen	m³	1480	1400	

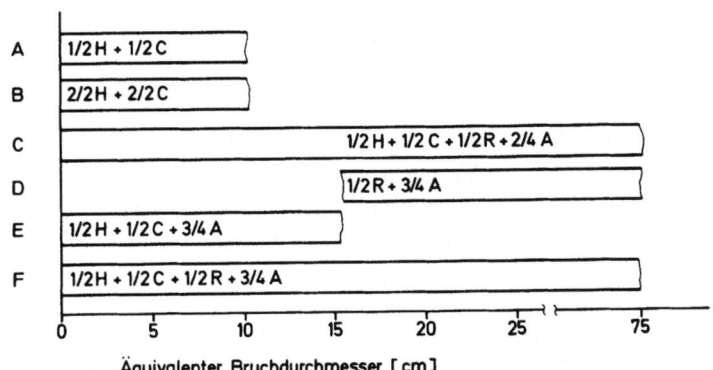

Bild 3.36. Zur Beherrschung verschiedener Bruchgrößen bei W-Anlagen benötigte Komponenten [1].
Die Fälle A bis F beinhalten verschiedene mögliche Kombinationen. Für die Langzeitkühlung wird immer ein Strang (= $1/2$ R) des Niederdrucksystems benötigt. Im Fall F ist unterstellt, daß im Gegensatz zu Fall C nur das Notstromsystem, nicht aber das Netz verfügbar ist.

H Sicherheitseinspeisepumpen (2 verfügbar)
C Ladepumpen des Volumenregelsystems (2 verfügbar)
A Druckspeicher (4 verfügbar)
R Nachkühlpumpen (2 verfügbar)

Einzelfehler eines Druckspeichers und das Unwirksamwerden eines zweiten durch Einspeisen in den gebrochenen Strang an, bei KWU $^6/_8$, bei W $^2/_4$ zur Verfügung. Das ergibt bei KWU eine größere Redundanz, die besonders im Hinblick auf die Unverfügbarkeit durch Wartung und Reparatur von Bedeutung ist. Ebenso ist ein günstiger Einfluß auf das gesamte Notkühlverhalten (Abschnitt 8.1) zu erwarten.

Die Fördermenge, nicht jedoch die Förderhöhe der KWU-Hochdruckeinspeisepumpen ist größer, während die Niederdruckpumpen etwa gleich dimensioniert sind. Auch das Gesamtvolumen des Wasservorrats ist etwa gleich, befindet sich allerdings bei W in einem einzelnen Tank. Nach der Rasmussen-Studie werden deshalb Einzelfehler an dieser Stelle bedeutsam.

In Bild 3.36 [1] ist für die W-Notkühlsysteme in mehr Detail gezeigt, wieviel Komponenten zur Erfüllung der US-Notkühlkriterien [56] bei verschiedenen Leckgrößen gebraucht werden. Dabei gibt es unterschiedliche Kombinationen, die das gleich leisten. Es ist vielleicht bemerkenswert, daß bei kleinen Lecks die Beiträge aus dem normalen Hochdruck-Einspeisesystem und aus dem auf diese Funktion umgeschalteten Volumenregelsystem sich nicht gegenseitig ersetzen können, sondern je mindestens mit ihrer halben Kapazität gebraucht werden.

3.6.7 Ergebnisse der Sicherheitsstudie

Die Rasmussen-Studie [3] betraf die Anlage Surry-1, die sich von der hier gezeigten W-Anlage in einigen Punkten unterscheidet. Sie besitzt nur 3 Primärkreisläufe. Die Zuführung des Notkühlwassers erfolgte (vgl. Bild 3.32) nur über *eine* Sicherheitsbehälterdurchführung statt über zwei, wodurch der Einfluß der Einzelfehler anwächst. Die Wärmetauscher fehlen im Notkühlsystem und sind statt dessen im Sicherheitsbehälter-Kühlsystem, das ja ebenfalls Wasser aus dem Gebäudesumpf entnimmt, integriert. Schließlich benutzt das Hochdruck-Einspeisesystem ausschließlich die Pumpen des Volumenregelsystems. Dennoch sind die Ergebnisse auch für die hier betrachtete Anlage bedeutsam und zeigen Schwachstellen auf.

Im einzelnen zeigt sich (bei Beschränkung auf größere Unverfügbarkeiten):

1. Einspeisephase

(a) Druckspeicher $Q_{Einzelfehler} = 4{,}9 \cdot 10^{-4}$
(Versagen von Rückschlagklappen. Bei Surry-1 werden 2-von-3-Druckspeichern benötigt, was bei Einfluß des gebrochenen Strangs u. U. keine Redundanz beinhaltet).
$Q_{Test\ und\ Wartung} = 3{,}4 \cdot 10^{-4}$

(b) Niederdruck-Einspeisung $Q_{Einzelfehler} = 3{,}1 \cdot 10^{-3}$ (!)
(Ventile in gemeinsamen Leitungen am Flutbehälter und an Containmentdurchführung)
$Q_{Doppelfehler} = 9{,}2 \cdot 10^{-5}$
$Q_{Test\ und\ Wartung} = 9{,}6 \cdot 10^{-4}$
(Ventile in gemeinsamen Leistungen)
$Q_{Common\ Mode} = 4{,}5 \cdot 10^{-5}$
(Reaktorschutzsystem)

3.7 Das Volumenregel- und Boreinspeisesystem

(c) Hochdruck- $Q_{Einzelfehler} = 1,1 \cdot 10^{-3}$ (!)
Einspeisung (Verbindung zum Flutbehälter)

$Q_{Doppelfehler} = 2,5 \cdot 10^{-3}$ (!)
(redundante Ventile, zahlreich durch die Umschaltung aus dem Volumenregelsystem)

2. Rezirkulationsphase

(a) Niederdruck- $Q_{Einzelfehler} = 1,1 \cdot 10^{-5}$
system $Q_{Doppelfehler} = 2,7 \cdot 10^{-3}$ (!)
(Ventilfehler, große Anzahl)

$Q_{Test,Wartung} = 1,1 \cdot 10^{-4}$
$Q_{Common\,Mode} = 6,0 \cdot 10^{-3}$ (!!)
(Fehler des Betriebspersonals beim Umschalten aus Einspeisephase und Zusammenschaltung mit dem Hochdruckteil)

(b) Hochdruck- $Q_{Einzelfehler} = 1,2 \cdot 10^{-3}$ (!)
system (Filterfehler in Luftkühler f. Motoren und Fehler im sekundären Kühlwasser)

$Q_{Doppelfehler} = 7,9 \cdot 10^{-4}$
(Ansaugung aus Niederdrucksystem)

$Q_{Common\,Mode} = 6 \cdot 10^{-3}$ (!!)
(Fehler des Betriebspersonals beim Öffnen der Ansauge- und Abgabeventile).

3.7 Das Volumenregel- und Boreinspeisesystem

Das Volumenregel- und Boreinspeisesystem hat die Aufgabe,
— im Normalbetrieb und bei leichten Betriebsstörungen den Wasserstand im Druckhalter zu regeln, der sich durch Temperaturänderungen, durch die Wasserentnahme für die Kühlmittelreinigung und durch eventuelle Leckagen ändert,
— die zur Regelung der langsamen (Temperatur, Xenonvergiftung, Abbrand) Reaktivitätsänderungen erforderliche Borsäurekonzentration im primären Kühlmittel einzustellen.

Das Volumenregel- und Boreinspeisesystem der W-Anlagen ist im Zusammenhang mit seiner Funktion als Notkühlsystem zur Beherrschung kleiner Lecks schon erwähnt worden. Ebenso tritt es zur Boreinspeisung beim Frischdampfleitungsbruch und beim Öffnen der Frischdampf-Entlastungs- und Sicherheitsventile (z.B. Stromausfall) in Funktion. Seine zwei Zentrifugalpumpen und die Stellmotoren der Armaturen sind deshalb an die Notstromversorgung angeschlossen. Der Borierungstank ist im Normalbetrieb an ein Umwälzsystem angeschlossen und wird beheizt, da Borsäure bei höheren Konzentrationen ausfallen kann (s. Kapitel 11).

Bei den KWU-Anlagen entfällt die Sicherheitsfunktion des Volumenregelsystems vollkommen. Für die Beherrschung von Betriebsstörungen, die über die Sekundärseite Kaltwassereinflüsse bewirken, ist ein als Sicherheitssystem konzipiertes und an die Notstromversorgung angeschlossenes Zusatzborierungssystem vorgesehen. Es enthält kleinere Pumpen mit Förderkapazität und erlaubt die Beherrschung der Temperaturtransiente, die durch das unbeabsichtigte Öffnen von Sicherheitsventilen in der Frischdampfleitung zustande kommt.

3.8 Die Stromversorgung und das Notstromsystem

Die normale Stromversorgung des Kernkraftwerkes geschieht durch das Netz (off-site power); aus Redundanzgründen stehen im allgemeinen mindestens zwei praktisch unabhängige Versorgungsnetze zur Verfügung. Die mittlere Ausfallrate einer solchen Zweierkombination wird für die Bundesrepublik z.Z. mit ca. 10^{-2}/a angegeben und hängt stark von der Belastung, ebenso aber von äußeren Einflüssen (Vereisung, Blitzschlag) ab.

Die normale Stromversorgung speist alle für den Betrieb erforderlichen Komponenten und liefert damit den sog. *Eigenbedarf* der Anlage. Als wichtige Verbraucher sind die Umwälzpumpen des Primärkühlmittels, die Pumpen des Volumenregelsystems, die Speisepumpen und die Vakuumpumpen des Kondensators zu nennen. Der gesamte Eigenbedarf eines Druckwasser-Kernkraftwerks der 1300-MW-Klasse beträgt etwa 70 MW.

Steht keine Netzenergie mehr zur Verfügung (wobei das Netz umgekehrt natürlich auch keine Leistung mehr abnehmen kann), so wird insbesondere bei den deutschen Anlagen der Eigenbedarf durch den Generator gedeckt. Die Verbindung zum Netz wird getrennt und die Leistungserzeugung auf das Niveau des Eigenbedarfs reduziert (sog. Inselbetrieb, on-site power). Das Kernkraftwerk bleibt betriebsbereit und kann, sobald das Netz wieder zur Verfügung steht, sofort auf die gewünschte Leistung gebracht werden.

Versagt auch der Inselbetrieb, so erfolgt die Abschaltung durch das Reaktorschutzsystem und nur die Sicherheitssysteme werden noch mit elektrischer Energie aus dem *Notstromsystem* versorgt. Hierdurch werden die unbedingt erforderlichen Funktionen Nachwärmeabfuhr, Druckabsenkung, Gebäudeabschluß und Hilfssysteme wie Fluchtlicht oder Kommunikationsmittel versorgt.

Die Sicherheitsfunktionen müssen auch bei äußeren Einwirkungen und Einwirkungen Dritter gewährleistet sein. Dies gibt insbesondere bei den KWU-Systemen Anlaß zu einer speziellen Auslegung.

Die Notstromsysteme bestehen im allgemeinen aus redundanten Diesel-Generator-Sätzen. In einigen US-Anlagen werden lediglich für den Antrieb einzelner Notspeisepumpen Dampfturbinen eingesetzt.

Man muß davon ausgehen, daß die Zuverlässigkeit der Stromversorgung durch das Netz stark durch common-mode-Fehler beeinflußt wird. Wenn ein 1300-MW-Kernkraftwerk wegen einer Betriebsstörung oder eines Störfalls durch Schnellabschaltung ausfällt, dann kann je nach Belastung die Rückwirkung auf das Netz so groß sein, daß es zusammenbricht.

3.8.1 KWU-Stromversorgung

Bild 3.37 zeigt das Schaltschema der KWU-Stromversorgung:
- Die 380-kV-Schiene ist im Betrieb mit dem Netz verbunden.
- Der Generator speist in die 27-kV-Schiene ein.

3.8 Die Stromversorgung und das Notstromsystem

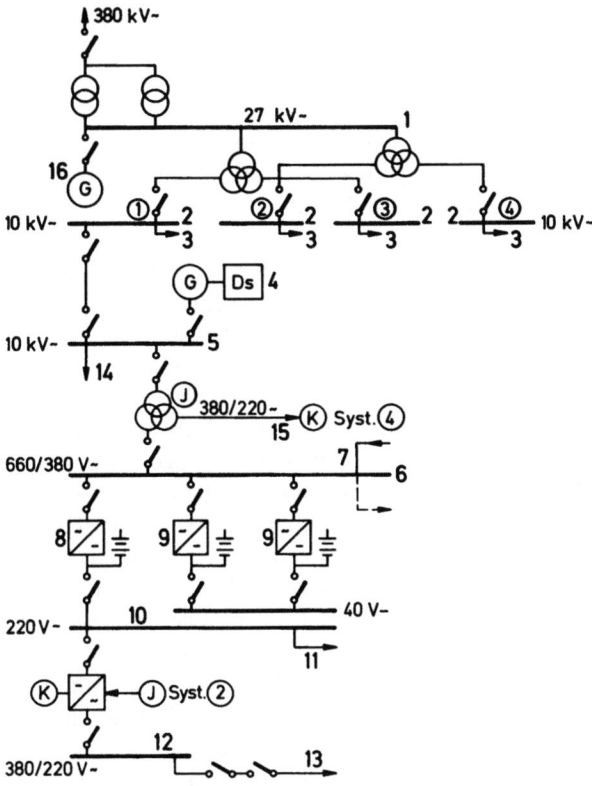

Bild 3.37. KWU-Stromversorgung
1 27-kV-Wechselstromschiene
2 10-kV-Wechselstromschiene
3 Anschluß der großen betrieblichen Verbraucher (Kühlmittelpumpen, Speisewasserpumpen usw.)
  Von hier ab werden nur noch die Untersysteme von Strang ① gezeigt; die anderen 3 sind ähnlich aufgebaut.
4 Notstrom-Diesel-Generator-Satz (1-von-4)
5 Notstromgesicherte 10-kV-Wechselstromschiene
6 Notstromgesicherte 660/380-V-Drehstromschiene
7 Einspeisung der Generatoren des EVA-gesicherten Notspeisewassersystems
8 Gleichrichter mit Batterie für 220-V-Gleichstrom
9 Gleichrichter mit Batterie für 40-V-Gleichstrom
10 220-V-Gleichstromschiene
11 Wechselrichter für 380/220 V mit Einspeisung aus Teilsystem ②
12 380/220-V-Notstrom- und Batteriegesicherte Wechselstromschiene für sofortige Betätigung von Armaturen
13 Verbindung zu einer Reserveschiene
14 Notstromgesicherte Verbraucher (z. B. Not- und Nachkühlsystem)
15 Einspeisung in die Schiene 12 des Systems ④
16 Generator des Kraftwerkes

— Unterhalb dieses Niveaus, beginnend mit den 10-kV-Schienen, wird wieder die Aufteilung in 4 Stränge vorgenommen, die der Viersträngigkeit des Not- und Nachkühlsystems und des Notspeisewassersystems mit ihrer $4 \times 50\%$-Kapazität entspricht. An die 10-kV-Schienen sind die Hauptverbraucher wie Umwälzpumpen und Speisewasserpumpen angeschlossen.

— In die darunter liegenden 4 10-kV-Schienen (es ist nur ein Strang gezeichnet) können bei Bedarf die Notstrom-Dieselgeneratoren einspeisen. Hier sind strangweise die

vier Notkühlsysteme mit ihren Hochdruckpumpen, Niederdruckpumpen sowie den Pumpen der zugehörigen Kühlwasserkreisläufe angeschlossen. Eine spezielle Automatik steuert ihr Anlaufen zeitlich so, daß kein zu großer Anfahrstrom auftritt.
— Darunter liegen die Schienen der 660/380-V-Drehstromversorgung. Auf diese speist der Generator aus dem zugeordneten Strang des gegen äußere Einwirkungen geschützten Notspeisewassersystems ein (7). Während also das allgemeine Notstromsystem an der 10-kV-Schiene nicht speziell gegen äußere Einwirkungen geschützt ist, gilt dies für die unter der 660/380-V-Ebene liegenden Schienen. (Die 660/380-V-Schiene versorgt z. B. die Pumpen (9) des Bildes 3.34 für die Beckenkühlung.)
— An der 660/380-V-Schiene hängen, zum Teil redundant, Gleichrichter, die eine 40-V- und eine 220-V-Gleichstromschiene speisen und zugehörige Speicherbatterien aufladen. Die 40-V-Schiene dient zur Versorgung der Sicherheits-Instrumentierung.
— Die 220-V-Gleichstromschiene speist über Wechselrichter eine 380/220-V-Wechselstromschiene. Diese versorgt diejenigen Komponenten, insbesondere Stellantriebe für Armaturen und Sicherheitsbehälterabschluß, die sofort nach Eintreten des Störfalls und vor dem Anlaufen der Notstromdiesel benötigt werden. Außer aus den Batterien kann die hier erforderliche Energie natürlich auch aus dem Netz bezogen werden. Dazu ist an den 10-kV/660-V-Transformator bei J eine 380/220-V-Wicklung angebracht, die im Prinzip in den Wechselrichter K einspeist. Hier sind die Einzelstränge allerdings insofern vermascht, als z. B. der Ausgang J des Stranges 1 in den Wechselrichter K des Stranges 4 einspeist usw.
Eine weitere Vermaschung ergibt sich dadurch, daß die 220-V-Gleichstromschienen noch eine fünfte Bereitschaftsschiene versorgen, die ihrerseits bei Ausfall des entsprechenden Stranges eine der 380/220-V-Schienen der untersten Ebene versorgen kann.

3.8.2 W-Stromversorgung

Die W-Stromversorgung (Bild 3.38) ist nach den gleichen Prinzipien aufgebaut, nur daß auch hier statt der vier zwei Stränge vorgesehen sind und die Einspeisemöglichkeit aus den Generatoren der Notspeisewassersysteme fehlt. Auch bei den US-Anlagen muß die Notstromversorgung bei bestimmten äußeren Einwirkungen, insbesondere Erdbeben und Tornados, gesichert sein, doch geschieht dies direkt im Zusammenhang mit den Notstromgeneratoren selbst.

Auch bei den W-Anlagen gibt es Gleichstromschienen mit angeschlossenen Batterien, die ihrerseits Wechselstromschienen (hier 120 V) versorgen.

Ebenso sind die Schienen der unteren Niveaus so miteinander vermascht, daß der eine Strang bedarfsweise den anderen ersetzen kann.

Zur allgemeinen vergleichsweisen Bewertung sei zunächst noch einmal auf die unterschiedliche Nichtverfügbarkeit unvermaschter 1 v 2- bzw. 2 v 4-Systeme (Abschnitt 2.3) hingewiesen.

3.8.3 Vergleichende Gesichtspunkte

Bei einem viersträngigen System lassen sich jedoch nicht alle Sicherheitsfunktionen je einem der 4 Stränge zuordnen. Ein Beispiel ist der Abschluß des Sicherheitsbehälters bei Störfällen, der in den einzelnen Rohrleitungen oder Lüftungskanälen durch jeweils

3.8 Die Stromversorgung und das Notstromsystem

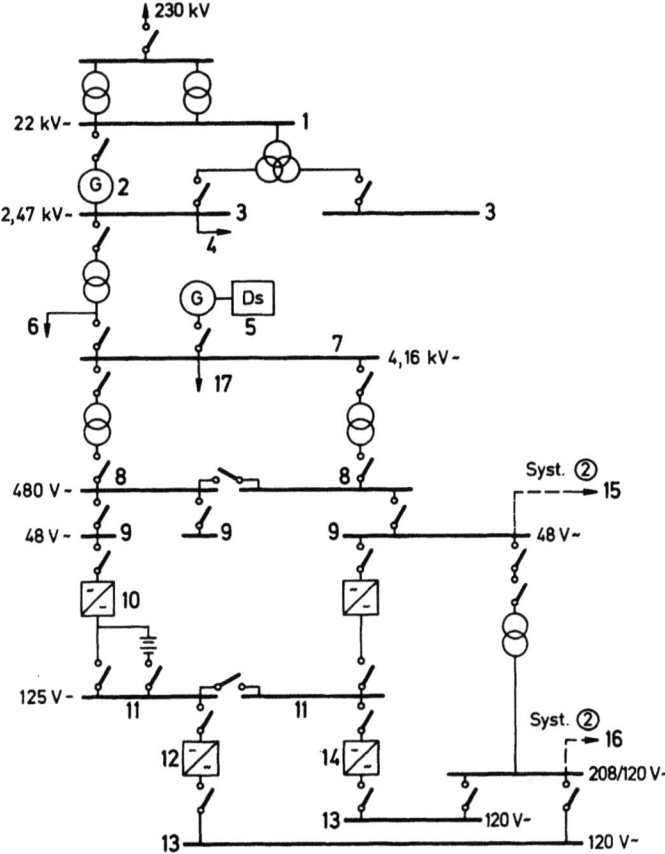

Bild 3.38. Westinghouse-Stromversorgung (einer von 2 Strängen)
1 22-kV-Wechselstromschiene
2 Kraftwerksgenerator
3 12,47-kV-Wechselstromschiene
Von hier ab wird nur noch einer der beiden Stränge gezeigt.
4 Anschluß der großen betrieblichen Verbraucher
5 Notstrom-Diesel-Generator-Satz
6 Betriebliche Verbraucher
7 Notstromgesicherte 4,16-kV-Wechselstromschiene
8 Notstromgesicherte 480-V-Wechselstromschiene
9 Notstromgesicherte 48-V-Wechselstromschiene
10 Gleichrichter mit Batterie
11 125-V-Gleichstromschiene
12 Wechselrichter
13 Notstrom- und Batteriegesicherte 120-V-Wechselstromschiene
14 Wechselrichter
15 bis 16 Verbindungen zum Strang 2

zwei hintereinandergeschaltete Ventile oder Klappen besorgt wird. Da der Ausfall eines von mehreren solchen 1 v 2-Systemen bereits die Integrität des Sicherheitsbehälters verletzt, hat der gesamte Sicherheitsbehälterabschluß eine 1 v 2-Redundanz. Der so erforderliche Übergang von einem viersträngigen auf ein zweisträngiges System erfordert Vermaschungen einer bestimmten Komplexität. Bei den KWU-Anlagen ist hierfür die fünfte Bereitschaftsschiene vorgesehen, die auf der untersten 380/220-V-Wechselstromebene auf jeden der 4 normalen Stränge aufgeschaltet werden kann.

3.8.4 Ergebnisse der Sicherheitsstudie

Die Rasmussenstudie [3] ergab für die Anlage Surry-1 die relativ geringe Nichtverfügbarkeit

$$Q = 10^{-5}$$

nach einem Kühlmittelverluststörfall für die gesamte Stromversorgung. Dies gilt, obwohl dort einer der beiden Notstromdiesel für zwei Anlagen gemeinsam war (sog. Swing-Diesel). Die Gesamt-Nichtverfügbarkeit setzt sich zusammen aus der Nichtverfügbarkeit des Netzes Q_{Netz} und der Nichtverfügbarkeit der Notstromgeneratoren Q_{Diesel}.

Es ergab sich

$$Q_{Netz} = 10^{-3}$$

mit dem Common-Mode-Fehler des vom Störfall induzierten Netzausfalls als wesentlichem Beitrag.

$$Q_{Diesel} = 10^{-2},$$

wobei ebenfalls ein Common-Mode-Fehler, der durch die Anfahrbelastung verursachte Ausfall, maßgebend ist. Würde man nur die unabhängigen Fehler betrachten, so ergäbe sich $Q^*_{Diesel} = 10^{-3}$. Das unterstreicht die Bedeutung einer automatisch bewirkten zeitlichen Staffelung des Anfahrens der einzelnen Motoren.

Für andere Ereignisabläufe (z. B. Transienten aus Ausfall der Hauptstromversorgung) sind keine expliziten Angaben gemacht.

3.9 Das Reaktorschutzsystem

Das Reaktorschutzsystem soll

— alle sicherheitsrelevanten Meßgrößen überwachen,
— die Reaktorleistung bei Betriebsstörungen und Störfällen reduzieren bzw. eine Schnellabschaltung bewirken,
— die Sicherheitssysteme steuern (Nachwärmeabfuhr, Druckabsenkung, Aktivitätseinschluß und -kontrolle).

Dazu muß es zunächst über Meßfühler verfügen, die entsprechende Störungen sicher detektieren, sodann über ein Logiksystem, das aufgrund der Meßsignale die richtige Diagnose stellt und die geeigneten Gegenmaßnahmen auslöst. Im Aufbau des Reaktorschutzsystems müssen die Forderungen nach Redundanz, Diversität, räumlicher Trennung und Sicherung gegen Einwirkungen von außen erfüllt werden. Schließlich muß es möglich sein, daß über die Notsteuerstelle des Notstandsystems vorrangig eingegriffen und ein Abschalten, Nachkühlen und Einschließen der Anlage durchgeführt werden kann.

3.9 Das Reaktorschutzsystem

3.9.1 Allgemeiner Aufbau

Bei den Aktionen des Reaktorschutzsystems sind zunächst diejenigen zu unterscheiden, die *eindeutig sicherheitsgerichtet* und diejenigen, die *nicht eindeutig sicherheitsgerichtet* sind. Eindeutig sicherheitsgerichtete Aktionen bringen die Anlage in jedem Fall in einen sicheren Zustand, ob sie nun berechtigt sind oder irrtümlich ausgelöst werden. Typische Beispiele sind die Reaktorschnellabschaltung, aber auch die Inbetriebnahme von Notstrom-, Notspeisewasser- oder Notkühlsystemen. Nicht eindeutig sicherheitsgerichtet sind z.B. die Umschaltung der Ansaugung des Notkühlsystems vom Flutbehälter auf den Sumpf. Wenn diese Umschaltung zu früh erfolgt, kann das Notkühlsystem außer Funktion gesetzt werden. Ähnliches gilt für die Auswahlschaltung, die die Notspeisewasserversorgung zu einem Dampferzeuger mit gebrochener Frischdampfleitung abschaltet. In solchen Fällen kommt es darauf an, die Wahrscheinlichkeit einer Fehlauslösung so gering wie möglich zu machen, auch wenn dazu ggf. die Redundanz verringert werden muß.

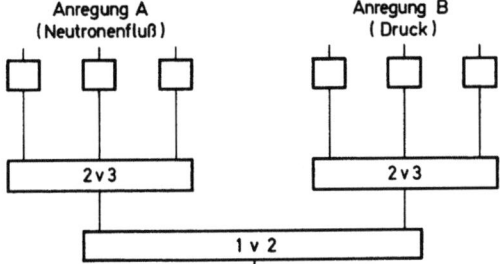

Bild 3.39. Grundsätzlicher Aufbau des Reaktorschutzsystems nach Redundanz und Diversität der Meßketten

In Bild 3.39 ist die typische Verknüpfungsform für die Auslösung eindeutig sicherheitsgerichteter Aktionen dargestellt, die den Forderungen nach Redundanz und Diversität genügt. Die Schnellabschaltung soll durch den Neutronenfluß (Anregung A) oder diversitär durch den Druck (Anregung B) angeregt werden. Die Redundanz in Verbindung mit der Minimierung von Fehlauslösungen wird durch 2-von-3-Anordnung in den Strängen A und B erreicht. Gelegentlich werden auch 2-von-4-Systeme eingesetzt. Fallen der Strang A oder B aus, so ergibt das nach dem Failsafe-Prinzip für das 1 v 2-System ein Auslösesignal. (Das 1 v 2-System ist ja nichts anderes als eine ODER-Verknüpfung.) Eine entsprechende fail-safe-Anordnung ist auch für die beiden 2 v 3-Systeme möglich (Übergang auf 1 v 2 nach Komponentenausfall), wird aber nicht immer für erforderlich gehalten.

Man unterscheidet 3 Bereiche des Reaktorschutzsystems:

1. Der *Analogteil* reicht von den Meßfühlern bis zu den Grenzwertgebern, bistabilen Schaltungen, die eine ja-nein-Information liefern.
2. Der *Logikteil* verknüpft durch UND-, ODER- und NICHT-Gatter redundante Stränge zum 2-von-3- oder 2-von-4-System, diversitäre Stränge nach der in Tabelle 3.7 für das Beispiel Reaktorschnellabschaltung gezeigten Systematik.
3. Die *Betätigungs-Relais* bewirken dann die Aktionen, wie sie oben beschrieben sind.

Von besonderer Bedeutung für die Zuverlässigkeit des Reaktorschutzsystems ist seine Prüfbarkeit.

Der *Analogteil* kann von Hand geprüft werden, wobei der zur Prüfung abgetrennte Strang im Logikteil ein Grenzwertüberschreitungssignal bewirkt. Die verbleibenden Stränge erhalten so eine 1-von2-Verknüpfung, die nach den Darlegungen von Abschnitt 2.3 sicherer ist (fail-safe). Die Prüfung des Analogteils kann dadurch weitgehend automatisiert werden (KWU), daß laufend die anstehenden Signale und die Referenzspannungen der Grenzwertgeber miteinander verglichen werden.

Der *Logikteil* kann ebenfalls von Hand periodisch getestet werden, wobei der Testzustand im Kontrollraum automatisch angezeigt werden sollte. Eine interessante Variante ist die KWU-Logik, die selbstprüfend (fail-safe) ausgeführt ist.

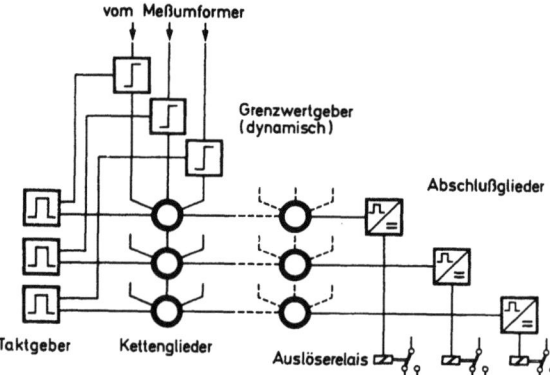

Bild 3.40. Logik des KWU-Schnellabschaltsystems (selbstprüfend)

Bild 3.40 zeigt eine schematische Darstellung. Es gibt hier zwei synchrone, jedoch um ca. 180° phasenverschobene Impulsfolgen. Die Impulse der ersten Folge, die sog. Einstellimpulse, gehen an die Grenzwertmelder. Liegen keine Grenzwertüberschreitungen vor, so werden diese Impulse an die Magnetkerne der Kettenglieder weitergegeben. Die Impulse der zweiten Folge, die sog. Auslöseimpulse, gehen direkt an die Kettenglieder.

Wenn am Magnetkern mindestens 2-v-3-Einstellimpulse (oder eine andere gewünschte Kombination) anstehen, wird der Kern ummagnetisiert. Der um 180° nacheilende Auslöseimpuls setzt den Kern wieder zurück, wobei ein Ausgangsimpuls induziert wird, der entsprechend verstärkt Auslöseimpuls für das nächste Kettenglied ist. Damit sind alle gewünschten logischen Verknüpfungen möglich. Ausfälle im Logikteil oder Grenzwertüberschreitungen bewirken allgemein einen Ausfall der rechts ankommenden Impulsfolgen.

Dort sind Wandler angeschlossen, die die Impulsfolgen in Gleichstrom umsetzen. Fallen Impulse und folglich der Gleichstrom aus, fallen die angeschlossenen Relais ab und die Sicherheitsaktion wird durch Stromunterbrechung eingeleitet (fail-safe-Prinzip).

Die *Betätigungsrelais* liegen üblicherweise in einer Reihe, so daß das Abfallen bereits eines Relais die Stromunterbrechung bewirkt. Für Prüfzwecke müssen allerdings einzelne Relais überbrückt werden können, um die tatsächliche Reaktorschnellabschaltung o. dgl. hierbei zu vermeiden. In [4] ist am Beispiel einer W-Anlage besprochen, wie dies durchgeführt wird.

Der in Bild 4.39 gegebene Aufbau berücksichtigt noch nicht die Gesichtspunkte der *räumlichen Trennung.* Er gilt z.B. für die Auslösung der Reaktorschnellabschaltung, die ohnehin nicht in räumlich getrennte Teilsysteme gegliedert werden kann und die mit der zugehörigen Signalverarbeitung im gegen äußere Einwirkungen geschützten Bereich untergebracht ist.

Eine besonders konsequente räumliche Trennung ist bei entmaschten Sicherheitssystemen möglich, wie sie in der BRD gefordert werden und beim DWR zur viersträngigen Bauweise führen. Hier muß unterschieden werden zwischen solchen Signalen, die an einer Stelle entstehen (z.B. Wasserstand oder Druck im Druckhalter) und solchen, die ihrerseits einem der vier Stränge zuzuordnen sind (z.B. Frischdampfdruck, Wasserstand im Dampferzeuger, Aufwärmspanne in den Kreisläufen).

Im ersteren Falle sind an die 3 redundanten Meßfühler dann je vier 2v3-Systeme angeschlossen, die ihrerseits auf vier 1v2-Systeme wirken. Die Auftrennung auf die vier Stränge erfolgt also beim Übergang vom Analog- zum Digitalteil, abgesehen von der Vervierfachung bleibt das Schema des Bildes 4.39 erhalten. Im diversitären zweiten 2v3-System gilt das Gleiche. Durch Trennverstärker muß die Rückwirkungsfreiheit gewährleistet werden.

Im zweiten Falle der räumlich getrennten, den einzelnen Strängen zugeordneten Signale wird der Analogteil ebenfalls räumlich getrennt ausgeführt. Bei eindeutig sicherheitsgerichteten Aktionen ist der Logikteil nicht räumlich getrennt, da wegen des beschriebenen Fail-safe-Charakters Störungen immer sicherheitsgerichtet sind. Nur bei nicht eindeutig sicherheitsgerichteten Aktionen sind auch Logik- und Betätigungsebene getrennt.

Das Reaktorschutzsystem ist mit geringfügigen Ausnahmen im gegen äußere Einwirkungen gesicherten Bereich untergebracht. Alle aus dem gesicherten Bereich herausführenden Leitungen (z.B. für Meßfühler) müssen durch Trennverstärker entkoppelt sein.

3.9.2 Diagnose von Störungen

In Abschnitt 6.1 werden die prinzipiell möglichen Störungen zusammengestellt und in ihren Ursachen und ihrem Ablauf beschrieben. Ebenso werden dort die wichtigsten Signale und die Aktionen der Sicherheitssysteme aufgeführt. Deshalb soll an dieser Stelle nur ein kurzer Überblick über die Aufgabe des Reaktorschutzes im Rahmen der Störfalldiagnose mit Angaben zu einigen speziellen Aktionen gegeben werden. Die Störungsklassen sind wie in Abschnitt 6.1 geordnet.

(1) Globale Reaktivitätszufuhr

Im Anfahrbereich *Neutronenfluß*.

Erst bei merklicher Leistung stehen diversitäre Signale zur Verfügung:

(a) Neutronenfluß,
(b) Aufwärmspanne oder bei KWU das DNB-Verhältnis nach der Gleichung:

$$DNB = a - b(\theta_2 - \theta_1) - c\theta_1 + dp$$

a, b, c, d   Konstante
θ_1 gemessene Kühlmitteleintrittstemperatur
θ_2 gemessene Kühlmittelaustrittstemperatur
p   gemessener Kühlmitteldruck.

(c) hoher Druck im Druckhalter,
(d) hohe Kühlmitteltemperatur,
(e) hoher Druckhalterwasserstand.

(2) Reduzierter Kühlmittelstrom

Drehzahl bzw. Durchsatz der Pumpen. Dabei werden bei einigen Anlagen Drehzahl und Leistung verglichen, um zu Abschaltkriterien für die Anlage zu kommen, z. B. KWU: Drehzahl einer Pumpe fällt ab: Leistungsreduktion.

Wenn Drehzahl einer Pumpe $< 60\%$
und Leistung $> 75\%$:   Schnellabschaltung

Wenn Drehzahl zweier Pumpen $< 60\%$
und Leistung > 0:   Schnellabschaltung

Wenn Drehzahl von mehr als
zwei Pumpen $< 94\%$:   Schnellabschaltung

(3) Kühlmittelverlust

(a) Druck im Druckhalter niedrig,
(b) Wasserstand im Druckhalter niedrig,
(c) Druck im Sicherheitsbehälter hoch.

Daneben stehen auch andere Signale wie ein hohes DNB-Verhältnis an.

Die wichtigsten Aktionen sind (KWU):
— Reaktorschnellabschaltung mit Turbinenschnellschluß,
— die Armaturen in den Notkühlsystemen erhalten den Befehl, in die Einspeisestellung zu fahren (unabhängig von ihrer Position),
— die Hochdruckpumpen werden eingeschaltet und bei geringem Druck wieder ausgeschaltet,
— bei $p < 10$ bar werden die Niederdruckpumpen eingeschaltet,
— die nachgeschalteten Kühlkreise werden eingeschaltet,
— das Reaktorgebäude wird abgeschlossen,
— die Notstromdiesel werden gestartet,
— die Borierungssysteme werden eingeschaltet,
— die Notspeisewassersysteme werden eingeschaltet,
— bei den KWU-Anlagen wird über die Frischdampfentlastungsventile ein automatisches Abfahren der Anlage mit $100\,°C/h$ eingeleitet,
— wenn der Wasserstand in den Flutbehältern einen Minimalwert unterschreitet, wird auf Sumpfansaugung umgeschaltet.

Die vorletzte und drittletzte Maßnahme sind für die Beherrschung kleiner Lecks als zusätzliche Wärmesenke wichtig. Sollte bei kleineren Lecks der Druckhalterwasserstand zu hoch werden, können Einspeisepumpen abgeschaltet werden.

Als Sonderfall wird bei den deutschen Anlagen der Dampferzeuger-Heizrohrbruch behandelt, der durch

(a) ein N-16-Signal im Sekundärkreis und
(b) niedrigen Wasserstand im Druckhalter erkannt wird.

3.9 Das Reaktorschutzsystem

Tabelle 3.7. Wichtige Signale des Reaktorschutzsystems

	(1) Reaktivitätszufuhr	(2) reduzierter Kühlmittelstrom	(3) Kühlmittelverlust	(4) erhöhte Kühlmitteltemperatur	(5) zu viel Dampfentnahme	(6) zu wenig Dampfentnahme	(7) zu wenig Speisewasser
Neutronenfluß hoch (verschiedene Bereiche)	x						
DNB	x						
Kühlmitteltemperatur	x	x		x			
hoher Druck im Druckhalter	x			x		x	
niedriger Druck im Druckhalter			x				
hoher Wasserstand im Druckhalter	x			x		x	
niedriger Wasserstand im Druckhalter			x				
Überdruck Containment			x				
Pumpendrehzahl niedrig		x				(x)	(x)
niedriger Wasserstand Dampferzeuger					x		x
$\frac{dp}{dt}$ Frischstand					x		x
N-16					x		x
Wasserstand Flutbehälter						x	
Armaturenstellung							

(4) Erhöhte Kühlmitteltemperatur

(a) Kühlmitteltemperatur,
(b) DNB-Verhältnis,
(c) hoher Druckhalterwasserstand.

(5) Zu hohe Frischdampfentnahme [8]

(a) Dampferzeuger-Wasserstand,
(b) dp/dt Frischdampf und Notspeisewasser.

(6) Zu niedrige Dampfentnahme [8]

(a) Stellung der Turbinenschnellschlußarmatur,
(b) ggf. Stellung FD-Schieber,
(c) Auswirkungen der sekundären Druckerhöhung auf Primärdruck und Druckhalterwasserstand,
(d) ggf. bei Stromausfall Drehzahl der Umwälzpumpen.

(7) Zu wenig Speisewasser [8]

(a) dp/dt bzw. p im Dampferzeuger,
(b) Wasserstand im Dampferzeuger,
(c) ggf. bei Bruch der Speisewasserleitung auch Druck im Sicherheitsbehälter.

(8) Zu viel Speisewasser [8]

Die Überspeisung der Dampferzeuger wird nicht unmittelbar durch das Reaktorschutzsystem detektiert. Indirekt kommen Signale aus dem Primärkreis (Druck, Wasserstand) zustande. Die Dampferzeuger selbst sind durch die Sicherheitsventile geschützt.

In Tabelle 3.7 sind die verschiedenen Signale mit den Störungen in Verbindung gebracht.

3.9.3 Ergebnisse der Sicherheitsstudie

In der Rasmussenstudie werden für das Schnellabschaltsystem die folgenden Unverfügbarkeiten angegeben:

$Q_{Doppelfehler} = 5{,}4 \cdot 10^{-6}$ durch Versagen der Relais oder Kurzschluß,
$Q_{Test\, und\, Wartung} = 1{,}2 \cdot 10^{-5}$.

(Die Unverfügbarkeit hinreichend vieler Abschaltstäbe, z. B. durch Verklemmen, wird mit $1{,}7 \cdot 10^{-5}$ angegeben, ist also von gleicher Größenordnung.)

Die Teile des Reaktorschutzsystems, die andere Sicherheitsaktionen ansteuern, werden in der Rasmussenstudie zusammen mit den entsprechenden Sicherheitssystemen behandelt.

3.10 Notstandssystem

Diejenigen Sicherheitssysteme, die auch im Falle äußerer Einwirkungen und Einwirkungen Dritter für die Abschaltung, Druckminderung und Nachwärmeabfuhr erforderlich sind, werden unter dem Begriff Notstandssystem zusammengefaßt. Dies sind

---

[8] Die zusätzlich aus dem Primärsystem kommenden Signale sind hier nicht aufgeführt (s. Abschn. 6.1).

- das Schnellabschaltsystem,
- das Notspeisewassersystem,
- die Sicherheitsventile und Druckentlastungsventile in der Frischdampfleitung,
- die zugehörigen Bereiche des Reaktorschutzsystems.

Sie sind, ebenso wie natürlich der Reaktorsicherheitsbehälter selbst, entsprechend geschützt.

Sie können außer von der Reaktorwarte auch vorrangig von der *Notsteuerstelle* angesteuert werden, die räumlich getrennt von der Warte angeordnet ist.

3.11 Reaktor-Sicherheitsbehälter

Der Reaktor-Sicherheitsbehälter (Containment) soll
- im Normalbetrieb und bei Störfällen die Freisetzung von Radioaktivität in die Umgebung unter den zulässigen Grenzen halten,
- die beim Kühlmittelverluststörfall aus dem Primärkreis freigesetzte Speicherwärme aufnehmen und ggf. auch zusammen mit einem Teil der Nachwärme durch aktive Kühlsysteme abführen,
- den Primärkreis und die Dampferzeuger gegen Einwirkungen von außen schützen.

Der Auslegungsdruck des Sicherheitsbehälters wird dadurch gegeben, daß er das gesamte freigesetzte und verdampfte Wasser des Primärkreises aufnehmen muß (*Volldruck-Containment*). Darüber hinaus wird in den Vorschriften [48] unterstellt, daß zusätzlich ein Dampferzeuger versagt und sein sekundärseitiger Wasserinhalt ebenfalls verdampft. Schließlich muß auch noch der Dampf berücksichtigt werden, der dadurch entsteht, daß das Notkühlwasser einen Teil der im Sekundärwasser der Dampferzeuger gespeicherten Energie übernimmt. Das führt (abhängig vom verfügbaren Volumen) auf Auslegungswerte bis etwa 4 bis 5 bar Überdruck.

3.11.1 Sicherheitseinrichtungen im W-Sicherheitsbehälter

Die Sicherheitseinrichtungen des Containment der W-Anlage Trojan [1] sind in Bild 3.41 schematisch zusammengestellt. Die folgenden sind besonders erwähnenswert:
- das *Sicherheitsbehälter-Sprühsystem* (1), das nach einem Kühlmittelverluststörfall die Containmentatmosphäre kühlt, den freigesetzten Dampf kondensiert und so die Druckabsenkung beschleunigt. Das dem Sprühwasser zugesetzte NaOH soll das freigesetzte I-131 binden. Das Sprühwasser wird dem Flutbehälter des Notkühlsystems entnommen.
- Das *Notkühlsystem* (2) saugt in der Rezirkulationsphase das Wasser aus dem Sumpf des Sicherheitsbehälters (3) an und kühlt es. (Für die der Rasmussenstudie zugrunde liegende Anlage Surry-1 sind die entsprechenden Wärmetauscher nicht im Notkühlsystem, sondern im Rezirkulationsteil des Containmentsprühsystems angeordnet.),
- Luftkühler (4) bringen mittelfristig eine Beschleunigung der Temperatur- und Druckabsenkung und ermöglichen eine langfristige Wärmeabfuhr.
- Ein *Wasserstoff-Mischsystem* (5) saugt die möglicherweise mit Wasserstoff angereicherte Luft im oberen Teil des Sicherheitsbehälters an und führt sie über ein Gebläse in tiefere Bereiche, um die lokale Bildung zündfähiger Gemische (H_2-Konzentration > 4 Vol.-%) zu verhindern.

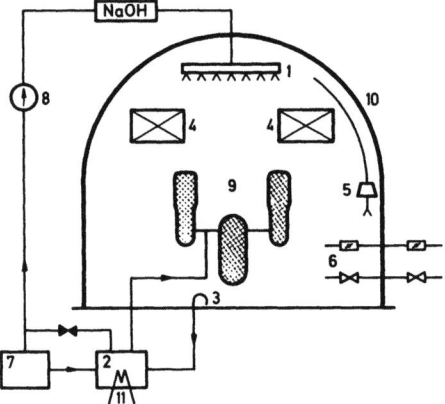

Bild 3.41. Sicherheitseinrichtungen im Containment einer Westinghouse-Anlage [1]
1 Containment-Sprühdüsen
2 Not- und Nachkühlsystem
3 Sumpfansaugung
4 Luftkühler
5 Wasserstoff-Mischgebläse
6 Containment-Abschluß
7 Flutbehälter des Not- und Nachkühlsystems
8 Containment-Sprühpumpen
9 Primärkreis
10 Spannbetonbehälter
11 Wärmeabfuhr

— Alle Rohrleitungen (und Lüftungskanäle), die nicht für Sicherheitsfunktionen gebraucht werden, können durch vom Reaktorschutzsystem ausgelöste Aktionen verschlossen werden (6) (*Sicherheitsbehälterabschluß, Gebäudeabschluß*, containment isolation). Normalerweise werden dazu zwei redundante Ventile oder Klappen verwendet, von denen eine im Innern, eine zweite außerhalb des Sicherheitsbehälters angeordnet ist. Der Gebäudeabschluß wird insbesondere nach einem Kühlmittelverluststörfall initiiert (s. Abschnitt 3.9) oder dann, wenn im Sicherheitsbehälter eine erhöhte Radioaktivität festgestellt wird.

3.11.2 Unterschiede beim KWU-Sicherheitsbehälter

Der Sicherheitsbehälter der KWU-Anlagen weist in der Auslegung und Auslegungsphilosophie einige charakteristische Unterschiede auf:

— Während der W-Sicherheitsbehälter aus Spannbeton mit einer inneren Stahlauskleidung (Liner) besteht, ist der KWU-Sicherheitsbehälter ganz aus Stahl gefertigt. Als Argument wird angeführt, daß hierdurch eine bessere Dichtheitskontrolle und insbesondere dazu eine Wiederholungsprüfung von beiden Seiten möglich sei. Zum Schutz gegen äußere Einwirkungen ist der Sicherheitsbehälter von einem Betonzylinder mit Kuppel umgeben, der
  — im Zusammenhang mit dem postulierten Flugzeugabsturz einer Impulslast,
  — im Zusammenhang mit einer postulierten chemischen Explosion in der Nachbarschaft einer Druckwelle standhält.

Durch diese Auslegung werden auch andere äußere Einwirkungen wie z. B. der Tornado abgedeckt, der bei den US-Anlagen i. a. die wesentliche äußere Einwirkung (Trümmer) ist. Der Betonschutz (dessen Wandstärke bei etwa 1,50 m liegt) wird zusammen mit dem Sicherheitsbehälter auch als *Reaktorgebäude* bezeichnet.
Der Zwischenraum zwischen Sicherheitsbehälter und Betonzylinder wird durch ein Gebläse auf einem geringen Unterdruck gegenüber dem Innendruck und dem Atmosphärendruck in der äußeren Umgebung gehalten. Dadurch sind im Normalbetrieb unkontrollierte Leckagen nach außen unmöglich. Die angesaugte Luft wird über Filter aus dem Kamin kontrolliert abgegeben. Auch für den großen Kühlmittelverluststörfall wird dadurch die Dosisabgabe reduziert, selbst wenn der Unterdruck im Ringraum als Folge der Erwärmung vorübergehend nicht aufrechterhalten werden kann.

3.11 Reaktor-Sicherheitsbehälter

Während der W-Sicherheitsbehälter ein Zylinder mit Kuppel ist, hat die Stahlhülle des KWU-Sicherheitsbehälters Kugelform. Das erlaubt bei gleicher Wandstärke einen größeren Durchmesser als für einen Zylinder, benötigt aber ein größeres Bauvolumen. Im unteren Teil des Ringraumes zwischen Kugel und äußerem Betonzylinder können dann, wie schematisch aus Bild 3.2 ersichtlich, Sicherheitseinrichtungen wie die Not- und Nachkühlsysteme mit ihren Flutbehältern untergebracht werden. Dafür wird der Außendurchmesser des Betonzylinders deutlich größer als der W-Containmentdurchmesser (56 gegen 36 m).

— Im Unterschied zu den KWU-Sicherheitsbehältern sind die W-Sicherheitsbehälter meist während des Reaktorbetriebs nicht begehbar und stehen zumeist unter Unterdruck (0,69 bar). Das erlaubt bei gleichem Störfalldruck ein kleineres Volumen zur Aufnahme des freigesetzten Dampfes. Ebenso werden während des Betriebes die Lüftungsanlagen nicht betrieben und die entsprechenden Klappen können geschlossen bleiben. Das kann die Zuverlässigkeit des Gebäudeabschlusses etwas erhöhen.

— Diejenigen Durchführungen durch die KWU-Sicherheitsbehälter, die als Folge der Wärmedehnung von Rohrleitungen durch größere Kräfte beansprucht werden, sind mit einer besonderen Kammer umschlossen, die an ein Absaugsystem angeschlossen ist. Dadurch erfolgt nicht nur eine kontinuierliche Leckagekontrolle (geförderte Luftmenge), sondern werden auch Leckagen in den Ringraum verhindert.

— Ein wesentlicher Unterschied ist, daß die KWU-Anlagen kein Sicherheitsbehälter-Sprühsystem (und keine Luftkühler) besitzen oder nur mit einem solchen ausge-

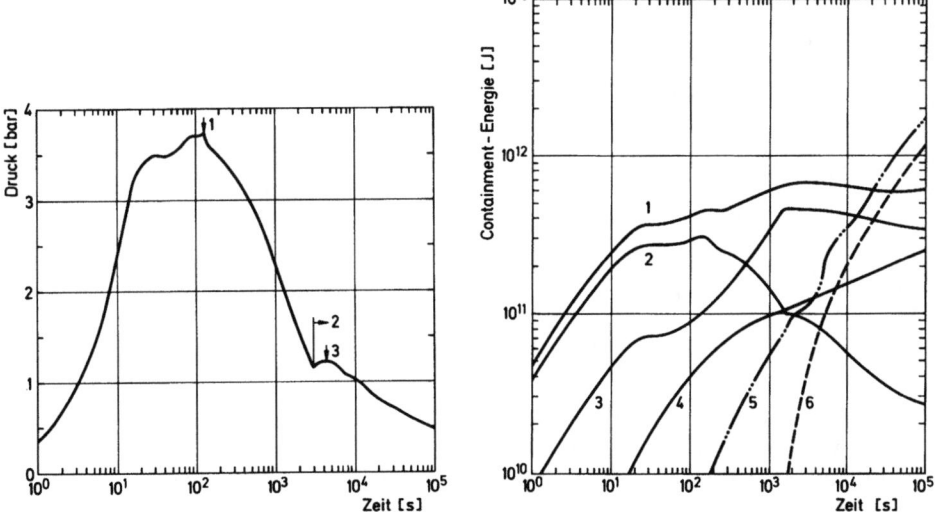

Bild 3.42. Druckverlauf im W-Sicherheitsbehälter, wenn nach einem Kühlmittelverluststörfall nur das notwendige Minimum der Sicherheitseinrichtungen verfügbar ist [1]
1 Maximum von 3,76 bar nach 115 s
2 Beginn der Rezirkulationsphase (3000 s)
3 1,23 bar nach 4200 s

Bild 3.43. Energieverteilung im W-Sicherheitsbehälter nach einem Kühlmittelverluststörfall [1]
1 Gesamt   4 Strukturen
2 Dampf   5 Luftkühler
3 Sumpf-Flüssigkeit 6 Wärmetauscher

rüstet sind, dessen Kapazität für eine wirksame Druckabsenkung nicht ausreicht, ggf. aber zur Dekontamination nach Störfällen von Nutzen ist. (Die W-Systeme haben Förderleistungen von ca. 1000 m³/s, die KWU-Systeme von ca. 130 m³/s.) Das wesentliche sicherheitstechnische Argument für diese Philosophie liegt in der Konkurrenz des Sicherheitsbehälter-Sprühsystems mit dem Notkühlsystem um das Wasser in den Flutbehältern. In Abschnitt 3.6 wurde in der Tat gezeigt, daß dadurch ein Betrieb der Hochdruck-Einspeisepumpen (einschließlich der des Volumenregelsystems) auch in der Rezirkulationsphase der Notkühlung erforderlich wird. Die Rasmussenstudie hat auf die sich dadurch ergebenden Schwachstellen aufmerksam gemacht.

Der Einfluß auf den Druckverlauf im Containment nach einem großen Kühlmittelverluststörfall wurde eingehend untersucht. In Bild 3.42 ist der Druck als Funktion der Zeit für ein W-Containment dargestellt.

Eine genauere Verteilung der Energie im Containment ist in Bild 3.43 für das W-Containment angegeben. Die Strukturen werden etwas später als das Sprühwasser wirksam. Die Luftkühler tragen erst ab etwa einer Stunde spürbar bei.

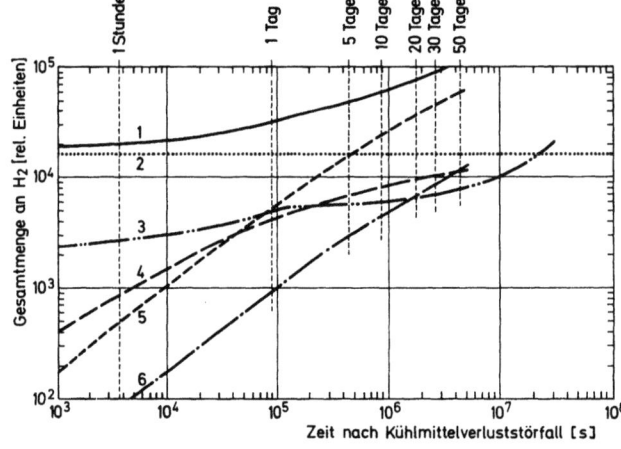

Bild 3.44. Wasserstoffaufbau im W-Sicherheitsbehälter nach einem Kühlmittelverluststörfall. Die Zündgrenze von 4 Vol.-% wird nach 30 Tagen erreicht.

1 Gesamt-H_2
2 Zirkonium-Wasser-Reaktion (5 % des Zr reagieren)
3 Aluminium-Korrision
4 Radiolyse durch Halogene im Sumpf
5 Radiolyse durch Core-γ-Strahlung
6 Radiolyse durch Feststoffe im Sumpf

Auch der Nutzen des NaOH-Zusatzes ist nicht unumstritten und ist deshalb bei den KWU-Anlagen nicht vorgesehen. Als Nachteil wird die Korrosion (auch bei unbeabsichtigter Inbetriebnahme des Sprühsystems) angesehen, die Schäden an den Komponenten im Sicherheitsbehälter, vor allem den elektrischen Einrichtungen bewirken könnte. Ein Korrosionsangriff auf Stahl ist nicht zu erwarten, wohl aber auf Aluminium. Dabei wird Wasserstoff gebildet. Wie Bild 3.44 zeigt, macht dieser Anteil am Gesamt-Wasserstoffgehalt, der noch durch die Zirkon-Wasser-Reaktion und durch Radiolyse in verschiedenen Bereichen zustande kommt, weniger als 10 % aus.

Die Unverfügbarkeit des Sicherheitsbehältersprühsystems liegt nach der Rasmussenstudie bei einigen 10^{-4}.

Literatur zu Kapitel 3

1. Trojan Nuclear Plant, Portland General Electric Company. Final Safety Analysis Report, Docket No. 50-344
2. Kraftwerk Union, A.G., Kernkraftwerk Philippsburg G.m.b.H., Sicherheitsbericht Kernkraftwerk Philippsburg (KKP II), Sept. 1975
3. Reactor Safety Study. An Assessment of Accident Risks in the U.S. Commercial Nuclear Power Plants. Main Report (WASH-1400), U.S. Department of Commerce, National Technical Information Service, PB-248 201, Oct. 1975
4. Reactor Safety Study, Appendix II, Fault Trees (WASH-1400). U.S. Department of Commerce, Technical Information Service, PB-248 203, Oct. 1975
5. ASME Boiler and Pressure Vessel Code, Section III-Div. 1, Rules for Construction of Nuclear Power Plant Components. The American Society of Mechanical Engineers, New York, July 1974
6. Effect of Residual Elements on Predicted Radiation Damage to Reactor Vessel Materials. Regulatory Guide 1.99, U.S. Regulatory Commission, Washington, D.C., July 1975
7. Hawthorne, J. R.: Radiation Effects on Vessel Steels and Welds with Varied Residual Element Content and Embrittlement Relief by Post-Irradiation Annealing; 4th Water Reactor Safety Research Information Meeting. Nucl. Regulatory Commission, Sept. 1976
8. Licensing of Production and Utilisation Facilities, Title 10 – Chapter 1, Part 50. Fracture Toughness and Surveillance Program Requirements, Federal Register, Vol. 38, No. 130, July 1973
9. United Kingdom Atomic Energy Authority. An Assessment of the Integrity of PWR Pressure Vessels. Report by a Study Group under the Chairmanship of Dr. W. Marshall, October 1, 1976
10. Integrity of Reactor Vessels for Light Water Power Reactors, ACRS Report WASH-1285 (Jan. 1974)
11. Whitman, G. D.; Robinson, G. C.; Savolainen, A. W. (eds.): Technology of Steel Pressure Vessels for Water Cooled Nuclear Reactors, a Review of Current Practice in Design, Analysis, Fabrication, Inspection and Test. ORNL NSIC-21 (Dec. 1967), Zusammenfassung von G. D. Whitman in Nucl. Eng. Des. 8 (1968)
12. Cowan, A.; Kirby, N.; Nichols, R. W.: The Integrity of Pressure Vessels for LWR Systems. TRG Report 2183 (C) (1972)
13. Report to the American Physical Society by the Study Group on Light Water Reactor Safety. Rev. Mod. Phys. 47, Suppl. No. 1 (1975)
14. Vinckier, A. G.; Pense, A. W.: A Review of Underclad Cracking in Pressure Vessel Components, Whitaker Laboratory 4 Task Group on Under-clad Cracking, Thermal and Mechanical Treatments Sub-committee, 3rd Draft (January 1st, 1974)
15. Derby, R. W., et al.: Test of 6 Inch Thick Pressure Vessels, Series 1 Intermediate Test Vessels V1 and V2, HSST Program ORNL-4895, Feb. 1974
16. Mager, T. R.; Landes, J. D.; Moon, D. M.; McLoughlin, V. J.: The Effect of Low Frequencies on the Fatigue Crack Growth Characteristics of A533 Grade B, Class 1 Plate in an Environment of High Temperature Primary Grade Nuclear Reactor Water. HSST Program Technical Report No. 35 (1973)
17. Paris, P. C.; Bucci, R. J.; Wessel, E. T.; Clar, W. G.; Mager, T. R.: Stress Analysis and Growth of Cracks, ASTM-STP-513 (American Society for Testing and Materials, Philadelphia 1972) p. 141
18. Mager, T. R.; McLoughlin, V. J.: The Effect of an Environment of High Temperature Primary Grade Nuclear Reactor Water on the Fatigue Growth Characteristics of A533 Grade B Class 1 Plate and Weldment Material. HSST Program Technical Report No. 16 (1971)
19. Kondo, T.; Kikuyama, T.; Nakajima, H.; Shindo, M.: Mechanical Behaviour of Materials, Vol. III (The Society of Materials Science, Japan), 1972, p. 319
20. Kondo, T.; Kikuyama, T.; Nakajima, H.; Shindo, M.; Nagasaki, R.: Corrosion Fatigue: Chemistry, Mechanics and Microstructure (International Corrosion Conference Series, NACE-2). Devereaux, O.; McEvily, A. J.; Staehle, R. W. (eds.), (National Association of Corrosion Engineers, Houston, 1972) p. 539
21. Kondo, T.; Kikuyama, T.; Makajima, H.; Shindo, M.: Fatigue Crack Propagation Behaviour of ASTM A533B and A302B Steels in High Temperature Aqueous Environment, Paper No. 6, HSST Program 6th Annual Information Meeting, ORNL, April 25-26, 1972
22. Results on Fatigue at 1 and 60 Cycles/min in PWR water at R = 0.63 and 0.7 Tabled by Westinghouse at a Discussion at AERE Harwell, January, 20-22, 1975 (zitiert in [9])

23. U.S.A.E.C. Technical Report, Analysis of Pressure Vessel Statistics from Fossil Fuelled Power Plant Service and Assessment of Reactor Vessel Reliability in Nuclear Power Plant Service, WASH 1318 (July 1974)
24. Kellermann, O.; Seipel, H. G.: Containment and Siting of Nuclear Power Plants, I.A.E.A. Conf. Vienna, April 3–7, 1967, p. 403
25. Kellermann, O.; Kraegeloh, E.; Kußmaul, K.; Sturm, D.: 2nd Conf. Pressure Vessel Technology, Pt. I, San Antonio, Texas, Oct. 1–4, 1973, p. 25
26. Phillips, C. A. G.; Warwick, R. G.: A Survey of Defects in Pressure Vessels Built to High Standards Construction and its Relevance to Nuclear Primary Circuit Envelopes. UKAEA Report, AHSB (S) R 162 (1967)
27. Smith, T. A.; Warwick, R. G.: Int. J. Pressure Vessels and Piping 2 (1974) 283
28. Kußmaul, K.; Ewald, J.; Maier, G.; Schellhammer, W.: Enhancement of the Quality of the Reactor Pressure Vessel Used in Light Water Power Plants by Advanced Material, Fabrication and Testing Technologies. 4th International Conf. on Structural Mechanics in Reactor Technology, August 15–19, 1977, San Francisco, USA. Deutsche Übersetzung: 2. VGB Kraftwerkstechnik, 58, Heft 6, S. 439–448 (1978)
29. Cheverton, R. D.: Studies Associated with the LWR LOCA-ECC Thermal Shock. 4th Water Reactor Safety Research Information Meeting, Nuclear Regulatory Commission, Sept. 27–30, 1976
30. Bryan, R. H.: Evaluation of Sustained Load Effects in Reactor Pressure Vessels by Means of Intermediate-Scale Flawed Vessel Tests. 4th Water Reactor Safety Research Information Meeting, Nuclear Regulatory Commission, Sept. 27–30, 1976
31. ASME Boiler and Pressure Vessel Code Section XI, Article A 3000, Method for K_I-Determination, Article 4000, Definition of Material Properties. The American Society of Mechanical Engineers, New York
32. Smidt, D.: Reaktortechnik, 2 Bde., 2. Aufl., Karlsruhe: Braun 1976
33. Merkle, J. G.; Whitman, G. D.; Bryan, R. H.: An Evaluation of the HSST Program Intermediate Pressure Vessel Tests in Terms of Light Water Reactor Pressure Vessel Safety. ORNL-TM-5090, November 1975
34. Derby, R. W., et al.: Test of Six-Inch-Thick Pressure Vessels, Series I: Intermediate Test Vessels V-1 and V-2. ORNL-4895, February 1974
35. Bryan, R. H., et al.: Test of Six-Inch-Thick Pressure Vessels, Series II: Intermediate Test Vessels V-3, V-4, and V-6, ORNL-5059, November 1975
36. Merkle, J. G., et al.: Test of Six-Inch-Thick-Pressure Vessels, Series III: Intermediate Test Vessels V-7, ORNL-5059, August 1976
37. Whitman, G. D.: Heavy Section Steel Technology Program Quarterly Progress Report for January thru March 1976, ORNL-TM-28, July 1976
38. Kußmaul, K.; Ewald, J.: Assessment of Toughness and Cracking in the Heat-Affected Zone of Light Water Reactor Components. Third International Conference on Pressure Vessel Technology, Tokyo 1977, to be published
39. Kellermann, O., et al.: Considerations about the Reliability of Nuclear Pressure Vessels, Status and Research Planning, in ASME Second International Conference on Pressure Vessel Technology, San Antonio, Texas, October 1–4, 1973, Part I: Design and Analysis, ASME, New York (1973) 25–28
40. Kußmaul, K.; Kraegeloh, E.: Formation, Significance and Evaluation of Welding Defects in Pressure Vessels, IIW, Annual Assembly 1972 – Public Session, Subdivision 3, Toronto
41. Ewald, J.; Kußmaul, K.: Investigation of the Properties of the Heat-Affected Zone (Methods for Assessing the Properties of the Haze) Review Document March 1976, CEC-NEA Expert's Group on Mechanic and Material Problems Relating to the Safety of Steel Components in Nuclear Plants
42. Kußmaul, K.; Ewald, J.; Maier, G.: Verfahren zur Simulation der Wärmeinflußzonen von Schmelzschweißverbindungen. Schweißen + Schneiden 28 (1976) 250–255
43. Kußmaul, K.; Blind, D.; Ewald, J.: Methoden zum Nachweis und zur Untersuchung von Korngrenzenschwächungen und Rissen in der Wärmeinflußzone von Schweißverbindungen an Druckbehältern. Schweißen + Schneiden 28 (1975) 219–223
44. Forschungsprogramm Zentrale Auswertung von Herstellungsfehlern und Schäden im Hinblick auf druckführende Anlagenteile von Kernkraftwerken SR 10. Durchgeführt im Auftrag des Bundesministeriums des Innern, 1. Techn. Bericht: Schellhammer, W.; Maile, K.; Maier, S., Staatliche Materialprüfungsanstalt (MPA), Universität Stuttgart, Januar 1976
45. Kußmaul, K.; Blind, D.; Ewald, J.: Investigation for the Detection and Study of Stress-Relief Cracking. International Journal of Pressure Vessel and Piping, to be published
46. Kußmaul, K.: Persönliche Mitteilung

Literatur

47. Application of the Single Failure Criterion to Nuclear Power Plant Protection Systems. US-NRC Reg. Guide 1.53
48. Leitlinien für Druckwasserreaktoren der Reaktorsicherheitskommission.
49. Zienkiewicz, O.: The Finite Element Method in Engineering Science. London: McGraw-Hill: 1971
50. Griffith, A. A.: The Phenomena of Rupture and Flow in Solids. Philos. Trans. R. Soc. London, A 221 (1921) 163–198
51. Irwin, G. R.: Fracture. In: Handbuch der Physik, Bd. VI, Elastizität und Plastizität. Berlin, Göttingen, Heidelberg: Springer 1958
52. Hahn, H. G.: Bruchmechanik. Teubner 1976
53. Bryan, R. H., et al.: Heavy Section Steel Technology Program Intermediate-Scale Pressure Vessel Test. 4th International Conference on Structural Mechanics in Reactor Technology, San Francisco, Aug. 15–19, 1977
54. Gesellschaft für Reaktorsicherheit, Köln. Persönliche Mitteilung
55. US-NRC Reg. Guide 1.53, 10 CFR 50
56. USAEC, Acceptance Criteria for Emergency Core Cooling Systems, Light-Water-Cooled Nuclear Power Reactors, Docket No. RM-50-1
57. Kußmaul, K.: Persönliche Mitteilung
58. Eickelpasch, N.: Untersuchungen zur Reduzierung der Strahlenbelastung des in Kernkraftwerken eingesetzten Personals. Dissertation Univ. Karlsruhe, 1978
59. Bush, S. H.: Probability of Damage to Nuclear Components Due to Turbine Failure. Nucl. Saf., 14 (1973) 187–201
60. Yeh, G. C. K.: Probability and Containment of Turbine Missiles, Paper O 2/6. International Seminar on Extreme Load Conditions and Limit Analysis Procedures for Structural Reactor Safeguards and Containment Structures, Berlin, September 8–11, 1975
61. O'Connell, W. J.; Baschiere, R. J.: Design Applications of Turbine Missile Impact Analysis. Second ASCE Specialty Conference on Structural Design of Nuclear Plant Facilities, New Orleans, Louisiana, December 8–10, 1975, Preprint Vol. I-A, pp. 541–561
62. Steele, L. E.: Neutron Irradiation Embrittlement of Reactor Pressure Vessel Steels. At. Energy Rev. 7 (1969) No. 2
63. Leitz, C.: Berücksichtigung der Strahlenversprödung bei der Auslegung von Reaktordruckbehältern. Atomwirtschaft 17 (1972) 614–619
64. Varsik, I. D., et al.: An Empirical Evaluation of the Irradiation Sensitivity of Reactor Pressure Vessel Materials. 9th ASTM Int. Symp. on Effects of Radiation on Structural Materials. Richland, Wash., July 1978
65. Steele, L. E.: Neutron Irradiation Embrittlement of Reactor Pressure Vessel Steels. IAEA, Technical Report Series No. 163, Vienna (1975)
66. Kußmaul, K.: Maßnahmen und Prüfkonzept zur weiteren Verbesserung der Qualität von Reaktordruckbehältern für Leichtwasser-Kernkraftwerke, 2. VGB - Kraftwerkstechnik 58, Heft 6, S. 439–448 (1978)
67. Kußmaul, K.; Stoppler, W.: Temperaturführung bei und nach dem Schweißen. Atomwirtschaft 23, Nr. 7/8, S. 354–361 (1978)

4 Besondere Systemeigenschaften des Siedewasserreaktors

Die prinzipiellen sicherheitstechnischen Einrichtungen des Siedewasserreaktors sind denen des Druckwasserreaktors verwandt. Deshalb soll er nicht im gleichen Detail behandelt werden; es sollen vielmehr die unterschiedlichen Züge beider Typen herausgearbeitet werden.

Die wichtigsten Unterschiede sind die folgenden:

(a) Die Leistungsdichte im Reaktorkern ist geringer (Verhältnis der mittleren Leistungsdichten von Druck- und Siedewasser etwa 3/2). Eine ähnliche Relation gilt auch für die maximale Heizflächenbelastung (155 W/cm^2 zu 112 W/cm^2). Da aber beim Siedewasserreaktor wegen des Netto-Dampfgehaltes auch die kritische Heizflächenbelastung herabgesetzt ist, hat diese Verschiedenheit in der Auslegung in erster Näherung keine sicherheitstechnische Relevanz. Das Verhältnis kritische Heizflächenbelastung / maximal auftretende Heizflächenbelastung (DNB-Verhältnis) ist etwa das Gleiche.

(b) Das Kühlmittel steht beim Siedewasserreaktor unter Sättigungsdruck. Das erleichtert die Auslegung gegen die dynamische Belastung der Druckbehältereinbauten beim Kühlmittelverluststörfall (s. Kapitel 8).

(c) Die Reaktivität im Betrieb wird nicht durch einen Borzusatz zum Kühlmittel beeinflußt, sondern der Reaktor kann aus jedem Zustand allein durch die Regel- und Abschaltstäbe abgeschaltet und langfristig unterkritisch gehalten werden. Das hat Vorteile: Bei Kaltwassertransienten beherrschen die Abschaltstäbe den vollen Reaktivitätshub; und Nachteile: Es gibt zunächst kein diversitäres Abschaltsystem für die langfristige Erzielung der Unterkritikalität.

(d) Der Reaktordruckbehälter des Siedewasserreaktors ist größer und durch die Anordnung der Kühlmittel- und Regelstabstutzen sowie die zur Kühlmittelführung erforderlichen Einbauten etwas komplizierter als derjenige des Druckwasserreaktors. Das erschwert die Fertigung (Notwendigkeit von Längsnähten, Schweißung auf der Baustelle) und die Ultraschall-Wiederholungsprüfung.

(e) Durch den größeren Durchmesser wird der Reaktordruckbehälter des Siedewasserreaktors einem geringeren integrierten Neutronenfluß ausgesetzt als derjenige des Druckwasserreaktors.

(f) Aufgrund der geringen Unterkühlung und des großen Kühlmittelvolumens verläuft der Kühlmittelverluststörfall beim Siedewasserreaktor langsamer als beim Druckwasserreaktor. Dadurch entfällt u. a. die Notwendigkeit, im Notkühlsystem Druckspeicher vorzusehen.

(g) Das große Kühlmittelvolumen macht das Volldruck-Containment unwirtschaftlich und führt zum Sicherheitsbehälter mit Druckunterdrückungssystem. Dadurch wird ein sehr großer Wasservorrat als redundante Wärmesenke verfügbar. Ebenso ist

4 Besondere Systemeigenschaften des Siedewasserreaktors

durch Abblasen in diesen Wasservorrat eine unproblematische Druckentlastung des Hauptkühlkreislaufes möglich.

(h) Die dynamischen Belastungen aus der Dampfkondensation im Druckunterdrückungssystem führten bei den älteren Siedewasserreaktoren zu Auslegungsschwierigkeiten, die durch den sog. „Würgassen-Störfall" dramatisch unterstrichen wurden und bei Anlagen vergleichbarer Bauweise zu erheblichen Verzögerungen in der Fertigstellung führten. Inzwischen sind diese Fragen jedoch geklärt.

(i) Mit dem Druckunterdrückungssystem kann der Sicherheitsbehälter außerordentlich klein im Vergleich zu dem des Druckwasserreaktors gemacht werden. Das darf nicht zu einer allzu engen Anordnung der Komponenten im Inneren führen, die Wartungsarbeiten erschwert und zu einer unnötig hohen Strahlenbelastung des Betriebspersonals führt.

(k) In der Rasmussenstudie [1] ergibt sich für den Siedewasserreaktor praktisch das gleiche geringe Risiko wie für den Druckwasserreaktor. Für die beiden der Studie zugrunde liegenden speziellen Anlagen haben sich dabei zwei gegenläufige Effekte kompensiert. Auf der einen Seite erwiesen sich die Notkühlsysteme des betrachteten Siedewasserreaktors durch höhere Redundanz als etwas zuverlässiger als diejenigen des betrachteten speziellen Druckwasserreaktors. Auf der anderen Seite war der Sicherheitsbehälter des Siedewasserreaktors wegen seines kleineren Volumens weniger geeignet, den Folgeereignissen eines Coreschmelzunfalls über einige Zeit standzuhalten. Ein früheres Versagen des Sicherheitsbehälters aber läßt allgemein höhere Schäden in der Umgebung erwarten, weil Abscheidungs- und Abklingvorgänge ebenso wie Evakuierungsmaßnahmen weniger stark wirksam sind. Da die Gesamtwahrscheinlichkeit für Schäden in der Umgebung im Prinzip das Produkt der beiden zugeordneten Wahrscheinlichkeiten ist, bleibt das Gesamtrisiko etwa gleich.

Die sicherheitstechnischen Systeme des Siedewasserreaktors haben im Prinzip die gleichen Aufgaben wie die des Druckwasserreaktors, wodurch die Lösungen miteinander verwandt sind.

Bild 4.1 zeigt die prinzipielle Schaltung eines Siedewasser-Kernkraftwerkes. Das Kühlmittel steht unter einem Druck von etwa 70 bar, dazu gehört eine Sättigungstemperatur von etwa 286 °C. Das nicht im Kern verdampfte Wasser wird über Umwälzpumpen, die bei den deutschen (KWU) und den US-amerikanischen (General Electric,

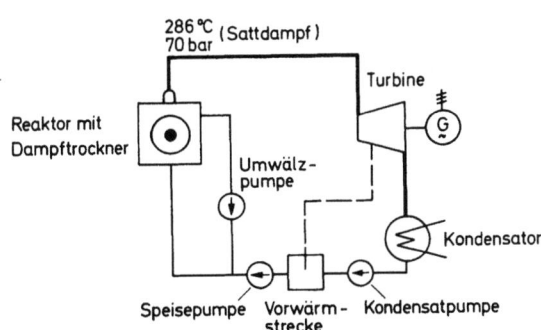

Bild 4.1. Schaltschema eines Siedewasserreaktors mit Direktkreislauf und Zwangsumlauf

GE) Anlagen sehr unterschiedlich ausgeführt sind, sofort am Kühlmitteleintritt dem Kern wieder zugeführt. Die Speisepumpe hat hier die Aufgabe, im Reaktordruckbehälter einen bestimmten Wasserstand einzuhalten.

Die relevanten Systeme sind:
1. Der Reaktorkern.
2. Die druckführende Umschließung des Kühlmittels.
3. Das Haupt-Wärmeabfuhrsystem.
4. Das Regelsystem.
5. Ein Notspeisesystem mit eigenem Wasservorrat erübrigt sich, weil das sehr große Wasserbecken des Druckunterdrückungssystems in Verbindung mit den Hochdruckpumpen des Not- und Nachkühlsystems hierfür einsetzbar ist. Das *Druckentlastungssystem* hat dafür um so mehr Bedeutung. Es kann auch bei einem Ausfall der Hochdruckpumpen des Not- und Nachkühlsystems die Nachwärme durch Abblasen von Dampf so lange abführen, bis die Niederdruck-Not- und Nachkühlsysteme diese Aufgabe übernehmen können. Es hat dadurch die Funktion eines diversitären Hochdruck-Notkühlsystems. Der freigesetzte Dampf wird im Wasservorrat des Druckunterdrückungssystems kondensiert. Dadurch ist dieser eine wesentliche Wärmesenke und muß seinerseits ein entsprechendes Kühlsystem erhalten. Die große Wärmekapazität (ca. 3000 m³ Wasser) bringt dabei einen großen Zeitgewinn.
6. Das Not- und Nachkühlsystem mit Hoch- und Niederdruckteil.
7. Das Reaktorschutzsystem.
8. Die Stromversorgung und das Notstromsystem.
9. Der Reaktor-Sicherheitsbehälter.
10. Das Notstandssystem.

Mit Ausnahme des Punktes 5 ist die Aufgabenstellung der Systeme im Prinzip die gleiche wie beim Druckwasserreaktor und wurde deshalb nicht nochmals aufgeführt.

Auch die wesentlichen Störereignisse durch Transienten oder den Kühlmittelverlust sind zumindest in großen Zügen gleich. Als nicht mehr voll beherrschter Unfall ist auch hier die Kernschmelze anzusehen, die wieder durch ein auslösendes Ereignis im Zusammenhang mit dem Versagen von Sicherheitssystemen zustande kommt.

4.1 Reaktorkern und Druckbehältereinbauten

4.1.1 Allgemeine Anordnung

Bild 4.2 zeigt einen Schnitt durch den Druckbehälter eines KWU-Siedewasserreaktors [2] mit seinen Einbauten. Im Gegensatz zum Druckwasserreaktor hängt der Kernmantel (5) hier nicht am Deckelflansch, sondern steht auf dem Boden des Druckbehälters. Dieser ist dadurch praktisch nicht für die Durchführung von Ultraschall-Wiederholungsprüfungen auf der Innenseite demontierbar, zumal oberhalb die ringförmigen Verteiler der Kernflutleitung (10) (Notkühlung) und der Speisewasserleitung (16) angebracht sind. Ebenso ist der Boden mit dem Feld der Steuerstabstutzen von der Innenseite aus nicht zugänglich. Eine Demontage der diesbezüglichen Einbauten ist zwar im Prinzip möglich, in jedem Falle aber mit einem großen Aufwand verbunden.

4.1 Reaktorkern und Druckbehältereinbauten

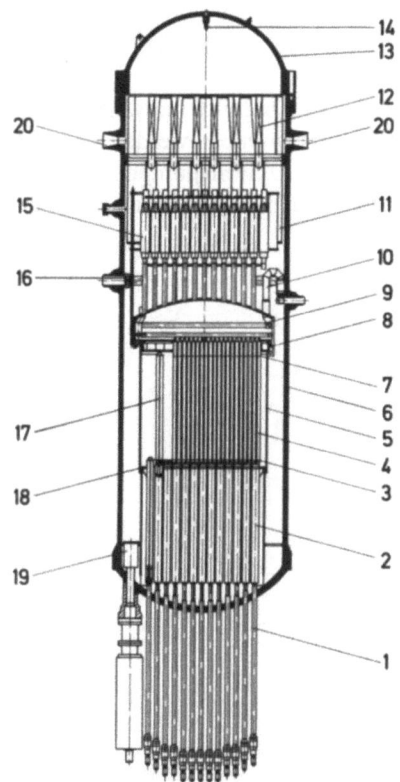
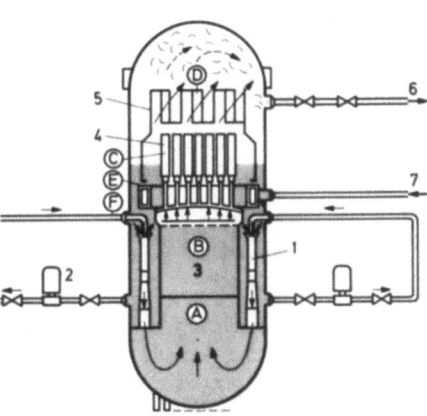

Bild 4.2. Schnitt durch einen KWU-Siedewasserreaktor [2]

1	Steuerstabantriebe	11	Normalwasserstand
2	Steuerstabführungsrohre	12	Dampftrockner
3	Unterkante aktive Zone	13	Druckbehälterdeckel
4	Brennelemente	14	Deckelsprühsystem
5	Kernmantel	15	Zyklone
6	Druckbehälter	16	Speisewasserverteiler
7	Oberkante aktive Zone	17	Steuerstäbe
8	Oberes Kerngitter	18	Unteres Kerngitter
9	Kerndeckel	19	Axialpumpe
10	Kernflutleitung	20	Dampfaustrittsstutzen

Bild 4.3. Schema des General-Electric-Siedewasserreaktors [3]

1	Strahlpumpe	A	Unterer Sammelraum
2	Umwälzpumpe	B	Kernbereich
3	Reaktorkern	C	Abscheidebereich
4	Wasserabscheider (Zyklone)	D	Dampfbereich
5	Dampftrockner	E	Speisewasserverteiler
6	Zur Turbine	F	Umwälzschleife
7	Speisewasserversorgung		

Das Kühlmittel durchströmt die Brennelemente (4) von unten nach oben. In den Zyklonen (15) werden Dampf und Wasser getrennt, der im Dampftrockner (12) getrocknete Dampf verläßt den Druckbehälter über die Dampfstutzen (20).

Die Umwälzpumpen (19) (Axialpumpen, insgesamt 8) mit einer Leistung von je 1,2 MW sind bei den KWU-Anlagen in den Boden des Reaktordruckbehälters integriert.

102   4 Besondere Systemeigenschaften des Siedewasserreaktors

Sie saugen das Wasser aus dem Ringraum an und fördern es nach unten und von da in den Bereich der Regelstabführungsrohre (2). Die Axialpumpen sind teilweise nach unten, teilweise nach oben ausbaubar und inspizierbar.

Bei den GE-Anlagen [3] wird ein anderes Prinzip für die Kühlmittelumwälzung verwendet, das schematisch in Bild 4.3 gezeigt ist. Statt der Axialpumpen werden 8 Strahlpumpen (1) eingesetzt, die über zwei äußere Kreisläufe mit Umwälzpumpen angetrieben werden. Auf je 4 Strahlpumpen entfällt eine der beiden vorhandenen Umwälzpumpen.

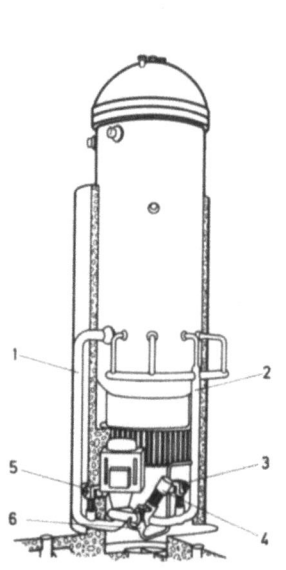
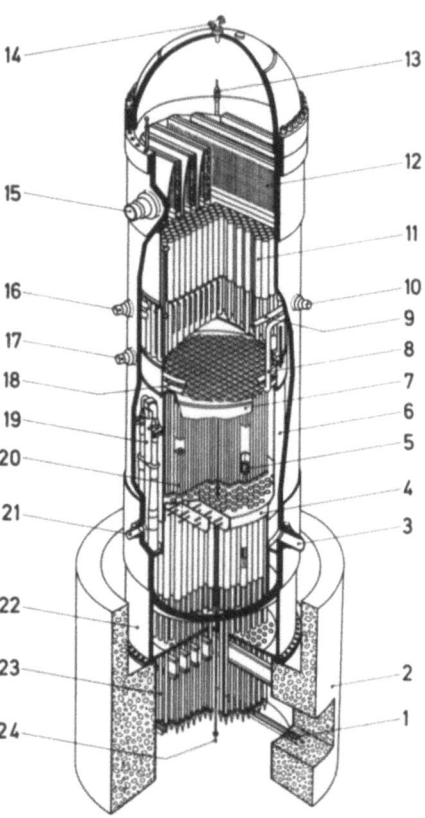

Bild 4.4. Außenansicht des GE-Siedewasserreaktors mit Anordnung der Kühlkreisläufe [3]
1 Umwälzschleife, Austritt
2 Umwälzschleife, Eintritt
3 Abschlußventil Druckseite
4 Durchflußregelventil
5 Abschlußventil Saugseite
6 Bypassventil

Bild 4.5. Reaktordruckbehälter eines GE-Siedewasserreaktors mit Einbauten
1 Hydraulikleitungen für Regelstabantrieb
2 Abschirmungswand
3 Umwälzschleifenaustritt
4 Coretrageplatte
5 Regelstab (kreuzförmig)
6 Kernmantel
7 Oberes Kerngitter
8 Kernsprühleitung
9 Speisewasserverteiler
10 Speisewassereintritt
11 Wasserabscheider
12 Dampftrockner
13 Dampftrockner-Haltegriff
14 Deckelsprühsystem (Abfahrkühlung)
15 Dampfaustritt
16 Core-Sprühsystem-Eintritt
17 ND-Einspeise-Eintritt
18 Core-Sprühverteiler
19 Strahlpumpenanordnung
20 Brennelemente
21 Umwälzschleifen-Eintritt
22 Druckbehälter-Standzarge
23 Regelstabantriebe
24 Incore-Flußüberwacher

4.1 Reaktorkern und Druckbehältereinbauten

Ein Vorteil dieser Bauweise ist die Absperrbarkeit der äußeren Kreisläufe und die Anordnung der Umwälzpumpen außerhalb der biologischen Abschirmung. Dadurch kann die Strahlenbelastung des Personals bei Wartung, Inspektion und Reparaturen der Umwälzpumpen reduziert werden. Dies Argument erhält zusätzliche Bedeutung dadurch, daß 2 Pumpen natürlich weniger Zeitaufwand für diese Arbeiten erfordern als 8. Die Strahlpumpen dagegen, die keinerlei bewegte Teile enthalten, sind praktisch wartungsfrei.

Auf der anderen Seite sind durch den Anschluß der äußeren Kreisläufe zusätzliche Stutzen im Corebereich des Reaktordruckbehälters erforderlich. Davon gibt Bild 4.4 einen Eindruck, die eine Außenansicht des GE-Druckbehälters mit einem der Kreisläufe zeigt. Im Gegensatz zum Prinzipbild 4.3 liegen Aus- und Eintrittsstutzen in derselben Ebene. Die Ansaugung erfolgt über eine Austrittsleitung (1), die Einspeisung (2) versorgt über einen außen liegenden Verteiler die 4 Strahlpumpen über separate Stutzen.

Aus der prinzipiellen Voraussetzung, daß der Bruch einer Kühlmittelleitung bei der Sicherheitsanalyse unterstellt werden muß, ergibt sich beim Bruch der Austrittsleitung (1) wegen ihres großen Querschnitts und ihrer tiefen Lage ein schwerwiegenderer Störfall als beim Bruch der obenliegenden Dampf- und Speisewasserleitungen.

Anstelle der Kreislaufstutzen enthält der KWU-Behälter des Bildes 4.2 allerdings im Bodenbereich die 8 Stutzen für die Axialpumpen. Ein Bruch dieser Stutzen hat aber deshalb nur verhältnismäßig geringe Auswirkungen, weil eine speziell dafür vorgesehene Auffangvorrichtung den gebrochenen Teil festhält und durch die innenliegende Welle mit ihrem Lagerrohr nur ein kleiner Querschnitt für das ausströmende Kühlmittel verbleibt.

Einen anschaulichen Überblick über den GE-Siedewasserreaktor mit seinen Einbauten vermittelt Bild 4.5. Man erkennt die im Vergleich zum Druckwasserreaktor komplexere Verteilung der Stutzen. Außer den schon erwähnten Anschlußleitungen ist noch auf einen Stutzen (14) für ein Sprühsystem im Deckel hinzuweisen, der für das Abfahren der Leistung im Normalbetrieb benutzt wird und keine sicherheitstechnische Bedeutung hat.

Bild 4.3 zeigt noch die Lage des Wasserspiegels. Tabelle 4.1 gibt einen Begriff von den Volumina, die den einzelnen Bereichen im Druckbehälter zuzuordnen sind.

Die Regelstäbe werden über die im Boden des Reaktordruckbehälters liegenden Regelstabstutzen in den Kern eingeführt (Anzahl für den KWU-Reaktor z. B. 193). Auch das Abreißen dieser Stutzen wird unterstellt. Eine Auffangvorrichtung ist auch hier vorgesehen, um das Herausschleudern eines Regelstabes mit nachfolgender Reaktorexkursion zu verhindern.

Tabelle 4.1. Volumina der Teilbereiche in Bild 4.3

Kennzeichen	Bezeichnung	Volumen in m^3
A	unterer Sammelraum	124
B	Kern	62
C	oberer Sammelraum und Abscheider	82
D	Dampfraum	196
E	Downcornerbereich	143
F	Umwälzschleifen	31

Die normalen Stabbewegungen im Normalbetrieb werden bei den GE-Anlagen hydraulisch, bei den KWU-Anlagen über eine Schraubspindel bewirkt. Die Schnellabschaltung wird bei beiden hydraulisch ausgelöst [2, 3]. Auf die Bedeutung dieses unterschiedlichen Entwurfs für bestimmte Störfälle (ATWS) wird in Kapitel 7 eingegangen werden.

4.1.2 Reaktorkern

Bild 4.6 zeigt einen Querschnitt durch den Reaktorkern, Tabelle 4.2 enthält einige wesentliche Daten. Die Brennelemente bestehen aus geschlossenen Kästen, die 8 × 8 Stabpositionen enthalten, von denen eine der 4 zentralen Positionen einen sog. Wasserstab enthält. 8 Stäbe sind als Schraubbolzen ausgebildet und fixieren das Element in axialer Richtung. Jeweils 3 der Stäbe enthalten als abbrennbares Gift Gd_2O_2 zum Ausgleich des Abbrandes. Dadurch bleibt der Blasenkoeffizient der Reaktivität für das Kühlmittel im Gegensatz zum DWR immer negativ. Der im Core örtlich unterschiedliche Blasengehalt des Kühlmittels würde einen Borsäurezusatz zum Kühlmittel wie beim Druckwasserreaktor ohnehin unzweckmäßig machen. Deshalb reicht die Reaktivitätswirkung der Regelstäbe aus, den Reaktor auch im kalten Zustand und nach Abbau der Xenon- und Samariumvergiftung [4, Kap. 3] und Ausfall des wirksamsten Stabes im unterkritischen Zustand zu halten. Das ist beim Druckwasserreaktor (s. Tabelle 3.1) nur durch Änderung der Borkonzentration im Kühlmittel möglich.

Neuere Siedewasserreaktoren sind allerdings mit einem Boreinspeisesystem versehen, das mittelfristig die Reaktivitätszunahme durch Abkühlung sowie durch Xe- und

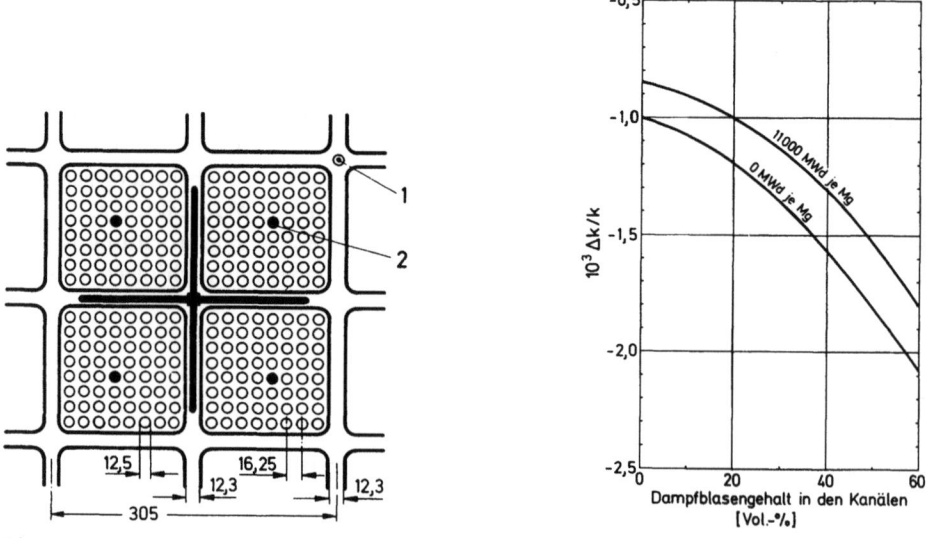

Bild 4.6. Querschnitt durch einen Teilbereich des Reaktorkerns des Siedewasserreaktors [2]
1 Neutronendetektor   2 Wasserstab
Umschriebener Kerndurchmesser 5194 mm
Äquivalenter Kerndurchmesser 4818 mm

Bild 4.7. Dampfblasenkoeffizient des Siedewasserreaktors [2]

4.1 Reaktorkern und Druckbehältereinbauten

Tabelle 4.2. Übersicht über den Kern eines Siedewasserreaktors von 1300 MW$_{el}$ [2]

Thermische Leistung	MW	3840
Kühlmitteldruck	bar	70,6
Kühlmittelaustrittstemperatur	°C	286,4
Unterkühlung am Eintritt	kJ/kg	41,9
äquivalenter Kerndurchmesser	mm	4820
aktive Kerngröße	mm	3760
lichte Weite des Brennelementkastens (quatratisch)	mm	134
Zahl der Brennstäbe je BE		8 × 8 − 1 = 63
Gesamtzahl der BE		784
Zahl der Steuerstäbe		193
Hüllrohraußendurchmesser	mm	12,5
Hüllrohrwandstärke	mm	0,85
Pelletdurchmesser (kalt)	mm	10,58
Spalt zwischen Hülle und Brennstoff (frisch, kalt)	mm	0,11
Stabachsenabstand	mm	16,25
max. Wärmestromdichte	W/cm^2	112,1
Flußformfaktor		2,22
mittlerer Dampfblasengehalt bei Nennleistung	Vol.-%	43
mittlerer Dampfblasengehalt am Kernaustritt bei Nennleistung	Vol.-%	66
Moderator-Temperaturkoeffizient bei Betriebstemperatur		
frisch	K^{-1}	$-1 \cdot 10^{-4}$
11 000 MW/d	K^{-1}	$-3,5 \cdot 10^{-4}$
Dampfblasenkoeffizient	Vol.-%$^{-1}$	$-0,8$ bis $2 \cdot 10^{-3}$ (s. Bild 4.7) (geringer/großer Blasengehalt)
Dopplerkoeffizient		(s. Bild 4.8)
verfügbare Regelstabreaktivität (kalt)	%	16
Abschaltreserve bei Ausfall des wirksamsten Steuerstabes	%	1

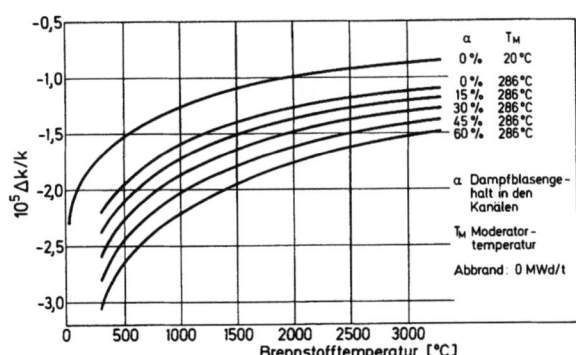

Bild 4.8. Dopplerkoeffizient des Siedewasserreaktors [2]

Sm-Zerfall auch bei Nichtverfügbarkeit der Regelstäbe kompensieren kann (s. dazu die Ausführungen über Transienten ohne Schnellabschaltung in Abschnitt 7.2).

Zwischen je 4 Brennelementen bewegt sich ein kreuzförmiger Regel- und Abschaltstab, der mit Borkarbid gefüllte Röhrchen enthält. Außerdem wird der Neutronenfluß im Anfahr- wie im Leistungsbereich durch zahlreiche, an sog. Kernflußmeßlanzen befestigte Ionisationskammern gemessen.

Diese Incoreinstrumentierung hat zunächst betriebliche Funktionen als Hilfsmittel für die Abflachung der Leistungsverteilung. Für die Erkennung von Flußspitzen und Transienten hat sie aber auch sicherheitstechnischen Wert. Bild 4.7 zeigt den Blasenkoeffizienten, Bild 4.8 den Dopplerkoeffizienten.

4.2 Druckführende Umschließung

Der Aufbau des Siedewasserreaktor-Druckbehälters ging bereits aus den Bildern 4.2, 4.4 und 4.5 hervor. Er ist nicht wie derjenige des Druckwasserreaktors aufgehängt, sondern steht auf einer sog. Standzarge (s. Bild 4.5). In Bild 4.9 ist ein KWU-Druckbehälter mit einigen wichtigen Maßen dargestellt. Der Vergleich mit Bild 3.8 und Tabelle 4.3 zeigt die unterschiedlichen Dimensionen.

Im speziellen Falle des KWU-Behälters mit den Stutzen für die Axialpumpen ist der Boden flacher als halbkugelförmig ausgeführt. Das ergibt Biegemomente am Übergang zur zylindrischen Wand, die durch Erhöhung der Wandstärke aufgenommen werden müssen.

Sämtliche Stutzen sind eingesetzt, nicht aufgesetzt. Siehe dazu die Ausführungen in Abschnitt 3.2.

Die großen Dimensionen verhindern den Transport des Behälters als Ganzem. So müssen einzelne längsgeschweißte Schüsse zur Baustelle gebracht und vor Ort durch

Tabelle 4.3. Wichtigste Abmessungen eines Druckbehälters für KWU-Siedewasserreaktoren

Buchstabe	Abmessung in mm
D 1	6 620
D 2	7 390
D 3	7 340
D 4	5 980
D 5	6 956
D 9	6 368
R 1	4 150
R 2	3 310
S 1	163
S 2	228
S 3	96
P 1	5
P 2	8
H 0	22 714
H 1	22 350
H 2	1 000
H 3	840
H 4	710
H 5	355
H 6	9 032
T □	305,4

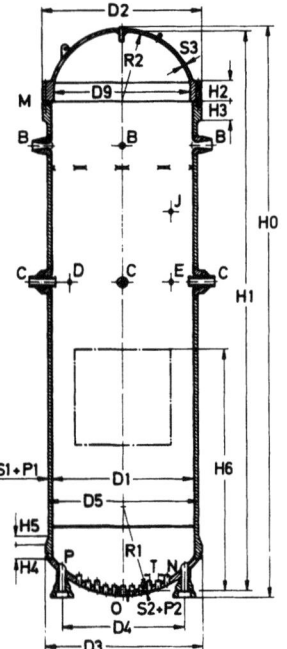

Bild 4.9. KWU-Druckbehälter mit wichtigen Abmessungen

4.3 Das Haupt-Wärmeabfuhrsystem

Rundnähte verbunden werden. Im Hinblick auf die in Abschnitt 3.2 behandelten Probleme ist dabei eine besondere Aufmerksamkeit erforderlich.

Die wiederkehrenden Ultraschallprüfungen können nur im Bereich oberhalb des Speisewasserstutzens ohne besondere Schwierigkeiten von der Innenseite wie beim Druckwasserreaktor fernbedient ausgeführt werden. Im übrigen werden sie von der Außenseite vorgenommen (in den RSK-Leitlinien [5] wird allerdings vorgeschrieben, daß ergänzende Prüfungen von der Innenseite aus möglich sein müssen).

Für die Prüfungen von außen ist ein etwa 60 cm breiter Spalte zwischen dem Druckbehälter und seiner Wärmeisolierung vorgesehen, in dem sich die Ultraschalleinrichtung bewegen kann. In der KWU-Bauweise werden die Meßköpfe auf einem fest montierten Schienensystem geführt, während bei GE eine frei verfahrbare Anordnung mit magnetisch haftenden Rädern entwickelt wurde. Ihre Positionierung erfolgt dabei durch Triangulation in bezug auf 2 Fixpunkte. Bei den schienengeführten Systemen behindern die Stutzen die Erreichbarkeit der unter ihnen gelegenen Zonen. Die Längsschweißnähte des zylindrischen Teils liegen deshalb in entsprechendem Abstand von den Stutzen.

Für die Prüfung der Stutzen und der am stärksten belasteten Stutzeninnenkanten sind besondere Vorrichtungen erforderlich, die in der Umgebung der anschließenden Rohrleitungen durch die biologische Abschirmung mit möglichst geringer Strahlenbelastung des Personals eingebracht werden müssen. Die Abschirmung besteht dann an solchen Durchführungen z. B. aus herausnehmbaren Blöcken.

Der Boden des Reaktordruckbehälters kann außerhalb des Feldes der Regelstabstutzen manuell geprüft werden. In jeder zweiten Gasse zwischen den Stutzen sind Schienen angebracht, von denen aus durch einen mechanisch geführten Prüfkopf der größte Teil der Stege prüfbar ist [2].

Eine visuelle Prüfung der Innenseite ist nach Demontage der Dampftrocknungs- und Wasserabscheideeinrichtungen im gesamten zylindrischen Teil bis zu dem Boden möglich, der Saug- und Druckseite der Axialpumpen voneinander trennt. Nach Entfernung der Pumpen ist auch ein Teil des unterhalb gelegenen Raumes zugänglich [2].

Für die Gesamt-Bewertung der Sicherheit des Druckbehälters gilt das in Abschnitt 3.2 Gesagte.

4.3 Das Haupt-Wärmeabfuhrsystem

Wenn man davon absieht, daß der Frischdampf direkt dem Reaktordruckbehälter entnommen und das Speisewasser dorthin zurückgeführt werden, gibt es keine prinzipiellen Unterschiede zwischen dem Haupt-Wärmeabfuhrsystem des Siedewasserreaktors und dem eines Druckwasserreaktors, wie es in Abschnitt 3.3 dargestellt wurde. Die Dampfzustände sind ähnlich.

Die Turbine und ein Teil der Reaktorkühlmittel führenden Leitungen liegen außerhalb des Sicherheitsbehälters. Im Fall eines Leitungsbruches müssen Kern und Druckbehälter rasch isoliert werden, um eine über das nach § 28.3 der Strahlenschutzverordnung [6] zulässige Maß hinausgehende Umgebungsbelastung zu vermeiden.

Das geschieht in den Dampfleitungen durch zwei hintereinandergeschaltete redundante Schnellschlußventile (Isolationsventile), in den Speisewasserleitungen durch zwei hintereinandergeschaltete redundante Rückschlagklappen. Das Problem solcher Einrichtungen ist es, daß sie einerseits rasch schließen müssen, andererseits aber durch die plötzliche Abbremsung großer strömender Wassermassen keine Wasserschläge bewirken dürfen, die zu weiteren Zerstörungen führen können.

Bei den Dampfleitungen wird das so gelöst, daß der Dampfaustrittsstutzen (B in Bild 4.7) als Strömungsbegrenzer (Venturidüse) ausgebildet ist. Dadurch hat das Ventil in jedem Falle geschlossen, bevor es von dem im Druckbehälter aufsteigenden Wasser erreicht wird.

Die Rückschlagklappen in der Speisewasserleitung müssen mit einer Dämpfungseinrichtung versehen sein; die Speisewasserleitungen müssen entsprechend befestigt sein. Für die Analyse der auftretenden Belastungen müssen die modernen numerischen Methoden zur Behandlung gekoppelter Fluid-Struktur-Systeme (z. B. [7]) eingesetzt werden, wie sie ähnlich auch in den Kapiteln 8 und 9 erwähnt werden.

Das Schließen der Isolationsventile wird durch das Reaktorschutzsystem ausgelöst, wenn

— der Dampf-Massenstrom einen bestimmten Grenzwert überschreitet (Leitungsbruch, Versagen des Turbinenventils, unbeabsichtigtes Öffnen der Umleitstation),
— die N-16-Aktivität in den Räumen um die Frischdampfleitungen bestimmte Grenzwerte überschreitet (Leitungsleck oder -bruch).

Die Ventile sind i. allg. so ausgebildet, daß sie durch das Anstehen des Steuerdruckkes offengehalten werden (fail safe).

Für das betriebliche Abfahren und die betriebliche Nachwärmeabfuhr werden Teilsysteme des Not- und Nachwärmeabfuhrsystems eingesetzt. Die Speicher- und erste Nachwärme werden durch Öffnen der Druckentlastungsventile in das Kondensationsbecken überführt, die HD-Not- und Nachkühlsysteme halten den Wasserstand im Druckbehälter, bis die ND-Systeme übernehmen können. Die Abschlußarmaturen in den Frischdampf- und Speisewasserleitungen sind dabei geschlossen (*Kernisolation*). Die GE-Siedewasserreaktoren haben zusätzlich ein sog. Core-Isolations-Kühlsystem (RCIC) mit einer turbinengetriebenen Pumpe, die über einen Sprühverteiler im Druckbehälterdeckel einspeist und so den Wasserstand bis zum Einsatz der ND-Not- und Nachkühlsysteme hält. Das HD-Notkühlsystem, dem es in der Auslegung etwa entspricht, braucht so normalerweise nicht anzusprechen.

4.4 Das Regelsystem

Das Regelsystem ist an sich kein Sicherheitssystem. Es hat aber dadurch sicherheitstechnische Relevanz, daß es das Erreichen von Grenzwerten des Reaktorschutzsystems und das Auftreten von Transienten verhindert. Das Regelschema ist in Bild 4.10 dargestellt.

In einem Leistungsbereich von etwa 30 % wird die Reaktorleistung durch die Drehzahl der Kühlmittelumwälzpumpe eingestellt, die den Blasengehalt des Kerns beeinflußt. Für größere Leistungsänderungen müssen die Regelstäbe bewegt werden, wobei die Leistungsverteilung durch das mit einem Prozeßrechner bestimmte Regelstabmuster möglichst gleichmäßig gehalten wird.

Das Regelventil vor der Turbine wird benutzt, um den Druck im Druckbehälter einzustellen und Reaktivitätsstörungen über den druckabhängigen Blasengehalt des Kerns zu vermeiden. Als unterstützende Maßnahme wird das Öffnen der Turbinenumleitstation durch das Regelsystem hinzugenommen (Kapazität bis 60 % der Vollast-Dampfmenge).

4.5 Das Druckentlastungssystem

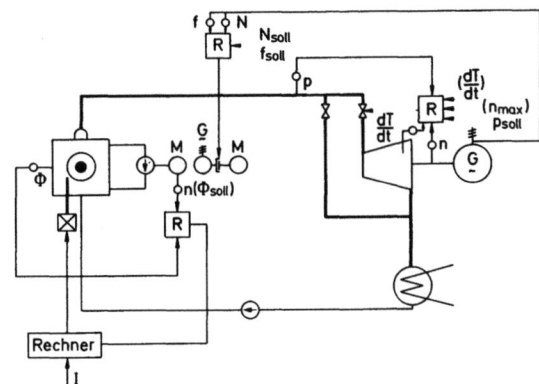

Bild 4.10. Regelschema eines Siedewasserreaktors

Der Wasserstand im Reaktordruckbehälter wird durch die Speisewasserpumpen innerhalb zulässiger Grenzen gehalten.

4.5 Das Druckentlastungssystem

Das automatisch ausgelöste Druckentlastungssystem wird in den folgenden Fällen eingesetzt:
— Überdruck im Reaktordruckbehälter (Sicherheitsventile),
— Turbinenschnellschluß (bis die Kapazität der Turbinenumleitstation allein ausreicht),
— Unterschreiten eines bestimmten Wasserstandes im Reaktordruckbehälter (Ausfall der Speisewasserversorgung, Kühlmittelverluststörfall),
— Schließen der Isolationsventile in der Frischdampfleitung (Ausfall des Kondensators, Ausfall der Eigenbedarfsversorgung).

In den beiden letztgenannten Fällen ist das Druckentlastungssystem diversitär und redundant zum Not- und Nachkühlsystem.

Sicherheitsventile sollen schließen, wenn ihr Ansprechdruck wieder unterschritten wird, während Druckentlastungsventile auch bei geringerem Druck geöffnet bleiben müssen. Bei den amerikanischen Anlagen sind deshalb Sicherheits- und Druckentlastungsventile völlig getrennte Einheiten. Bei den KWU-Anlagen besitzen die Sicherheitsventile zwei Vorsteuerventile, von denen das eine durch das Eigenmedium, das andere über ein Magnetventil durch Fremdmedium betätigt werden kann. So können beide Funktionen in einer Armatur kombiniert werden.

Die Sicherheits- und Druckentlastungsventile sind vor dem ersten Isolationsventil innerhalb des Sicherheitsbehälters an die Frischdampfleitungen angeschlossen. Der Dampf wird in das Wasserbecken des Druckunterdrückungssystems (Kondensationskammer) abgeblasen. Zur Herabsetzung der Höhe der dabei auftretenden Druckpulse sind am Dampfaustritt Düsen angeordnet (s. Abschnitt 4.9).

Das Druckentlastungssystem ist, da innerhalb des Sicherheitsbehälters angeordnet, gegen Einwirkungen von außen geschützt.

4.6 Das Not- und Nachkühlsystem

Das Not- und Nachkühlsystem hat auch beim Siedewasserreaktor die Aufgabe,
- die Nachwärme des abgeschalteten Reaktors abzuführen,
- bei einem Kühlmittelverluststörfall das verlorene Kühlmittel zu ersetzen, den Kern kühlbar zu halten und die Nachwärme langfristig abzuführen,
- bei Bedarf das Wasser der Kondensationskammer zu kühlen.

Das Not- und Nachkühlsystem ist, zumindest in einzelnen Strängen, gegen Einwirkungen von außen geschützt.

4.6.1 KWU-Anlagen

Bild 4.11 zeigt ein Teilsystem, wie es bei den neueren Anlagen der KWU verwendet wird [2] mit der Stellung der Armaturen, wie sie zur Beherrschung des Kühlmittelverluststörfalls erforderlich ist. Insgesamt sind 3 solche Systeme vorhanden, von denen jedes allein ausreicht (3 × 100%, Einzelfehler an einem, Reparatur an einem zweiten Teilsystem nach [5] unterstellt).

Notkühlwasser wird über ein Sieb (4) aus der Kondensationskammer angesaugt und über eine Vorpumpe (5) einerseits durch die Hochdruckpumpe (6) in eine der 4 Speisewasserleitungen (11), andererseits durch einen Wärmetauscher (7) und die Niederdruckpumpe (8) direkt durch die Kernflutleitung über dem Kern eingeführt (10). Die beiden anderen Teilsysteme besitzen keine Einspeiseleitung in den Reaktordruckbehälter, sondern binden in zwei der Speisewasserleitungen (11) vor den beiden letzten Rückschlagarmaturen ein. Diese Einspeisemöglichkeit ist auch beim gezeichneten Teilsystem möglich, wenn das Ventil (12) geöffnet ist. Diese Fahrweise wird beim betrieblichen Nachkühlen verwendet.

Beim betrieblichen Nachkühlen wird statt aus der Kondensationskammer über die Leitung (2) aus der Frischdampfleitung angesaugt.

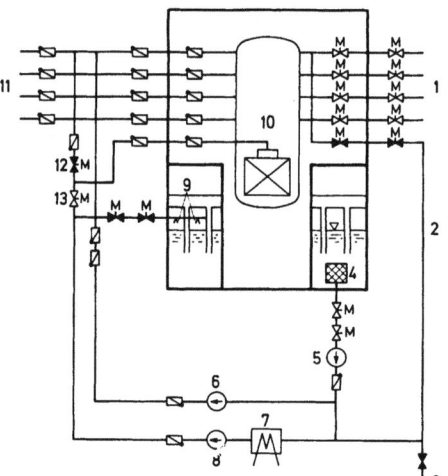

Bild 4.11. Not- und Nachkühlsystem des KWU-Siedewasserreaktors (1 System von 3)

1 Frischdampfleitungen
2 Saugleitung für betriebliches Nachkühlen
3 Saugleitung vom Beladebecken
4 Ansaugkorb im Kondensationsbecken
5 Vorpumpe
6 HD-Pumpe
7 Wärmetauscher
8 ND-Pumpe
9 Kondensationskammer-Sprühköpfe
10 Core-Sprühverteiler
11 Speisewasserleitungen
12 Absperrarmaturen in
13 Einspeiseleitung

4.6 Das Not- und Nachkühlsystem

Bei geöffnetem Reaktordruckbehälter muß das Beladebecken mit gekühlt werden und die Ansaugung ist von dort über die Leitung (3) möglich.

Soll das Wasser der Kondensationskammer (z.B. nach einer Druckentlastung) gekühlt werden, so werden das Ventil (13) geschlossen und das gekühlte Wasser über einen Verteiler (9) in die Kondensationskammer zurückgespeist.

Die 3 Teilsysteme sind im wesentlichen unvermascht. Lediglich die Verteilung der Einspeisung von 3 Hoch- und 3 Niederdruckeinspeiseleitungen auf 4 Speisewasserstränge führt dazu, daß die scharfe strangweise Zuordnung, wie sie für die KWU-Druckwasserreaktoren typisch ist, hier nicht vorliegt.

Insgesamt haben die Not- und Nachkühlsysteme hier einen hohen Redundanzgrad. Das gilt besonders für die Hochdruckstränge, die zusätzlich durch das Druckentlastungssystem ersetzt werden können.

Um die Zeit bis zum Einspeisen der Notkühlsysteme möglichst gering zu halten und um das Auftreten von Wasserschlägen zu vermeiden, werden alle Einspeiseleitungen über eine besondere (nicht in Bild 4.11 eingezeichnete) Füllpumpe mit Wasser gefüllt gehalten. Alle Pumpen sind zur Gewährleistung der Zulaufhöhe unterhalb des Wasserspiegels der Kondensationskammer aufgestellt.

4.6.2 GE-Anlagen

Das Not- und Nachkühlsystem der GE-Siedewasserreaktoren vom Typ BWR/6 [3] ist in Bild 4.12 dargestellt. Es besteht aus
— einem Hochdruck-Sprühsystem (HPIS),
— einem Niederdruck-Sprühsystem (CSIS),
— drei Niederdruck-Einspeisesystemen (LPCIS).

Außerdem wird für bestimmte Störfälle (z.B. kleine Lecks) das hier nicht eingezeichnete automatische Druckentlastungssystem (ADE) benötigt. Das erwähnte Core-Isolations-Kühlsystem (RCIC) steht ggf. ebenfalls zur Verfügung. Im formalen Genehmigungsverfahren wird ihm kein Kredit gegeben; bei Risikostudien wird es jedoch entsprechend berücksichtigt.

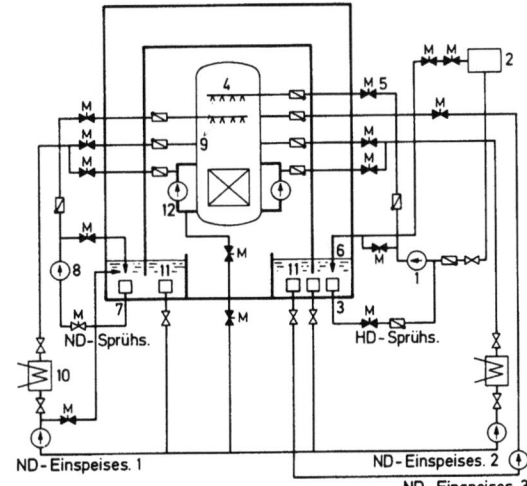

Bild 4.12. Not- und Nachkühlsystem des GE-Siedewasserreaktors

1 HD-Pumpe
2 Kondensatbehälter
3 Ansaugung für HD-System
4 HD-Sprühverteiler
5 HD-Absperrarmatur
6 HD-Testleitung
7 Saugleitung ND-Sprühsystem
8 ND-Pumpe
9 ND-Sprühverteiler
10 Wärmetauscher
11 Ansaugstelle der ND-Systeme
12 Umwälzschleife

Die Pumpe des *Hochdruck-Sprühsystems* (1) saugt das Wasser normalerweise aus dem Kondensat-Sammelbehälter (2) des Hauptkühlsystems an, kann aber auch auf eine Ansaugstelle im Wasserbecken des Druckabbausystems (3) umgeschaltet werden (automatische Umschaltung). Das Kühlmittel wird dann über einen Sprühverteiler (4) direkt im Reaktordruckbehälter eingebracht. Statt der in der bisher besprochenen Einspeisung über zwei hintereinander geschaltete Rückschlagklappen liegt hier eine Rückschlagklappe in Serie mit einem Motorventil (5), das bei Betätigung des Systems erst geöffnet werden muß. Nach Auffassung des Herstellers werden dadurch Leckagen durch die meist nicht völlig dichten Rückschlagklappen vermieden. Inwieweit die Verfügbarkeit des Systems beeinträchtigt wird, ist aus den bekannten Unterlagen nicht zu ersehen. Die gleichen Auslegungsgrundsätze werden auch für die anderen Teilsysteme angewandt.

Für Prüfzwecke ist auch eine Einspeisung in das Wasserbecken des Druckabbausystems möglich.

Das *Niederdruck-Sprühsystem* gleicht in seinem prinzipiellen Aufbau dem Hochdruck-Sprühsystem. Es saugt jedoch nur aus dem Wasserbecken des Druckabbausystems (7) an, die Pumpe (8) fördert auf einen Sprühverteiler (9).

Die *Niederdruck-Einspeisesysteme 1 und 2* enthalten Kühler (10). Wasser kann aus dem Wasserbecken des Druckabbausystems (11) oder aus einer der Hauptkühlmittelumwälzschleifen (12) entnommen werden. Die letztere Möglichkeit wird für die normale Nachwärmeabfuhr benutzt, für die das System ähnlich wie das entsprechende des Druckwasserreaktors eingesetzt wird.

Nach Passieren des Kühlers (10) kann das Wasser entweder in das Wasserbecken des Druckabbausystems (11) eingespeist werden (Kondensationskammerkühlung) oder in die Umwälzschleife bzw. den Reaktordruckbehälter (Not- und Nachkühlung).

Das *Niederdruck-Einspeisesystem 3* besitzt keinen Kühler. Abgesehen davon, daß es nicht über einen Sprühverteiler einspeist, ist es ähnlich wie das Niederdruck-Sprühsystem aufgebaut.

Die Redundanz des Not- und Nachkühlsystems ergibt sich aus der amerikanischen Genehmigungsforderung [8], daß nur ein Einzelfehler beherrscht werden muß, und nicht ein Einzelfehler bei gleichzeitig erfolgender Reparatur eines weiteren Teilsystems. Sie ist darum geringer als bei der entsprechenden KWU-Anlage.

Zur Beherrschung eines Kühlmittelverluststörfalls werden benötigt:
— Das automatische Druckentlastungssystem und 2 der 3 ND-Einspeisesysteme
  oder
— das automatische Druckentlastungssystem und ein ND-Einspeisesystem und das ND-Sprühsystem
  oder
— das automatische Druckentlastungssystem und das HD-Sprühsystem und ein ND-Einspeisesystem
  oder
— das automatische Druckentlastungssystem, das HD-Sprühsystem und das ND-Sprühsystem.

Mit Ausnahme des automatischen Druckabbausystems dürfen also alle Teilsysteme durch Einzelfehler ausfallen. Ein vollständiger Ausfall des automatischen Druckabbausystems wird durch dessen große Redundanz praktisch ausgeschlossen.

4.6 Das Not- und Nachkühlsystem 113

Die Förderpumpen der Einspeise- und Sprühsysteme sind unterhalb der jeweils benutzten Wasservorratsbehälter oder -becken aufgestellt, so daß eine ausreichende Zulaufhöhe gewährleistet ist. Ebenso werden auch hier alle Leitungen mit Wasser gefüllt gehalten.

4.6.3 Unterschiede zwischen KWU- und GE-Anlagen

Tabelle 4.4 enthält einige wichtige Daten über die Kapazität der von den beiden Herstellern angebotenen Systeme.

Tabelle 4.4. Wichtige Auslegungsdaten der Not- und Nachkühlsysteme von Siedewasserreaktoren

	Einheit	KWU	GE
Hochdrucksystem			
Anzahl der Pumpen		3	1
Fördermenge je Pumpe	kg/s	51	407
Förderhöhe	bar	75	95
Niederdrucksystem			
(a) ND-Einspeisesysteme			
Anzahl der Pumpen		3	3
Fördermenge je Pumpe	kg/s	583	473
Förderhöhe	bar	6	9
(b) ND-Sprühsystem			
Anzahl der Pumpen		–	1
Fördermenge je Pumpe	kg/s	–	400
Förderhöhe	bar	–	24

Die Fördermenge des Hochdrucksystems bei GE liegt erheblich über derjenigen der drei Hochdrucksysteme der KWU zusammengenommen und liegt in der gleichen Größenordnung wie bei einzelnen Niederdrucksystemen. Diese Förderleistung ist an sich nicht für die Beherrschung kleiner Lecks erforderlich, den eigentlichen Zweck des Hochdruck-Einspeise- oder -Sprühsystems. Aus der Aufstellung in Abschnitt 4.7.2 ging aber hervor, daß das HD-System in Verbindung mit ND-Systemen für die Beherrschung eines Kühlmittelverluststörfalls voll redundant zu einzelnen ND-Systemen ist. Daraus ergibt sich eine entsprechende Fördermenge.

Die ND-Systeme sind vergleichbar; ihre Anzahl ist bei GE um eins höher als bei KWU. Wenn bei den GE-Systemen dennoch nicht der Redundanzgrad der KWU mit 3 × 100% erreicht wird, sondern im allgemeinen nur der Einzelfehler unterstellt werden kann, so liegt das an den unterschiedlichen Annahmen, die beim größten Kühlmittelverluststörfall unterstellt werden müssen.

Wie aus dem Vergleich der Bilder 4.2 und 4.4 hervorgeht, unterscheiden sich die Hauptkühlkreisläufe der KWU- und GE-Anlagen ja vor allem dadurch, daß erstere die integrierten, in den Druckbehälter eingebauten Umwälzpumpen verwenden, während letztere zwei Umwälzschleifen mit äußeren Umwälzpumpen besitzen. Wenn man, wie es allgemein akzeptiert wird, ein Versagen des Reaktordruckbehälters selbst ausschließt, so stellt der Bruch einer Umwälzschleife, wie er nur bei den GE-Anlagen vorkommen kann, die höchsten Anforderungen an das Notkühlsystem.

Man unterscheidet hinsichtlich der Lage des Bruches 3 Gruppen:
1. Dampfleitungen, wie Frischdampfleitungen, Core-Isolationsleitung, einige Instrumentierungsleitungen. (Oberhalb des Wasserspiegels.)
2. Wasser-Dampf-Leitungen, wie Speisewasserleitungen, Sprühleitungen, Notkühleinspeiseleitungen und einige Instrumentierungsleitungen, die etwas unter dem Wasserspiegel im Druckbehälter liegen und unmittelbar nach dem Bruch Wasser, kurz danach wegen des Absinkens des Wasserspiegels aber Dampf abgeben.
3. Wassergefüllte Leitungen wie die Umwälzschleife, Regelstabstutzen, Entwässerungsleitungen und einige Instrumentierungsleitungen, die weit unter dem Wasserspiegel liegen. Ein Bruch dieser Leitungen führt bei gegebenem Querschnitt zum größten Kühlmittelverlust, in einigen Fällen bewirkt er auch eine für die Kühlung nachteilige Umkehr oder Stagnation des Kühlmittelstromes.

Da die Umwälzschleife in der 3. Gruppe den größten Querschnitt hat, ist ihr Bruch maßgebend für die Auslegung der GE-Notkühlsysteme.

4.7 Das Reaktorschutzsystem

Für die Ausführung des Reaktorschutzsystems, das die Aktionen der Sicherheitssysteme einleitet und steuert, gelten die gleichen Prinzipien, wie beim Druckwasserreaktor; deshalb kann auf eine genauere Beschreibung verzichtet werden. Es seien zur Veranschaulichung nur diejenigen Meßkanäle der GE-Anlage aufgeführt, die eine Reaktorschnellabschaltung allein oder in Kombination bewirken können:
— Das Neutronenflußüberwachungssystem,
— hoher Druck im nuklearen System,
— hoher Druck im Sicherheitsbehälter,
— niedriger Wasserstand im Reaktordruckbehälter,
— Position der Isolationsventile in der Dampfleitung (s. Abschnitt 4.10),
— Position der Turbinenregelventile,
— Schnellschluß des Turbinenventils,
— Druck in der ersten Turbinenstufe (Zustand der Umleitstation).

4.8 Die Stromversorgung und das Notstromsystem

Es gelten die gleichen Grundsätze wie beim Druckwasserreaktor (s. Abschnitt 3.8).

4.9 Der Reaktor-Sicherheitsbehälter

Im Gegensatz zum Volldruck-Sicherheitsbehälter der Druckwasserreaktoren werden beim Siedewasserreaktor Sicherheitsbehälter mit *Druckunterdrückungssystem* eingesetzt, bei denen der bei einem Kühlmittelverluststörfall freigesetzte Dampf in einem Wasserbecken kondensiert wird. Die Notwendigkeit hierfür ergibt sich aus der Größe des Reaktordruckbehälters. Ein Volldruck-Sicherheitsbehälter erhielte wirtschaftlich nicht mehr tragbare Dimensionen.

4.9 Der Reaktor-Sicherheitsbehälter

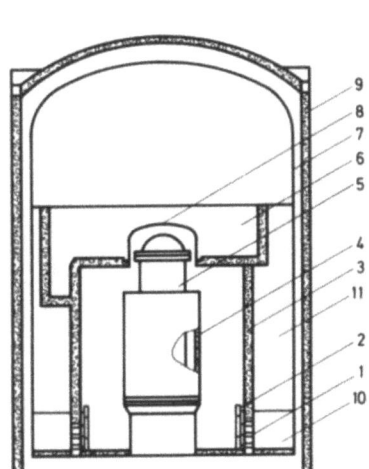
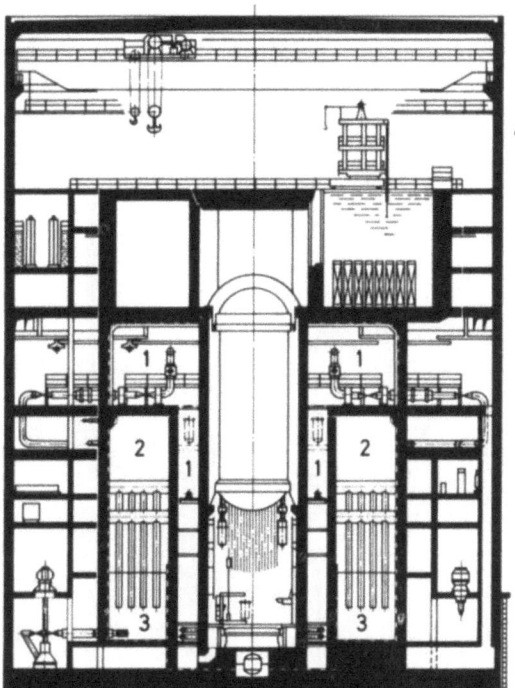

Bild 4.13. Schema des GE-Sicherheitsbehälters [3]
1 Horizontale Entlastungsöffnungen
2 Wehr
3 Druckkammer
4 Reaktorabschirmung
5 Reaktor
6 Oberer Pool
7 Sicherheitsbehälter-Hülle
8 Druckkammerdeckel
9 Reaktorgebäude (Abschirmung)
10 Kondensationsbecken
11 Kondensationskammer

Bild 4.14. KWU-Sicherheitsbehälter
1 Druckkammer
2 Kondensationskammer
3 Kondensationsrohre
4 Reaktorgebäude

Bild 4.13 zeigt schematisch die Wirkungsweise am Beispiel des hier betrachteten GE-Siedewasserreaktors vom Typ BWR/6 [3] (MK-3-Containment). Wird aus dem Reaktor (5) durch ein Leck Kühlmittel freigesetzt, so gelangt es zunächst in den als Druckkammer (am. Drywell) (3) bezeichneten Bereich des Sicherheitsbehälters. Es drückt durch das Wasser zwischen Wehr (2) und Druckkammerwand durch die horizontalen Entlastungsöffnungen (1) in das Kondensationsbecken (10) (am. Suppression pool), das sich in dem Kondensationskammer (11) (am. Wetwell) bezeichneten Teil des Sicherheitsbehälters befindet. Der Dampf kondensiert, die mitgerissene Luft sammelt sich in der Kondensationskammer. Um den Sicherheitsbehälter ist das zur Abschirmung (und ggf. zum Schutz gegen äußere Einwirkungen) dienende Reaktorgebäude angeordnet. Im Innern des Sicherheitsbehälters ist oberhalb der Druckkammer das Brennelement-Belade- und -Lagerbecken (6) angeordnet.

Der Sicherheitsbehälter der KWU-Siedewasserreaktoren [2] ist in Bild 4.14 dargestellt. Druckkammer (1) und Kondensationskammer (2) haben die gleiche Funktion wie bei der GE-Anlage, sind aber durch ein System von Kondensationsrohren (3) mit-

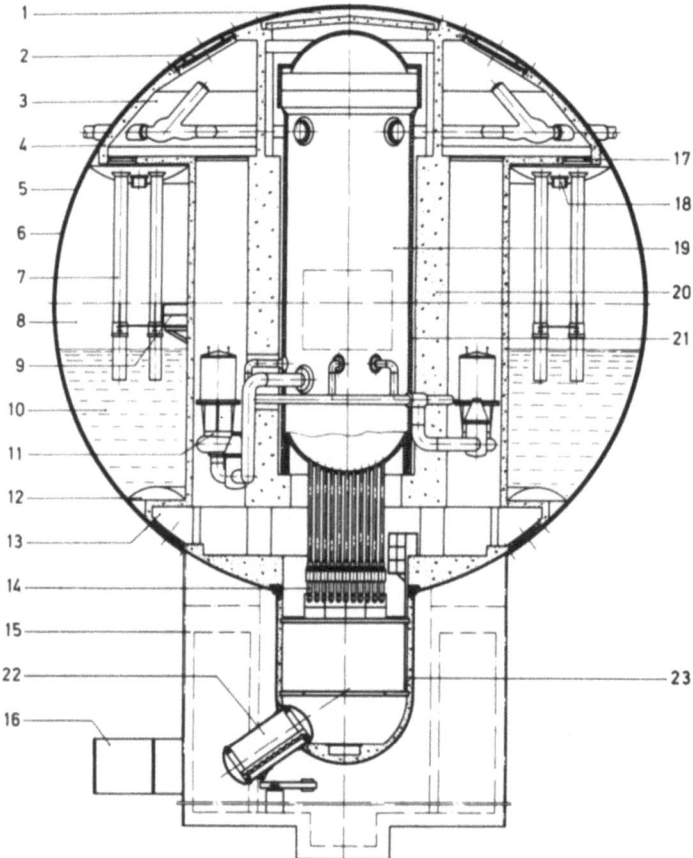

Bild 4.15. KWU-Sicherheitsbehälter, frühere Bauart (Anlage Würgassen [4])

1	Beladedeckel	13	Unterer Ringraum
2	Montageöffnung	14	Steuerstabantriebe
3	Oberer Ringraum	15	Fundament
4	Splitterschutzbeton	16	Eingang
5	Druckschale	17	Verbindungsquerschnitt
6	Dichthaut	18	Rückschlagklappe
7	Kondensationsrohre	19	Druckgefäß
8	Kondensationskammer	20	Biologischer Schild
9	Rundlauf	21	Isolierung
10	Kondensationswasser	22	Schleuse
11	Treibwasserschleife	23	Bodenwanne
12	Gewölbter Boden		

einander verbunden, durch die der Dampf in das Kondensationsbecken geleitet wird. Dieser Aufbau entspricht im Prinzip dem von GE früher verwendeten MK-2-Containment.

Die bisher gezeigten neueren Sicherheitsbehälter haben eine Druck- und Kondensationskammer aus Stahlbeton, der immer mit einer Dichthaut aus Stahlblech ausgekleidet ist. Bei früheren Konstruktionen waren die Sicherheitsbehälter ganz aus Stahl hergestellt. Bei den alten KWU-Anlagen (Bild 4.15) befinden sich Kondensationskammer und Kondensationsbecken im Äquator der kugelförmigen Druckkammer. Die hoch angeordnete Wassermasse von etwa 3000 t ist weder in statischer noch in dyna-

4.9 Der Reaktor-Sicherheitsbehälter

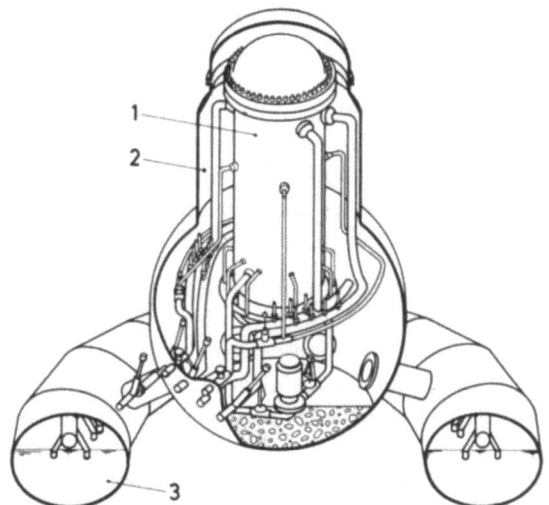

Bild 4.16. GE-Mark 1-Sicherheitsbehälter
1 Reaktordruckbehälter
2 Druckkammer (drywell)
3 Kondensationskammer (wetwell)

mischer (Erdbeben) Hinsicht eine besonders gute Lösung; ebenso wird die Kugel bei Innendruckbelastung durch den Kühlmittelverluststörfall am Äquator in ihrer freien Verformung behindert. Die enge Anordnung der Komponenten in der Kugel kann größere Montagearbeiten behindern.

Es ist gelungen, alle diese Probleme sicherheitstechnisch befriedigend zu lösen, doch haben sich daraus erhebliche zeitliche Verzögerungen ergeben.

Bild 4.16 zeigt die Anordnung der alten GE-Sicherheitsbehälter (MK 1). Die Druckkammer ist im wesentlichen kugelförmig, die Kondensationskammer ist als Torus außerhalb angeordnet und durch Rohre mit der Druckkammer verbunden.

Die Kondensationskammer wird bei einem Kühlmittelverluststörfall auf verschiedene Weise belastet:

(a) Das aus der Druckkammer überspülte, nicht kondensierbare Gas (Luft) führt zu einer statischen Innendruckbelastung.
(b) Durch das überspülte, nicht kondensierbare Gas wird der Wasserspiegel um einige m angehoben und fließt dann wieder zurück. Das Anheben kann zu Schäden an den oberhalb der Wasseroberfläche befindlichen Strukturen führen. Das Rückfallen vollzieht sich langsam und räumlich unkorreliert und führt deshalb nicht zu übermäßigen Beanspruchungen.
(c) Die Kondensation des durch die Kondensationsrohre einströmenden Dampfes erzeugt, solange der Dampf noch nicht völlig luftfrei ist, eine Druckschwingung mit einigen ausgeprägten Frequenzen im Bereich von etwa 4 bis 25 Hz.
(d) Gegen Ende des Störfalls ist der in die Kondensationskammer strömende Dampf luftfrei und in Abständen der Größenordnung Sekunden entstehen und kollabieren Dampfblasen an den Austrittsöffnungen der Kondensationsrohre. Beim Kollabieren durch Kondensation entstehen durch Abbremsen der sich Richtung Rohrmündung bewegenden Wassermassen Druckpulse.
(e) Die Auslaßleitungen der Druckentlastungsventile (Sicherheitsventile und automatisches Druckentlastungssystem) werden ebenfalls in das Kondensationsbecken geleitet. Beim Öffnen der Ventile wird zunächst der komprimierte Pfropfen der

noch im Rohr befindlichen Luft ausgestoßen (Luftgewehreffekt), dann folgen durch den mit großer Massenstromdichte ausströmenden Dampf Druckschwingungen. Durch Aufteilung des Dampfstromes mittels einer Düse in mehrere inkohärent oszillierende Teilströme konnte die Amplitude dieser dynamischen Druckbelastung stark reduziert werden. Die Belastung der Wand steigt, je näher die Wassertemperatur am Siedepunkt liegt. (Die Blasen dringen vor dem Kollabieren näher zur Wand vor.) Die maximale Wassertemperatur ist nach entsprechenden Vorschriften deshalb auf etwa 75 °C zu begrenzen.

Der durch ein nicht wieder schließendes Druckentlastungsventil ausströmende Dampf bewirkte nach (e) in der KWU-Anlage Würgassen (s. Kapitel 11) eine Aufheizung des Kondensationsbeckens und damit zunehmend stärkere Kondensations-Druckstöße (es waren damals noch keine Verteilerdüsen eingesetzt). Dadurch wurde ein am Boden des Kondensationsbeckens angeschraubter, etwa 3 t schwerer Träger losgerüttelt und das Wasser strömte durch etwa 50 Schraubenlöcher von 27 mm Durchmesser in den unteren Teil des Sicherheitsbehälters. Dieser Störfall lenkte die Aufmerksamkeit in besonderem Maße auf die dynamischen Belastungen des Druckabbausystems und hatte in der Folge Genehmigungsverzögerungen, aber auch Verbesserungen der Anlagen des gleichen Typs zur Folge.

Bei den GE-Anlagen nach Bild 4.16 führt die Auswirkung der dynamischen Phänomene als Innendruckbeanspruchung des Torus in den meisten Fällen zu keinen Problemen. Eine gewisse Schwierigkeit bereitete die Beherrschung des Wasseraufwurfs nach (b), da sich aus geometrischen Gründen einige Strukturen wie die Sammler der Kondensationsrohre ziemlich dicht über der Wasseroberfläche befinden. Auch die Luftkompression und ein durch den Wasseraufwurf mögliches „Hüpfen" des Torus müssen beherrscht werden.

Die neuen Sicherheitsbehälter aus Beton haben größere Reserven, so daß die dynamischen Belastungen besser aufgefangen werden.

Die Wirksamkeit von Druckabbausystemen wird nach den Ergebnissen der Rasmussenstudie [1] wesentlich von der Zuverlässigkeit der sog. Vakuumbrecher bestimmt. Das sind kleine Rückschlagarmaturen in der Wand zwischen Druckkammer und Kondensationskammer. Am Ende des Kühlmittelverluststörfalls kann ein großer Teil der Luft aus der Druckkammer in die Kondensationskammer mitgerissen worden sein. Um die Außendruckbelastung der evakuierten Druckkammer zu vermeiden, entlasten die Vakuumbrecher die Kondensationskammer in Richtung Druckkammer. Für den Fall, daß einer der Vakuumbrecher undicht ist, erlaubt er einen Druckaufbau in der Kondensationskammer durch den freigesetzten Dampf unter Umgehung des Kondensationsbeckens, der bei genügend großem offenen Querschnitt infolge ungenügender Dampfkondensation zum Versagen des Sicherheitsbehälters führen könnte.

Die Sicherheitsbehälter mit Druckabbausystem brauchen keine besonderen Einrichtungen zur Wärmeabfuhr nach dem Kühlmittelverluststörfall, da das Kondensationsbecken als ausgezeichnete Wärmesenke wirkt. Nur für die Abfuhr der im Normalbetrieb abgegebenen Wärme sind Kühler vorgesehen. Die in das Kondensationsbecken eingebrachte Wärme kann entweder über ein besonderes Beckenkühlsystem oder über das Not- und Nachkühlsystem abgeführt werden.

Die Sicherheitsbehälter nach Bild 4.15 sind in kurzem Abstand von einer zweiten Blechhülle umgeben. Der Spalt steht unter Unterdruck, das Gebläse fördert die abgesaugte Luft in das Innere des Sicherheitsbehälters (sog. Reventing). Dadurch kann über einige Zeit eine Nettoleckage Null in die Umgebung aufrechterhalten werden, bis der durch die einwärtsströmende Leckmenge aufgebaute Innendruck die zulässigen Werte überschreitet. Dann muß (über Kamin und Filter) kontrolliert entlastet werden. Auch die anderen Systeme entlüften die Räume des Reaktorgebäudes außerhalb des Sicherheitsbehälters kontrolliert über Kamin und Filter.

Die Sicherheitsbehälter der Siedewasserreaktoren, besonders in der Stahlausführung, sind kleiner als die der Druckwasserreaktoren. Es kommt durch die in Abschnitt 3.13 beschriebenen Phänomene deshalb rascher zum Aufbau der zündfähigen Wasserstoffkonzentration von 4 Vol.-%. Heute wird deshalb der Einsatz von Rekombinatoren angestrebt, die den Wasserstoff wieder in Wasser umwandeln.

Der Vollständigkeit halber ist zu erwähnen, daß auch die doppelten Abschlußarmaturen (Isolationsventile) in Frischdampf- und Speisewasserleitungen einen Teil des Sicherheitseinschlusses bilden. Sie schließen automatisch (Reaktorschutzsystem) bei einem Leitungsbruch außerhalb des Sicherheitsbehälters und verhindern so einen Kühlmittelverlust nach außerhalb (Core-Isolation). Ihre Anregung erfolgt durch den Druckabfall in der Leitung oder bei kleineren Lecks durch einen Anstieg der N-16-Aktivität im Maschinenhaus.

Bei Risikostudien [1] werden auch Wahrscheinlichkeit und Ablauf von Coreschmelzunfällen untersucht. Dabei kommt es wegen des kleineren Sicherheitsbehältervolumens (einer Anlage nach Bild 4.16) zu einem rascheren Überdruckversagen als Folge der CO_2- und Wasserdampfbildung. Durch die Qualität der Sicherheitseinrichtungen, die die Coreschmelze verhindern, ergibt sich daraus jedoch kein nennenswerter Risikobeitrag.

4.10 Das Notstandssystem

Das Notstandssystem entspricht sinngemäß dem des Druckwasserreaktors. Es umfaßt gegen äußere Einwirkungen und Einwirkungen Dritter geschützte Einrichtungen zur Abschaltung, Druckentlastung und Nachwärmeabfuhr des Reaktors samt ihrer Steuerung und Überwachung von einer besonderen, geschützten Notwarte.

Literatur zu Kapitel 4

1. Reactor Safety Study. Main Report, US-NRC, PB-248 201
2. KWU, Sicherheitsbericht Kernkraftwerk RWE-Bayernwerk (KRB II) Gundremmingen. Doppelblockanlage mit Siedewasserreaktor, therm. Leistung 2 × 3840 MW, März 1974
3. GE, BWR/6 Standard Safety Analysis Report, 9 Bände
4. Smidt, D.: Reaktortechnik, 2 Bände, Karlsruhe: Braun 1975
5. Reaktorsicherheitskommission, Leitlinien für Siedewasserreaktoren, über GRS, Glockengasse 2, 5000 Köln, zu beziehen
6. Verordnung über den Schutz gegen Schäden durch ionisierende Strahlen. Bundesgesetzblatt Teil I, Z 1997 A, Nr. 125, 20. 10. 1976
7. PISCES 2 DL, Manual A, General Description and Finite-Difference Equations. Physics International Comp. 2700 Merced Str., San Leandro, Calif. 1972
8. US-NRC Regulatory Guide 1.53, 10 CFR 50

5 Sicherheitstechnische Besonderheiten des natriumgekühlten schnellen Reaktors

Auch für den natriumgekühlten, schnellen Reaktor, der sich noch in der Entwicklung befindet, sollen nur einige Besonderheiten aufgeführt werden, die ihn in sicherheitstechnischer Hinsicht von den Leichtwasserreaktoren unterscheiden. Die wichtigsten Gesichtspunkte sind:

(1) Das Kühlmittel steht nur unter geringem, rein hydrostatisch und durch Umwälzverluste bedingten Druck und hat eine Temperatur weit unter seinem Siedepunkt. Das führt bei Leckagen und Brüchen, die man auch hier unterstellt, auf keinen Fall zu einem Trockengehen des Reaktorkerns.

(2) Das Not- und Nachkühlsystem braucht deshalb kein Ersatzkühlmittel einzuspeisen, sondern kann seine Funktion auf die reine Nachwärmeabfuhr bei betriebsähnlichen Kühlmittelzuständen beschränken.

(3) Große schnelle Reaktoren haben in wesentlichen Bereichen des Cores einen positiven Natrium-Temperaturkoeffizienten und positiven Blasenkoeffizienten der Reaktivität. Ebenso können Geometrieveränderungen positive Reaktivitätsbeiträge bewirken, da sich das Core nicht in der Konfiguration maximaler Reaktivität befindet.

(4) Unterstellt man ein Versagen von Sicherheitseinrichtungen in größerem Umfang, so kommt es beim Leichtwasserreaktor zur Kernschmelze. Beim natriumgekühlten schnellen Reaktor ist wegen der in (3) erwähnten Sachverhalte dabei eine Reaktivitätsexkursion möglich, die neben der Kernschmelze auch zu einer Freisetzung mechanischer Energie führen kann. Bei der dadurch bewirkten Zerlegung schaltet sich der Kern aber nach einer sehr geringen Brennstoffbewegung inhärent selbst ab. Um die Kernzerstörung zu verhindern, werden schnelle natriumgekühlte Reaktoren im Gegensatz zu Leichtwasserreaktoren mit zwei diversitären Schnellabschaltsystemen ausgestattet. Ebenso wird der Sicherheitsbehälter für die Aufnahme der freigesetzten mechanischen Energie ausgelegt und kann, anders als beim Leichtwasserreaktor, die Kernschmelze auf Dauer kühlen.

(5) Normale Transienten und Regelvorgänge laufen im Prinzip wie im Leichtwasserreaktor ab, weil hier der negative Brennstoff-Temperaturkoeffizient und die verzögerten Neutronen wirksam sind.

Die Punkte (1) und (2) sind sicherheitstechnisch vorteilhaft, wenn man berücksichtigt, daß nach der Rasmussenstudie [1] Kühlmittelverluststörfälle mit anschließendem Versagen von Sicherheitssystemen etwa $^2/_3$ des Risikos von Leichtwasserreaktoren ausmachen.

Der Punkt (3) bezeichnet ein Risiko, das zunächst potentiell größer ist als beim Leichtwasserreaktor. Durch die unter (4) beschriebenen sicherheitstechnischen Maßnahmen zur Störfallverhütung ebenso wie zur Störfallfolgenbegrenzung wird dieses Risiko kompensiert.

Andere gelegentlich als Sicherheitsrisiken bezeichneten Besonderheiten des natriumgekühlten schnellen Reaktors, die mit der chemischen Reaktionsfreudigkeit des Natriums zusammenhängen, haben keine besondere Bedeutung. Der ganze Bereich des radioaktiven Primärkreislaufes ist in eine Inertgasatmosphäre eingeschlossen, so daß Brände hier nicht auftreten können. Die Möglichkeit einer Natrium-Wasserreaktion bei Leckagen im Dampferzeuger hat nur eine ökonomische, aber keine sicherheitstechnische Bedeutung. Dafür ist allerdings eine konstruktive Besonderheit maßgebend, die hier aufgeführt werden soll:

(6) Zwischen dem Primärkreislauf und dem Wasserdampfkreislauf ist ein inaktiver, sekundärer Natriumkreislauf eingeschaltet (Bild 5.1).

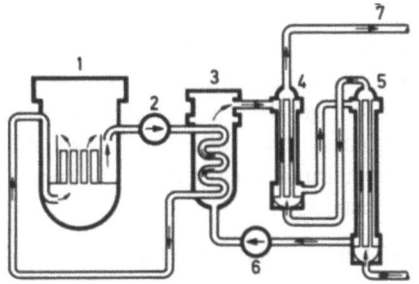

Bild 5.1. Kreislaufschema eines natriumgekühlten schnellen Reaktors
1 Reaktor
2 Primäre Kühlmittelumwälzpumpe
3 Zwischenwärmetauscher
4 Überhitzer
5 Verdampfer
6 Sekundäre Kühlmittelumwälzpumpe
7 Zur Dampfturbine

In den folgenden Abschnitten soll ein Überblick über die wichtigsten sicherheitsrelevanten Systeme des natriumgekühlten schnellen Reaktors gegeben werden. Diese sind:
1. Die primäre Kühlmittelumschließung.
2. Der Reaktorkern und die Behältereinbauten.
3. Das Haupt-Wärmeabfuhrsystem.
4. Das Reaktorschutzsystem.
5. Das Nachkühlsystem.
6. Der Sicherheitsbehälter.

Alle anderen Einrichtungen wie Regelsystem, Notstromversorgung, Reaktorschutzsystem und Notstandssystem sind in ihrer prinzipiellen Funktion ähnlich wie beim Leichtwasserreaktor aufgebaut und sollen deshalb nicht besonders behandelt werden.

Auch beim natriumgekühlten schnellen Reaktor ergibt sich der wesentliche Risikobeitrag durch die mögliche Freisetzung der im Reaktorkern enthaltenen Spaltprodukte. Freisetzungen aus dem Brennelementlagerbecken oder bei der Brennelementhandhabung haben demgegenüber wenig Bedeutung.

In der Literatur wird ein hypothetisches Ereignis, durch das der Kern eines schnellen Reaktors zerstört wird, „Core-Disruptive Accident" (CDA, Kernzerlegungsunfall) genannt. Er entspricht im Grundsatz dem Coreschmelzunfall des Leichtwasserreaktors. Nach der in Abschnitt 2.1 eingeführten Terminologie ist der CDA jedoch im allgemeinen kein Unfall, sondern ein Störfall, da Einrichtungen zur Beherrschung der Folgen so vorgesehen sind, daß gefährliche Auswirkungen auf die Umgebung vermieden werden. Folgerichtig muß deshalb, solange ein Versagen der letztgenannten Sicherheitseinrichtungen nicht unterstellt wird, von einem *Kernzerlegungsstörfall* gesprochen werden.

Die Ereigniskette im Zusammenhang mit dem Kernzerlegungsstörfall oder ggf. -unfall hat dann die folgenden Glieder, bei denen Fehlfunktionen auftreten.

(a) Auslösendes Ereignis:
- Leistungstransiente im Kern,
- Wärmeabfuhrtransiente im Primär-, Sekundär- oder Tertiärsystem (Pumpenausfall, Ausfall der Wärmesenke),
- Leitungsbruch mit Kühlmittelverlust im Primär-, Sekundär- oder Tertiärsystem,
- Ausfall der Haupt-Stromversorgung.

(b1) Funktion des Reaktorschutzsystems:
- Schnellabschaltung,
- Ansteuerung des Nachwärmeabfuhrsystems.

Da für die Schnellabschaltung keine zusätzliche Absicherung über den Blasenkoeffizienten gegeben ist (s. Kapitel 7), werden bei natriumgekühlten Schnellen Reaktoren allgemein zwei diversitär aufgebaute Schnellabschaltsysteme gefordert. Gelingt die Abschaltung nicht, kann es zum Kernzerlegungsstörfall kommen, und (c) ist die nächste Barriere.

(b2) Funktion des Nachwärmeabfuhrsystems:
In allen Fällen, in denen die Abschaltung gelingt, ist eine Nachwärmeabfuhr erforderlich. Sie kann über das Haupt-Wärmeabfuhrsystem oder über besondere Systeme erfolgen.

(c) Funktion des Sicherheitsbehälters:
- Aufnahme der freigesetzten mechanischen Energie,
- Abfuhr der Nachwärme auch bei zerstörtem oder geschmolzenem Core,
- langfristiger Einschluß der Spaltprodukte.

Die Funktion (c) wird beim Leichtwasserreaktor nicht erfüllt, da hier bei einem Kernschmelzunfall der Sicherheitsbehälter früher oder später (Sicherheitsstudien [1, 3] ergeben Werte bis zu etwa 30 Stunden) versagt. Die Auslegung des Sicherheitsbehälters

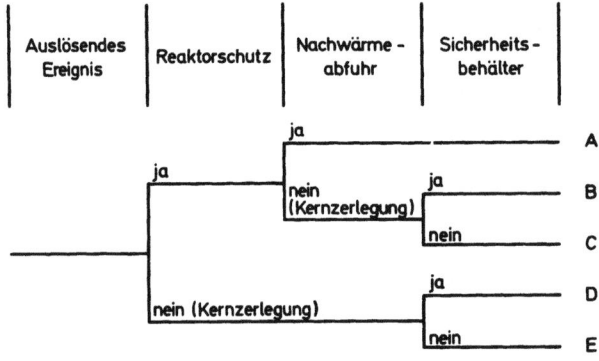

Bild 5.2. Ereignisbaum (Störfallablaufdiagramm) zum Kernzerlegungsstörfall

ist dort vielmehr auf den Kühlmittelverluststörfall zugeschnitten. Bild 5.2 verdeutlicht die genannten Punkte in einem einfachen Ablaufdiagramm. Nur die Folgeereignisse C und E führen zu einer Gefährdung der Umgebung. Im Unterschied zum Leichtwasserreaktor (Kühlmittelverluststörfall) wird der Sicherheitsbehälter bei funktionierender Schnellabschaltung und Nachwärmeabfuhr eigentlich bei keinem auslösenden Ereignis benötigt (Ausnahmen mit allerdings kleiner Aktivitätsfreisetzung sind Handhabungsstörfälle und dabei auftretende Brände von Primärnatrium). Umgekehrt ist die Funktion der Nachwärmeabfuhr bei Versagen der Schnellabschaltung nicht mehr relevant.

Bestimmte Sicherheitssysteme wie insbesondere die Notstromversorgung sind für die Funktion sowohl des Reaktorschutzsystems, als auch der Nachwärmeabfuhr und des Sicherheitsbehälters erforderlich. Ihr Versagen würde als common-mode- (abhängiger) Fehler praktisch alle Sicherheitssysteme treffen. Für ihre Zuverlässigkeit gelten die gleichen Anforderungen wie bei Leichtwasserreaktoren.

5.1 Die primäre Kühlmittelumschließung

Im Aufbau der primären Kühlmittelumschließung ist das
— Loop-System und das
— Pool-System
zu unterscheiden. Beim Loop-System sind Reaktorbehälter, Zwischenwärmetauscher und Pumpen des Primärkreises durch Rohrleitungen verbunden, beim Pool-System ist der gesamte Primärkreis in einen großen, natriumgefüllten Tank integriert. Bild 5.3 zeigt den Reaktorbehälter mit Einbauten des deutschen SNR-300 [4] und des amerikanischen Clinch River Breeder Reactors [5] als Beispiel für Loop-Systeme, Bild 5.4 zeigt den französischen Super-Phenix [3] als Beispiel eines Pool-Systems.

5.1.1 Auslegung des Loop-Systems gegen Versagen

Die Rohrleitungen des Loop-Systems erreichen im Betrieb Temperaturen von etwa 550 °C, sie müssen deshalb zur Kompensation der Wärmeausdehnung mehrere Bögen haben und werden ziemlich lang (beim SNR-300 z.B. je Kreislauf ca. 200 m). Im Beispiel des SNR-300 sind die Kühlmitteleintrittsleitungen oben durch den Reaktorbehälter und auf der Behälterinnenseite dann nach unten geführt ((V) in Bild 5.3a), um ein Absinken des Natriumspiegels beim Leitungsbruch oder -leck unter einen Minimalwert (Notspiegel) auszuschließen. Beim Clinch-River Reactor wurde diese Maßnahme nicht für erforderlich gehalten ((x) in Bild 5.3b).

Die Kühlmittelleitungen, Pumpen und Zwischenwärmetauscher liegen im allgemeinen oberhalb des Notspiegels. Wo ein tieferes Niveau nicht zu vermeiden ist (Pumpenbogen), sind Auffangwannen angeordnet, die das auslaufende Natrium aufnehmen (Stickstoffatmosphäre) und auch hier das Halten des Notspiegels sicherstellen (s. dazu Bild 5.10). Ebenso ist der Reaktorbehälter bis zur Höhe des Notspiegels mit einem zweiten Tank umgeben.

So ist ein Auslaufen des Tanks mit Trockengehen des Kerns als Folge der Höhenunterschiede auszuschließen. Zusätzlich müssen die durch die Kühlmittelumwälzpumpen aufgebrachten Druckdifferenzen berücksichtigt werden. Bei Detektion eines Lecks oder Bruchs (Signal Füllstand, Na in Kavitäten des Containments) werden durch das

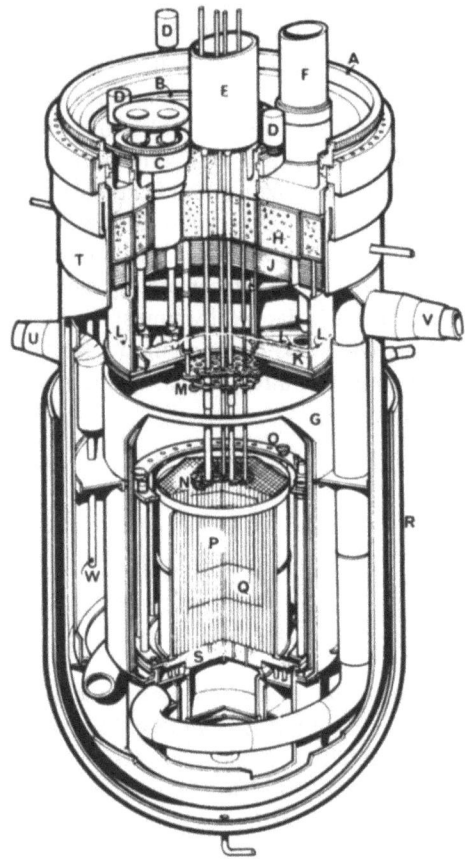 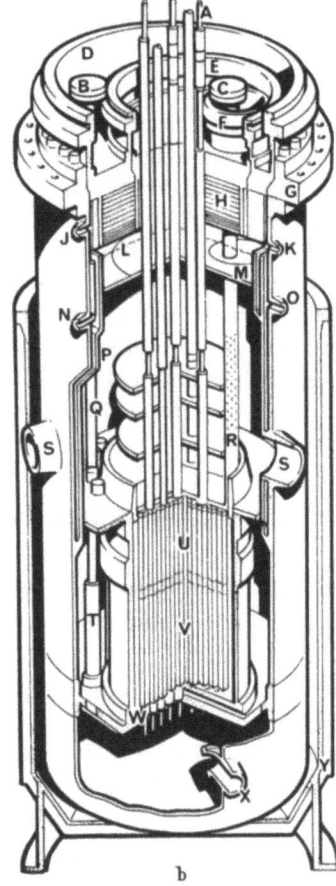

Bild 5.3a und b. Reaktorbehälter mit Einbauten von Loop-Anlagen
a SNR-300 [4]

- A Großer Drehdeckel
- B Mittlerer Drehdeckel
- C Kleiner Drehdeckel
- D Drehdeckelantriebe
- E Regelstabantriebe
- F BE-Transferkanal
- G Schildtank
- H Basaltkästen
- J Thermischer Schild
- K Tauchplatte
- L Na-Spiegel

- M Haltestruktur der Instrumentierungsplatte
- N Instrumentierungsplatte
- O Ringlager
- P Kern
- Q Brutmantel
- R Sicherheitstank (Doppeltank)
- S Gitter-Trageplatte
- T Reaktortank
- U Na-Austritt
- V Na-Eintritt
- W Notkühler

b Clinch River Breeder-Reactor [5]

- A Regelstabantrieb
- B Transportmaschine außerhalb des Behälters
- C Transportmaschine innerhalb des Behälters
- D Großer Drehdeckel
- E Mittlerer Drehdeckel
- F Kleiner Drehdeckel
- G Stationärer äußerer Ring
- H Abschirmung
- J Schutzgaseintritt
- K Schutzgasaustritt
- L Na-Spiegel

- M Spiegelunterdrückungsplatte
- N Na-Überlauf
- O Na-Eintritt
- P Wärmeschild
- Q BE-Transportrohr, außerhalb des Behälters
- R BE-Transportrohr, innerhalb des Behälters
- S Na-Austritt zur Primärpumpe
- T BE-Übergangslager
- U Brennelemente (BE)
- V Kern
- W Eintrittsmoduln
- X Na-Eintritt vom Zwischenwärmetauscher
- Y Sicherheits-(Schutz-)Tank

5.1 Die primäre Kühlmittelumschließung

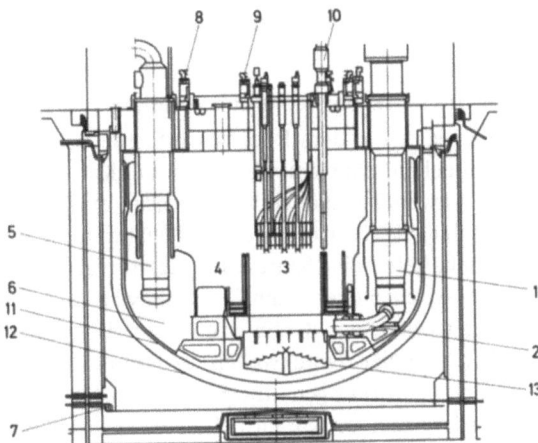

Bild 5.4. Behälter mit Einbauten einer Pool-Anlage (Superphenix [3])
1 Primärpumpe
2 Druckseitige Verbindung zum Core
3 Core
4 Innerer Tank
5 Zwischenwärmetauscher
6 Pool
7 Notkühlsystem
8 Großer Drehdeckel
9 Kleiner Drehdeckel
10 BE-Transfermaschine
11 Hauptdruck
12 Sicherheitstank
13 Core Catcher

Reaktorschutzsystem deshalb die Umwälzpumpen abgeschaltet und die Reaktorschnellabschaltung vollzogen. Damit wird eine weitere Förderung von Natrium aus dem Leck unterbunden. Aber selbst wenn man das Mißlingen der Pumpenabschaltung unterstellt, kann der Natriumspiegel im Reaktorbehälter nicht unter das Niveau des Ansaugstutzens absinken.

Bei einem Leck oder Bruch bleibt also immer eine ausreichende Natriummenge erhalten auch dann, wenn die aktiven Sicherheitssysteme (Pumpenabschaltung) versagen.

Es besteht allerdings die Möglichkeit, daß bei einem raschen großen Bruch in der Kühlmitteleintrittsleitung der rasche Abfall der Durchströmung des Cores dort zu Natriumsieden und einer Reaktivitätsexkursion führt. Beim SNR-300 des Bildes 5.3 wird die Strömung durch die träge Masse des Natriums in der im Reaktorbehälter absteigenden Leitung (V) lange genug aufrechterhalten, so daß es bis zum Wirksamwerden der Schnellabschaltung nicht zum Natriumsieden kommt. Bei dem Beispiel des Bildes 5.3b, bei dem die Natriumeintrittsleitung unten außen am Behälter angeschlossen ist, muß dieser Störfall in der Analyse berücksichtigt werden. Es ist dabei von entscheidender Bedeutung, ob ein plötzlicher Bruch einfach unterstellt werden muß oder ob realistische, langsamere Bruchöffnungszeiten nachgewiesen werden können.

5.1.2 Auslegung des Pool-Systems gegen Versagen

Im Pool des Bildes 5.4 saugen die Umwälzpumpen (1) das Kühlmittel aus dem Pool an und drücken es über eine im Natrium liegende Rohrleitung (2) von unten nach oben durch das Core (3) und von da über den sog. inneren Tank (4) durch die Zwischenwärmetauscher (5), von wo es zurück in den Pool (6) strömt. Der Tank hat einen Innendurchmesser von 21 m und ist im Abstand von etwa 75 cm mit einem zweiten Sicherheitstank umgeben. Die Natrium-Leitungen des Sekundärkreises werden nach oben durch den Deckel geführt.

Es ist sofort ersichtlich, daß das Kühlmittel des Pools auch bei einem Versagen der primären Kühlmittelumschließung nicht auslaufen kann.

5.1.3 Vergleich der Sicherheitseigenschaften von Loop und Pool

(1) Loop

Besondere sicherheitstechnisch vorteilhafte Eigenschaften des Loops sind
- eine gegenüber dem Pool vereinfachte Auslegbarkeit des oberen Tankdeckels gegen die mechanischen Auswirkungen des Kernzerlegungsstörfalls (geringere Spannweite),
- die Anwendbarkeit verhältnismäßig einfacher, zylindersymmetrischer (zweidimensionaler) Rechenverfahren für Bestimmung der mechanischen Belastung des Reaktorbehälters beim Kernzerlegungsstörfall, während beim Pool z. B. die Integrität der exzentrisch eingebauten Zwischenwärmetauscher als Bestandteil des Containments nachzuweisen ist. Dafür muß beim Loop allerdings in solch einem Falle die Fortpflanzung der Druckwellen in Rohrleitungen und Primärkreiskomponenten samt ihren Auswirkungen untersucht werden. Beim SNR-300 z. B. muß das gesamte Primärsystem im wesentlichen intakt bleiben, damit die thermischen Effekte und Strahlkräfte im Containment beherrscht werden.

(2) Pool

Besondere sicherheitstechnisch vorteilhafte Eigenschaften des Pools sind
- die einfache Gestalt der primären Kühlmittelumschließung mit der daraus resultierenden übersichtlichen Spannungsverteilung (verglichen mit den Anschlußstutzen, Rohrleitungen und Wärmeausdehnungsschleifen des Loops) und die Unmöglichkeit des Kühlmittelverlustes, die beim Loop nur in bezug auf das Halten des Notspiegels gewährleistet werden kann,
- die große Wärmekapazität des Pools, die eine große thermische Trägheit gewährleistet. So können insbesondere die inneren Strukturen besser gegen Thermoschocks ausgelegt werden. Während im Loopsystem bei einer Schnellabschaltung die Umwälzpumpen sofort abgeschaltet und der Durchsatz möglichst rasch abgefahren werden müssen, um Thermoschocks zu vermeiden, ist letzteres beim Pool des Bildes 5.4 nicht erforderlich. Pool (6) und innerer Tank (4) stellen ein beträchtliches Puffervolumen zur Verfügung.

Beim Pool können deshalb auslaufverzögernde Schwungräder vorgesehen werden, die die Drehzahl der Umwälzpumpen über viele Minuten langsam abnehmen lassen. Ihr Vorteil wird bei der Analyse des Störfalls „Ausfall der Hauptstromversorgung (Durchflußausfall) mit Versagen der Schnellabschaltung" in Abschnitt 10.2 genauer behandelt werden.

Diese in der Tat gegebenen Unterschiede, die z. B. den Loop-Reaktor SNR-300 von den Pool-Reaktoren Phenix und Superphenix unterscheiden, müssen allerdings im Detail daraufhin überprüft werden, ob sie sich wirklich zwangsläufig aus der einen oder der anderen Konzeption ergeben. Die gegenüber Thermoschocks empfindlichsten Bauelemente des SNR-300 sind nämlich nicht nur die Wände der Kühlmittelumschließung, sondern auch die dickwandigen Rohrplatten des Zwischenwärmetauschers. Solche Rohrplatten sind in den Zwischenwärmetauschern natürlich im Prinzip ebenso erforderlich. Zusätzlich zu den sicherlich gegebenen Vorteilen des Pools im Hinblick auf Thermoschocks dürfen deshalb auch andere konstruktive Gesichtspunkte nicht vernachlässigt werden. So sind z. B. auch die durch die turbulente Strömung während des Betriebes entstehenden Temperaturfluktuationen, die durch den guten Wärmekontakt des Natriums direkt auf die Strukturen übertragen werden, zu berücksichtigen und im

5.1 Die primäre Kühlmittelumschließung

Detail für beide Ausführungsformen zu vergleichen. Ferner spielt die Integrität des Zwischenwärmetauschers als Teil des Containments eine große Rolle.

— Die Auslegung des Tanks gegen die mechanische Energiefreisetzung beim Kernzerlegungsstörfall ist wegen des großen Durchmessers und damit großen Abstandes vom Kern einfacher als beim Loop.

Andere unterschiedliche sicherheitstechnische Eigenschaften von Loop und Pool kommen bei der Behandlung des Sicherheitsbehälters in Abschnitt 5.5 zur Sprache.

5.1.4 Materialverhalten

Als Wandmaterial der primären Kühlmittelumschließung werden austenitische Stähle verwendet. Für deren Langzeitverhalten sind zwei Effekte maßgebend:
— Ermüdung durch Temperaturwechselbeanspruchung,
— σ-Phasen-Bildung.

Durch die hohen, mit Natrium gegebenen Wärmeübergangszahlen und die großen betriebsmäßigen Temperaturdifferenzen bzw. Temperaturveränderungen werden die Strukturwerkstoffe und insbesondere die Wand bei betrieblichen Transienten starken *Temperaturwechselbeanspruchungen* ausgesetzt. Von der Auslegungsseite wird durch konstruktive Maßnahmen (z.B. Anbringung von Schockblechen zur Wärmeisolation) und durch die Betriebsweise (z.B. das oben erwähnte Herunterfahren der Umwälzpumpen nach einer Schnellabschaltung) versucht, die Beanspruchungen möglichst gering zu halten. Vom Entwurf her ist eine Spannungs- und Ermüdungsanalyse unter Berücksichtigung des inelastischen Werkstoffverhaltens erforderlich, die relativ aufwendig werden kann. Für alle während der Lebensdauer der Anlage zu erwartenden Temperaturtransienten muß konservativ die Häufigkeit des Auftretens bestimmt werden; danach richtet sich die Auslegung der Kühlmittelumschließung und aller anderen thermoschockempfindlichen Komponenten (wie z.B. die oben erwähnte Rohrplatte des Zwischenwärmetauschers. Dabei können sich gegenläufige Tendenzen zeigen: Allgemeine Festigkeitserwägungen, wie sie u.a. auch bei der Beherrschung des Kernzerlegungsstörfalls eine Rolle spielen, ergeben eine Tendenz in Richtung großer Wandstärken. Thermoschockerwägungen aber ergeben die umgekehrte Tendenz. Dieser Konflikt muß durch zweckentsprechende konstruktive Gestaltung gelöst werden.

Befinden sich die austenitischen Werkstoffe über längere Zeit im Temperaturbereich zwischen etwa 600 und 1000 °C, so bildet sich die spröde sog. *σ-Phase*. Sie besteht aus Cr und Fe, in den CrNiMo-Stählen enthält sie größere Anteile an Molybdän. Ihre Bildung wird auch durch Si gefördert. In [10] wurden u.a. die US-Stähle Typ 304 und 316 untersucht, deren Zusammensetzung in Tabelle 5.1 angegeben ist.

Danach fiel die Kerbschlagzähigkeit bei Raumtemperatur für den Stahl 304 nach 10000 h bei 565 °C auf 82%, bei 650 °C auf 66%.

Tabelle 5.1. Chemische Zusammensetzung der austenitischen Stähle Typ 304 und 316

Stahltyp	Werkstoff-Nr. DIN-Bezeichnung	C	Si	Mn	Gew.-% Cr	Mo	Ni
304	4301 X5 CrNi 189	≤ 0,07	≤ 1,0	≤ 2,0	17–19	–	9–11
316	4401 X5 CrNiMo 1810	≤ 0,07	≤ 1,0	≤ 2,0	16,5–18	2,0–2,5	11–12,5

Die Werte für den molybdänhaltigen 316 liegen sogar nach 10 000 h und 565 °C bei 61 %, 650 °C bei 26 %.

Die Kerbschlagzähigkeiten bei der weit über der Raumtemperatur liegenden Betriebstemperatur sind natürlich günstiger als die hier berichteten Werte. Andererseits liegt die zu erwartende Betriebszeit mit ca. 30 Jahren oder 260 000 h um über eine Größenordnung über den hier betrachteten Zeiten. Die in [10] gezeigten Kurven scheinen zwar eine Sättigung des Effektes anzudeuten, doch sind weitere Langzeitversuche erforderlich.

An den Schweißnähten hat die σ-Phasenbildung nach [10] weniger Bedeutung, vermutlich wegen der größeren Reinheit des Schweißgutes (weniger Si). Man muß dabei natürlich die u. U. ohnehin geringere Zähigkeit und die Berücksichtigung der Kerbwirkung im Bereich der Schweißnaht berücksichtigen.

Es sollte hier allerdings abschließend nochmals betont werden, daß Werkstoffschädigungen mit dem Potential eines Bruchs der primären Kühlmittelumschließung aus den oben genannten Gründen eine geringe sicherheitstechnische Relevanz haben und hauptsächlich aus wirtschaftlichen Gründen eine Rolle spielen.

5.2 Der Reaktorkern

Der Reaktorkern besteht aus sechseckigen Brennelementen, die zwischen 160 und 280 Stäben von 6 bis 8 mm Durchmesser in hexagonaler Anordnung enthalten. Tabelle 5.2 enthält einige wichtige Auslegungsdaten. Vor allem wegen des im Vergleich zum Leichtwasserreaktor geringeren Brennstabdurchmessers ist die Heizflächenbelastung höher.

Die Kernhöhe liegt bei etwa 1 m; der Kerndurchmesser richtet sich nach der Leistung und liegt zwischen 180 cm (300 MWe) und etwa 300 cm (1200 MWe).

Es wurde schon gesagt, daß die gegebene Corekonfiguration nicht die maximale Reaktivität besitzt. Allgemein erhöht eine Kompaktion des Kerns die Reaktivität, eine Dispersion oder Expansion vermindert sie.

Das dynamische Verhalten des Kerns wird durch die folgenden Reaktivitätskoeffizienten bestimmt:
- Dopplerkoeffizient,
- Kühlmitteltemperaturkoeffizient bzw. Blasenkoeffizient,
- Axialer Ausdehnungskoeffizient,
- Verbiegungskoeffizient,
- Hüllrohrkoeffizient,
- Niederschmelzkoeffizient (slumping).

Der *Dopplerkoeffizient* des U-238 liefert dabei den wichtigsten Beitrag zur betrieblichen Stabilität und zur Beherrschung von Störungen, da Leistungs- und damit Temperaturänderungen im Brennstoff sofort zu entgegenwirkenden Reaktivitätswerten führen. Dabei müssen UO_2 und PuO_2 zur Erzielung einer engen thermischen Kopplung gut miteinander gemischt sein. Die zulässige Partikelgröße ergibt sich aus der Lösung eines einfachen Wärmeleitproblems und hängt von der zu betrachtenden Temperaturänderungsgeschwindigkeit ab. (Teilchengrößen nach [6, 7] max. ca. 75 μm.)

Die Wirksamkeit des Dopplereffektes in einem schnellen Reaktor in Übereinstimmung mit der theoretischen Berechnung wurde durch den SEFOR-Reaktor [8] demon-

5.2 Der Reaktorkern

striert; eine Bestätigung wird durch die Messungen an in Betrieb befindlichen Anlagen (Phenix, PFR) gegeben.

Die Dopplerrückwirkung nimmt mit wachsender Temperatur ab, weil sich die einzelnen Resonanzen überlappen. Es gilt eine Beziehung

$$\frac{dk}{dT} = \frac{A}{T} \qquad (5.1)$$

mit A als der sog. Dopplerkonstanten.

Ebenso nimmt die Dopplerrückwirkung mit zunehmender Anreicherung ab, während sie mit weicher werdendem Neutronenspektrum (z. B. oxidischer statt metallischer Brennstoff) zunimmt. Die Ursache hierfür ist das unterschiedliche Absorptionsverhalten von Pu und U als Funktion der Neutronenenergie.

Tabelle 5.2. Wichtige Daten des SNR-Kerns

		Ausführungsform Mark 1a	Ausführungsform Mark 2
Thermische Leistung	MW	762	762
Äquivalenter Kerndurchmesser	cm	270	270
Aktive Kernhöhe	cm	95	95
Axiale Brutmantelstärke	cm	40	40
Radiale Brutmantelstärke	cm	17,5	17,5
Brennstabdurchmesser	cm	0,6	0,76
Hüllwandstärke	mm	0,38	0,5
Maximale Stableistung	W/cm	354	450
Maximale Wärmestromdichte	W/cm²	183	189
Kühlmittel-Ein-/Austrittstemperatur	°C	377/546	377/546
Maximale Hüllentemperatur	°C	685	685
Schmierdichte des Brennstoffs	% theoretische Dichte	80	
Zahl der Brennstäbe je BE		166 + 3 Strukturst.	127
Zahl der BE		205	205
Volumenverhältnis Na/Brennstoff		0,49/0,31	0,39/0,38
Max. Na-Blasenkoeffizient	cm^{-3}	$7 \cdot 10^{-8}/6,6 \cdot 10^{-8}$*	
Mittlerer Na-Blasenkoeffizient	cm^{-3}	$0,67 \cdot 10^{-8}/0,7 \cdot 10^{-8}$*	
Doppler-Koeffizient (Betrieb) mit Na im Core	°C^{-1}	$-1,8 \cdot 10^{-6}/-2,7 \cdot 10^{-6}$*	
Doppler-Koeffizient ohne Na im Core	°C^{-1}	$-1,1 \cdot 10^{-6}/-1,5 \cdot 10^{-6}$*	gemäß Anlage berechnet
Bowing-Reaktivität bei Normalbetrieb	−	ca. $+2,1 \cdot 10^{-4}/+2 \cdot 10^{-3}$*	
Bowing Koeffizient bei Durchflußstörung		ca. $+7 \cdot 10^{-4}/+1,8 \cdot 10^{-3}$*	
Reaktivität 1. Abschaltsystem	stuck rod	0,072	
Reaktivität 2. Abschaltsystem		0,074	
Abschaltreserve im kalten Zustand		(s. Bem. zu Abschaltreserve)	
Max. Fallzeit auf 90% der Abschaltreaktivität	ms	500	500

* frischer/abgebrannter Kern

Die Dopplerkonstante für einen 300-MWe-Reaktor liegt zwischen −0,0036 und −0,005, für einen 1300-MWe-Reaktor bei −0,008 (geringere Anreicherung).

Der *Kühlmitteltemperatur- und Blasenkoeffizient* ergibt sich aus dem Wettbewerb von zunehmender Leckage durch Verlust von Streumedium und spektrumsabhängiger wachsender Neutronenausbeute bei einer Dichteabnahme des Kühlmittels, das noch eine gewisse Moderatorwirkung hat [9]. Er ist bei den zur Diskussion stehenden Leistungsgrößen von 300 bis 1300 MWe positiv für die zentralen Regionen des Cores, negativ für die Randzonen und den Brutmantel. Die maximale Voidreaktivität liegt bei + 3 bis 5 \$, bei Entleerung von Core und Brutmantel insgesamt beträgt sie immer noch + 2 bis 3 \$. Während bei den normalen Transienten mit funktionierenden Sicherheitssystemen (s. Abschnitt 6.3) der positive Kühlmitteltemperaturkoeffizient bzw. Blasenkoeffizient wenig Enfluß hat, wirkt er sich auf den Ablauf der schweren Kernzerlegungsstörfälle (s. Kapitel 10) sehr stark aus.

Der positive Kühlmitteltemperatur- und Blasenkoeffizient kann herabgesetzt werden, wenn man die Neutronenleckage des Cores erhöht. Das kann durch Abflachung geschehen. Da aber für „high-leakage"-cores eine größere Anreicherung erforderlich ist, nimmt dadurch auch der Betrag des negativen Dopplerkoeffizienten ab. Bild 5.5 zeigt die Tendenz der beiden Koeffizienten als Funktion des Höhen-Durchmesserverhältnisses H/D_c. Es gibt frühe Entwürfe [11], bei denen für ein abgeflachtes Core ($H/D_c \leq 1/6$) durch Hinzufügung von BeO der Dopplereffekt wieder hinreichend groß gemacht werden sollte. Da dadurch aber Einbußen an der Brutrate auftreten, wurde dies Konzept nicht weiter verfolgt. Ein anderes high-leakage-core ist ein Aufbau aus mehreren, je für sich unterkritischen Moduln [12]. Auch diese Möglichkeit wurde aufgegeben. Die Leckage läßt sich auch durch ein weitgehendes Hineinnehmen der Brutelemente in das Core (*heterogenes Core*) erreichen. Der Vorteil dieses erst in jüngster Zeit entwickelten Konzeptes ist eine gleichzeitige Erhöhung der Brutrate und eine schwächere Abminderung des negativen Dopplerkoeffizienten als bei den üblichen high-leakage-cores, da das Neutronenspektrum verhältnismäßig weich bleibt. Die Effekte lassen sich über die Wahl von Zahl und Durchmesser der Brutstoff-„Inseln" im Core optimieren.

Die *axiale Wärmeausdehnung* der Brennstäbe hat ebenfalls einen negativen Reaktivitätskoeffizienten. Er wurde in verschiedenen Untersuchungen gemessen (s. Kapitel

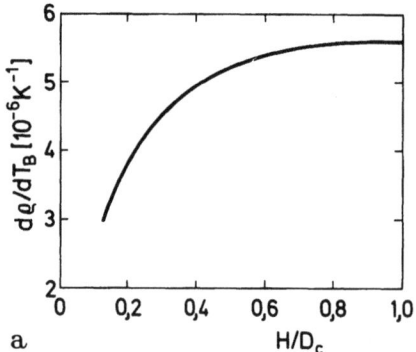 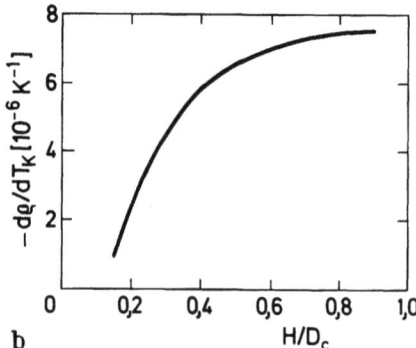

Bild 5.5 a und b. a Brennstoff-Temperaturkoeffizient $d\rho/dT_B$ als Funktion des Verhältnisses Corehöhe H/Coredurchmesser D_c; b Kühlmitteltemperaturkoeffizient $d\rho/dT_K$ als Funktion des Verhältnisses Corehöhe H/Coredurchmesser D_c

5.2 Der Reaktorkern

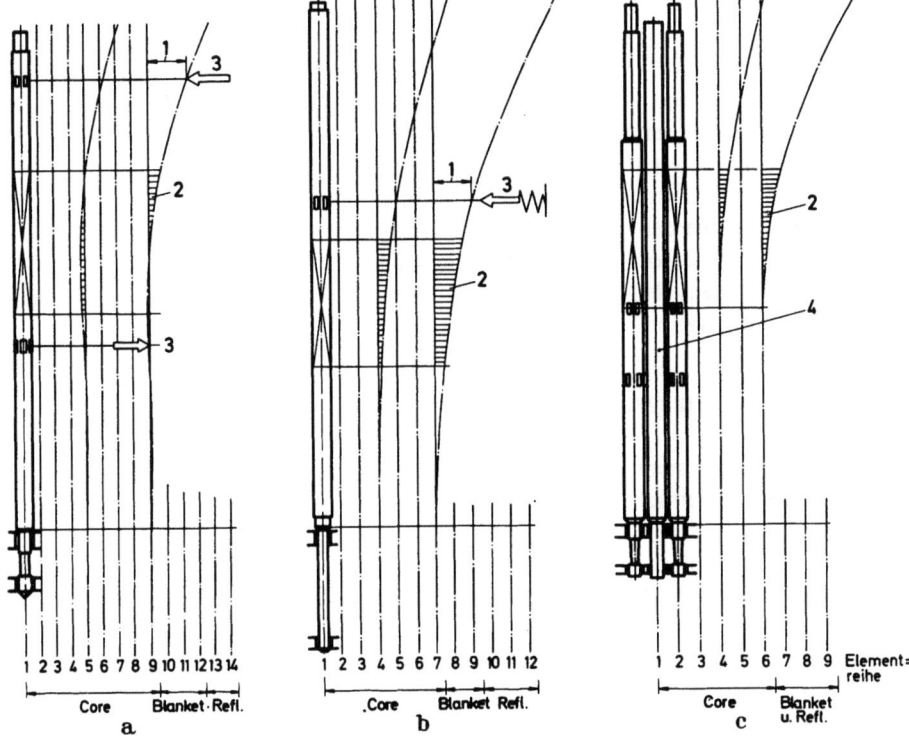

Bild 5.6. Verschiedene Verspannungskonzepte für Brennelemente und Reaktivitätsauswirkung der thermischen Verbiegung (Nettoverschiebung in Richtung Coremitte oder entgegengesetzt)
a SNR-300 (Bundesrepublik Deutschland)
b Phenix (Frankreich)
c PFR (Großbritannien)
1 maximale Auslenkung in den Verspannungsebenen
2 Nettoverschiebung
3 Angriff der Verspannung
4 Stützpfosten (leaning post)

10). Da man bei raschen Exkursionen nicht sicher ist, ob das Hüllrohr die axiale Brennstoffexpansion nicht behindert, wird bei den meisten Störfallanalysen dieser Effekt nicht berücksichtigt (s. Abschnitt 10.2) (Größenordnung $-5 \cdot 10^{-6}/K$).

Der radiale Temperaturgradient des durch ein Brennelement strömenden Kühlmittels bewirkt eine radial unterschiedliche Temperatur des Brennelementkastens und damit eine temperatur- und leistungsabhängige *Verbiegung*. Je nach der Einspannung bewegt sich dabei Brennstoff in Richtung auf die Coreachse oder von dieser weg und erhöht bzw. erniedrigt dadurch die Reaktivität. Aus Bild 5.6 ist ersichtlich, wie insbesondere dann, wenn das Brennelement nur im unteren Teil gehalten wird, ein starker negativer *Reaktivitätskoeffizient der Verbiegung* zustande kommt. In der Kernauslegung des Phenix [9] und Superphenix [3] ist ein starker negativer Verbiegungskoeffizient vorgesehen (Größenordnung $-8 \cdot 10^{-6}/K$). Im Zeitverhalten muß man allerdings berücksichtigen, daß die Übertragung von Temperaturänderungen auf das Kühlmittel und dann auf das Strukturmaterial verzögert erfolgt und darum der Verbiegungskoeffizient bei raschen Exkursionen nicht mehr zur Wirkung kommt. Aber gerade in der Einleitungsphase von Störfällen spielt er eine bedeutende Rolle, wie die Analyse in Abschnitt 10.2 zeigen wird.

Der *Hüllrohrkoeffizient* kommt nur dann zur Wirkung, wenn das Hüllrohr schmilzt und sich bewegt als Folge von Störfällen, die bereits weit jenseits des betrieblichen Rahmens liegen. Die Wirkung des Hüllmaterials ist ähnlich der des Natriums als Streumedium und Moderator, hinzu kommt ein großer Absorptionsquerschnitt für Neutronen. Wenn also, insbesondere durch strömenden Natriumdampf, geschmolzenes Hüllmaterial aus dem Core entfernt wird, kommt ein starker positiver Reaktivitätsbeitrag zustande. Der Hüllrohrkoeffizient kann im Prinzip durch die gleichen Auslegungsmaßnahmen verringert werden wie der Kühlmittelkoeffizient.

Der *Niederschmelzkoeffizient* (Slumping-Koeffizient) des Brennstoffes ist beim schnellen Reaktor aus dem schon erwähnten Grund, daß sich das Core nicht in seiner reaktivsten Konfiguration befindet, ebenfalls positiv (Kompaktion).

5.3 Reaktorschutzsystem

Das Reaktorschutzsystem muß die Schnellabschaltung und die Inbetriebnahme der Nachwärmeabfuhr (einschl. Notstromversorgung) sowie den Sicherheitsbehälter-Abschluß ansteuern.

Während bei Druck- und Siedewasserreaktoren der negative Blasenkoeffizient auch bei Transienten mit Ausfall der Schnellabschaltung eine Kernschmelze verhindert, ist dies beim natriumgekühlten schnellen Reaktor nicht der Fall. Statt dessen wird er mit zwei diversitären Schnellabschaltsystemen ausgestattet, die auch nach Möglichkeit von

Tabelle 5.3. Schnellabschaltsignale des SNR-300 [7] (fahren gleichzeitig Umwälzpumpendrehzahl auf 5%, erstes Abschaltsystem)

Funktionelle Signale	*Meßfühler*
(a) Zählrate, Neutronenfluß, Periode im Anfahrbereich	BF_3-Zählrohre, kompensierte Ionisationskammern am Corerand
(b) Neutronenfluß-Φ im Leistungsbereich	6 Ionisationskammern am Corerand
(c) Natriumspiegel H im Reaktortank (und ggf. in Hilfsbehältern) H_{max} H_{min}	3 kontinuierliche, 6 diskontinuierliche Füllstandssonden (elektr. Leitfähigkeit) im Tank
(d) Na-Austrittstemperatur T aus jedem Brennelement, ggf. dT/dt (Durchfluß, Verstopfung) (Es ist noch nicht entschieden, ob diese Signale zur Auslösung der Schnellabschaltung berechtigt sein sollen)	2 bzw. 3 Thermoelemente am Austritt jedes Brennelementes
(e) Spaltproduktaustritt aus BE (wesentliche Ursache möglicher lokaler Verstopfungen)	Detektoren verzögerter Neutronen über besondere „Schnüffelleitungen" einzelnen Coresektoren zugeordnet
(f) Na-Durchsatz $\dot{M}$, $\Phi/\dot{M}$ ΔT (Aufheizspanne) Θ_2 (Austrittstemperatur)	1 magn. Durchflußmesser je Kreislauf, Thermoelemente in den Kreisläufen (primär und sekundär)
(g) Zustand des Wasser-Dampf-Kreislaufs; Speisewasserversorgung, Turbine, Kondensator	übliche Instrumentierung

Die wesentlichen Signale lösen ebenfalls mit höherer Ansprechschwelle das zweite Schnellabschaltsystem aus.

5.3 Reaktorschutzsystem

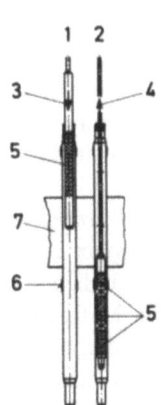 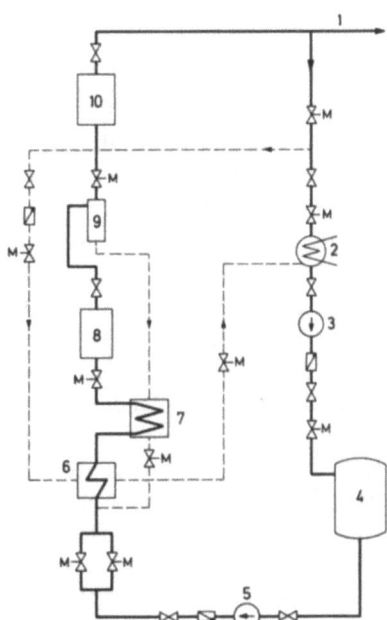

Bild 5.7. Prinzip des 1. und 2. Schnellabschaltsystems des SNR-300 [13]
1 Erstes System
2 Zweites System
3 ⎫
4 ⎭ Abschaltrichtungen
5 Absorberteile
6 Abstandshalter
7 Core

Bild 5.8. Vereinfachtes Schaltbild des Not-Nachkühlsystems 1 (Notspeisewasserversorgung) des SNR-300
1 Haupt-Frischdampfleitung (1 v 3) zur Turbine
2 Notkondensator
3 Not-Kondensatpumpe
4 Not-Speisewasserbehälter
5 Not-Speisewasserpumpe
6 Not-Speisewasservorwärmer
7 Ablaufwärmetauscher
8 Verdampfer (besteht je Kreislauf aus 3 parallelen Einheiten)
9 Abscheideflasche
10 Überhitzer (besteht je Kreislauf aus 3 parallelen Einheiten)

diversitären Meßkanälen angeregt werden. Bild 5.7 zeigt die beiden Typen der SNR-300-Schnellabschaltabsorber. Der eine ist stabförmig und fällt durch Schwerkraft in den Kern, der andere besteht aus mehreren durch Gelenke verbundenen Absorberelementen, die in den Kern hineingezogen werden [13].

Tabelle 5.3 gibt eine Zusammenstellung der Meßsignale, die im SNR-300 zur Anregung des ersten bzw. zweiten Schnellabschaltsystems führen.

Die Anregung der Nachwärmeabfuhr ist unproblematisch, da die Nachwärmeabfuhrsysteme ja nicht, wie beim Leichtwasserreaktor, noch die Einspeisung verlorengegangenen Kühlmittels übernehmen müssen. Die Kühlmittelströmung in den Hauptkühlkreisläufen wird allgemein durch Naturkonvektion bewirkt.

5.4 Das Not- und Nachkühlsystem

Für die Nachkühlung im Normalbetrieb und die (Not)-Nachkühlung nach Störungen stehen verschiedene alternative Möglichkeiten zur Verfügung:
— Die Haupt-Wärmeabfuhrkette,
— zusätzliche Not-Wärmesenken in der Haupt-Wärmeabfuhrkette,
— Notkühlsysteme.

Die *Haupt-Wärmeabfuhrkette* besteht aus 3 bis 4 Strängen von Primärsystem, Sekundärsystem und tertiärem Wasser-Dampf-System. Ein Strang reicht zur Aufnahme der gesamten Nachwärme aus. Die Haupt-Wärmeabfuhrkette steht also nur dann nicht mehr zur Verfügung, wenn alle Stränge durch common-mode-Fehler ausgefallen sind, vornehmlich durch den Ausfall der Haupt-Stromversorgung.

In den Strängen der Haupt-Wärmeabfuhrkette können dann *zusätzliche Wärmesenken* in Betrieb genommen werden. Dies sind z.B. beim Phenix und Super-Phenix Luftkühler in den sekundären Natriumkreisen, beim SNR-300 sind, wie auch ähnlich für das Clinch-River-Projekt in den USA, Notspeisewasserpumpen und eine Notspeisewasserversorgung für die Dampferzeuger vorgesehen. Die Einrichtungen werden durch das Notstromsystem versorgt. Ebenso stehen für die primär- und sekundärseitige Natriumumwälzung Ponymotoren an den Pumpen zur Verfügung, die im Prinzip jedoch nicht gebraucht werden, da eine ausreichende Naturkonvektion einsetzt. Die Notspeisewassersysteme sind zwangsläufig komplizierter aufgebaut als die Luftkühler im Sekundärkreis. Das in Bild 5.8 gezeigte System für den SNR-300 entnimmt den Dampf der Frischdampfleitung, kondensiert ihn in einem Nachwärmekondensator (1), führt ihn über Kondensatpumpe (2), Notspeisewasserbehälter (3), Notspeisepumpe (4), Notspeisewasservorwärmer (5), Ablaufwärmetauscher (6), Verdampfer (7), Abscheideflasche (8) und Überhitzer (9) zurück. Gerade auch die Dampferzeuger, die überhitzten Dampf erzeugen, sind nicht so einfach aufgebaut wie etwa diejenigen des Druckwasserreaktors. So hat das SNR-Notspeisesystem eine geringere Zuverlässigkeit, die aber durch die anschließend beschriebenen redundanten Systeme ausgeglichen wird.

Die *Notkühlsysteme* hängen nicht mit den Hauptkühlkreisen zusammen. Bei den Poolsystemen Phenix und Superphenix ((7) in Bild 5.4) sind in der Wand der Reaktorgrube unterhalb der Stahlauskleidung (Liner) oder auf der Außenseite des Sicherheitstanks wassergekühlte Rohrschlangen angeordnet, an die die Nachwärme bei etwas erhöhter Pooltemperatur durch Strahlung übertragen wird. Beim SNR-300 (W in Bild 5.3) sind im Reaktortank Notkühler angeordnet, die die Wärme über einen sekundären Flüssigmetallkreis an Luftkühler abgeben. Hier stehen $2 \times 100\%$ der Nachwärmeabfuhrkapazität zur Verfügung. Im Reaktortank bildet sich eine entsprechende Naturkonvektionsströmung aus auch das Sekundärkühlmittel fließt in Naturkonvektion. So müssen nur die Luftgebläse durch Notstrom angetrieben werden [1].

Durch diese unterschiedlichen Möglichkeiten können die Nachkühlsysteme von natriumgekühlten Schnellen Reaktoren einen besonders hohen Grad an Redundanz und Diversität bekommen. Das ist ein sicherheitstechnischer Vorteil dieses Reaktortyps. Wegen der durch die hohe Kühlmitteltemperatur möglichen Naturkonvektion kann auch die Unabhängigkeit von Notstromdieseln erreicht werden.

---

[1] Nach neueren Informationen sollen auch beim Superphenix von oben eintauchende Notkühler eingesetzt werden.

5.5 Der Sicherheitsbehälter

Die wichtigste Auslegungsanforderung an den Sicherheitsbehälter ist durch den Kernzerlegungsstörfall gegeben. Er muß die freigesetzte mechanische und thermische Energie aufnehmen, die Nachwärmeabfuhr aus einem ganz oder teilweise zerstörten Core erlauben und die in großer Menge freigesetzten Spaltprodukte zurückhalten. Ebenso soll die Ausbreitung bzw. die Entstehung eines Natriumbrandes verhindert werden.

Es ist beim natriumgekühlten Schnellen Reaktor deshalb üblich, mehrere hintereinanderliegende Barrieren des Sicherheitsbehälters zu unterscheiden.

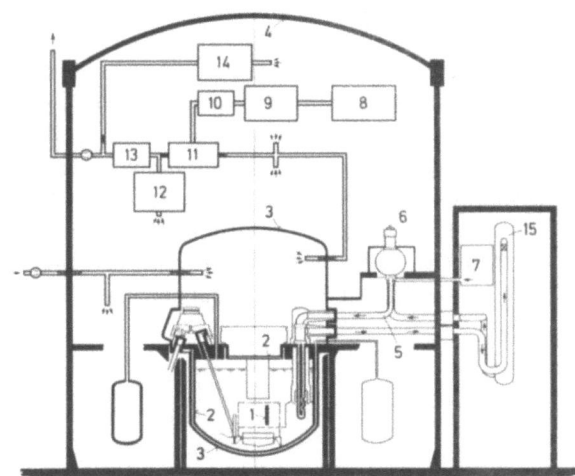

Bild 5.9. Sicherheitsbehälter des Superphenix [3] (Prinzip)
1 Brennelementhülle
2 Intermediäres Containment
3 Primäres Containment
4 Sekundäres Containment
5 Sekundäre Na-Leitungen
6 Sekundäre Umwälzpumpe
7 Na-Luft-Nachwärmekühler
8 Speichersystem
9 Hochwirksames Filter
10 Jodfilter
11 Verzögerungskammer
12 Na-Aerosolfallen
13, 14 Hochwirksame Filter
15 Dampferzeuger

Bild 5.9 zeigt dies am Beispiel des Pool-Reaktors Super-Phenix. Es gibt

1. Das intermediäre Containment (2), bestehend aus dem Pool-Tank, Pool-Dach und Drehdeckel. Auch bei einem Kernzerlegungsstörfall soll diese Barriere intakt, wenn auch nicht unbedingt dicht bleiben, da lokale Deformationen zugelassen werden. Die Auslegung soll einer mechanischen Energiefreisetzung bis 800 MJ standhalten können [3]. Das intermediäre Containment enthält unten im Pool (genauer in Bild 5.4 zu erkennen) eine kegelförmig angeordnete Anzahl von Auffangblechen für Corefragmente, die dann in unterkritischer Anordnung durch das an ihnen vorbeiströmende Natrium von allen Seiten gekühlt werden. Dabei müssen die Auffangbleche gegen die mechanische Energiefreisetzung beim Störfall geschützt werden. Man nennt eine solche Anordnung auch *internen Corecatcher* (intern weil innerhalb des Reaktortanks angeordnet).

2. Das primäre Containment (3) besteht aus dem Sicherheitstank und einer über dem Pooldeckel angeordneten geschlossenen Haube. Es soll
   — radioaktive Substanzen einschließen,
   — die Ausbreitung eines Feuers von aus dem Tank verspritztem Natrium verhindern,
   — die Notkühlschlangen, die sich außerhalb befinden, schützen.

Das primäre Containment kann über Verzögerungsstrecken und Filter entlüftet werden.

3. Das sekundäre Containment (4) besteht aus einem Betongebäude, das unter Unterdruck steht. Es hat die übliche zylindrische Form und schützt den Primärkreis auch gegen Einwirkungen von außen. Es wird ebenfalls über Filter und Kamin nach außen entlüftet.

Beim Sicherheitsbehälter SNR-300, wie er in Bild 5.10 dargestellt ist, hat man im Prinzip eine vergleichbare Anordnung von 3 Barrieren.
1. Der Primärkreis entspricht dem intermediären Containment, das allerdings hier keine spezielle Auffangvorrichtung für Corefragmente enthält.
2. Das primäre oder innere Containment (1) (schraffiert gezeichnet), ist mit Stickstoff gefüllt (inertisiert) und umschließt den ganzen Primärkreis. Es wird nicht belüftet. Es ist innen mit einer Stahlauskleidung versehen, die gegen den Beton so isoliert ist, daß dieser auch bei Austreten von heißem Natrium keine Übertemperaturen erhält. Auf dem Boden unterhalb des Reaktortanks ist eine mit zwei NaK-Kreisläufen (je 100 % erforderliche Leistung) gekühlte Auffangeinrichtung, ein *externer Corecatcher* angeordnet, der für die Nachwärmeabfuhr aus dem zerstörten und durchgeschmolzenen Core zu sorgen hat. Bei Loopreaktoren wird der externe Corecatcher bisher aus Platzgründen vor dem internen bevorzugt. Es besteht allerdings eine nicht unerhebliche Wahrscheinlichkeit, daß die tankinternen Strukturen ausreichen, das Core in kühlfähiger Form aufzunehmen. Wenn allerdings die Schmelze den Tank

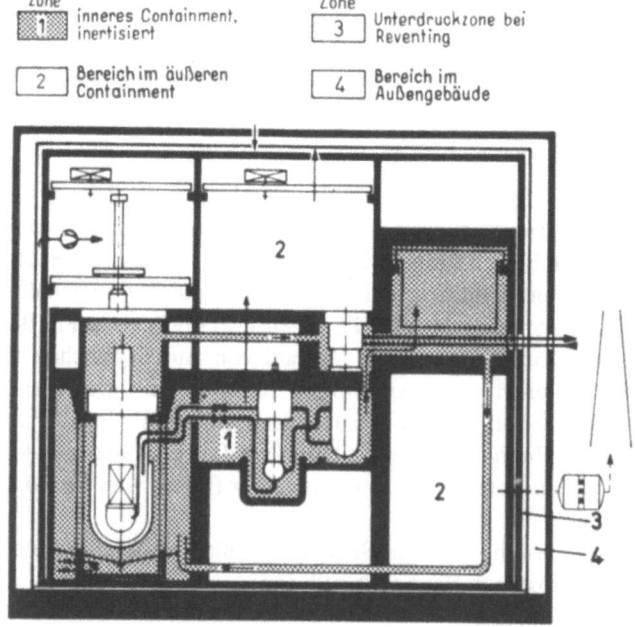

Bild 5.10. Sicherheitsbehälter des SNR-300 (Prinzip)
1 Primäres (inneres) Containment (inertisiert)
2 Sekundäres Containment
3 Spalt mit Unterdruck (Reventing)
4 Reaktorgebäude
5 Rückführungskanal für Naturkonvektionsströmung

penetriert, wird das Natrium in die Reaktorgrube auslaufen, das Core wird nicht mehr bedeckt sein und es wird schließlich insgesamt in den Corecatcher gelangen müssen. Das primäre Containment ist außerdem so gestaltet, daß sich eine Naturkonvektions-Gasströmung einstellt, wenn sich das Core im externen Corecatcher befindet. Das Gas wird über einen Kanal (5) wieder in die Reaktorgrube geführt und soll die dort aufgenommene Wärme an die Betonwände abgeben.

3. Das sekundäre oder äußere Containment (2) ist luftgefüllt und umschließt das innere Containment. Es nimmt geringe Aktivitätsmengen auf, die durch Leckagen des primären Containments austreten.

3 a. Das sekundäre Containment ist in geringem Abstand von einer Dichthaut aus Blech umgeben. Der Spalt (3) steht unter Unterdruck, Gebläse fördern die Luft aus dem Spalt zurück ins sekundäre Containment (Reventing). Durch Leckagen von außen in den Spalt wird dadurch langsam ein Überdruck im sekundären Containment aufgebaut, der schließlich (nominell nach etwa 30 Tagen) die Auslegungsgrenze erreicht. Dann muß über Filter und Kamin nach außen entlüftet werden (*Ex-venting*). Die Blechhaut ist nicht gegen den sich im sekundären Containment einstellenden Überdruck ausgelegt. Deshalb müssen die Reventinggebläse zuverlässig in Betrieb bleiben, da sonst sich durch Leckagen im Spalt ein unzulässiger Druck aufbauen würde. Ebenso müssen Kühlsysteme den Wasserdampf, der aus dem temperaturbeanspruchten Beton des primären Containments in das sekundäre Containment freigesetzt wird, niederschlagen. Die Pumpen und sonstige wichtige Komponenten müssen gegen das im Störfall durch Leckagen aus dem primären in das sekundäre Containment austretende natriumhaltige Aerosol geschützt werden.

4. Das Containment ist vom Reaktorgebäude umgeben (4), das den Schutz gegen Einwirkungen von außen übernimmt.

Dieses quaderförmige Containment, wie es hier beschrieben wurde, gibt zweifellos mehr Spielraum für die Anordnung des Primärsystems. Es hängt dafür von der Funktion einiger aktiver Komponenten ab, die deshalb mit besonderer Zuverlässigkeit und Redundanz ausgeführt werden müssen.

Literatur zu Kapitel 5

1. Reactor Safety Study. Main Report, USNRC, PB-248 201, Oct. 1975
2. Deutsche Reaktorsicherheitsstudie. Zwischenbericht auf dem GRS-Fachgespräch. München, 4. Nov. 1977, GRS-10
3. Banal, M.: Work Starts on Super Phenix at the Creys-Malville Site. Nucl. Eng. Int., (May 1977), 41–45
4. Morelle, J. M.; Stöhr, K.-W.; Vogel, J.: The Kalkar Station, Design and Safety Aspects. Nucl. Eng. Int. (July 1976) 43–48
5. Jacobi, W. M.: The Clinch River Breeder Reactor Project Nuclear Steam Supply System. Nucl. Eng. Int. (Oct. 1974) 846–850
6. Hummel, H. H., et al.: Recent Theoretical Work in the US on Fast Breeder Reactors, p. 493. Proc. Conf. on Fast Breeder Reactors, London 1966
7. Fischer, E. A.; Keller, H.: Influence of the Segregation of Oxide Fuel on the Course of Power Excursions. Nukleonik 8 (1966) 471
8. Bogensberger, H. G., et al.: Analysis of SEFOR Experiments. KfK 2095, Karlsruhe, Jan. 1975
9. Smidt, D.: Reaktortechnik, Bd. 2. Karlsruhe: Braun 1975
10. Design Guide for LMFBR Sodium Piping. Report No. SAN-781-1, CF Braun & Co., CFB-4122-1, Alhambra, Calif. Feb. 1971

11. Sherer, D. B.; Sangster, W. A.; Sciaca, F. W.: Alternate Core Design Parameters and Economic Trade-offs for a 1000 MWe Sodium-cooled Fast Reactor. ANL-7520, Pt. II (1968) 358–368
12. Noyes, R. C., et al.: Development and Evaluation of the Combustion Engineering Advanced 1000-MWE. LMFBR Design, ANL-7520, Pt. II (1968) 291–324
13. van Dievoet, J. P.: The Fuel for SNR-300. Nucl. Eng. Int. (July 1976) 54–55

6 Transienten bei funktionierenden Sicherheitssystemen

In diesem Kapitel beginnen wir mit der Analyse von Störereignissen im Kernkraftwerk und deren Folgen. Aus historischen Gründen unterscheidet man bei den Störungsauslösern zwischen

— Transienten und dem
— Verlust des Reaktorkühlmittels,

obwohl die Übergänge unscharf sind. Man kann in negativer Form Transienten als alle diejenigen Störereignisse definieren, die *nicht* durch Lecks oder Brüche im Reaktorkühlkreis eingeleitet werden. Im allgemeinen Sinne sind natürlich auch letztere Transienten und diese spezielle Unterscheidung geht auf die Zeit zurück, als ein großer Kühlmittelverlust beim Leichtwasserreaktor als auslegungsbegrenzender Störfall oder kurz als *„Auslegungsstörfall"* eine Sonderrolle spielte. Die hierfür noch früher übliche Bezeichnung „größter anzunehmender Unfall" (GAU) wird, da irreführend, heute nicht mehr verwendet. Wir werden die Einteilung in Kühlmittelverlust- und Transientenereignisse im Interesse einer übersichtlichen Darstellung beibehalten und in Kapitel 8 auf den Kühlmittelverlust im Detail zurückkommen.

Eine Frage muß jedoch vorab unter Einbeziehung *aller* Störungsauslöser gestellt und beantwortet werden:

Ist es möglich, eine *vollständige* Liste aller Störereignisse zu machen als Voraussetzung für eine vollständige Beherrschung dieser Ereignisse durch Sicherheitssysteme? Dieser *Vollständigkeitsnachweis* muß an erster Stelle bei der Betrachtung der jeweiligen Reaktortypen geführt werden.

An zweiter Stelle muß dann durch die *Störfallanalyse* gezeigt werden, daß die Ereignisse von den vorgesehenen Sicherheitssystemen beherrscht werden und daß die Systeme eine für diese Funktion hinreichende Zuverlässigkeit besitzen.

6.1 Druckwasserreaktor

6.1.1 Überblick über Störungsauslöser (Vollständigkeit)

(1) Ereignisse im Primärsystem
Wie schon in Kapitel 2 ausgeführt wurde, laufen alle Ereignisse mit dem Potential einer größeren Spaltproduktfreisetzung darauf hinaus, daß im Reaktorkern[1] ein Ungleich-

---

[1] Wir sehen hier ab von Brennelement-Lagerbecken und aktivitätsführenden Behältern, die wegen ihrer unkomplizierten Betriebsweise oder ihres geringen Aktivitätsinventars nur einen geringen Risikobeitrag liefern.

gewicht zwischen erzeugter und abgeführter Wärme entsteht, bei dem die Erzeugung die Abfuhr überwiegt. Im Primärkreis kann dies bewirkt werden durch
- globale Reaktivitätszufuhr mit Leistungsanstieg,
- lokale Verzerrungen der Leistungsdichte im Core mit auftretenden Leistungsspitzen,
- reduzierten Kühlmittelstrom,
- erhöhte Kühlmitteltemperatur.

Da leicht einzusehen ist, daß es andere Möglichkeiten, die Leistungserzeugung oder Wärmeabfuhr im ungünstigen Sinne zu beeinflussen, nicht gibt, ist diese Liste vollständig.

In Bild 6.1, in dem schematisch der Primärkreis dargestellt ist, werden die prinzipiellen Ungleichgewichtsphänomene anschaulich mit konkreten Ereignissen in Verbindung gebracht.

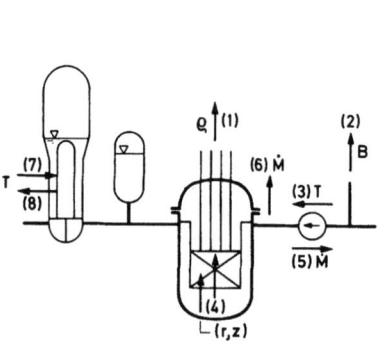 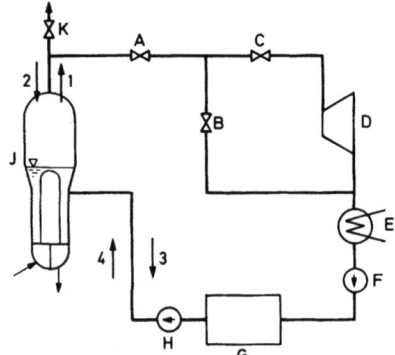

Bild 6.1. Schematische Darstellung der Störungsauslöser am Primärkreis eines Druckwasserreaktors
1 Reaktivitätszufuhr durch Ausfahren der Steuerelemente
2 Borentzug
3 Kaltwasserzufuhr (Anfahren eines stillgelegten Kreislaufs)
4 Falsche Position von Steuer- oder Brennelementen
5 Abfahren von Kühlmittelpumpen
6 Kühlmittelverlust
7 Kühlmittel zu heiß
8 Kühlmittel zu kalt
$\dot{M}$ Massenstrom
T Temperatur
B Bor
ϱ Reaktivität
r, z radiale und axiale Position einer Störung

Bild 6.2. Schematische Darstellung der Störungsauslöser im Sekundärkreis eines Druckwasserreaktors
1 Zu viel Dampfentnahme
2 Zu wenig Dampfentnahme
3 Zu wenig Speisewasserzufuhr
4 Zu viel Speisewasserzufuhr
A Frischdampfventile (Isolationsventile)
B Turbinenumleitstation
C Turbinenregelventil
D Turbine
E Kondensator
F Kondensatpumpe
G Speisewasserbehälter
H Speisewasserpumpe
J Dampferzeuger
K Sicherheits- bzw. Druckentlastungsventil

6.1 Druckwasserreaktor

Eine *globale Reaktivitätszufuhr* kann bewirkt werden durch

(a) Herausfahren von Steuerelementen einzeln oder in Gruppen (1),
(b) Zufuhr von reinem Wasser (Deionat) über das Volumenregelsystem und resultierender Abnahme der Borkonzentration im Kühlmittel (2),
(c) Zufuhr kälteren Kühlmittels in den Reaktorbehälter (negativer Kühlmitteltemperaturkoeffizient), hier insbesondere durch Zuschalten einer stillgelegten Umwälzschleife (3) oder durch das Volumenregelsystem; eine im Anschluß zu behandelnde weitere Ursache sind Störungen im Sekundärkreis (8).

Eine *lokale Verzerrung* der Leistungsdichte im Core ergibt sich durch

(d) falsche Position von Steuerelementen (4),
(e) falsche Position von Brennelementen (Anreicherungsfehler).

Ein *reduzierter Kühlmittelstrom* ergibt sich durch

(f) Ausfall einer oder mehrerer Umwälzpumpen (5),
(g) Kühlmittelverlust (6) (einschließlich eines Bruchs von Dampferzeugerheizrohren).

Eine *erhöhte Kühlmitteltemperatur* ergibt sich durch

(h) Störungen im Sekundärkreis (Hauptwärmeabfuhrsystem), der als Wärmesenke über die Temperatur im Dampferzeuger an den Primärkreis gekoppelt ist (7).

(2) Ereignisse im Haupt-Wärmeabfuhrsystem (Sekundärkreis)

Wie schon im vorangehenden Punkt ausgeführt, geht es hier ausschließlich um Ereignisse, die eine zu große oder eine zu geringe *Wärmeaufnahme* des Sekundärkreises zur Folge haben. Die unmittelbare Rückwirkung auf den Primärkreis erfolgt über eine zu niedrige oder zu hohe *Temperatur im Dampferzeuger*. Da auf der Sekundärseite des Dampferzeugers Sattdampfzustände vorliegen, sind hier Druck und Temperatur wechselseitig voneinander abhängig.

Bild 6.2 zeigt schematisch die Ereignisse, die es prinzipiell überhaupt nur geben kann (Vollständigkeitsnachweis):

— Zu hohe Dampfentnahme (1) mit Temperatur- und Druckabsenkung.
— Zu geringe Dampfentnahme (2) mit Temperatur- und Druckanstieg.
— Zu geringe Speisewasserzufuhr (3), damit Absinken des Wasserspiegels im Dampferzeuger mit schließlicher Abnahme der Heizfläche und primärseitiger Temperaturerhöhung.
— Zu hohe Speisewasserzufuhr (4).

Zu hohe Dampfentnahme kann bewirkt werden durch

(a) einen Bruch oder ein Leck in der Frischdampfleitung,
(b) unbeabsichtigtes Öffnen (oder Nicht-mehr-Schließen) von Sicherheits- oder Druckentlastungsventilen (K),
(c) unbeabsichtigtes Öffnen der Turbinenumleitstation (B).

Zu geringe Dampfentnahme kann bewirkt werden durch

(d) unbeabsichtigtes Schließen der Frischdampfventile (A) oder des Turbinenregelventils (C) insbesondere, wenn die Umleitstation (B) nicht öffnet,
(e) Turbinenschnellschluß (C, D), insbesondere wenn die Umleitstation (B) nicht öffnet,

(f) Ausfall des Kondensators (E),
(g) Ausfall der Hauptstromversorgung (common mode).

Zu geringe Speisewasserzufuhr kann bewirkt werden durch
(h) Ausfall der Speisewasserpumpen (H),
(i) einen Bruch oder ein Leck in der Speisewasserleitung.

Zu hohe Speisewasserzufuhr kann bewirkt werden durch
(k) ungeregeltes Hochfahren von Speisewasserpumpen oder unbeabsichtigtes Zuschalten von in Reserve stehenden Speisewasserpumpen.

Der Ausfall der Hauptstromversorgung bewirkt außer dem Ausfall des Kondensators (zu wenig Dampfentnahme) auch den Ausfall der Speisewasserpumpen (zu wenig Speisewasserzufuhr). Da die Dampferzeuger jedoch ein großes Wasservolumen enthalten, kommt der erstgenannte Effekt mit dem Temperatur- und Druckanstieg zuerst zur Wirkung. Bis sich der zuletztgenannte Effekt auswirkt, haben Sicherheitssysteme (Schnellabschaltung, Notspeisewasserversorgung) eingegriffen.

6.1.2 Ablauf der Transientenereignisse

Zur Analyse von Transienten werden reaktordynamische Rechenprogramme benötigt, wie sie in ihrem prinzipiellen Aufbau, z. B. in [1], Kapitel 10, beschrieben sind.

Die Programme müssen die folgenden Gleichungen lösen:
— *Neutronenkinetik.* Im allgemeinen genügen die punktkinetischen Gleichungen. Wenn örtliche Störungen und rasche Reaktivitätsänderungen bzw. Dampfblaseneffekte in axialer Richtung untersucht werden müssen, so muß ggf. auch mit der ortsabhängigen Kinetik gearbeitet werden (meist eindimensional).
— *Neutronenspektrum* (im allgemeinen „nulldimensional").
— Bestimmung der *Reaktivitätsrückwirkungen* von Xenon, Kühlmitteltemperatur und Dopplereffekt (im allgemeinen 2D, 2-Gruppen) unter Berücksichtigung des Abbrandzustandes.
— *Zeitabhängiges Temperaturfeld* unter Einfluß verschiedenartiger Störungen und unter Berücksichtigung der Schnellabschaltung und des Borierungssystems (hier sei auch auf die Borzugabe durch das in US-Anlagen vorhandene, mit dem Volumenregelsystem verknüpfte HD-Sicherheitseinspeisesystem des Abschn. 3.7.2 hingewiesen).
— *Zeitabhängige Nachwärmeerzeugung.* Bisher wurde hier das 1,2fache des sich aus der sog. ANS-Standard-Kurve [2] ergebenden Wertes eingesetzt. Sehr detaillierte neuere Untersuchungen [3] zeigen jedoch, daß die ANS-Standardkurve im wesentlichen zutreffend ist und ein derartiger Zuschlag nicht erforderlich ist.
— *Freisetzungsmodelle* für Radioaktivität aus dem Brennstoff in den Spalt zwischen Brennstoff und Hülle, ggf. in den Primärkreis, durch Leckagen in das Containment, in den Dampferzeuger, aus Containment oder Sekundärkreis in die Umgebung, Ausbreitung in der Umgebung. Hierüber wird zusammenfassend in Kapitel 10 berichtet werden.
— *Kreislaufmodelle,* die die Laufzeiten in den Rohrleitungen, den Wärmeübergang im Dampferzeuger, den Sekundärkreis und die Wirkung der betrieblichen Regelung modellieren. Meist werden zwei Kreisläufe simuliert: Einer, in dem die Störung auftritt, und ein zweiter, in dem alle übrigen zusammengefaßt sind.

6.1 Druckwasserreaktor

Als Beispiele für eine inzwischen sehr große Zahl von Rechenprogrammen, die die Behandlung von Transientenproblemen erlauben, seien nur RETRAN [4] und DRAM [5] genannt.

In der Durchführung der Analyse muß besonders auf Folgeereignisse geachtet werden, die entweder direkt oder, was wahrscheinlicher ist, in Verbindung mit weiteren Störungen der Sicherheitssysteme Konsequenzen für die Umgebung haben können. Dies sind

— Hüllenschäden durch Überschreitung der kritischen Wärmestromdichte,
— Überdruck im Primärkreis mit Ansprechen der Sicherheitsventile oder Druckentlastungsventile,
— Überdruck im Sekundärkreis mit Ansprechen der Sicherheits- oder Druckentlastungsventile,
— Temperaturtransienten in der primären Kühlmittelumschließung, die zu Ermüdungserscheinungen führen können (hierbei müssen insbesondere die in Abschnitt 3.2 aufgeführten sensitiven Bereiche analysiert werden).

Die Ergebnisse der Analyse der oben aufgeführten Ereignisse sollen nun zusammengestellt werden. Viele der Aussagen sind den Sicherheitsberichten [6, 7] entnommen. Es sei noch einmal darauf hingewiesen, daß die Sicherheitsmeßsignale redundant sind (1v3, 1v4, 2v3, 2v4) und daß auch die Aktionsglieder redundant sind, s. dazu auch Abschnitt 3.9.2.

(1) Ereignisse im Primärsystem
(a) Herausfahren von Steuerelementen einzeln oder in Gruppen
Es ist dabei zu berücksichtigen, daß die Ausfahrgeschwindigkeit der Steuerelemente durch ihren Magnetklinkenantrieb (s. z. B. [1]) begrenzt ist. Die Steuerelemente werden bankweise bewegt, wobei durch Verriegelungen dafür gesorgt wird, daß nur eine oder höchstens zwei Bänke auf einmal bewegt werden können. Bei Bewegung von 2 Bänken, die sich im Bereich maximaler Reaktivitätswirksamkeit (~halbe Eintauchtiefe) befinden, werden z. B. bei den W-Anlagen ca. $8 \cdot 10^{-4}$ Δk/s zugeführt, bei den KWU-Anlagen liegen die Verhältnisse ähnlich. Man muß weiterhin unterscheiden, ob die Reaktivitätszufuhr aus dem unterkritischen oder aus dem kritischen Zustand (bei unterschiedlichem Leistungsniveau) erfolgt.

(α) Ausgangszustand unterkritisch
Signale und Aktionen: Hoher Neutronenfluß im Quellbereich, im Übergangsbereich oder im Leistungsbereich führen zur *Reaktorschnellabschaltung*. Die Reaktorschnellabschaltung zieht in jedem Falle automatisch den *Turbinenschnellschluß*, die *Abschaltung der Speisewasserpumpen* (bei den W-Anlagen auch das Schließen von Ventilen in der Speisewasserleitung) und die Einschaltung der *Notspeisewasserpumpen* (bzw. auch, soweit vorhanden (KWU), der An- und Abfahrspeisepumpen) nach sich. Durch diesen Abschluß der Hauptwärmesenke wird nach der Abschaltung ein Abkühlen des Primärwassers auf Temperaturen unter 250 °C vermieden, von wo ab der Reaktor auch mit eingefahrenen Abschaltelementen wieder kritisch werden kann, solange die Borvergiftung noch nicht die für den kalten Zustand erforderlichen Werte hat. Sekundärseitig auftretende Druckspitzen werden, solange der Kondensator verfügbar ist, durch Öffnen der Umleitstation aufgefangen. Im Falle des hier betrachteten Ereignisses sind diese Aktionen u. a. allerdings nicht relevant, da weder Turbine noch Hauptspeisewasserpumpen in Betrieb sind.

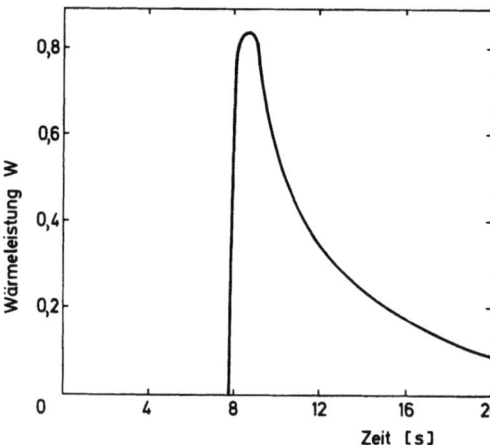

Bild 6.3. Verlauf der Wärmeleistung bei unkontrollierter Reaktivitätszufuhr mit $8 \cdot 10^{-4}$ Δk/s aus dem unterkritischen Zustand (W-Anlage) [7]

Die *Analyse* erfolgt unter Annahme eines konservativ niedrigen negativen Dopplerkoeffizienten und eines konservativ nicht-negativen Kühlmitteltemperaturkoeffizienten, ebenso wird konservativ angenommen, daß sich der Reaktor im heißen Zustande befindet (kleinerer Dopplerkoeffizient, maximaler Neutronenfluß bei Wirksamwerden der Dopplerrückwirkung). Auch die Meß- und Grenzwertfehler werden konservativ angesetzt.

Es kommt zu einem raschen Anstieg des Neutronenflusses, der jedoch durch den Dopplerkoeffizienten abgefangen und zurückgeführt wird, bevor die Schnellabschaltung nach ca. 0,5 s zur Wirkung kommt und nach 7 bis 8 s den Störfall beendet (s. Bild 6.3). Die Reaktorleistung hat dann etwa 85% erreicht. Das DNB-Verhältnis kritische Wärmestromdichte/auftretende Wärmestromdichte von 1,3 wird nicht unterschritten und das Kühlmittel bleibt deutlich unter der Sättigungstemperatur, Ansprechwerte der Sicherheitsventile werden primärseitig nicht erreicht, sekundärseitig ist, je nach dem Zustand des sekundären Kühlmittels ein kurzes Öffnen möglich, wenn die Umleitstation nicht zur Verfügung steht.

(β) Ausgangszustand kritisch

Signale und Aktionen: Schnellabschaltung (der damit verbundene Turbinenschnellschluß wird hier nicht jedesmal erwähnt werden) durch (diversitär):

— Hohen Neutronenfluß (Leistungsgrenzwert),
— hohe Kühlmitteltemperatur ΔT,
— niedriges DNB-Verhältnis (dieses Signal wird bei den KWU-Anlagen aus Kühlmitteleintrittstemperatur, Kühlmittelaustrittstemperatur und dem Druck gebildet, s. S. 87),
— hohen Druckhalterdruck,
— hohen Druckhalterwasserstand.

Auch hier gilt wie in den meisten Fällen das oben Gesagte über gleichzeitigen Turbinenschnellschluß mit Öffnen der Umleitstation, Abschaltung Hauptspeisewasserpumpen usw. Wenn die ersten 3 dieser Signale gewisse Grenzwerte erreichen, wird bereits vor Erreichen des Schnellabschaltwertes eine Ausfahrsperre wirksam.

Die Analyse erfolgt auch hier unter konservativen Annahmen im Hinblick auf Anfangszustände (Kernleistung um 2 bis 6% über dem Sollwert, Kühlmitteltemperatur um 2 °C zu hoch, Druck um 2 bar zu niedrig im Hinblick auf ein ungünstiges DNB-Ver-

6.1 Druckwasserreaktor

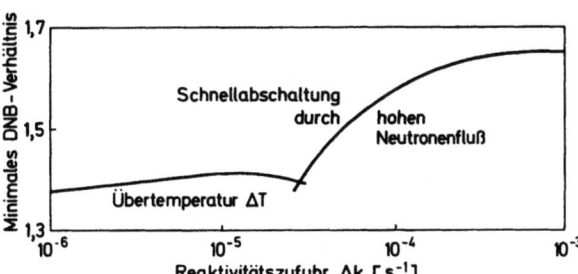

Bild 6.4. Minimale DNB-Verhältnisse bei unkontrollierter Reaktivitätszufuhr bei 100% Nennlast [7] (W-Anlage)

hältnis), Kühlmittelkoeffizient (nicht negativ), ungünstige Meß- und Grenzwertkalibrierung sowie unter der Voraussetzung, daß das reaktivitätswirksamste Abschaltelement nicht einfällt (stuck rod).

Als erster Abschaltgrenzwert wird bei langsamem Reaktivitätsanstieg (bis etwa $3 \cdot 10^{-5} \Delta k/s$, leistungsabhängig) hohes ΔT (bzw. niedriges DNB-Verhältnis), bei raschem Reaktivitätsanstieg hoher Neutronenfluß wirksam (s. Bild 6.4), das DNB-Verhältnis 1,3 wird nicht unterschritten. Die primärseitigen Sicherheitsventile sprechen nicht an, sekundärseitig öffnet ggf. die Umleitstation. In diese Kategorie von Störfällen fällt auch der Auswurf eines Steuerstabes durch Stutzenbruch. Da dadurch maximal ein Reaktivitätsbeitrag von etwa 0,2% eingebracht wird, werden auch hier keine kritischen Werte erreicht.

(b) Abnahme der Borkonzentration durch Zufuhr von Deionat über das Volumenregelsystem

Dieser Störfall ist im Prinzip dem unter (a) beschriebenen vergleichbar. Es sollen deshalb nur einige besondere Anmerkungen gemacht werden.

(α) Ausgangszustand unterkritisch

Im abgeschalteten Zustand liegt die Borkonzentration bei etwa 2000 ppm, der Kern wird (im frischen Zustand) bei etwa 1200 bis 1400 ppm kritisch; die Zeit, um vom einen in den anderen Zustand zu kommen, beläuft sich auf ca. 1 Stunde. Es steht also genügend Zeit zur Verfügung. Die Borkonzentration kann gemessen werden; ebenso zeigt die Zählrate (Extrapolation gegen Null bei graphischer Auftragung des reziproken Wertes) die Annäherung an den kritischen Zustand an.

Im Kernkraftwerk Neckarwestheim (Bundesrepublik Deutschland) kam es 1977 zu einem Kritikalitätsstörfall durch zu starke Entborierung, weil das Konzentrationsmeßgerät einen dem Bedienungspersonal nicht bekannten Nachlauf von etwa 30 min hatte. Da gleichzeitig die Regelstäbe voll ausgefahren waren (geringe Reaktivitätswirksamkeit im Bereich geringer importance), konnte die Störung nicht sofort ausgeglichen werden und das Reaktorschutzsystem sprach in der unter (a, α) beschriebenen Weise an:

Es kam über das Ansprechen des Neutronenflußgrenzwertes zu einer Schnellabschaltung. Die Leistung erreichte 8% des Sollwertes (s. auch Kapitel 11). Im ganzen lagen die Folgen innerhalb der konservativen Analyse nach Punkt (a, α).

(β) Ausgangszustand kritisch

Auch hier gilt das entsprechend unter (a, β) Gesagte. Die nach der Pumpenkapazität bei Betriebsdruck mögliche Reaktivitätsänderungsgeschwindigkeit liegt bei $10^{-5} \Delta k/s$ und liegt so deutlich unter der analysierten Obergrenze von $8 \cdot 10^{-4} \Delta k/s$.

Als Sonderfall ist zu betrachten, daß ein unbeabsichtigter (und entsprechend langandauernder) Borentzug auftritt, während der Reaktor automatisch geregelt wird. Ein derartiges Ereignis ist sicherlich unwahrscheinlicher als das oben beschriebene. Während letzteres während des Nullast-Versuchsbetriebes auftrat, als eine Entborierung beabsichtigt war, müßte ersteres während des Normalbetriebes unbeabsichtigt einsetzen. Wenn es aber stattfindet, würden die Regelstäbe zunächst durch Einfahren den Borentzug kompensieren, bis sie an einer *unteren Einfahrgrenze* Alarm auslösen. Danach stehen immer noch etwa 15 min zur Verfügung, um die Deionatzufuhr zu unterbrechen.

(c) Zufuhr kälteren Kühlmittels durch Zuschalten einer stillgelegten Umwälzschleife oder durch das Volumenregelsystem

Befindet sich eine primäre Kühlmittelumwälzpumpe außer Betrieb, so wird der entsprechende Kreislauf in umgekehrter Richtung durchströmt. Durch Wärmeentzug im Dampferzeuger kann das Wasser hierbei eine Temperatur erreichen, die unter der normalen Eintrittstemperatur liegt. Bei den US-Anlagen besteht deshalb eine administrative Vorschrift, das Zuschalten einer Pumpe nur bei auf 25 % Vollast reduzierter Leistung vorzunehmen. Eine Analyse zeigt aber auch hier wegen der an sich geringen Temperaturunterschiede und der im Verhältnis geringen Mengen keinen großen Effekt; das DNB-Verhältnis bleibt oberhalb 1,3. (Bei dieser Analyse wird in konservativer Weise der am stärksten negative Kühlmitteltemperaturkoeffizient des abgebrannten Reaktors eingesetzt.) Entsprechendes gilt über die Zuspeisung kalten Wassers durch das Volumenregelsystem. Arbeiten beide Einspeisepumpen mit zusammen 70 m³/h, so können maximal $5 \cdot 10^{-6}$ $\Delta k/s$ zugeführt werden.

(d) Falsche Position von Steuerelementen

Einzelne fehlerhaft im Core befindliche Steuerelemente oder Bänke von Steuerelementen können Fluß- und Leistungsverzerrungen verursachen.
Signale: Leistungsabfall, unsymmetrische Leistungsverteilung (über Incore-Instrumentierung), Lichtsignal an Stellungsanzeige, Alarm an Stellungsanzeige (Stababweichungsalarm). *Aktion:* Alarm.

Deshalb ist es unwahrscheinlich, daß eine derartige Fehlpositionierung auftritt.

Unterstellt man sie dennoch, so hängt es von dem speziellen Muster ab, ob kritische DNB-Werte erreicht werden. Beim W-Reaktor wird im ungünstigsten Fall (eine bestimmte Bank ganz eingefahren, ein Steuerelement dieser Bank ganz gezogen, Leistung 100 %) das DNB-Verhältnis 1,3 erreicht.

(e) Falsche Brennelementposition (falsche Anreicherung)

Ursache können Belade-, Umlade- oder Fabrikationsfehler (Anreicherung in äußerer Zone bei 3,3, innere Zone 2,8 % bei W) sein. Entsprechende Kennzeichnung und administrative Vorschriften machen diesen Fall unwahrscheinlich.
Signale: Nach dem Beladen und vor dem Leistungsbetrieb wird bei reduzierter Leistung die Neutronenflußverteilung gemessen; damit werden Flußspitzen detektiert. Die Analyse zeigt, daß so nicht mehr detektierbare Abweichungen klein bzw. lokal begrenzt sind (Stab oder Pellet) und allenfalls sehr begrenzte Schäden zur Folge haben.

(f) Ausfall einer Umwälzpumpe

Ein gleichzeitiger Ausfall mehrerer primärer Kühlmittelumwälzpumpen ist nur bei Stromausfall (common mode) denkbar, der weiter unten gesondert und im Zusammenhang behandelt wird und alle Fälle gemeinsamen Versagens einschließt.

6.1 Druckwasserreaktor

Es bleibt der Ausfall einer Pumpe durch Einzelfehler elektrischer oder mechanischer Art. Durch Schwungräder ist im allgemeinen für ein langdauerndes Auslaufen gesorgt.

Signale und Aktionen: In allen Anlagen wird das ordnungsgemäße Funktionieren der Pumpen durch *Drehzahlmesser* (KWU) oder *Durchsatzmesser* (W) überwacht. Im Vollastbereich erfolgt bei einem Pumpenausfall *Schnellabschaltung* (W bei Leistungen über 75%) bzw. Herunterfahren der Leistung auf Werte unterhalb 80% (KWU) und entsprechende Reduktion der Leistungsgrenzwerte. Die Schnellabschaltung wird bei KWU-Anlagen erst ausgelöst, wenn die Pumpendrehzahl rascher abfällt als die Reaktorleistung und 60% des Nennwertes erreicht hat, oder mehrere Pumpen ausgefallen sind.

Bei Teillast (< 75%) erfolgt die *Schnellabschaltung* der W-Anlagen erst, wenn mehr als eine Pumpe ausgefallen ist.

Für die Berechnung werden als konservative Annahmen unterstellt:
— Stationäre Überleistung von 102 bis 106%, Übertemperatur (+ 2°C), Unterdruck (− 2 bar), (Unterdruck ergibt einen geringeren DNB-Wärmefluß),
— Kühlmitteltemperaturkoeffizient Null,
— verzögerte Schnellabschaltung und „stuck rod" (Signal normalerweise bei 90% Durchsatz (W), dazu konservative Meßfehler).

Der zeitliche Verlauf des Pumpendurchsatzes ist in Bild 6.5 dargestellt. Bei Ausfall einer Pumpe würde der Kerndurchsatz in etwa 10 s auf 80% sinken (W), die Schnellabschaltung erfolgt 1,8 s nach Einsetzen der Störung. Die Kühlmitteltemperatur steigt vorübergehend um etwa 5°C. Das DNB-Verhältnis erreicht einen minimalen Wert von etwa 1,6, bleibt also deutlich über 1,3. Sicherheitsventile sprechen weder primär- noch sekundärseitig an (keine Reaktivitätszufuhr und Leistungssteigerung).

Befindet sich die Anlage zu Beginn des Störfalls nur mit 3 Kreisläufen in Betrieb, so sind alle Grenzwerte entsprechend reduziert und die Verhältnisse liegen ähnlich.

Als diversitäres Abschaltsignal stünde die gemessene Übertemperatur ΔT des Kühlmittels zur Verfügung. Da dies Signal einige Sekunden später kommt, könnte an einigen Heißstellen das DNB-Verhältnis den Wert 1,3 unterschreiten und örtliche Hüllenschäden wären denkbar, die jedoch ohne große Bedeutung für die Umgebungsbelastung sind.

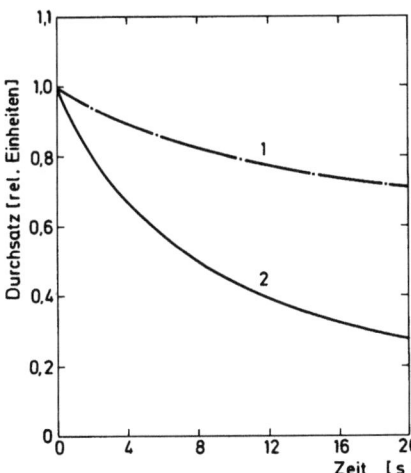

Bild 6.5. Durchsatz als Funktion der Zeit bei Umwälzpumpenausfall (W-Anlage) [7]
1: Ausfall einer Pumpe, 2: Ausfall von 4 Pumpen

Im W-Sicherheitsbericht [7] wird auch das plötzliche Blockieren einer Umwälzpumpe analysiert, obwohl dies sehr unwahrscheinlich ist. In diesem Falle wird der Wärmeübergang zur Sekundärseite stark reduziert, weil sich im gestörten Kreislauf schlechtere Wärmeübergangszahlen einstellen. Trotz der raschen, durch das *Durchflußsignal* bewirkten *Schnellabschaltung* kommt es hier zu einem primärseitigen Druckanstieg, bei dem entweder die in vielen Anlagen vorgesehenen fremdbetätigten Druckentlastungsventile öffnen oder, wenn diese nicht vorhanden sind, ein primäres Sicherheitsventil. Durch die Druckentlastung aber wird das DNB-Verhältnis von 1,3 unterschritten und es kann örtlich zu geringen Hüllenschäden und Freisetzung der im Spalt des Brennstabes befindlichen Aktivität in den Primärkreis und u. U. in das Containment kommen. Die Auswirkungen auf die Umgebung sind jedoch gering und liegen unter den für Störfälle zulässigen Belastungen.

(g) Kühlmittelverlust
Dieser Störfall erfordert wegen der drastischen Änderung der Kühlverhältnisse grundsätzlich andere Analysemethoden und Sicherheitseinrichtungen. Er wird ausführlich in Kapitel 8 behandelt.

(h) Störungen im Sekundärkreis
werden in allen folgenden Punkten behandelt.

(2) Ereignisse im Sekundärsystem

(a) Bruch (oder Leck) in der Frischdampfleitung
Durch den Druckabfall erfolgt sekundärseitig eine starke Abkühlung, die sich auf die Primärseite überträgt. Die Abkühlung kann längerfristig so stark sein, daß die Abschaltstäbe allein den Reaktor nicht unterkritisch halten können.

Einige KWU-Anlagen haben *Schnellschlußventile* (Signal dp/dt), die bei einem Bruch die Dampfleitung unmittelbar am Dampferzeuger absperren können. In diesem Fall ist ein länger andauernder sekundärseitiger Kühlmittelverlust mit hoher Wahrscheinlichkeit auszuschließen. Andere Anlagen haben Schnellschlußventile in der Dampfleitung nur außerhalb des Containments; durch qualitativ hochwertige Ausführung der Dampfleitung bis zur ersten Absperrarmatur wird auch hier ein Leck unwahrscheinlich gemacht.

Signale und Aktionen: Tabelle 6.1 gibt einen Überblick, der auch die Unterschiede zwischen den KWU- und den W-Anlagen zeigt. *Druck im Containment, niedriger Wasserstand* und *Druck im Druckhalter* sind die üblichen Auslöser des *Notkühlsystems*, die u. a. auch durch den starken Wärmeentzug beim Frischdampfleitungsbruch zustande kommen. Während aber bei den KWU-Anlagen die Hochdruckeinspeisung, obwohl zwangsläufig ausgelöst, keine Bedeutung hat, da die Förderhöhe der HD-Pumpen mit 50 bar zu weit unter dem Druck im Primärkreis (auch beim Frischdampfleitungsbruch) liegt, sind bei den W-Anlagen die Pumpen des Volumenregelsystems, die gegen den vollen Primärdruck fördern können, in das Notkühlsystem integriert. Durch sie wird hochkonzentrierte Borsäurelösung (20 000 ppm) in den Reaktor eingebracht (s. Bild 3.33), die mittelfristig (ca. 4 min) für Unterkritikalität sorgt.

Bei den KWU-Anlagen wird statt dessen eine sog. *Auswahlschaltung* eingesetzt, die die Notspeisewasserversorgung zu dem Dampferzeuger mit der gebrochenen Leitung unterbindet. Dadurch wird, nachdem der Dampferzeuger ausgedampft ist, die weitere Wärmeabfuhr unterbunden und die primäre Kühlmitteltemperatur steigt rascher auf

6.1 Druckwasserreaktor

Tabelle 6.1. Signale und Aktionen beim Frischdampfleitungsbruch (einige der Signale sind „und"-verknüpft) (Druckwasserreaktor)

Signal KWU	W	Aktion KWU	W
Überleistung (Containmentdruck), Druckhalterwasserstand, *Dampferzeugerwasserstand*, Kühlmitteldruck	Überleistung, Notkühlanregung	R-Schnellabschaltung, Turbinenschnellschluß, Abschaltung Speisewasserversorgung, Zuschaltung Notspeisewasserversorgung	R-Schnellabschaltung, Turbinenschnellschluß, Abschaltung *und Abschluß* Speisewasserversorgung, Zuschaltung Notspeisewasserversorgung
dp/dt in Frischdampfleitungen und Notspeisewasserleitungen	hoher Dampfdurchsatz, in zwei Leitungen mit entweder niedriger Primär-Kühlmitteltemperatur oder niedrigem Dampfdruck	Abschluß Frischdampfschieber	Abschluß Frischdampfschieber
Containmentdruck, Druckhalterwasserstand, Kühlmitteldruck	Containmentdruck, Druckhalterwasserstand, Kühlmitteldruck, hoher Dampfdurchsatz in zwei Leitungen mit niedriger Primär-Kühlmitteltemperatur oder niedrigem Dampfdruck	(Anregung Notkühlung) (HD-Einspeisung) ist an sich nicht nötig und kommt wegen zu geringer Förderhöhe nicht zur Wirkung	Anregung Notkühlung (Ladepumpen des HD-Einspeisesystems bewirken Borzugabe)
Druckvergleich zwischen den Dampferzeugern und Wasserstand im Dampferzeuger		Abschaltung der Notspeisewasserversorgung zum Dampferzeuger mit der gebrochenen Dampfleitung (Auswahlschaltung)	–

Werte an, die die Unterkritikalität so lange gewährleisten, bis durch das Volumenregelsystem oder ggf. durch das Zusatzboriersystem eine hinreichende Borvergiftung erzielt ist.

Für die Analyse werden konservative Annahmen gemacht:
— Stärkster negativer Kühlmitteltemperaturkoeffizient (Zyklusende),
— geringste Abschaltreaktivität und „stuck rod",
— bei W minimale Borsäureeinspeisung.

Es zeigt sich, daß bei Kühlmitteltemperaturen zwischen 200 und 250 °C nach 20 bis 40 s der abgeschaltete Reaktor kurzzeitig wieder kritisch wird und daß dies durch Brennstoff- und Kühlmitteltemperaturkoeffizienten innerhalb weniger Sekunden aufgefangen wird. Der Abfall der Kühlmitteltemperatur wird dadurch etwas verlangsamt und es stellt sich so wieder ein Gleichgewicht zwischen Wärmeerzeugung und Wärmeabfuhr ein. Der Effekt ist weniger stark ausgeprägt, wenn die Hauptstromversorgung und damit die primären Umwälzpumpen ausgefallen sind und so die Wärmeabgabe an die Dampferzeuger reduziert ist.

Das DNB-Verhältnis bleibt deutlich über 1,3, die primären Sicherheitsventile öffnen sich nicht. Die Temperaturtransiente bringt, wie schon in Abschnitt 3.2.4 (b) ausgeführt, neben dem Kühlmittelverluststörfall die größte thermische Belastung des Reaktordruckbehälters. Einen entsprechenden Thermoschock erfährt auch der betroffene Dampferzeuger. Vor der Wiederinbetriebnahme ist deshalb eine genaue Analyse der aufgetretenen Wärmespannungen mit den tatsächlich während des Störfalls gemessenen Temperatur-Zeit-Verläufen erforderlich.

(b) Unbeabsichtigtes Öffnen (oder Nicht-mehr-Schließen) von Sicherheits- oder Druckentlastungsventilen in der Frischdampfleitung

Dieser Fall ist durch (a) mit abgedeckt. Er stellt sogar die häufigste Ursache für einen sekundären Druckabfall dar. Es gibt einige nicht auszuschließende Störfälle (vor allem Reaktivitätszufuhr bei Nullast, heiß, und Ausfall der Hauptstromversorgung), bei denen die dampfseitigen Sicherheitsventile kurzzeitig öffnen müssen, um einen Überdruck abzubauen. Wenn die Sicherheitsventile auf zuverlässiges Öffnen hin konzipiert sind, ist es i. allg. nicht möglich, ein ebenso zuverlässiges Wieder-Schließen zu erreichen, da sich beide Funktionen in gewissem Umfang gegenseitig ausschließen. Entsprechende Ereignisse sind verschiedentlich vorgekommen (s. Kapitel 11). Die Auswirkungen sind jedoch weit geringer als beim unter (a) behandelten Leitungsbruch.

(c) Unbeabsichtigtes Öffnen der Turbinenumleitstation

Hier kommen die Absperrschieber in den Frischdampfleitungen zur Wirkung, die durch die in Tabelle 6.1 genannten Signale angeregt werden. Im übrigen wird dann dieser Fall durch (a) abgedeckt.

(d) Unbeabsichtigtes Schließen der Frischdampf-Absperrschieber

Dieses Ereignis wird in den vorliegenden Sicherheitsberichten [6—8] nicht behandelt.
Signale und Aktionen sind aber leicht abzuleiten. Die *Stellung der Absperrschieber, Temperatur* (bei W), *hoher Wasserstand* und *hoher Druck im Druckhalter* führen zur *Schnellabschaltung* (mit wie immer folgenden Abschaltung der Hauptspeisewasserzufuhr, Einschaltung der Notspeisewasserzufuhr und Turbinenschnellschluß).

Der sekundärseitig entstehende hohe Druck führt zum zeitweiligen Öffnen der Sicherheitsventile. Durch die damit eröffnete Wärmesenke werden die primärseitigen

6.1 Druckwasserreaktor

Übertemperaturen rasch abgebaut. Bei Nichtverfügbarkeit des Netzes reicht die Naturkonvektion zum Wärmetransport im Primärkreis aus. Die Störfallfolgen sind abgedeckt durch Fall (e) (Turbinenschnellschluß bei nicht verfügbarer Umleitstation), der dadurch vergleichbar ist, daß auch dort Kondensator und Turbine keinen Dampf mehr aufnehmen können. Ein kurzzeitiges Ansprechen der Druckhalter-Entlastungsventile ist ebenfalls zu erwarten.

(e) Turbinenschnellschluß mit und ohne Öffnen der Umleitstation
(einschließlich Lastabwurf)

Signale und Aktionen:
- Die Umleitstation (ca. 50% der Vollastkapazität) wird aufgefahren, sofern nicht der Kondensatorschutz angesprochen hat, der die Umleitstation verriegelt.
- Bei den W-Anlagen erfolgt *Reaktorschnellabschaltung* (ausgelöst durch Stellung des Turbinenventils oder Turbinenöldruck), bei den KWU-Anlagen führt das Regelsystem unter Benutzung des sog. Steuerstabeinwurfs die Leistung auf etwa 30% des Nennwertes zurück.
- *Hoher Druck und hoher Wasserstand im Druckhalter* (hohe Temperatur bei W) schalten den *Reaktor ab* (z. B. wenn die Umleitstation nicht öffnet), bei den W-An-

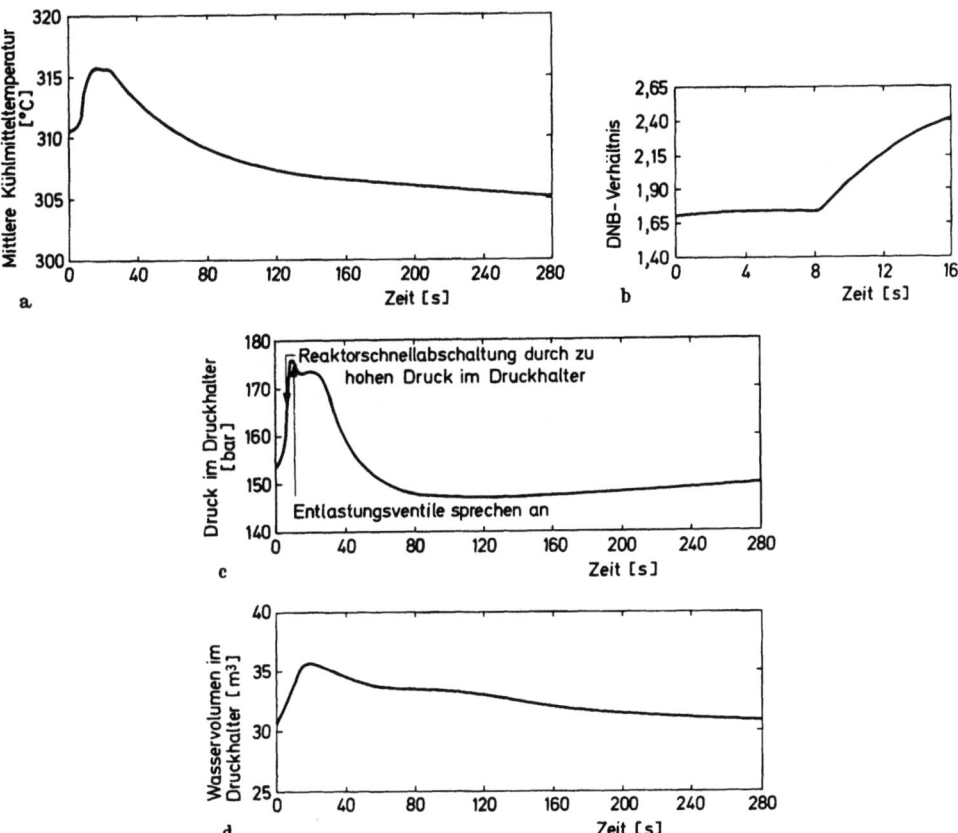

Bild 6.6a–d. Lastabwurf (Turbinenschnellschluß) ohne Verfügbarkeit der Umleitstation, 100% Reaktorleistung bis zum Ansprechen des Signals „hoher Druck im Primärkreis" (W-Anlage) [7]

lagen dienen sie als diversitäres Back-up. Selbst wenn man unterstellt, daß der Reaktor bei Nichtverfügbarkeit der Umleitstation mit 102 % Nennleistung so lange weiterbetrieben wird (Handsteuerung), bis die *Schnellabschaltung* durch *hohen Druck im Druckhalter* (bei ca. 165 bar) ausgelöst wird (s. Bild 6.6), läßt sich durch die Druckhaltersprühung und durch fremdbetätigte Druckentlastungsventile am Druckhalter (KWU und W) erreichen, daß der Primärdruck nicht über 172 bar steigt und der Ansprechdruck der Sicherheitsventile nicht erreicht wird. Die Entlastungsventile können ihrerseits allerdings mit einer gewissen Wahrscheinlichkeit in geöffneter Stellung ausfallen und so einen (allerdings kleinen) Kühlmittelverluststörfall verursachen (s. Kapitel 11). Bei den KWU-Anlagen wird durch hohen Druck im Dampferzeuger das automatische Abfahren über die sekundären Entlastungsventile (100 °C/h) eingeleitet. In diesem Falle muß eine Borierung des Kühlmittels erfolgen.
Das DNB-Verhältnis 1,3 wird nicht unterschritten.

(f) Ausfall des Kondensators

Entspricht dem vorangehenden Fall. Der Reaktorschutz löst Turbinenschnellschluß aus, die Umleitstation ist verriegelt und steht nicht zur Verfügung.

(g) Ausfall der Hauptstromversorgung

Bei den KWU-Anlagen versucht zunächst das Regelsystem, die Anlage auf den sog. Inselbetrieb, Eigenbedarfserzeugung durch den Hauptgenerator, herunterzufahren.
Signale und Aktionen:
— Bei *Spannungsausfall* laufen die *Notstromdiesel* und (bei KWU) die Notspeisediesel an, die *Notspeisepumpen* werden eingeschaltet.
— *Niedriger primärer Kühlmitteldurchsatz* (W) bzw. niedrige Umwälzpumpendrehzahl (KWU) in mehreren Keisläufen bzw. *niedriger Wasserstand im Dampferzeuger* führen zur *Schnellabschaltung*.
— Wegen Überdruck öffnen die Sicherheitsventile in der Dampfleitung (die Umleitstation steht ja nicht zur Verfügung).

Die Schnellabschaltung wird hier ggf. früher ausgelöst als im Fall (e). Nach etwa 280 s erreicht der Druck 165 bar, hier sprechen in den KWU-Anlagen bereits die Entlastungsventile am Druckhalter an (nicht die Sicherheitsventile). Auch hier gilt das zum Versagen dieser Ventile in Offenstellung Gesagte. Dieser Fall wird in den Risikostudien berücksichtigt [9]. Das DNB-Verhältnis 1,3 wird nicht unterschritten. Den Ereignissen (d) bis (g) ist gemeinsam, daß sich bei ihnen die Sicherheitsventile in den Dampfleitungen öffnen können. In den deutschen Leitlinien [9] wird angenommen, daß mindestens einige der Ereignisse so häufig sind, daß sie als betriebliche Vorkommnisse betrachtet werden müssen. Die Aktivität im Sekundärkreis (wegen Undichtigkeiten im Dampferzeuger) muß deshalb so gering gehalten werden, daß auch unter Einbeziehung dieser Ereignisse § 45 der Strahlenschutzverordnung (30-mrem-Konzept) erfüllt bleibt. In den USA wird diese Einschränkung nicht gemacht, vielmehr werden dort auch hierfür die Dosisrichtwerte für Störfälle zugelassen.

(h) Ausfall der Speisewasserpumpen
Signale und Aktionen:
Das Signal *niedriger Wasserstand im Dampferzeuger* führt zur *Reaktorschnellabschaltung* mit Turbinenschnellschluß und zum Einschalten der Notspeisewasserpumpen.

6.1 Druckwasserreaktor

Tabelle 6.2. Signale und Aktionen bei Transienten im Druckwasserreaktor (vereinfachte Darstellung)

	R.-Schnell-abschaltung[a]	Speise-pumpen ab	Not-speise-pumpen ein	Eine Not-speise-pumpe ab	Turbinen-Schnell-schluß	Umleit-station auf	Umleit-station zu	Isola-tions-ventil zu	B.-Ein-speisung auf	Druck-entl. auf	Alarm
Neutroneneinfluß hoch	x										
DNB-Verh. oder ΔT hoch	x										
Pumpendrehzahl zu niedrig oder so in mehreren Loops	x										
Druck hoch	x									x	
Druck niedrig	x								x		
Wasserstand hoch	x								x		
Wasserstand niedrig	x							x			
p, dp/dt Dampferzeuger	x			x							
R.-Schnellabschaltung	x	x	x		x						
Turbinenschnellschluß	x					x					
Lokale Flußspitze	(x)										
Kein Kondensator-Vakuum	x				x		x				
hDampferzeuger			x		x			x	x		x

[a] Einige der Abschaltbedingungen dienen als diversitäres Back-up oder stehen in UND-Verknüpfung; s. auch Tabelle 3.7

Solange die Umleitstation zur Verfügung steht, kommt es nicht zum Öffnen der sekundärseitigen Sicherheitsventile. Bei nicht verfügbarer Umleitstation ist der Ablauf durch (g) abgedeckt.

(i) Bruch oder Leck in Speisewasserleitung
Durch (h) abgedeckt.

(k) Zu hohe Speisewasserzufuhr
Dieser Fall wird nicht in den Sicherheitsberichten [6—8] behandelt. Offensichtlich ist die Temperaturtransiente in ihrer Reaktivitätsauswirkung gering und kann durch die Schnellabschaltung über das Neutronenfluß- bzw. Temperatur-(W)- bzw. DNB-(KWU)-Signal abgefangen werden.

6.1.3 Schlußbemerkung

Alle Transienten des Druckwasserreaktors können durch die Sicherheitssysteme so aufgefangen werden, daß auch unter ungünstigen Bedingungen die Hüllrohre intakt bleiben und auch sonst keine wesentliche Freisetzung von Radioaktivität erfolgt. Beim Öffnen der sekundären Sicherheitsventile wird geringfügig Radioaktivität freigesetzt, ebenso kann es zum Ansprechen von Entlastungsventilen am Primärkreis kommen. Erheblich unwahrscheinlicher ist das plötzliche Blockieren einer Kühlmittelumwälzpumpe. Tabelle 6.2 enthält eine Zusammenstellung der wichtigsten Signale und Aktionen. Die bei weitem wichtigste Aktion ist die Reaktorschnellabschaltung, die durch eine große Anzahl von Signalen (z. Teil allerdings nach Tabelle 3.7 UND-verknüpft oder nachrangig) ausgelöst wird und ihrerseits weitere Aktionen im Sekundärkreis auslöst.

6.2 Siedewasserreaktor

6.2.1 Überblick über Störungsauslöser (Vollständigkeit)

Bild 6.7 zeigt das vereinfachte Schaltschema eines Siedewasserreaktors, in dem durch Pfeile die möglichen Störungen angedeutet sind. Es gibt hier prinzipiell
— Reaktivitätszufuhr durch unkontrolliertes Ausfahren der Regelstäbe (1),
— örtliche Leistungsspitzen durch Fehlposition von Regelstäben oder Brennelementen (2),
— zu geringe Kühlmittelumwälzung durch die Zwangskonvektion (3),
— zu hohe Kühlmittelumwälzung durch die Zwangskonvektion (4),
— zu hohe bzw. zu kalte Speisewasserzufuhr (5),
— zu geringe Speisewasserzufuhr (6),
— zu geringe Dampfentnahme (7),
— zu hohe Dampfentnahme (8),
— Kühlmittelverlust (9).

Andere Störungen mit möglicherweise gefährlichen Auswirkungen auf die Kernintegrität können a priori ausgeschlossen werden.
Führt man diese allgemeinen Ereignisse mit etwas mehr Detail auf ihre Ursachen zurück, so ergibt sich die folgende Liste:

6.2 Siedewasserreaktor

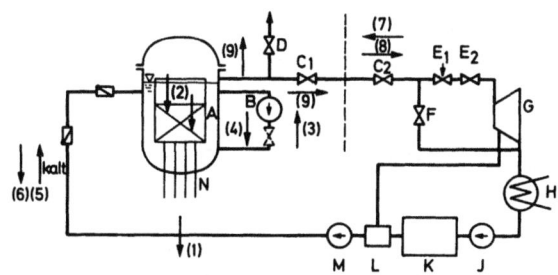

Bild 6.7. Prinzip eines Siedewasserreaktors mit Störfallmöglichkeiten

1 Reaktivitätszufuhr
2 Örtliche Leistungsspitzen
3 Zu wenig Kühlmittelumwälzung
4 Zu viel Kühlmittelumwälzung
5 Zu viel (zu kaltes) Speisewasser
6 Zu wenig Speisewasser
7 Zu wenig Dampfentnahme
8 Zu viel Dampfentnahme
9 Kühlmittelverlust

A Core
B Umwälzpumpe
C Isolationsventile
D Druckentlastungs-/Sicherheitsventile
E_1 Druckregelventil
E_2 (evtl. kommt ein gesondertes Ventil für Turbinenschnellschluß hinzu)
F Umleitstation
G Turbine
H Kondensator
J Kondensatpumpe
K Speisewasserbehälter
L Vorwärmer
M Speisewasserpumpe
N Abschaltstäbe

Reaktivitätszufuhr durch unkontrolliertes Ausfahren der Regelstäbe

(a) Beim Start,
(b) beim Leistungsbetrieb,
(c) beim Beladen.

Örtliche Leistungsspitzen durch Fehlposition von Regelstäben oder Brennelementen

(d) Regelstabfehlpositionierung,
(e) Brennelementfehlpositionierung.

Zu geringe Kühlmittelumwälzung durch die Zwangskonvektion

(f) Pumpenausfall oder (nur bei GE) Zufahren der Regelventile.

Zu hohe Kühlmittelumwälzung

(g) Auffahren der Regelventile (nur GE),
(h) Start stillgelegter Umwälzpumpen.

Zu hohe bzw. zu kalte Speisewasserzufuhr

(i) Ausfall von Vorwärmern,
(j) unbeabsichtigtes Einschalten eines HD-Sicherheitseinspeisesystems,
(k) zu hohe Speisewasserzufuhr.

Zu geringe Speisewasserzufuhr

(l) Ausfall von Speisewasserpumpen,
(m) Rohrbruch der Speisewasserleitung.

Zu geringe Dampfentnahme

(n) Turbinenschnellschluß,
(o) Lastabwurf,
(p) Isolationsabschluß,
(q) Fehlerhaftes Schließen des Druckregelventils.

Zu hohe Dampfentnahme

(r) Unbeabsichtigtes Öffnen von Druckentlastungs-/Sicherheitsventilen,
(s) Fehlerhaftes Öffnen des Druckregelventils.

Kühlmittelverlust

(t) Bruch der Dampfleitung,
(u) Bruch der Umwälzschleife (nur GE).

Als in vielen Bereichen wirksamer *Common Mode* sei schließlich noch der

(v) Ausfall der Hauptstromversorgung

erwähnt.

6.2.2 Ablauf der Transientenereignisse [10, 11]

Vorbemerkung: Das Ansprechen der Schnellabschaltung bewirkt ein Abfahren der Umwälzpumpen.

(a) Reaktivitätszufuhr beim Start

Es werde unter Verletzung von Betriebsvorschriften mit maximaler Geschwindigkeit aus der reaktivitätswirksamsten Position (axial und radial) ein Regelstab oder (bei unterstellter Verletzung von Verriegelungen) eine Gruppe von 4 Regelstäben ausgefahren (ca. $2 \cdot 10^{-3}$ $\Delta k/s$).

Signale und Aktionen:

Die entstehende Leistungsexkursion wird durch den Dopplerkoeffizienten abgefangen, das *Neutronenflußsignal* (Mittelbereich) löst *Schnellabschaltung* aus. Es treten keine Hüllenschäden auf.

(b) Reaktivitätszufuhr beim Leistungsbetrieb
Signale und Aktionen:

Auch wenn die Reaktivitätszufuhr von ca. $2 \cdot 10^{-3}$ $\Delta k/s$ im Leistungsbetrieb erfolgt, wird die Exkursion durch den Dopplerkoeffizienten abgefangen, die *Schnellabschaltung* wird durch 120% *Neutronenfluß-Leistung* ausgelöst, auch hier treten durch die Exkursion keine Hüllenschäden auf (mögliche lokale Effekte werden unter (d) behandelt. Ein diversitäres Abschaltsignal wird durch hohen Systemdruck bereitgestellt. Ein Sonderfall ist die Ejektion eines Regelstabes aus dem Reaktorkern, die diesen in kurzer Zeit prompt überkritisch macht. Um die Ejektion durch Abreißen des Regelstabstutzens auszuschließen, sind Auffangvorrichtungen vorgesehen. Im GE-Sicherheitsbericht [10] wird noch der allerdings sehr unwahrscheinliche Fall behandelt, daß ein Stab im Core hängenbleibt, der Antrieb wieder ausfährt und der Stab anschließend aus dem Core fällt. Solch ein Ereignis wird durch Endschalter und Verriegelungen, die ein Ausfahren ohne Mitnahme des Regelstabes verhindern, ausgeschlossen. Unterstellt man es trotzdem, so wird die Exkursion durch den Dopplereffekt aufgefangen; besonders in der Nähe des fehlerhaften Regelstabes muß jedoch mit begrenzten Brennelementschäden gerechnet werden.

6.2 Siedewasserreaktor

(c) Reaktivitätszufuhr beim Beladen

Durch Verriegelungen ist es beim Beladevorgang unmöglich, mehr als einen Regelstab auszufahren. Um einen Regelstab nach oben herauszuholen, müssen die vier benachbarten Brennelemente ausgebaut werden.

(d) Regelstabfehlpositionierung

Wird ein Regelstab unkontrolliert während des Leistungsbetriebs gezogen, so kann es im ungünstigen Fall in den benachbarten Brennelementen zur Unterschreitung des zulässigen DNB-Verhältnisses kommen.

Signale und Aktionen:
Ein entsprechendes *Signal* liefert die *Incore-Neutronenfluß-Instrumentierung*, die zunächst einen Alarm gibt, dann das *Stabausfahren blockiert*, bevor kritische Werte erreicht werden. Vom Prinzip her ist der Siedewasserreaktor im Vergleich zum Druckwasserreaktor durch sein größeres, weniger dichtes Core mit entsprechend loserer Neutronenflußkopplung etwas anfälliger gegen örtliche Flußverwerfungen. In Kapitel 11 wird ein in diesen Zusammenhang gehörender Störfall beschrieben.

(e) Brennelementfehlpositionierung

Die Brennelemente haben alle die gleiche Anreicherung. Sie unterscheiden sich jedoch durch die Gadoliniumvergiftung, die in den Randelementen geringer ist als in den Zentralelementen. Die Analyse zeigt, daß ein irrtümlich in eine Zentralposition geladenes Randelement beim Betrieb mit 100 % Nennleistung keine Schäden erfährt.

(f) Ausfall der Umwälzpumpe oder Zufahren der zugehörigen Regelventile

In den KWU-Anlagen mit den integrierten Umwälzpumpen enthalten die den äußeren Umwälzschleifen der GE-Anlagen entsprechenden Strömungswege im Reaktordruckbehälter keine Armaturen.

Das Auslaufen einer (und ggf. auch zweier) Pumpe bewirkt eine Erhöhung des Blasenanteils im Core und damit eine Reaktivitätsverminderung. Der Reaktor stabilisiert sich selbst auf einem entsprechend niedrigerem Leistungsniveau mit teilweiser oder völliger Naturkonvektion. Eine Schnellabschaltung erfolgt nicht und ist auch nicht erforderlich. Kritische Brennelementbelastungen werden nicht erreicht. Im Verlauf der Transiente kann es zu einem Absinken des Druckes unter den Sollwert kommen.

Für den unwahrscheinlichen Fall eines Blockierens einer (von zwei) Umwälzpumpe bei den GE-Anlagen ist die Zunahme des Blasenvolumens mit dem damit verbundenen Ansteigen der Wasseroberfläche im Reaktordruckbehälter sehr stark.

Signale und Aktionen:
Dadurch wird ein *Turbinenschnellschluß* durch *hohen Wasserspiegel* ausgelöst, der eine *Reaktorschnellabschaltung* nach sich zieht. Zu Hüllrohrschäden kommt es auch hier nicht.

(g) Auffahren der Regelventile (nur bei GE) in den Umwälzschleifen oder Hochfahren der Umwälzpumpen

Die Kapazität der äußeren Umwälzschleifen ist für Nennlast bemessen. Bei Teillast mögen die Regelventile mit der größtmöglichen Geschwindigkeit voll geöffnet werden. Am ungünstigsten ist diese Transiente, wenn sich der Reaktor bei 75 % Nennlast befindet, dem unteren Ende des Regelbereiches mit Kontrolle des Kühlmitteldurchsatzes. Der Durchsatz selber liegt dann bei 65 %.

Durch den abnehmenden Blasenanteil ergibt sich eine Neutronenflußspitze (Bild 6.8). Nach etwa 1,5 s erreicht der Neutronenfluß den 1,6fachen Nennwert, um dann durch den Dopplereffekt aufgefangen zu werden.

Signale und Aktionen:
Hoher Neutronenfluß löst die *Schnellabschaltung* aus, die nach etwa 2,5 s wirksam wird. Die Wärmestromdichte und alle übrigen Parameter erreichen nicht einmal den Nennwert, so daß keine Schäden auftreten. Diversitäres Abschaltsignal ist der *Systemdruck*.

(h) Start stillgelegter Umwälzpumpen

Es wird (für den Fall der GE-Anlage) angenommen, daß der Reaktor mit etwa 60 % Nennleistung (44 % Nenndurchsatz) mit einer Umwälzschleife fährt. Die andere Umwälzschleife ist stillgelegt und mit kaltem (40 °C) Wasser gefüllt. Die zweite Pumpe werde dann gestartet und fahre in weniger als 2 s hoch.

Es kommt zu einer ähnlichen Leistungstransiente wie im Fall (g), nur bleibt der Neutronenfluß unter 100 % des Nennwertes und es kommt zu keiner Schnellabschaltung. Es treten keine Hüllschäden auf.

Im Falle der KWU-Anlagen mit integrierten Umwälzpumpen liegen ähnliche Verhältnisse vor; natürlich kann das Wasser in den „Umwälzschleifen" nicht so stark abkühlen.

(i) Ausfall von Vorwärmern

Durch den Ausfall von Vorwärmern kann die Speisewassertemperatur im ungünstigsten Fall um etwa 40 °C sinken. Dadurch kann es ebenfalls zu einem Anstieg des Neutronenflusses kommen. Sofern die automatische Leistungsregelung arbeitet, wird sie durch Herunterfahren der Drehzahl der Umwälzpumpen oder des Durchsatzes in den Umwälzschleifen dieser Störung entgegenwirken. Es kommt dann zu keiner Schnellabschaltung.

Kommt die Regelung nicht zur Wirkung, so ergeben sich die folgenden
Signale und Aktionen:
Durch *hohen Neutronenfluß* wird nach etwa 60 s *Reaktorschnellabschaltung* ausgelöst. Die Wärmestromdichte erreicht das 1,25fache des Nennwertes. Da aber gleichzeitig eine größere Unterkühlung vorliegt, kommt es zu keinen Hüllschäden.

(j) Unbeabsichtigtes Einschalten eines HD-Sicherheitseinspeisesystems (Not- und Nachkühlsystem)

Die Einspeisung bei den GE-Anlagen erfolgt über die Sprühkränze im oberen Teil des Reaktordruckbehälters. Dadurch sinken Dampfdruck und Dampfmenge. Im automatisch geregelten Betrieb öffnet sich das Druckregelventil (E in Bild 6.7); da nicht genügend Dampf kommt, fährt der Leistungsregler den Durchsatz der Umwälzschleifen hoch und der Neutronenfluß steigt an. In diesem Fall stellt sich ein Zustand mit etwas über dem Nennwert liegenden Neutronenfluß ein; bei Handsteuerung bleibt der Neutronenfluß etwas unter dem Nennwert. Zur Schnellabschaltung kommt es nicht, Brennelementschäden treten nicht auf.

6.2 Siedewasserreaktor

Bei den KWU-Anlagen erfolgt die Einspeisung durch das Not- und Nachkühlsystem in die Speisewasserleitungen, außerdem ist die Kapazität größer als bei den GE-Anlagen. Hier kommt es zu einer Transiente ähnlich wie unter (i).

(k) Zu viel Speisewasserzufuhr

Der Regler der Speisewasserpumpen versagt in Richtung auf den maximalen Durchsatz bei Teillast.

Signale und Aktionen:
Durch *hohen Wasserstand* im Reaktordruckbehälter werden *Turbinenschnellschluß* (mit Öffnen der Umleitstation) und *Abschaltung* der *Speisewasserpumpen* ausgelöst. Bild 6.9 zeigt einige wichtige Größen. Die Schnellabschaltung erfolgt bei etwa 3 s durch *hohen Neutronenfluß*. Der Neutronenfluß erreicht kurz danach ein Maximum in Höhe des 1,4fachen Nennwertes. Da das Ereignis von einem etwa 60 bis 70%igen Leistungsniveau aus erfolgt, bleiben die anderen Parameter unter dem Nennwert. Der *Druck* steigt an und führt nach etwa 5 s zu einem vorübergehenden *Öffnen der Sicherheits-/Entlastungsventile*. Er liefert ein diversitäres Schnellabschaltsignal. Brennelementschäden treten nicht auf.

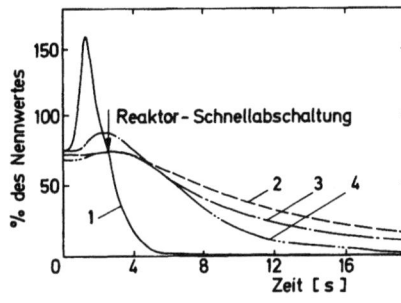 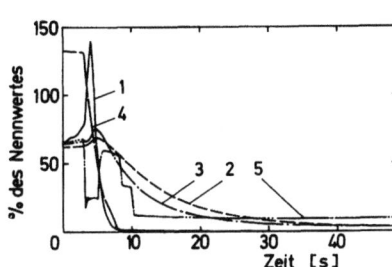

Bild 6.8. Plötzliches Öffnen der Regelventile in den Umwälzschleifen, zeitlicher Verlauf wichtiger Größen [10]
1 Neutronenfluß
2 Maximale Brennstoffzentraltemperatur
3 Mittlere Wärmestromdichte
4 Dampfstrom

Bild 6.9. Plötzliches Hochfahren der Speisewasserpumpen; zeitlicher Verlauf wichtiger Größen [10]
1 Neutronenfluß
2 Maximale Brennstoffzentraltemperatur
3 Mittlere Wärmestromdichte
4 Speisewasserdurchsatz
5 Dampfstrom im Reaktordruckbehälter

(l) Ausfall der Speisewasserpumpen

Ein völliger Ausfall der Speisewasserpumpen ist an sich nur bei Ausfall der Hauptstromversorgung möglich. Wird er unterstellt, so geht der Speisewasserstrom in etwa 5 s gegen Null (Bild 6.10). Ausgangswert 105 % Nennleistung.

Signale und Aktionen:
Bei *20% Speisewasserdurchsatz* (3,5 s) werden die *Umwälzpumpen* zurückgefahren. Die entstehenden Blasen führen zu einem starken Leistungsabfall. *Niedriger Wasserstand* im Reaktordruckbehälter (6,5 s) führt zur *Reaktorschnellabschaltung* mit Pum-

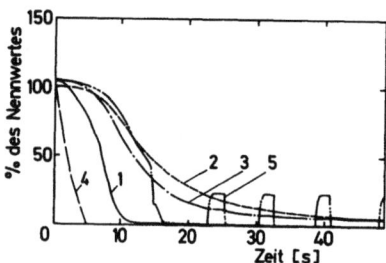 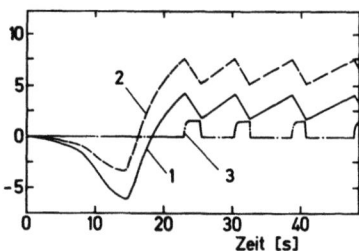

Bild 6.10a u. b. Ausfall der gesamten Speisewasserversorgung innerhalb 5 s, zeitlicher Verlauf wichtiger Größen [10]

a 1 Neutronenfluß
   2 Maximale Brennstoffzentraltemperatur
   3 Mittlere Wärmestromdichte
   4 Speisewasserdurchsatz
   5 Dampfstrom im Reaktordruckbehälter

b 1 Druckanstieg im Reaktordruckbehälter [bar]
   2 Druckanstieg in der Dampfleitung [bar]
   3 Durchsatz durch Entlastungsventile [%]

penabfahren, *sehr niedriger Wasserstand* (13 s) schaltet die Umwälzpumpen ab, *schließt Isolationsventile*[2] (C in Bild 6.7), *schließt Regelventile* in der Umwälzschleife (GE) und *startet* das *Not- und Nachkühlsystem*. Nach dem Schließen der Isolationsventile steigt der Druck, bis die *Druckentlastungs-/Sicherheitsventile* einige Male *öffnen*. Das DNB-Verhältnis bleibt größer als 1,8. Die Temperatur- und Drucktransiente des Reaktordruckbehälters liegt im Rahmen der Auslegungsspezifikation.

(m) Rohrbruch der Speisewasserleitung

Bei einem Rohrbruch in einer Speisewasserleitung schließen die Rückschlagventile in dieser Leitung und der Durchsatz wird teilweise reduziert. Dieses Ereignis wird durch (1) abgedeckt.

Sollte die Leitung zwischen Reaktordruckbehälter und erster Rückschlagarmatur brechen, so liegt ein Kühlmittelverluststörfall vor, wie er in Kapitel 8 behandelt wird.

(n) Turbinenschnellschluß

Signale und Aktionen:

Mit Umleitstation

Durch *Positionsschalter* an den *Schnellschlußventilen* E_2 in Bild 6.7 wird *Reaktorschnellabschaltung* ausgelöst, sobald die Ventile weniger als 90 % geöffnet sind, es sei denn, der Reaktor befindet sich bei weniger als 30 % Leistung. Diversitäre Abschaltsignale kommen aus Neutronenfluß und Systemdruck. Die *Umleitstation* öffnet. Je nach der Kapazität der Umleitstation ergibt sich ein mehr oder weniger großer Druckanstieg, der ggf. zu einem Ansprechen der *Druckentlastungs-/Sicherheitsventile* führen kann. Die Druckerhöhung bewirkt eine durch den Dopplereffekt abgefangene Neutronenflußspitze, die das 2,5fache des Nennwertes erreicht (bei 10 % Kapazität der Umleitstation). Die maximale Wärmestromdichte erreicht das 1,2fache des Nennwertes.

---

[2] Ein niedriger Wasserstand könnte ja auch durch einen Bruch der Dampfleitung hervorgerufen sein.

6.2 Siedewasserreaktor

Ohne Umleitstation

In diesem Falle ist die Drucktransiente ausgeprägter (3,1facher Nennwert des Neutronenflusses) und die *Druckentlastungs-/Sicherheitsventile* müssen *auf jeden Fall öffnen* (Auslegungswert). Das DNB-Verhältnis bleibt aber auch hierbei über 1,2. Es kommt deshalb zu keinen Brennelementschäden. Die Temperatur- und Drucktransiente des Reaktordruckbehälters liegt im spezifizierten Rahmen.

Im Leistungsbereich unterhalb der Nennlast ist der Turbinenschnellschluß weniger schwerwiegend.

Kommt dies Ereignis durch Verlust des Kondensatorvakuums zustande, werden außerdem die *Speisewasserpumpen abgeschaltet* und die *Isolationsventile* (E in Bild 6.7) geschlossen. *Niedriger Wasserstand* führt zur *Abschaltung der Umwälzpumpen* und *Start des Not- und Nachkühlsystems.*

(o) Lastabwurf

Diese Transiente läuft im Prinzip wie die unter (n) beschriebene ab, nur schließt beim Feststellen eines Ungleichgewichts zwischen erzeugter und vom Generator aufgenommener Leistung zuerst das Turbinenregelventil (Druckregelventil) E_1 des Bildes 6.7.

(p) Schließen der Isolationsventile (C_1 und C_2 in Bild 6.7)

Dieser Fall verläuft ähnlich den vorangehenden.

Signale und Aktionen:

Die Isolationsventile schließen in minimal 3 s (GE [10]). Durch *Positionsschalter* wird detektiert, wenn die Isolationsventile weniger als 90 % geöffnet sind. Dadurch wird *Reaktorschnellabschaltung* und *Abschaltung der Speisewasserpumpen* initiiert. Diversitäres Schnellabschaltsignal aus Neutronenfluß und Systemdruck. Durch Absinken des Wasserspiegels werden die Umwälzpumpen abgeschaltet. Durch das Schließen der Isolationsventile kommt indirekt auch ein Turbinenschnellschluß zustande. Der weitere Verlauf ist wie unter (n), wobei die Umleitstation natürlich nicht zur Verfügung steht.

(q) Fehlerhaftes Schließen des Druckregelventils (E_1 in Bild 6.7)

Dieses Ereignis ist durch die vorangehenden mit abgedeckt und verläuft milder.

(r) Unbeabsichtigtes Öffnen eines Druckentlastungs-/Sicherheitsventils

Dieses Ereignis ist ein Sonderfall des Kühlmittelverluststörfalls (kleines bis mittleres Leck der Dampfleitung) und wird in Kapitel 8 analysiert. Ein derartiges Vorkommnis trat in mehreren Anlagen auf (s. Kapitel 11).

(s) Fehlerhaftes Öffnen des Druckregelventils

Wird abgedeckt durch (r).

(t), (u) Kühlmittelverlust

Wird in Kapitel 8 behandelt.

(v) Ausfall der Hauptstromversorgung

Signale und Aktionen:

Umwälz- und *Speisewasserpumpen laufen aus.* Die Motor-Generatorsätze für die Stromversorgung des Reaktorschutzes laufen aus und *Schnellabschaltung* findet statt (5 s) und die *Isolationsventile* schließen. Der Verlust des Kondensatorvakuums bedingt Turbinenschnellschluß bei geschlossen bleibender Umleitstation. Der weitere Ablauf ist analog (p), Isolationsabschluß. Zusätzlich werden die *Notstromdiesel gestartet.*

Tabelle 6.3. Signale und Aktionen beim Siedewasserreaktor

	R-Schnell-abschaltung	Umwälz-pumpen ab bzw. zurück (bei Schnell-abschaltung)	Speise-pumpen ab	Isolations-ventile zu	Turbinen-Schnell-abschaltung (mit Reaktor-abschaltung)	Umleit-station auf	Umleit-station zu (über-geordnet)	Not- und Nachkühl-system ein	Ausfahr-blockie-rung	Druckent-lastungs-Sicherheits-ventile auf
Neutronenfluß hoch	x									
Turbinenventil C_2 < 90% geöffnet	x					x				
Isolationsventile < 90% geöffnet	x		x							
Kein Kondensatorvakuum			x	x			x			
Wasserstand niedrig	x	x								
Wasserstand niedrig-niedrig	x			x				x		
Druck hoch								x		x
Örtliche Lastspitze (incore)									x	
Wasserstand hoch			x		x					
Speisewasserdurchsatz niedrig		x (zurück)								
Dampfdruck niedrig oder abfallend (z.B. Leitungsbruch) oder Druck bzw. Aktivität in Dampfleitungs-räumen	x			x	x					

6.2.3 Schlußbemerkung

Keines der beschriebenen Transientenereignisse führt zu schwerwiegender Brennelementbeschädigung. Wie beim Druckwasserreaktor sind die Fälle am ernsthaftesten, bei denen aus verschiedener Ursache die Hauptwärmesenke ausfällt (Turbinenschnellschluß, Lastabwurf, Isolationsabschluß, Ausfall der Hauptstromversorgung). Sie haben einen Druckanstieg zur Folge, der hier über den Blasenkoeffizienten eine Leistungsexkursion zur Folge hat, die rascher ist als die, die beim Druckwasserreaktor über den Kühlmitteltemperaturkoeffizienten möglich ist. Die Druckentlastung in die große Wärmesenke der Kondensationskammer ist jedoch unproblematisch.

Tabelle 6.3 gibt einen Überblick über die wichtigsten Signale und Aktionen. Neben der Reaktorschnellabschaltung gibt es hier eine ganze Anzahl anderer, unmittelbar durch die Prozeßvariablen ausgelöster Schalthandlungen.

6.3 Natriumgekühlter schneller Reaktor

6.3.1 Überblick über die Störungsauslöser (Vollständigkeit)

In Bild 6.11 sind die prinzipiell möglichen Störungsauslöser in das Schaltschema eines schnellen Reaktors mit Natriumkühlung eingetragen. Bei genauerer Betrachtung fällt auf, daß an den Kreisläufen nur diejenigen Pfeile eingetragen sind, die ein zu Wenig an Kühlung kennzeichnen. Die umgekehrte Richtung, ein zu Viel an Kühlung symbolisierend, die beim Druck- und Siedewasserreaktor berücksichtigt werden mußte, ist hier nicht relevant, da der Kühlmitteltemperaturkoeffizient der Reaktivität bei den großen schnellen Reaktoren positiv ist. Jedes zu Viel an Kühlung kann sowohl die Reaktivität als auch die Wärmebilanz nur in der sicheren Richtung beeinflussen, bedarf auch schließlich gewisser Aktionen, bringt aber keine sicherheitsbegrenzenden Transienten mit sich.

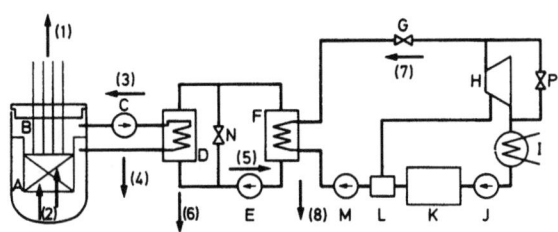

Bild 6.11. Schematische Darstellung der Störungsauslöser des natriumgekühlten schnellen Reaktors

1 Reaktivitätszufuhr
2 Lokale Störungen
3 Zu wenig primärer Kühlmitteldurchsatz
4 Kühlmittelverlust primär
5 Zu wenig sekundärer Kühlmitteldurchsatz
6 Kühlmittelverlust sekundär
7 Zu wenig Dampfentnahme
8 Zu wenig Speisewasserdurchsatz
A Core
B Regelstäbe
C Primäre Umwälzpumpe
D Zwischenwärmetauscher
E Sekundäre Umwälzpumpe
F Dampferzeuger
G Turbinenregelventil
H Turbine
I Kondensator
J Kondensatpumpe
K Speisewasserbehälter
L Vorwärmer
M Speisepumpe
N Bypaßventil
P Umleitstation

Es müssen dann die folgenden Ereignisse betrachtet werden:
— Unkontrollierte Reaktivitätszufuhr (1),
— lokale Störungen der Leistungserzeugung und Kühlung (2),
— zu geringer primärer Kühlmitteldurchsatz (3),
— primärer Kühlmittelverlust (4),
— zu geringer sekundärer Kühlmitteldurchsatz (5),
— sekundärer Kühlmittelverlust (6),
— zu geringe Dampfentnahme (7),
— zu geringer Speisewasserdurchsatz (8).

Vergleicht man auf dieser allgemeinen Basis das Potential des natriumgekühlten schnellen Reaktors zur Transientenbeherrschung mit dem des Leichtwasserreaktors, so kann man folgendes feststellen:
— Der positive Reaktivitätskoeffizient der Kühlmitteltemperatur könnte dann von Nachteil sein, wenn bei den durch Kühlungsreduktion ausgelösten Transienten sehr schnell kritische Auslegungswerte für die Brennelemente und ihre Hüllen erreicht würden.
— Dem steht entgegen, daß der natriumgekühlte Reaktor im Gegensatz zum Leichtwasserreaktor, dessen Core verhältnismäßig nahe der DNB-Grenze und dessen Kühlsystem verhältnismäßig nahe seinem Auslegungsdruck betrieben werden, einen deutlichen Abstand von den kritischen Grenzen hat. Der Abstand der Kühlmitteltemperatur zum Siedepunkt beträgt über 200 °C und die kritische Heizflächenbelastung spielt keine Rolle. Obere Druckgrenzen für das Kühlmittel sind nicht relevant. Die auslegungsbegrenzende Temperatur der Brennelementhüllrohre ist durch das Langzeitkriechen unter Berücksichtigung des Bestrahlungseinflusses gegeben. Kurzzeitige Temperaturtransienten sind dabei von geringer Bedeutung.
— Alle Störungen im Wasser-Dampf-Kreislauf übertragen sich auf den Primärkreislauf erst mit einer Verzögerungszeit, die durch die Umlaufzeit des Kühlmittels im sekundären Natriumkreislauf (einige 10 s) bestimmt ist. In dieser Zeit ist die Schnellabschaltung längst wirksam geworden. Bei den Leichtwasserreaktoren hatten diese Störungen, die den Ausfall der Hauptwärmesenke bedeuten, die relativ ernsthaftesten Auswirkungen; Störungen dieser Art im Wasser-Dampf-Kreislauf haben auch wegen seines komplexen Aufbaus eine verhältnismäßig große Wahrscheinlichkeit. Eine genauere Analyse von Ereignissen im Tertiärkreis erübrigt sich somit, wenn hinreichende Signale und Aktionen festgelegt sind.

Im einzelnen sind die oben aufgeführten prinzipiellen Störungen auf die folgenden Ereignisse zurückzuführen:

Unkontrollierte Reaktivitätszufuhr

(a) Ausfahren von Regelstäben aus unterkritischem Zustand,
(b) Beladestörfall,
(c) Ausfahren von Regelstäben im Leistungsbetrieb.

Lokale Störungen der Leistungserzeugung und Kühlung

(d) Störungen in der Regelstabanordnung,
(e) Fehler in der Brennelementpositionierung,
(f) Lokale Durchflußstörungen.

6.3 Natriumgekühlter schneller Reaktor

Zu geringer primärer Kühlmitteldurchsatz

(g) Pumpenausfall,
(h) Ausfall der Hauptstromversorgung.

Primärer Kühlmittelverlust

(i) Leck oder Rohrbruch.

Zu geringer sekundärer Kühlmitteldurchsatz

(j) Pumpenausfall,
(k) Fehlerhaftes Öffnen der Bypaßleitung (N).

Sekundärer Kühlmittelverlust

(l) Leck oder Rohrbruch.

Zu geringe Dampfentnahme

(m) Turbinenschnellschluß,
(n) Kondensatorausfall,
(o) Lastabwurf,
(p) Rohrbruch oder Undichtigkeit im Dampferzeuger.

Zu geringer Speisewasserdurchsatz

(q) Ausfall der Speisewasserpumpen.

(Im Dampfkreislauf sind weitere Störungen durch Ausfall von Einzelkomponenten, die hier nicht im Detail behandelt werden sollen, möglich. Alle werden aber durch die hier Beschriebenen abgedeckt.)

6.3.2 Signale, Aktionen

(a) Ausfahren von Regelstäben aus dem unterkritischen Zustand

Die Ausfahrgeschwindigkeit ist konstruktiv begrenzt, entsprechende Verriegelungen sind vorgesehen.

Signale: Neutronenflußinstrumentierung im Anfahrbereich.
Aktion: Schnellabschaltung. Durch den Dopplerkoeffizienten wird die Exkursion abgefangen. Die Brennelemente bleiben intakt. Pumpenabschaltung nach Schnellabschaltung (Vermeidung von Thermoschocks; wird nicht bei allen Anlagen durchgeführt).

(b) Beladestörfall

Wenn ein Brennelement beim Beladen in den fast kritischen Reaktor hineinfällt, ist eine Exkursion möglich. Das gilt insbesondere für den Fall, wenn der Reaktor dadurch prompt überkritisch werden kann. Administrative Kontrollen, eine den Absturz eines Brennelementes ausschließende Konstruktion der Belademaschine sind erforderlich.

Signal: Reaktimeter.
Aktion: Alarm.

(c) Ausfahren von Regelstäben im Leistungsbetrieb

Signal: Neutronenfluß, Aufheizspanne.
Aktion: Schnellabschaltung. Die Brennelemente bleiben intakt. Pumpenabschaltung nach Schnellabschaltung (Vermeidung von Thermoschocks).

(d) Störungen in der Regelstabanordnung

Das kleine neutronisch stark gekoppelte Core ergibt über die Regelstäbe keine sehr ausgeprägten Effekte auf die örtliche Flußverteilung. Es werden betrieblich deshalb auch nicht so ausgeprägte Muster eingestellt wie beim Leichtwasserreaktor. Ebenso ist der Einfluß der Xenon-Vergiftung wesentlich geringer als beim LWR.

Signal: Austrittstemperatur an den einzelnen Brennelementen.
Aktion: Alarm (ggf. auch Schnellabschaltung, dann Pumpenabschaltung).

(e) Fehler in der Brennelementpositionierung

Üblicherweise gibt es zwei Anreicherungszonen. Die jeweiligen Brennelementfüße können konstruktiv so gestaltet werden, daß insbesondere ein Einsetzen der höher angereicherten Elemente in Bereichen niedriger Anreicherung (Coremitte) nicht möglich ist.

Signal: Austrittstemperatur an den einzelnen Brennelementen; wenn lokale Anreicherungsfehler zu Hüllrohrschäden führen: Detektoren für verzögerte Neutronen (DND).
Aktion: Alarm bzw. Schnellabschaltung, dann Pumpenabschaltung.

(f) Lokale Durchflußstörungen

Bei örtlichen Blockaden kann es zu Übertemperaturen kommen, die bei größerer Ausdehnung schließlich zum Natriumsieden, Austrocknen und Versagen der Hüllrohre führen können. Die wahrscheinlichste Ursache für Blockaden ist dabei Brennstoff, der aus defekten Brennstäben ausgeschwemmt wurde.

Signale: Brennelementaustrittstemperatur (bei größeren Blockaden), Detektion verzögerter Neutronen aus freigesetztem Brennstoff (DND).
Aktion: Alarm bzw. Schnellabschaltung, dann Pumpenabschaltung.

(g) Pumpenausfall

Hier ist sowohl der Pumpenausfall durch Einzelfehler als auch der gleichzeitige Ausfall aller Pumpen durch elektrischen abhängigen Fehler zu betrachten. Letzterer ergibt sich daraus, daß nach einer Schnellabschaltung zur Vermeidung von Thermoschocks infolge Abkühlung sofort die Kühlmittelumwälzpumpen ausgeschaltet werden müssen. Dies ist allerdings bei der Loopbauweise wesentlich zwingender als bei der Poolbauweise mit ihrer großen Wärmekapazität, bei der deshalb das Auslaufen der Pumpen durch Schwungräder über Minuten hingezogen werden kann. Ein wesentlicher Auslöser für den Pumpenausfall könnte deshalb auch ein fehlerhafter Schnellabschaltbefehl (evtl. mit Ausfall des ersten Schnellabschaltsystems sein), ein anderer Auslöser wäre der Ausfall der Hauptstromversorgung.

Signale: Durchsatz in Primärschleifen (magn. Durchflußmesser bzw. Drehzahl), später auch Kühlmitteltemperatur.
Aktionen: Schnellabschaltung.

Brennelementschäden sind nicht zu erwarten.

(h) Ausfall der Hauptstromversorgung

Dieser Störfall läuft ähnlich ab wie der vorhergehende.

Zusätzliche *Signale:* Spannungsabfall.
Zusätzliche *Aktionen:* Einschalten der Notstromdiesel.

6.3 Natriumgekühlter schneller Reaktor

(i) Leck oder Rohrbruch im Primärkreis
Signale: Leckanzeige (Leitfähigkeit) oder Druckabfall
Aktionen: Reaktorschnellabschaltung, Pumpenabschaltung
(wichtig bei Loopbauweise, um Siphonwirkung zu vermeiden).
Der Ablauf wird durch (g) abgedeckt.

(j)–(l) Ereignisse im Sekundärkreis
Die Ereignisse im Sekundärkreis entsprechen denen im Primärkreis und erfordern die analogen Signale und gleichen Aktionen. Der Ablauf der Transienten ist entsprechend milder.

(m)–(p) Ereignisse im Tertiärkreis
Durch die starke Entkopplung ist der detaillierte Ablauf der Ereignisse für den Reaktor nicht relevant. Die Signale und Aktionen entsprechen weitgehend denen der Leichtwasserreaktoren und sind in Tabelle 6.4 zusammengestellt.

6.3.3 Zusammenfassende Betrachtung

Neben Reaktivitätsstörungen ist der primäre Pumpenausfall das bestimmende Ereignis. Vorgänge im Wasser-Dampfkreis haben keine unmittelbaren Auswirkungen auf das Core. Wie aus Tabelle 6.4 hervorgeht, ist die Reaktorschnellabschaltung die wichtigste Aktion. Sie zieht fast alle anderen Aktionen nach sich. Das erste und das zweite Schnellabschaltsystem werden dabei nacheinander durch das Erreichen verschieden hoch gesetzter Grenzwerte ausgelöst, so daß das zweite Schnellabschaltsystem normalerweise nicht zum Einsatz kommt.

Tabelle 6.4. Signale und Aktionen beim natriumgekühlten schnellen Reaktor

	R-Schnellabschaltung	prim. Umwälzpumpe ab	sek. Umwälzpumpe ab	Turbinenschnellschluß	Notkühlsysteme ein	Notstromdiesel ein	Speisewasser ab
Neutronenfluß	X						
Aufheizspanne	X						
Durchsatz primär	X						
Leck primär	X						
Durchsatz sekundär	X						
Leck sekundär	X						
DND	X						
Brennelement-Austrittstemp.	(X)						
Turbinenschnellschluß	(X)						X
Stromausfall	X			X		X	
Speisewasserdurchsatz	(X)			X	X		
R.-Schnellabschaltung		X	X	X	X		X

(X) eine automatische Schnellabschaltung wird nicht unbedingt für erforderlich gehalten.

Literatur zu Kapitel 6

1. Smidt, D.: Reaktortechnik, Bd. 2. Karlsruhe: Braun 1975
2. Decay Energy Release Rates Following Shutdown of Uranium Fuelled Thermal Reactors. ANS Standards Committee, Oct. 1971
3. Bjerke, M. A., et al.: A Review of Short Term Fission Product Decay Power. Nucl. Saf. 18 (1977) 596–616
4. Curet, H. D.: RETRAN, System Transient Model. 4th Water Reactor Safety Research Information Meeting, Gaithersburg, Md., Sept. 27–30, 1976
5. Ulrich, W.; Frisch, W., et al.: Untersuchungen von Betriebsstörungen bei Versagen der Reaktor-Schnellabschaltung (ATWS) und anderer ausgewählter Sicherheitseinrichtungen, MRR-163. Laboratorium für Reaktorregelung und Anlagensicherung, Garching, Sept. 1976
6. Trojan Nuclear Plant, Portland General Electric Comp. Final Safety Analysis Report, Docket No. 50-344
7. Wenese, Inc., 1200-MWe-Kernkraftwerk mit Druckwasserreaktor, Sicherheitsbericht für einen Konzeptvorbescheid nach § 7a des Atomgesetzes, Wenx/73-1
8. KWU, Sicherheitsbericht Kernkraftwerk Hamm mit Druckwasserreaktor 1300 MWe für VEW-A.G., Dortmund, Juni 1975
9. Reactor Safety Study, USNRC App. II, Fault Trees, PB-248203, Oct. 1975
10. General Electric Co., BWR/6, Standard Safety Analysis Report, 9 Bände
11. KWU, Sicherheitsbericht Kernkraftwerk RWE-Bayernwerk (KRB II), Gundremmingen. März 1974

7 Transienten ohne Schnellabschaltung (Reaktoren mit einfachen Schnellabschaltsystemen)

Aus den im vorangehenden Kapitel beschriebenen Transientenstörungen kann sich ein ernsthafterer Schaden entwickeln, wenn entweder
— das Schnellabschaltsystem oder
— das Not- und Nachkühlsystem

versagen. Im letzteren Fall ist dann ein Niederschmelzen des Kerns nicht mehr auszuschließen; deshalb wird dies Ereignis zusammen mit ähnlichen, die durch den Kühlmittelverlust initiiert werden können, in Kapitel 9 behandelt werden.

Transienten ohne Schnellabschaltung (im amerikanischen Sprachgebrauch ATWS, anticipated transients without scram), aber mit funktionierender Wärmeabfuhr dagegen werden bei den Leichtwasserreaktoren unter bestimmten Voraussetzungen beherrscht. Bei schnellen Reaktoren ist dies nicht mehr gegeben, deshalb werden dort *zwei* unabhängige Schnellabschaltsysteme vorgesehen.

Zwischen den Transienten des vorangehenden Kapitels und den hier zu behandelnden Transienten ohne Schnellabschaltung gibt es ein Zwischenfeld von Ereignissen, bei denen teilweise Ausfälle auftreten. Beispiele sind das Versagen der ersten Schnellabschaltanregung (etwa durch Ausfall der Neutronenmeßfühler), wobei aber die zweite Schnellabschaltanregung (etwa aus der Kühlmitteltemperatur) funktioniert. Dann kommt die Schnellabschaltung später und wird ggf. höhere Hüllwandtemperaturen oder niedrigere DNB-Verhältnisse als beim ordnungsgemäßen Ablauf zur Folge haben. Hier gibt es einen weiten Bereich von Möglichkeiten mit Ereignissen durchaus relevanter Wahrscheinlichkeit, und zwar geringer, aber ggf. durchaus beachtenswerter Auswirkungen.

Die Transienten ohne Schnellabschaltung stellen aber einen Extremfall dar und liefern so eine konservative obere Grenze, innerhalb derer die Auswirkungen der anderen Ereignisse bleiben müssen. Sie sollen deshalb hier behandelt werden.

Man kann vorab den Ablauf der ATWS-Ereignisse für den Druck- und Siedewasserreaktor in folgender Weise allgemein beschreiben:
— Beim *Druckwasserreaktor* führen Transienten ohne Schnellabschaltung durch die produzierte und nicht abgeführte Wärmeenergie zu einer Erhöhung von Temperatur und Druck im Primärkreis. Das führt zu einem Ansprechen der Sicherheitsventile mit Druckabsenkung, Blasenbildung im Moderator und dadurch bewirkter Abschaltung. Die langfristige Unterkritikalität wird durch die Boreinspeisung gewährleistet.
— Beim *Siedewasserreaktor* hat die Abschaltung der Umwälzpumpen (wenn sie nicht ohnehin durch die Transiente selbst bewirkt wurde) eine zum Schnellabschaltsystem diversitäre Wirksamkeit. da sie eine starke Zunahme des Blasengehaltes im Core bewirkt. Für die langfristige Unterkritikalität müssen dann allerdings die Regelstäbe eingefahren werden. Bei den KWU-Anlagen ist hierbei der Regelstabantrieb über

Elektromotor und Schraubspindel im Prinzip diversitär zu dem bei der Schnellabschaltung wirksamen hydropneumatischen Antrieb. Bei den GE-Anlagen ist der betriebliche Stabantrieb ebenfalls hydraulisch.

Die im folgenden zu besprechenden Analysen zeigen, daß bei diesen Ereignisabläufen keine wesentlichen nachteiligen Auswirkungen und insbesondere kein Coreschmelzen zu erwarten sind. Erst wenn weitere Systeme, vor allem die Kühlsysteme ausfallen, werden die Auswirkungen größer. Deshalb trägt nach den Ergebnissen der Risikostudien [1, 2] der ATWS-Pfad nur unwesentlich zum Gesamtrisiko bei.

7.1 Entwicklung der ATWS-Diskussion und bisherige Untersuchungen

Die Diskussion über das ATWS-Problem begann Anfang der 70iger Jahre in den USA und führte 1973 zu einem Bericht [3], in dem die Notwendigkeit von Untersuchungen und ggf. zusätzlichen Maßnahmen zum ATWS-Problem probabilistisch begründet wurde. Die Argumentation ist die folgende:

Die Häufigkeit einer Transiente ohne Schnellabschaltung soll für alle Reaktoren insgesamt

$$W(ATWS) \leqslant 10^{-3}/a$$

sein, wobei zunächst eine gewisse, dabei auftretende Aktivitätsfreisetzung unterstellt wurde.

Bei angenommenen 1000 Reaktoren bedeutet das für die Einzelanlage

$$W(ATWS) \leqslant 10^{-6}/a \text{ Reaktor.}$$

Es gilt ferner

$$W(ATWS) = W(AT) \cdot W(WS)$$

mit $W(AT)$ Häufigkeit von Transienten pro Jahr und Reaktor
     $W(WS)$ Unverfügbarkeit der Reaktorschnellabschaltung.

Aus der Betriebserfahrung ergibt sich

$$W(AT) \approx 0{,}2/a \text{ für Druckwasserreaktoren}$$
$$W(AT) \approx 0{,}5/a \text{ für Siedewasserreaktoren.}$$

Konservativ nimmt man an:

        $W(AT) = 10/a$
mit $W(ATWS) \leqslant 10^{-6}/a$ führt das auf
        $W(WS) \leqslant 10^{-7}$.

Aufgrund des zum damaligen Zeitpunkt vorliegenden Erfahrungsmaterials (in 1627 Betriebsjahren zweimaliges Versagen der Schnellabschaltung aufgrund von Common-Mode-Fehlern) lag der Erfahrungswert von $W(WS)$ im Bereich einiger 10^{-3}. Das führte zunächst zur Forderung nach einem zweiten Abschaltsystem.

In der Folge führten dann die Anlagenhersteller verschiedene Analysen durch [4–8], aus denen hervorging, daß ATWS-Ereignisse keine wesentlichen Folgen für die Umgebung haben. Das Institut für Reaktorsicherheit legte dann 1976 einen Bericht [9] vor, der die Ergebnisse der Hersteller überprüfte, für eine KWU-Anlage unabhängig

7.2 Rechenprogramme

analysierte und im Grundsatz bestätigte. Auf dieser Basis wurde dann auf deutscher Seite die Forderung nach zusätzlichen Abschaltsystemen fallengelassen. In den USA dauern die Überprüfungen durch die NRC zur Zeit noch an.

Die hier gegebene Darstellung beruht im wesentlichen auf dem Bericht [9].

7.2 Rechenprogramme

7.2.1 Druckwasserreaktor

Die Rechenprogramme entsprechen im Grundsatz den im vorangehenden Kapitel angewandten zur Behandlung einfacher Transienten. Wegen der größeren Abweichungen vom stationären Zustand sind jedoch erweiterte Modellierungsmöglichkeiten notwendig.

Die Neutronenkinetik sollte in zwei Energiegruppen und in axialer Richtung ortsabhängig (eindimensional) ausgeführt sein, um Verdampfungsvorgänge im Core berücksichtigen zu können. Die (eindimensionalen) Massen-, Energie- und Impulserhaltungsgleichungen für das Kühlmittel müssen die Zweiphasenströmung einschließen und entsprechende Beziehungen für den Schlupf enthalten (s. z. B. [10]).

Bild 7.1 zeigt als Beispiel den schematischen Aufbau des Rechenmodells DRAM [9].

Von besonderer Bedeutung ist hier die Modellierung der Laufzeiteffekte in der Verbindungsleitung zum Druckhalter (11 in Bild 7.1) (Surge-Leitung). Im Druckhalter muß der Einfluß der Sprühventile (Druckhalterregelung) berücksichtigt werden, wodurch ggf. auch das thermische Ungleichgewicht eine Rolle spielt. Die Sicherheitsventile müssen nicht nur Dampf, sondern u. U. auch Zweiphasengemisch oder Wasser ablasen, entsprechende Modelle sind vorzusehen.

Der Dampferzeuger muß auch in axiale Zonen eingeteilt sein, um den wechselnden sekundärseitigen Wasserstand nachbilden zu können (unterschiedliche Größe der Heizfläche).

Die Maximal- und Minimaldruckregelung, die am Turbinenventil angreifen (und die üblicherweise hier angreifende Leistungsregelung übersteuern), müssen ebenso wie die Speisewasserregelung und das Verhalten der Sicherheitsventile berücksichtigt werden.

In der Bundesrepublik sind bei der GRS die Rechenprogramme DRAM und ALMOD [9] entwickelt worden, wobei das letztere wesentlich detaillierter ist. Bei der KWU

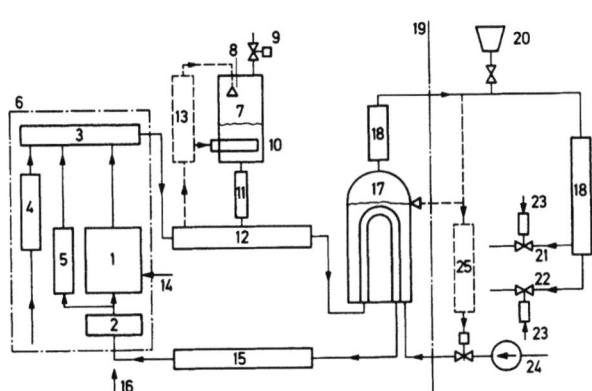

Bild 7.1. Anlagenmodell des Rechenprogramms DRAM [9]. Die Nummern bezeichnen die einzelnen Kontrollvolumina

wurde das Programm LOOP 7 [11] entwickelt. In den USA liegen die Herstellerprogramme [6, 7] vor, ebenso sind die Programme RETRAN [12] und, mit gewissen Ergänzungen zur Modellierung des Sekundärkreises, auch RELAP-4 [13] geeignet.

7.2.2 Siedewasserreaktor

Die Neutronenkinetik muß mindestens eindimensional gerechnet werden, das Gleiche gilt für Massen-, Impuls- und Energieerhaltungsgleichungen für die Zweiphasenströmung (möglichst mehrere Kanäle unterschiedlicher Belastung). Neben dem Reaktorkern sind die obere Mischkammer, der freie Wasserspiegel, die Zyklone, der Dampfstrom, die Dampfleitung mit Isolations- und Druckregelventil, der Rückströmraum und die untere Mischkammer und ggf. die äußere Kühlmittelumwälzleitung zu modellieren.

Ebenso müssen Druckentlastungs- und Sicherheitsventile simuliert werden (Öffnungs- und Schließvorgang).

In der Bundesrepublik werden bei der GRS die Programme ALMOS [14, 15] und COSTAX-LOOP/FRANCESCA [16, 17, 18] angewendet (die Programmteile zur Neutronenkinetik sind i. allg. die gleichen wie in den Druckwasserreaktorprogrammen); die KWU benutzt DRAMP [19]. In den USA kommt neben den Herstellerprogrammen [8] auch hier vor allem RETRAN [12] zum Einsatz.

7.2.3 Verifikation der Rechenprogramme

Durch die GRS wurden detaillierte Vergleichsrechnungen zwischen ALMOS und COSTAX-LOOP durchgeführt [9]. Sie ergaben im Hinblick auf die unterschiedliche Modellierung eine befriedigende Übereinstimmung, zeigten aber auch, wie empfindlich die Leistungserzeugung vom errechneten Dampfblasenanteil abhängt, so daß hier eine hohe Genauigkeit in der Lösung der hydrodynamischen Gleichungen erforderlich ist. Daß diese Forderung erfüllt wird, zeigen Nachrechnungen der Ergebnisse von Inbetriebnahmeversuchen, die gute Übereinstimmung aufweisen [14, 20].

Bild 7.2 zeigt den zeitlichen Druckverlauf bei Ausfall der Hauptwärmesenke in einem Siedewasserreaktor im Vergleich der gemessenen und der mit ALMOS berechneten Resultate. Die Übereinstimmung ist gut. Ähnliche Untersuchungen gibt es auch für Druckwasserreaktoren.

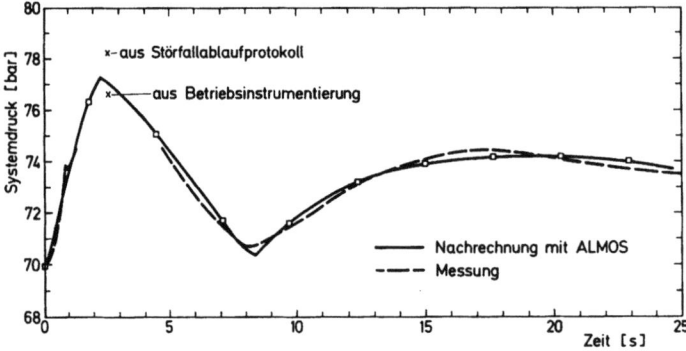

Bild 7.2. Druckverlauf, Vergleich zwischen Rechnung (ALMOS) und Experiment bei Ausfall der Hauptwärmesenke in einem Siedewasserreaktor [9]

Es gibt Einsatzgrenzen der Rechenprogramme, wenn Systemzustände erreicht werden, für die die Programme nicht konzipiert sind.

Eine höhere Genauigkeit der Bestimmung des Blasenanteils im Siedewasserreaktor kann durch eine 3-dimensionale Reaktordynamik erreicht werden. Ein zu starkes Absinken des Wasserspiegels im Druckbehälter erfordert ggf. ebenfalls besondere Maßnahmen.

Beim Druck- und Siedewasserreaktor sind homogene Modelle für die Zweiphasenströmung verwendet worden. Spielen bei höheren Dampfgehalten Separationseffekte eine Rolle, so ist ebenfalls die Anwendungsgrenze erreicht.

Von besonderer Bedeutung sind die in diesem Zusammenhang in der PBF (Power Burst Facility) geplanten Untersuchungen zum Brennstabverhalten bei „Power-cooling-Mismatch", PCM.

7.3 Kriterien für die Folgenbewertung

Wenn die folgenden Grenzwerte eingehalten werden, so sind keine nachteiligen Folgen für die Umgebung zu erwarten (s. dazu [21]).

A. Integrität von Hülle und Brennstoffpellet

Bleiben sie erhalten, so findet von vornherein keine Aktivitätsfreisetzung in den Kühlkreislauf statt; ebenso ist eine Blockade der Kühlkanäle und damit eine Schadenspropagation in Richtung auf eine nicht mehr kühlbare Geometrie ausgeschlossen. Hierzu gehören

— kein wesentliches Brennstoffschmelzen,
— kein Hüllrohrschmelzen,
— keine Pellet-Enthalpien über 70 J/g hinaus.

Diese Grenzen sind konservativ im Hinblick auf eine Gewährleistung der Anlagensicherheit.

B. System-Spitzendruck

Zur Gewährleistung der Integrität der Kühlmittelumschließung sollte die nach dem ASME-Code, Section III unter Emergency-Conditions zulässige Spannung nicht überschritten werden.

C. Hüllrohrtemperaturgrenzen

Es sollte, abhängig vom Durchfluß, Leistung, *Temperatur* und Druck das DNB-Verhältnis 1 nicht unterschritten werden, um die Hüllrohrintegrität nach A zu gewährleisten.

7.4 Ergebnisse für den Druckwasserreaktor

7.4.1 Ereignisablauf

Der Reaktorkern soll sich zu Beginn des Ereignisses in einem Zustand befinden, der dem jeweils ungünstigsten Kühlmitteltemperaturkoeffizienten (Anfang bzw. Ende eines Abbrandzyklus) entspricht. In Bild 7.3 ist für ein W-Core der Kühlmitteltemperaturkoeffizient als Funktion des Abbrandes dargestellt. Der steile Abfall zu Beginn kommt durch den Ausgleich der Xenonvergiftung durch Verminderung der Borkon-

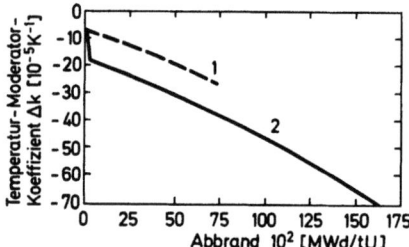

Bild 7.3. Kühlmitteltemperaturkoeffizient bei Vollast für eine typische Westinghouse 4-Loop-Anlage als Funktion des Abbrandes (17 × 17-Bündel [21])
1 ohne Xe, 2 Xe-Gleichgewicht

zentration zustande. Man erhält also unterschiedlich stark negative Werte je nachdem, ob die Xenonreaktivität durch die Steuerelemente oder durch Borentzug ausgeglichen wird. Die zitierten Analysen der Reaktorhersteller beziehen hier eine unterschiedliche Position.

In einigen Fällen (Kaltwassertransiente) ist der stark abgebrannte Kern mit stark negativen Kühlmittelkoeffizienten konservativer. Deshalb wird jeweils die gewählte Ausgangssituation angegeben.

Es wird davon ausgegangen, daß die relevanten Regelsysteme (Druckhaltersprühung, sekundärer Maximal- und Minimaldruck, Speisewasser) ordnungsgemäß funktionieren.

Die zu betrachtenden auslösenden Transienten sind die gleichen wie sie in Kapitel 6 zusammengestellt wurden, wobei alle die fortgelassen werden können, bei denen aufgrund der dort gemachten Ausführungen das Schnellabschaltsystem nicht benötigt wird.

Es bleiben dann die folgenden Hauptereignisse übrig (die in Kapitel 6 gewählte Reihenfolge bleibt erhalten):

(1) Globale Reaktivitätszufuhr.
(2) Reduzierter Kühlmittelstrom (Pumpenausfall).
(3) Zu hohe Dampfentnahme.
(4) Zu geringe Dampfentnahme.
(5) Zu geringe Speisewasserzufuhr.

Diese werden wieder von verschiedenen Einzelereignissen ausgelöst, von denen die folgenden als repräsentativ anzusehen sind und in [9] untersucht wurden:

(1) Maximale Reaktivitätszufuhr durch Ausfahren von Steuerelementen oder Steuerelementgruppen, ausgehend von den Betriebszuständen Vollast und heißer Bereitschaftszustand (ATWS-D-6 nach [9]).
(2) (a) Ausfall der Hauptwärmesenke bei ausgefallener Eigenbedarfsversorgung (ATWS-D-2).
    (b) Maximale Reduzierung des Kühlmitteldurchsatzes (ATWS-D-5).
    (c) Druckentlastung durch unbeabsichtigtes Öffnen eines Druckhaltersicherheitsventils (ATWS-D-7).
(3) Maximaler Anstieg der Dampfentnahme, z. B. infolge Öffnens der Umleitstation oder der Frischdampfsicherheitsventile (ATWS-D-3).

7.4 Ergebnisse für den Druckwasserreaktor

(4) Ausfall der Hauptwärmesenke, z. B. infolge des Verlustes des Kondensatorvakuums (Umleitstation bleibt zu) bei vorhandener Eigenbedarfsversorgung (ATWS-D-1).

(5) Maximale Reduzierung der Speisewasserversorgung, verursacht durch Fehler an einer aktiven Komponente (ATWS-D-4).

In dieser Zusammenstellung sind seltene Ereignisse wie der Bruch primär- und sekundärseitiger Rohrleitungen nicht mit aufgenommen. Eine Nichtverfügbarkeit der Schnellabschaltung gleichzeitig mit einem Bruch größer als der Querschnitt eines Sicherheitsventils besitzt eine nochmals deutlich geringere Wahrscheinlichkeit und wird in diesem Zusammenhang nicht behandelt.

(1) Maximale Reaktivitätszufuhr
(Konservativer Ausgangszustand frisches Core, ca. 1100 ppm B bei Vollast, Zufuhr von $\Delta k/k = 1\%$)

Da hierzu in [9] keine Ergebnisse angegeben sind, seien Resultate aus [21] angeführt. Es wird angenommen, daß im Leistungsbetrieb eine partiell eingetauchte Steuerelementgruppe mit konstanter Geschwindigkeit ausfährt. Im Gegensatz zu den übrigen Fällen bleibt hier die Hauptwärmesenke erhalten. Bild 7.4 zeigt den zeitlichen Verlauf der Reaktorleistung. Nach einer Leistungssteigerung auf das etwa 1,2fache stellt sich durch den Kühlmitteltemperaturkoeffizienten nach etwa 100 s wieder die Nennleistung ein. Der Druck steigt dadurch um etwa 8 bar und bleibt dann konstant auf dieser Höhe (die Ansprechgrenze der Sicherheitsventile wird nicht erreicht). Das DNB-Verhältnis hat einen Minimalwert von 1,2 bis 1,4. Die Kriterien A bis C sind hier also erfüllt.

Erfolgt der Störfall aus dem heißen unterkritischen Zustand, so wird durch den Doppler- und Kühlmitteldichtekoeffizienten die Leistung bei etwa 40 % des Nennwertes abgefangen und fällt nach ca. 500 s auf 10 % zurück, da das Absinken des Wasserspiegels in den Dampferzeugern eine geringer werdende Wärmeübertragungsfläche und ein Ansteigen der Primärtemperatur bewirkt.

Würde die Speisewasserregelung für das Halten des Spiegels sorgen und kann der erzeugte Dampf abströmen, so könnte sich natürlich jede Leistung bis zu 120 % einstellen.

(2) Reduzierter Kühlmittelstrom

(a) Ausfall der Hauptwärmesenke bei Ausfall der Eigenbedarfsversorgung
(Ausgangszustand frisches Core)

Dieser Störfall gleicht im wesentlichen dem unter (4) zu behandelnden allgemeinen Ausfall der Wärmesenke, nur daß infolge der Nichtverfügbarkeit der Eigenbedarfsversorgung die Kühlmittelumwälzung ausläuft. Infolge des zurückgehenden Durchsatzes steigt die Kühlmitteltemperatur stark an, stärker als im Fall (4). Entsprechend rascher

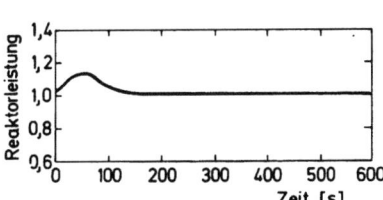

Bild 7.4. Reaktorleistung als Funktion der Zeit für Steuerelementausfahren ohne Schnellabschaltung [21]

kommt der Kühlmitteldichtekoeffizient zur Wirkung. Die Reaktorleistung sinkt in etwa 100 s auf 20 % des Nennwertes. Nach 6 s wird der Ansprechdruck des ersten Druckhalterabblaseventils, nach 19 s der des zweiten Sicherheitsventils erreicht. Der maximale Dampfgehalt am Kernaustritt beträgt 20 %, so daß der Blasenkoeffizient an der Leistungsreduktion beteiligt ist. Nach 22 s ist der Druckhalter ganz mit Wasser gefüllt. Der Spitzendruck beträgt 187 bar.

Die Kriterien A und B werden erfüllt. Es kommt jedoch in einigen Kanälen zeitweise zum Filmsieden. Nach [4] ergeben sich Hüllrohrtemperaturen von 520 °C, nach [6] von 770 °C. Nach [7, 21] wird allerdings ein DNB-Verhältnis von 1,38 nicht unterschritten, nach [4] nimmt es kurzzeitig Werte < 1 an. Größere Brennelementschäden sind nicht zu erwarten. Die unterschiedlichen Ergebnisse sind auf unterschiedlich konservative Ausgangsannahmen zurückzuführen.

(b) Maximale Reduzierung des Kühlmitteldurchsatzes
(Ausgangszustand frisches Core)

Es wird hier im Gegensatz zum vorangehenden Punkt der Ausfall nur einer Kühlmittelumwälzpumpe angenommen, außerdem steht die Hauptwärmesenke zur Verfügung. Der Kühlmitteldurchsatz fällt um 30 %, dadurch steigt die Kühlmittelaustrittstemperatur um 10 bis 12 °C an. Da einem Dampferzeuger keine Leistung mehr zugeführt wird, sinkt sekundärseitig der Dampfdruck und als Folge sinkt auch die Kühlmitteleintrittstemperatur in den Kern ab. Die mittlere Kühlmitteltemperatur steigt langsam an, dadurch sinkt die Leistung geringfügig ab. Maximal wird ein Systemdruck von 158 bar erreicht, so daß die Druckhalterventile nicht ansprechen. Die Kriterien A bis C sind erfüllt.

(c) Druckentlastung durch unbeabsichtigtes Öffnen eines Druckhalter-Sicherheitsventils
(konservativer Ausgangszustand abgebranntes Core am Zyklusende)

Bild 7.5 zeigt den zeitlichen Verlauf von Leistung, Druck und Kühlmitteltemperaturen. Die Leistung steigt zunächst über den Kühlmitteldichtekoeffizienten etwas an, der

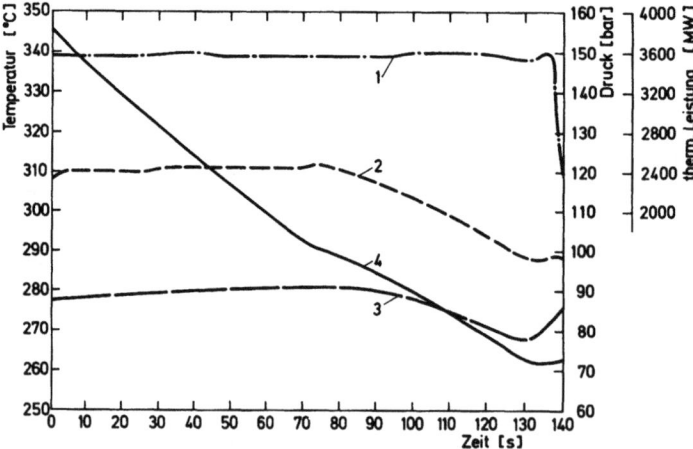

Bild 7.5. Druckentlastung durch unbeabsichtigtes Öffnen eines Druckhaltersicherheitsventils. Zeitlicher Verlauf von Leistung, Druck und Temperatur [9]

1 therm. Reaktorleistung
2 Kühlmittelaustrittstemperatur
3 Kühlmitteleintrittstemperatur
4 Kühlmitteldruck

7.4 Ergebnisse für den Druckwasserreaktor

Druck fällt ab. Nach etwa 75 s wird im heißen Strang die Sättigungstemperatur erreicht, das primärseitige Temperaturniveau sinkt und mit ihm der Frischdampfdruck; zunächst greift die Minimaldruckregelung ein, bis etwa 125 s nach Transientenbeginn Turbinenschnellschluß erfolgt. Der Ausfall der Hauptwärmesenke führt zu einem Ansteigen des Frischdampfdrucks, der Primärtemperatur und über den Blasenkoeffizienten — im Core ist die Sättigungstemperatur erreicht — schließlich zu einer raschen Abnahme der Reaktorleistung.

In [9] werden keine Aussagen zum DNB-Verhalten gemacht. In den Herstelleranalysen [4, 6, 7] wird der Wert von 1,3 nicht unterschritten. Damit wären die Kriterien A bis C erfüllt.

Bei den W-Systemen kommt beim Absinken des Druckes die Einspeisung konzentrierter Borsäurelösung über das HD-Sicherheitseinspeisesystem zur Wirkung. Bei den KWU-Anlagen liegt die entsprechende Förderhöhe mit 50 bar zunächst unter den in Bild 7.5 erreichten Werten.

(3) Maximaler Anstieg der Dampfentnahme
(Ausgangszustand abgebranntes Core am Zyklusende)

Das Öffnen eines sekundären Sicherheitsventils bei Vollast bewirkt einen Anstieg der Dampfabnahme um 20%. Über die Dampfdruckabnahme und den Kühlmitteltemperaturkoeffizienten kommt es zu einer Leistungszunahme, bis die Minimaldruckregelung eine Stabilisierung bewirkt. Der minimale Systemdruck beträgt 150 bar. Die Kriterien A bis C sind erfüllt.

(4) Ausfall der Hauptwärmesenke
(bei vorhandener Eigenbedarfsversorgung) (Ausgangszustand frisches Core)

Es erfolge Turbinenschnellschluß, wobei die Umleitstation geschlossen bleibt. Bild 7.6 zeigt den zeitlichen Verlauf von Leistung, Druck und Temperatur. Nach einem geringfügigen Überschwingen nimmt die Reaktorleistung über den Kühlmitteldichtekoeffi-

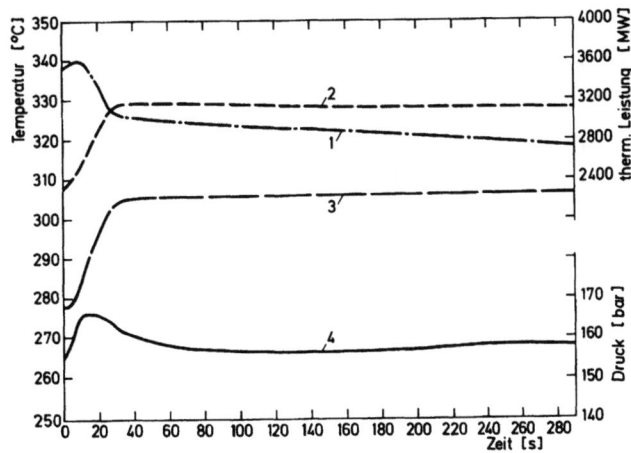

Bild 7.6. Ausfall der Hauptwärmesenke. Zeitlicher Verlauf von Leistung, Druck und Temperatur [9]. (Eigenbedarf vorhanden)
1 therm. Reaktorleistung
2 Kühlmittelaustrittstemperatur
3 Kühlmitteleintrittstemperatur
4 Kühlmitteldruck

zienten ab. Nach 23 s sprechen die Frischdampfsicherheitsventile an und die thermische Leistung stabilisiert sich bei 85 %. Der Dampfdurchsatz durch die FD-Sicherheitsventile liegt fast beim Nennwert, die Förderleistung der Speisewasserpumpen aber wegen des höheren Druckniveaus im Dampferzeuger nur bei 60 %. Deshalb beginnt ab 190 s die Dampferzeugerheizfläche abzunehmen und führt zu einer weiteren Leistungsreduktion durch die steigende Primärtemperatur.

Die Druckhaltersicherheitsventile öffnen kurz 10 s nach Transientenbeginn, der maximale Systemdruck überschreitet kaum den Ansprechdruck des zweiten Sicherheitsventils (167 bar).

Die Kriterien A bis C sind demnach erfüllt und der Störfallablauf ist harmloser als bei (2) (a) mit zusäztlich ausgefallenem Eigenbedarf. Ähnliche Ergebnisse hat die Analyse des Herstellers [4], wenn auch hier der Druck mit 180 bar etwas höher liegt. Für die W-Reaktoren ergibt sich nach [7, 21] zwischen 150 und 200 s (Systemerwärmung nach Reduktion der Dampferzeugerheizfläche) jedoch eine Druckspitze von 195 bar, über dem dort für den Fall (2) (a) errechneten Wert.

(5) Maximale Reduzierung der Speisewasserversorgung
(Ausgangszustand frisches Core)

Dieser Störfall ist im Prinzip mit dem Ausfall der Hauptwärmesenke (4) zu vergleichen. Das Ausmaß der Auswirkungen hängt davon ab, in welchem Umfang die Speisewasserversorgung reduziert wird. In [9] wird davon ausgegangen, daß von den zwei Speisewasserpumpen der KWU-Anlagen eine ausfällt, was bei Berücksichtigung der Pumpencharakteristiken einem Durchsatzrückgang um 33 % entspricht.

Durch den langsamen Rückgang des Wasserinhalts im Dampferzeuger (Bild 7.7) kommt es zu einem Anstieg von Dampfdruck und -temperatur, was einen entsprechenden Anstieg der primärseitigen Größen nach sich zieht, hat aber zunächst wenig Auswirkungen auf die Leistung.

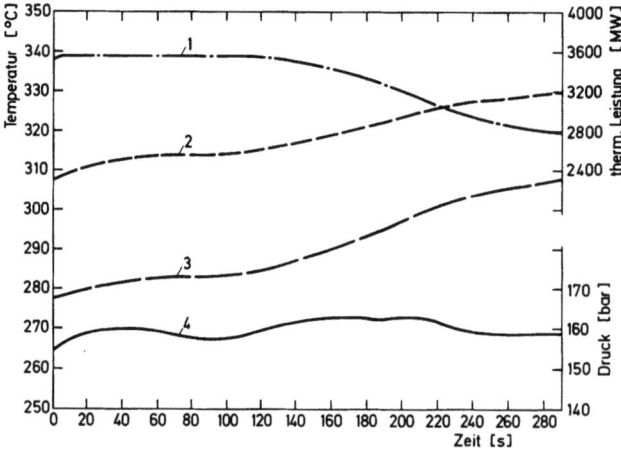

Bild 7.7. Ausfall einer Speisewasserpumpe. Zeitlicher Verlauf von Leistung, Druck und Temperatur [9]

1 therm. Reaktorleistung
2 Kühlmittelaustrittstemperatur
3 Kühlmitteleintrittstemperatur
4 Kühlmitteldruck

7.4 Ergebnisse für den Druckwasserreaktor   179

Nach 37 s beendet die Maximaldruckregelung den sekundären Druckanstieg. Nach 94 s beginnt die Heizfläche durch Absinken des Wasserspiegels abzunehmen. Dadurch kommt es über den Kühlmitteltemperaturkoeffizienten zu einer Leistungsreduktion, als Folge sinken Dampfdruck und -temperatur, bis die Minimaldruckregelung wirksam wird. Leistung, Dampfdurchsatz und Speisewasserdurchsatz gleichen sich an bei einem etwas reduzierten Wasserstand im Dampferzeuger. Der Kühlmitteldruck erreicht nach 180 s kurzzeitig den Ansprechdruck des ersten Abblaseventils und wird durch dessen Tätigwerden auf 164 bar begrenzt. Die Kriterien A bis C bleiben erfüllt.

7.4.2 Zusammenfassung

Bei den wesentlichen ATWS-Ereignissen des Druckwasserreaktors kommt es zu einem Anstieg von Temperatur und Druck des primären Kühlmittels. Die Abschaltung erfolgt vor allem durch den negativen Dichtekoeffizienten des Kühlmittels; blasen im Verlauf des Störfalles die Sicherheitsventile ab, so kann eine Blasenbildung im Core unterstützend hinzukommen.

Tabelle 7.1 gibt einen Überblick über die Ergebnisse der entsprechenden Untersuchungen im Hinblick auf die Kriterien A bis C. Die stärkste Belastung ergibt sich danach aus dem Ausfall der Eigenbedarfsversorgung (2a), sowohl im Hinblick auf den Druck als auch im Hinblick auf die kritische Heizflächenbelastung. Doch wird der 1,1fache Auslegungsdruck nicht überschritten. Solche Werte werden durch die Auslegungsreserven aufgefangen [1]. Die Hüllrohrtemperaturen erreichen keine Werte, die ihre Integrität ernsthaft gefährden. Die kurzzeitige Unterschreitung des DNB-Verhältnisses 1 in einigen Kanälen führt noch nicht zu einer unkühlbaren Geometrie (s. auch Kap. 8).

Tabelle 7.1. ATWS-Ergebnisse für den KWU-Druckwasserreaktor [9]

Ereignis/Kriterium	A	B	C
(1) Maximale Reaktivitätszufuhr	+ (ca. 120 % Leistung)	+ (~ 163 bar)	+ (u. U. kleines DNB-Verhältnis)
(2) Kühlungsausfall			
(a) Ausfall Eigenbedarf	+	+ (~ 187 bar)	(−) (Hüllrohrtemp. 500−700 °C im Heißkanal)
(b) Ausfall einer Umwälzpumpe	+	+ (~ 158 bar)	+
(c) Öffnen eines Sicherheitsventils	+	+	+
(3) Maximaler Anstieg der Dampfentnahme	+	+	+
(4) Ausfall der Hauptwärmesenke	+	+ (~ 168 bar) (Unterschiedliche Ergebnisse)	+
(5) Ausfall einer Speisewasserpumpe	+	+ (~ 164 bar)	+

---

1 Der ASME-Code für Class 1 components läßt für Emergency-conditions im Prinzip noch höhere Spannungen zu (NB-3224).

Je nach den Einzelannahmen für den Reaktivitätsstörfall (1) kann auch hier das DNB-Verhältnis ziemlich nahe an 1 kommen, doch wird das Kriterium C nach den Analysen der Hersteller erfüllt.

Der Ausfall der Hauptwärmesenke (4) hat nach einigen Herstelleranalysen deutlich höhere Druckwerte als im Falle von [9] zur Folge.

Die wichtigsten Sicherheitssysteme zur Beherrschung der Transienten ohne Schnellabschaltung sind die Druckhalter-Sicherheitsventile. Ihre unterschiedliche Kapazität bei den Anlagen der einzelnen Hersteller ist ein Grund für die z. T. voneinander abweichenden Ergebnisse.

Die langfristige Unterkritikalität kann durch das Borierungssystem, das in diesem Sinne diversitär zum Schnellabschaltsystem ist, gewährleistet werden.

Zusammenfassend kann man sagen, daß sich aus ATWS-Ereignissen mit großer Wahrscheinlichkeit keine Unfälle entwickeln und daß damit der in [1] gefundene geringe Risikobeitrag aus diesem Pfad einleuchtet.

7.5 Ergebnisse für den Siedewasserreaktor

7.5.1 Ereignisablauf

Auch hier sollten im wesentlichen die Ergebnisse von [9] referiert werden.

Wenn man auch hier aus der in Abschnitt 6.2 gegebenen Zusammenstellung die hier nicht relevanten fortläßt, so ergeben sich die folgenden repräsentativen Ereignismöglichkeiten, die zugleich andere der in 6.2 genannten Detailabläufe einschließen:
(1) Globale Reaktivitätszufuhr durch Ausfahren von Steuerstäben (ATWS-S-8) nach [9]).
(2) Zu hoher Kühlmitteldurchsatz durch Hochfahren der Umwälzpumpen (ATWS-S-7).
(3) Zu hohe bzw. zu kalte Speisewasserzufuhr.
    (a) Maximaler Anstieg des Speisewasserdurchsatzes (ATWS-S-5).
    (b) Maximaler Abfall der Speisewassertemperatur (ATWS-S-6).
(4) Zu geringe Speisewasserzufuhr (nicht in [9] untersucht).
(5) Zu geringe Dampfentnahme.
    (a) Ausfall der Hauptwärmesenke bei vorhandener Eigenbedarfsversorgung (ATWS-S-1).
    (b) Ausfall der Hauptwärmesenke bei ausgefallener Eigenbedarfsversorgung (ATWS-S-2).
    (c) Isolationsabschluß bei vorhandener Eigenbedarfsversorgung (ATWS-S-3).
    (d) Isolationsabschluß bei ausgefallener Eigenbedarfsversorgung (ATWS-S-4).
(6) Zu hohe Dampfentnahme
    Unbeabsichtigtes Öffnen von Druckentlastungsventilen (nicht in [9] untersucht).

Die in Abschnitt 6.2 noch erwähnten Fälle:
„Örtliche Leistungsspitzen" und „zu wenig Kühlmittelumwälzung" benötigen primär nicht das Schnellabschaltsystem. Sofern der Fall „zu wenig Kühlmittelumwälzung" über das Ansteigen des Wasserspiegels einen Turbinenschnellschluß auslöst, liegt der Fall (5)(a) vor. Der Kühlmittelverluststörfall durch Rohrleitungsbruch ohne Schnellabschaltung wird wie beim Druckwasserreaktor aus der hier vorgelegten Betrachtung ausgeschlossen.

7.5 Ergebnisse für den Siedewasserreaktor

(1) Globale Reaktivitätszufuhr durch Ausfahren von Steuerstäben

Das Reaktorschutzsystem der KWU-Siedewasserreaktoren enthält eine sog. Ausfahrverriegelung, die das weitere Ausfahren von Steuerstäben unterbindet, sobald der Neutronenfluß 10 % über dem durch den Durchsatz der Umwälzpumpen gegebenen leistungsproportionalen Wert liegt. Es wird hier davon ausgegangen, daß die Ausfahrverriegelung funktioniert. Die maximale Reaktivitätszufuhr beim Gruppenausfahren von Stäben beträgt etwa 0,15 %/s. Nach etwa 20 s erreicht dann der Neutronenfluß den Ansprechwert der Ausfahrverriegelung, die bis dahin eingebrachte Reaktivität beträgt also 0,3 %, und kein weiterer Leistungsanstieg findet statt.

Für die langfristige Gewährleistung des unterkritischen Zustandes hat der Siedewasserreaktor kein zusätzliches unabhängiges System, das dem Borierungssystem des Druckwasserreaktors entspricht. Es muß deshalb dafür gesorgt werden, daß die Regelstäbe über die normalen Antriebe eingefahren werden; dieser Vorgang wird als „Sammeleinfahren" bezeichnet. In den KWU-Anlagen werden die Schnellabschaltung hydraulisch-pneumatisch, das Sammeleinfahren dagegen über Elektromotoren und Spindelantrieb bewirkt. Diese beiden Antriebsarten sind so weit diversitär, daß sie von den deutschen Genehmigungsbehörden im Zusammenhang mit der Lösung des ATWS-Problems akzeptiert wurden. Die GE-Anlagen verwenden auch für die normale Regelbewegung der Steuerstäbe ein hydraulisches System. Dadurch ist die Gewährleistung der Diversität hier schwieriger und die entsprechenden Untersuchungen der US-Genehmigungsbehörde dauern noch an.

Die Kriterien A bis C werden bei dieser Störung nicht verletzt, die eingebrachte Reaktivität wird über den Blasenkoeffizienten ausgeglichen. Es wird davon ausgegangen, daß die 10 % überschüssigen Dampfes, die von der Turbine nicht abgenommen werden, über die Druckregelung zu einer entsprechenden Öffnung der Umleitstation führen.

Erfolgt das Ausfahren aus dem unterkritischen Zustand, so wird die Ausfahrverriegelung bei Erreichen einer Periode von 5 s, entsprechend 0,37 % Reaktivitätszufuhr, wirksam. Über die Temperaturkoeffizienten wird die Leistung bei Werten < 10 % der Nennleistung abgefangen; für die Abfuhr stehen entweder das Haupt-Wärmeabfuhrsystem oder ggf. das Not- und Nachkühlsystem und über die Druckentlastungsventile die Wärmesenke des Kondensationsbeckens zur Verfügung.

Langfristig muß auf das Sammeleinfahren zurückgegriffen werden. Die Kriterien A bis C werden erfüllt.

(2) Zu hoher Kühlmitteldurchsatz durch Hochfahren der Umwälzpumpen

Ausgehend von 60 % Leistung und 45 % Durchsatz (untere Grenze des Drehzahlregelbereiches) sollen die Pumpen auf Maximaldrehzahl hochfahren. Über den Blasenkoeffizienten steigt die Leistung an. Wenn der Grenzwert für die Schnellabschaltung erreicht wird, treten eine Hochfahrsperre und eine Anregung zum Pumpenabfahren in Aktion. Die Kriterien A bis C werden dann erfüllt.

In [9] wurden diese Aktionen nicht berücksichtigt. Dann steigen die Leistung (Bild 7.8) auf den 3fachen Nennwert, der Druck auf 78 bar (stationärer Wert 70,5 bar), wo durch Ansprechen der Abblaseventile und das Wirksamwerden des Blasenkoeffizienten die Exkursion aufgefangen wird. Da die Pumpen weiter hochlaufen, wiederholt sich der Vorgang und eine weitere Leistungs- und Druckspitze schließen sich an, bis sich die Leistung im Bereich des Nennwertes stabilisiert. Je nachdem ob die Pumpen

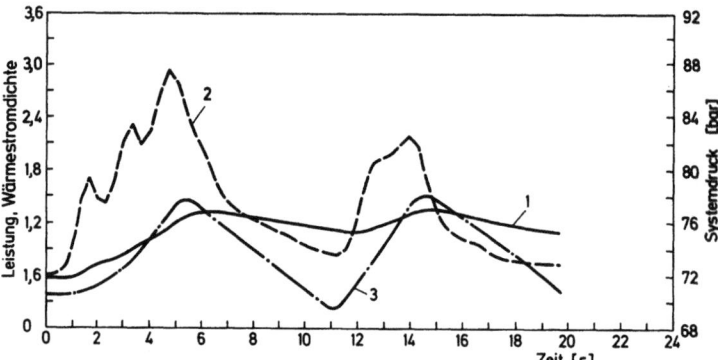

Bild 7.8. Leistung (2), Druck (3) und Wärmestromdichte (1) als Funktion der Zeit beim unkontrollierten Hochfahren der Umwälzpumpen eines Siedewasserreaktors [9]

schnell oder langsam hochfahren, ist die erste oder die zweite Leistungsspitze die höhere; die Berücksichtigung des schnellstmöglichen Hochfahrens ergibt deshalb nicht unbedingt den konservativsten Fall.

Die Kriterien A und B werden erfüllt. Die Wärmestromdichte erreicht etwa den 1,2fachen Nennwert, über die Erfüllung von C wird keine Aussage gemacht.

(3) Zu hohe bzw. zu kalte Speisewasserzufuhr

(a) Maximaler Anstieg des Speisewasserdurchsatzes

Durch einen Fehler in der Speisewasserregelung laufen die Pumpen auf den Maximaldurchsatz (110%) hoch. Im Gegensatz zu dem unter 6.2.2(k) behandelten Fall geht die hier betrachtete Störung vom Vollastbetrieb aus. Gemäß Bild 7.9 steigt die Leistung über die Kühlmittelkoeffizienten langsam an, bis nach etwa 29 s ein Druckentlastungsventil kurz anspricht und die Leistung über den Blasenkoeffizienten reduziert. Die gleichzeitig (über den Druck) ausgelöste Anregung der Schnellabschaltung bewirkt das Abfahren der Umwälzpumpen.

Nach 36 s wird durch hohen Wasserstand der Turbinenschnellschluß ausgelöst, der einige Druckspitzen in der Höhe von etwa 80 bar zur Folge hat. Die zugehörigen Leistungsspitzen erreichen aber keine höheren Werte, weil durch den zurückgehenden Kühlmitteldurchsatz der Blasengehalt im Kern steigt. Langfristig muß die Unterkritikalität wieder durch Sammeleinfahren gewährleistet werden. Die Heizflächenbelastung erreicht knapp den 1,1fachen Nennwert.

Die Kriterien A bis C werden erfüllt.

An diesem Fall wird zum ersten Mal das Abfahren der Umwälzpumpen mit dem dadurch wirksamen Blasenkoeffizienten als diversitäre Maßnahme zur Schnellabschaltung ersichtlich, das bei allen Ereignissen mit Ausfall der Wärmesenke eine wichtige Maßnahme zur ATWS-Beherrschung bildet.

(b) Maximaler Abfall der Speisewassertemperatur

Durch den Ausfall aller HD-Vorwärmer sinkt die Speisewassertemperatur. Das betriebliche Regelsystem leitet in diesem Fall eine Leistungsabsenkung ein. Kommt dies nicht zur Wirkung, so steigt die Leistung über die Kühlmittelkoeffizienten auf das etwa 1,2fache. Sie muß teilweise über die Umleitstation abgeführt werden. Die Auswirkungen sind verhältnismäßig gering und die Kriterien A bis C werden erfüllt.

7.5 Ergebnisse für den Siedewasserreaktor   183

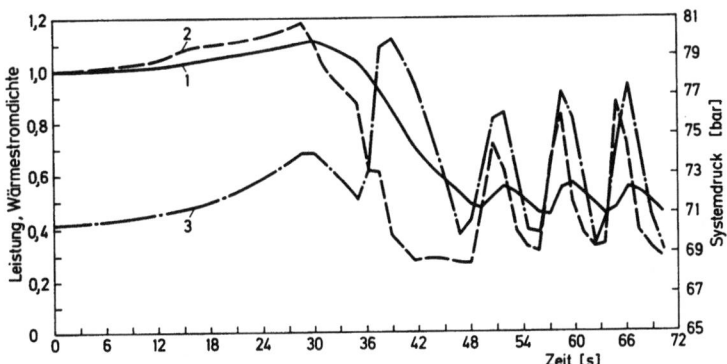

Bild 7.9. Leistung (2), Druck (3) und Wärmestromdichte (1) für den maximalen Anstieg des Speisewasserdurchsatzes beim Siedewasserreaktor [9]

(4) Zu geringe Speisewasserzufuhr

Dieser Fall wird nicht in [9] untersucht. Ein Ausfall *aller* Speisewasserpumpen ist gleichbedeutend mit dem Ausfall der Eigenbedarfsversorgung nach (5)(b). Hier geht es also vor allem um den teilweisen Ausfall. Gegebenenfalls wird durch den geringen Speisewasserdurchsatz ein Abfahren, beim Schnellabschaltbefehl durch niedrigen Wasserstand aber ein Abschalten der Umwälzpumpen bewirkt. Dadurch sinkt die Leistung. Das Schließen der Isolationsventile bei sehr niedrigem Wasserstand läßt dann einen Verlauf ähnlich dem im Falle von (3)(a) erwarten, wobei hier der Einfluß der Einspeisung des kalten Notkühlwassers an die Stelle der Einspeisung der wesentlich größeren Menge vorgewärmten Speisewassers tritt.

(5) Zu geringe Dampfentnahme

(a) Ausfall der Hauptwärmesenke bei vorhandener Eigenbedarfsversorgung

Der Systemdruck steigt an (Bild 7.10), ebenso über den Blasenkoeffizienten die Leistung. Der Spitzenwert liegt beim 3,4fachen Nennwert. Die Kapazität aller Entlastungsventile reicht aus, um den Systemdruck bei etwa 90 bar ($< 1{,}1$facher Auslegungsdruck) abzufangen. Im Zusammenhang mit dem Schnellabschaltbefehl werden die Umwälzpumpen abgefahren und reduzieren über den Blasenkoeffizienten die Leistung. Langfristig ist Sammeleinfahren notwendig, da der Speisewasservorrat begrenzt ist und die durch das Abblasen bewirkte Temperaturerhöhung in der Kondensationskammer zu erhöhten dynamischen Kondensationsbelastungen führt (s. Abschnitt 4.8).

Das Kriterium B wird erfüllt. Das Verhältnis der kritischen Heizflächenbelastung wird für etwa 8 s kleiner als 1 und es kommt im Zentrum der höchstbelasteten Stäbe auf etwa 1 m Länge zum Brennstoffschmelzen. Obwohl A nicht streng und C kurzzeitig nicht erfüllt sind, können wesentliche Schadensauswirkungen ausgeschlossen werden.

(b) Ausfall der Hauptwärmesenke mit Ausfall der Eigenbedarfsversorgung

Durch Ausfall der Eigenbedarfsversorgung kommt es zum Turbinenschnellschluß. Die Umwälzpumpen werden hier nicht abgefahren, sondern laufen aus. Dadurch geht die Leistungsreduktion rascher vor sich als im Fall (a) und die Leistungs- und Druckspitzen werden geringer (82 statt 90 bar, kaum ein Überschreiten der Nennleistung). Die

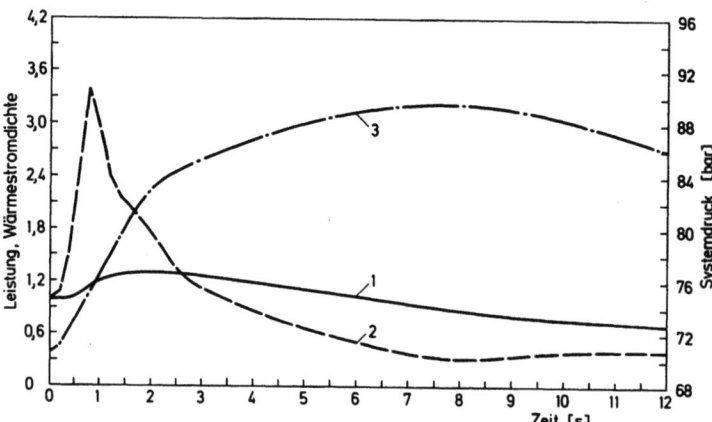

Bild 7.10. Leistung (2), Druck (3) und Wärmestromdichte (1) für den Turbinenschnellschluß des Siedewasserreaktors bei vorhandener Eigenbedarfsversorgung [9]

Kriterien A und B werden erfüllt, das Verhältnis der kritischen Heizflächenbelastung unterschreitet 1 nur halb so lange.

(c) Isolationsabschluß bei vorhandener Eigenbedarfsversorgung

Dieser Fall entspricht (a). Das Volumen der Dampfleitung steht jetzt jedoch nicht mehr für die Dampfaufnahme zur Verfügung. Dadurch werden hier die 3,6fache Nennleistung und 93 bar erreicht. Es kommt wieder im Zentrum der höchstbelasteten Stäbe zum Brennstoffschmelzen.

(d) Isolationsabschluß mit Ausfall der Eigenbedarfsversorgung

Wie in (b) kommt wieder das Auslaufen der Pumpen zur Geltung, das sich jedoch hier noch stärker bemerkbar macht, da die Isolationsventile etwas langsamer schließen als das Turbinenventil. Deshalb kommt der Leistungsabfall durch Pumpenauslauf zunächst eher zur Wirkung als der Druckanstieg durch Isolationsabschluß. Eine Leistungsüberhöhung tritt nicht auf, die Druckspitze erreicht 82 bar.

(6) Zu hohe Dampfentnahme, unbeabsichtigtes Öffnen eines Druckentlastungsventils

Dieser Fall wird in [9] und [5] nicht untersucht. Ein Öffnen (und Offenbleiben) von Druckentlastungsventilen führt zunächst nicht zum Schnellabschaltbefehl. Bei Teillast wird die Dampfabgabe ggf. durch das Regelsystem ausgeglichen. Die Abschaltung über Sammeleinfahren und Pumpenabfahren (ausgelöst von Hand) muß erfolgen, bevor die Kondensationskammertemperatur Werte $> 85\,°C$ erreicht hat.

Erfolgt die Störung bei Vollast, so bringt die Druckabsenkung bereits eine erste Leistungsreduktion. Auch hier sind mit Rücksicht auf die Kondensationskammertemperatur Sammeleinfahren und Pumpenabfahren erforderlich.

Die Kriterien A bis C sind erfüllt.

7.5.2 Zusammenfassung

Die wesentlichen ATWS-Ereignisse des Siedewasserreaktors können bei einem Ausfall der Hauptwärmesenke auftreten. Dabei ist das Abfahren oder besser das Auslaufen der Umwälzpumpen die wichtigste Maßnahme, um zu große Leistungs- und Druckwerte zu

7.5 Ergebnisse für den Siedewasserreaktor

Tabelle 7.2. ATWS-Ergebnisse für den KWU-Siedewasserreaktor [9]

Ereignis	A	B	C
(1) Globale Reaktivitätszufuhr	+ (ca. 120% Leistung)	+ (74 bar)	+
(2) Hochfahren der Umwälzpumpen	+ (ca. 300% Leistung)	+ (78 bar)	(+)
(3) (a) Max. Anstieg des Speisewasserdurchsatzes	+ (ca. 120% Leistung)	+ (80 bar)	+
(b) Max. Abfall der Speisewassertemperatur	+ (ca. 120% Leistung)	+ (70,5 bar)	+
(4) Zu wenig Speisewasserzufuhr	keine Ergebnisse	keine Ergebnisse	keine Ergebnisse
	Voraussichtlich erfüllt		
(5) (a) Ausfall der Hauptwärmesenke mit vorh. Eigenbedarfsversorgung	(−) (ca. 340% Leistung)	+ (90 bar)	(−)
(b) Ausfall der Hauptwärmesenke mit Ausfall der Eigenbedarfsversorgung	+ (ca. 104% Leistung)	+ (82 bar)	+
(c) Isolationsabschluß mit vorh. Eigenbedarfsversorgung	(−) (ca. 360% Leistung)	+ (93 bar)	(−)
(d) Isolationsabschluß mit Ausfall der Eigenbedarfsversorgung	+ (100% Leistung)	+ (82 bar)	+
(6) Unbeabsichtigtes Öffnen eines Druckentlastungsventils	keine Ergebnisse	keine Ergebnisse	keine Ergebnisse
		Voraussichtlich erfüllt	

vermeiden. Weiterhin ist das Sammeleinfahren der Steuerstäbe erforderlich, um die thermisch induzierte dynamische Belastung der Kondensationskammer zu begrenzen und die langfristige Unterkritikalität zu gewährleisten. In Tabelle 7.2 sind die Ergebnisse, soweit sie aus Analysen in [9] hervorgehen, zusammengestellt. Der 1,1fache Auslegungsdruck wird nicht überschritten. Man könnte die Folgen der Ereignisse (5)(a) und (c) ohne Schwierigkeit auf diejenigen der Fälle (5)(b) und (d) herabmildern, wenn statt des Abfahrens eine Abschaltung der Pumpen beim Anstehen des Schnellabschaltbefehls vorgenommen würde.

Wie beim Druckwasserreaktor entwickeln sich aus den ATWS-Ereignissen mit großer Wahrscheinlichkeit keine Unfälle.

In [9] wurden die Untersuchungen auch noch bis zu dem Punkt fortgesetzt, daß für den Fall (5c) einzelne der zusätzlichen Sicherheitsmaßnahmen

- Abfahren der Umwälzpumpen,
- Druckentlastung

teilweise versagen (z. B. fahren die Pumpen mit Verzögerung ab oder sprechen nicht die Druckentlastungs-, sondern die höher eingestellten Sicherheitsventile an). Auch unter diesen Bedingungen wird die Störung in vielen Fällen noch beherrscht. Die Grenze, an der der Störfall in den Unfall übergeht, ist fließend. In den Risikostudien wird konservativ i. allg. das Auftreten der Kernschmelze angenommen, wenn die angeführten Sicherheitsmaßnahmen nicht mehr ordnungsgemäß arbeiten.

Literatur zu Kapitel 7

1. Reactor Safety Study. Main Report, USNRC, PB-24801, Oct. 1975
2. Deutsche Reaktorsicherheitsstudie, Zwischenbericht. GRS-Fachgespräch, München, 4. Nov. 1977
3. WASH-1270, Regulatory Staff U.S. AEC, Technical Report on Anticipated Transients Without Scram for Water-Cooled Power Reactors. Sept. 1973
4. Hirmer, F.: Kernkraftwerk Biblis A. Untersuchung des Versagens des Schnellabschaltsystems bei Betriebstransienten (ATWS). KWU-Arbeitsbericht Nr. 72/75, Juni 1975
5. Bräuhauser: KRB II-Verhalten der Anlage bei Transienten ohne Schnellabschaltung. Technischer Bericht KWU/R 113-3229
6. WCAP-8096 Anticipated Transients Without Trip in Westinghouse Pressurized Water Reactors. April 1973
7. WCAP-8330, Westinghouse Anticipated Transients Without Trip. Aug. 1974
8. 01-NEDO-16349 (General Electric Company): Analysis of Anticipated Transients Without Scram, March 1971
9. IRS W-22: Untersuchungen von Betriebsstörungen bei Versagen der Reaktorschnellabschaltung (ATWS) und anderer ausgewählter Sicherheitseinrichtungen, Juni 1976
10. Smidt, D.: Reaktortechnik. Karlsruhe: Braun 1975
11. Hirmer, F.: Beschreibung des Rechenmodells (Programm LOOP-7) zur Berechnung der zu erwartenden Transienten bei Störfällen ohne Reaktorschnellabschaltung (ATWS). KWU-Arbeitsbericht R 11 Nr. 103/75, Juli 1975
12. Curet, H. D.: RETRAN, System Transient Model. 4th Water Reactor Safety Research Information Meeting, Gaithersburg, Md., 1976
13. RELAP-4/Mod. 5: A Computer Program for Transient Thermal-Hydraulic Analysis of Nuclear Reactors and Related Systems, Vol. 1, ANCR-NUREG-1335, Sept. 1976
14. Frisch, W. Langenbuch, S.: Nichtlineares Anlagenmodell zur Berechnung von Transienten in Siedewasserreaktoranlagen. KTG-Fachtagung, Karlsruhe, Jan. 1974
15. Frisch, W.; Langenbuch, S.; Schmidt, K.-D.: ALMOS-2-Rechenprogramm zur Störfallanalyse von Siedewasserreaktoranlagen. Programmbeschreibung MRR-P-13, Dez. 1974
16. COSTAX-LOOP – Ein Programm zur Berechnung des transienten Verhaltens von Siedewasserreaktorkühlkreisläufen. IRS-Arbeitsbericht, Dez. 1972

17. A Computer Program of the Constanzen-Series for the Axial Dynamics of BWR and PWR Nuclear Reactors. EUR 4497e (1970)
18. FRANCESCA BWR: A Numerical Program for the Steady State and Dynamics Calculation of Parallel Coolant Channels for BWR Nuclear Reactors. EUR 4902e (1972)
19. Auslegungsbericht über das transiente Betriebs- und Störverhalten des Kernkraftwerks Philippsburg. Technischer Bericht KWU/R 113-3098, Aug. 1974
20. Beliczey, S.: Rechnerischer Nachvollzug einer Transiente mit Ausfall der Hauptwärmesenke beim KWW (Würgassen). IRS-Arbeitsbericht Nr. 282
21. Paulson, C. K.: ATWT in Perspective. Nucl. Energy Digest 3 (1977) 23–28

8 Verlust des Reaktorkühlmittels

Der Kühlmittelverluststörfall (am. LOCA, *l*oss *o*f *c*oolant *a*ccident) der Leichtwasserreaktoren ist besonders ausführlich untersucht worden. Das liegt vor allem daran, daß er schon frühzeitig als „größter anzunehmender Unfall" (GAU), später etwas präziser als „Auslegungsstörfall" definiert wurde, aus dem die Spezifikation für die begrenzende sicherheitstechnische Auslegung der Anlage hergeleitet wurde. Heute sind eine ganze Anzahl anderer Störfälle, wie sie in den vorangehenden Kapiteln beschrieben wurden, ebenso wie einige Einwirkungen von außen zusätzlich auslegungsbestimmend.

Dennoch hat die Beherrschung des Kühlmittelverluststörfalls nach wie vor besondere Bedeutung. Nach den Sicherheitsstudien [1, 2] ergeben sich hieraus etwa $2/3$ des Restrisikos einer Reaktoranlage. Das ist darauf zurückzuführen, daß beim Kühlmittelverluststörfall besonders komplexe hydrodynamische und strukturdynamische Phänomene ablaufen, besonders ausgedehnte Sicherheitseinrichtungen wirksam werden müssen und die Brennstäbe erheblich über die normalen betrieblichen Werte hinaus belastet werden.

Bei den natriumgekühlten schnellen Reaktoren muß der Kühlmittelverlust ebenfalls in die Sicherheitsanalyse einbezogen werden. Bedingt durch den niedrigen Druck und den hohen Siedepunkt des Natriums trägt er aber nur unwesentlich zum Restrisiko dieser Anlagen bei. Es ist durch passive Einrichtungen leicht möglich, daß auch bei unterstellten Lecks der Reaktorkern mit Natrium bedeckt bleibt und dadurch die Nachwärmeabfuhr immer gesichert werden kann.

8.1 Klassifikation von Störfallmöglichkeiten beim Leichtwasserreaktor

Der Druckwasserreaktor und der Siedewasserreaktor sollen in diesem Kapitel nicht in der gleichen Weise nacheinander abgehandelt werden, wie das bisher geschehen ist. Da die Phänomene des Kühlmittelverluststörfalls bei beiden sehr ähnlich sind, werden sie gemeinsam besprochen; etwaige Unterschiede im Detail werden im Zusammenhang an Ort und Stelle gezeigt. Dabei wird der Druckwasserreaktor im Vordergrund stehen.

Die Rasmussenstudie [1] unterschied zum ersten Mal je nach der Größe der Bruchöffnung zwischen dem kleinen, mittleren und großen LOCA. Sofern die Rohrleitungen betroffen sind, entspricht die maximale Lecköffnung dabei dem doppelten Leitungsquerschnitt (sog. 2 F-Bruch, $\approx 2 \cdot 4000 \, cm^2$* beim Druckwasserreaktor). Die Klassifikation ergab sich aus der unterschiedlichen Anzahl und Art der Sicherheitssysteme, die zur Störfallbeherrschung, d.h. für die Überführung des Cores in den ungeschmolzenen,

---

* Entspricht 750 mm Leitungsdurchmesser.

8.1 Klassifikation von Störfallmöglichkeiten beim Leichtwasserreaktor

Tabelle 8.1. Mindestanforderungen für die Systemfunktionen zur Notkühlung Leck im kalten Strang*)

Bereich	Bruchquerschnitt (cm²)	Systemfunktionen: HD-Einspeisungen	Druckspeichereinspeisungen		ND-Einspeisungen für Fluten		ND-Einspeisungen für Umwälzbetrieb		Sek-Einspeisungen
1. Großes Leck	>1000	—	heiß	3 v 4	heiß	2 v 4	heiß	2 v 4	—
			kalt	2 v 4	kalt	1 v 4			
2. Großes Leck	400–1000	—	heiß	3 v 4	heiß	2 v 4	heiß	2 v 4	—
			kalt	2 v 4	kalt	1 v 4			
3. Mittleres Leck	80– 400	2 v 4	heiß	2 v 4	heiß	2 v 4	heiß	2 v 4	—
			kalt	2 v 4	kalt	1 v 4			
4. Kleines Leck	<80	2 v 4	—		heiß	2 v 4			1 v 4 oder Sicherheitseinspeisungen
					kalt	1 v 4			2 v 4 heitseinspeisungen

*) Die Angaben beziehen sich auf eine ältere KWU-Anlage mit 4 statt 8 Druckspeichern. Bei den neueren Anlagen ergibt sich eine entsprechend höhere Redundanz.

langfristig kühlbaren Zustand benötigt werden. In Tabelle 8.1 sind für den KWU-Druckwasserreaktor nach [2] die Einzelangaben zusammengestellt. Für die W-Anlagen sind entsprechende Angaben in Bild 3.36 gemacht.

Dabei sind die Ergebnisse der nachfolgenden Analyse vorweggenommen. Das *Reaktorschutzsystem* wird in jedem Falle benötigt.

Das *Schnellabschaltsystem* wird bei den großen Lecks des Druckwasserreaktors nicht zwingend benötigt, da die erste Abschaltung durch die Blasenbildung im Kühlmittel bewirkt wird und die anschließende Einspeisung von boriertem Wasser die langfristige Unterkritikalität sicherstellt. Beim Siedewasserreaktor ist die Schnellabschaltung bzw. das Einfahren der Steuerstäbe in jedem Fall erforderlich.

Die *Hochdruckeinspeisung* aus dem Not- und Nachkühlsystem ist für große Lecks unwesentlich, da ihre Fördermenge gering ist und der Druck ohnehin rasch absinkt.

Umgekehrt werden beim Druckwasserreaktor die *Druckspeicher* bei kleinen Lecks ($< 80 \, cm^2$) nicht benötigt, weil der Druck nur langsam auf ihr Ansprechniveau absinkt und die Hochdruckeinspeisung inzwischen wirksam geworden ist.

Beim Siedewasserreaktor haben bei kleinen Lecks die *Abblaseventile* eine wichtige und zur Hochdruckeinspeisung redundante Funktion.

Bei kleinen Lecks im kalten Strang des Druckwasserreaktors werden Dampferzeuger und *Notspeisesysteme* gebraucht, weil die Energieverluste durch das Leck nicht ausreichen und die Kühler im Niederdruck-Nachkühlsystem wegen des noch hohen Drucks noch nicht eingesetzt werden können. Die Wärme wird dann über Naturkonvektion aus dem Primärkreis an den oder die Dampferzeuger abgegeben.

Die Sicherheitsstudien, denen die Annahmen des Bildes 3.36 bzw. der Tabelle 8.1 für die Störfallbeherrschung zugrunde liegen, sind in verschiedener Hinsicht konservativ. Beispielsweise wurde im vorangehenden Kapitel gezeigt, daß z. B. das unbeabsichtigte Öffnen von Druckentlastungs- oder Sicherheitsventilen, also bestimmte kleine Lecks, ohne Wirksamwerden des Schnellabschaltsystems beherrscht werden können. Es ist dabei zu berücksichtigen, daß auch die Lage des Lecks oder Bruchs im Kühlkreislauf für den Ablauf und für die Maßnahmen zur Beherrschung eine Rolle spielt.

Beim Druckwasserreaktor bewirken Lecks in der Kühlmitteleintrittsleitung (kalter Strang) oder im unteren Teil des Reaktordruckbehälters eine Reduktion, Stagnation und ggf. spätere Umkehrung der zunächst vorhandenen Kühlmittelströmung (Bild 8.1), während Ereignisse im heißen Strang die vorhandene Strömung und damit die Kühlung des Cores zunächst verbessern.

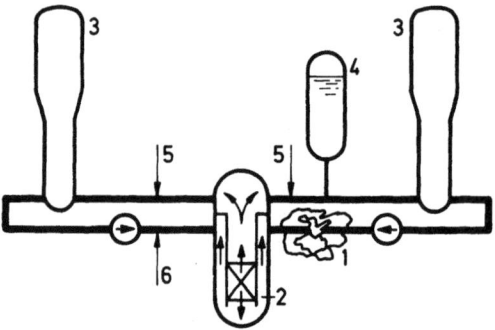

Bild 8.1. Auswirkung eines Bruchs im kalten Strang eines Druckwasserreaktors auf die Strömungsrichtung in verschiedenen Bereichen des Reaktordruckbehälters

1 Bruchstelle
2 Ringraum (Downcomer)
3 Dampferzeuger
4 Druckhalter
5 heißseitige Einspeisestellen der Notkühlung
6 kaltseitige Einspeisestellen

Ähnliches gilt für den Siedewasserreaktor, wo Lecks oder Brüche im Wasserbereich (Bild 4.3) ernsthaftere Auswirkungen haben können als im Dampfbereich.

Wird in der Folge der vorübergehend entleerte Druckbehälter des Druckwasserreaktors wieder aufgefüllt, so ist dieser Vorgang bei einem Bruch oder Leck zwischen Dampferzeuger und Pumpe oder im kalten Strang schwieriger durchführbar als bei defektem heißen Strang. Die Gründe hierfür werden im Abschnitt 8.2 erläutert.

Die in Tabelle 8.1 enthaltenen Angaben beziehen sich auf den auch nach der Lage der Leckstelle jeweils ungünstigsten Fall, da eine Unterscheidung den Aufwand der Sicherheitsstudien zu groß gemacht hätte.

Die *Wahrscheinlichkeit* eines größeren *Druckbehälterversagens* mit allen prinzipiellen Vorbehalten, die man dabei machen kann, ist schon in Abschn. 3.2.6 behandelt worden. Die Notkühlsysteme sind nicht zur Beherrschung dieses Falles ausgelegt. Aufgrund von Erfahrungen mit Rohrleitungen wird allgemein die (z. B.) mittlere Wahrscheinlichkeit für

— große Lecks mit 10^{-4}/a,
— mittlere Lecks mit $3 \cdot 10^{-4}$/a,
— kleine Lecks mit 10^{-3}/a,

mit einem 5 bis 95 % Vertrauensbereich von einer Größenordnung nach jeder Seite angegeben [1]. Sie übertrifft damit die Wahrscheinlichkeit für Lecks und Brüche am Reaktordruckbehälter in jedem Falle um einige Größenordnungen.

8.2 Überblick über die Phänomene beim Kühlmittelverluststörfall des Leichtwasserreaktors

Zunächst soll der qualitative Ablauf für den Fall eines zum Zeitpunkt t = 0 im kalten Strang eines Druckwasserreaktors nahe am Reaktordruckbehälter auftretenden großen Lecks beschrieben werden, das für lange Zeit den Auslegungsstörfall darstellte. Andere Leckgrößen und -lagen werden in ihren unterschiedlichen Auswirkungen kurz erwähnt.

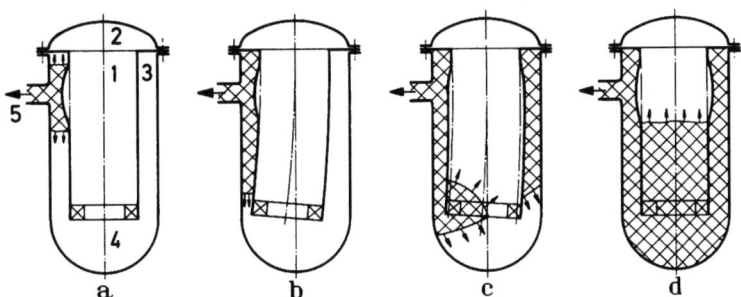

Bild 8.2. Druckentlastungswelle und resultierende Verformung des Kernmantels nach einem großen Bruch im kalten Strang [45]
1 Kernmantel (Corezylinder)
2 Raum im Druckbehälteroberteil (oberes Plenum)
3 Ringraum (Downcomer)
4 Raum im Druckbehälterunterteil (unteres Plenum)
5 Bruchstelle nahe am Eintrittsstutzen
schraffiert: Zonen reduzierten Drucks

(1) *Ausgangszustand:* Das Core ist für t = 0 gekennzeichnet durch bestimmte Werte der
 – Leistung und
 – der Leistungsverteilung (Leistungsformfaktor, am. peaking factor).
 Beide werden im Genehmigungsverfahren konservativ angesetzt.

(2) Nachdem sich das Leck geöffnet hat, läuft eine *Druckentlastungswelle* durch den Reaktordruckbehälter und verformt den Kernzylinder dynamisch in der in Bild 8.2 dargestellten Weise. Der maximal mögliche örtliche Druckunterschied ist abgesehen von Druckwellenreflexionen dabei die Differenz zwischen Betriebsdruck und Sättigungsdruck. Deshalb ergibt sich beim Siedewasserreaktor praktisch keine mechanische Belastung dieser Art. Mit kleinerer Leckgröße und größerem Abstand der Bruchstelle vom Reaktordruckbehälter geht die Belastung ebenfalls zurück. Umgekehrt wird die Belastung sehr rasch unbeherrschbar groß, wenn der Bruch im Reaktordruckbehälter auftritt.

(3) Es beginnt jetzt die sog. *Blowdown-Phase,* in der sich an der Leckstelle die *kritische Ausströmgeschwindigkeit* einstellt. Ihre richtige Bestimmung ist für den weiteren Störfallablauf und die erreichten *thermischen* Belastungen der Brennstäbe von Bedeutung. Die *mechanische* Belastung der Druckbehältereinbauten ist jetzt durch die im Vergleich zu (2) geringeren Druckdifferenzen aus dem Strömungsdruckverlust gegeben.

(4) Mit dem Absinken des Kühlmitteldrucks (s. Bild 8.3) unter die Sättigungsgrenze kommt es zur *Zweiphasenströmung* und Verdampfung (flashing) des Kühlwassers. Für die Kühlung der Brennstäbe ist besonders das Ausmaß der mitgerissenen Wassertröpfchen (liquid entrainment) maßgebend.

(5) Die *Wärmedurchgangszahl im Spalt* zwischen Brennstoff und Hülle ist dafür maßgebend, wieviel Speicher- und Nachwärme jetzt noch an das Kühlmittel abgegeben werden können.

(6) Abhängig vom Kühlmitteldruck und vom Kühlmitteldurchsatz in den Kanälen kommt es zur *Siedekrise* (DNB) und Filmsieden. Der Durchsatz, der beim Leck im kalten Strang durch Phasen der Stagnation und Strömungsumkehr bestimmt

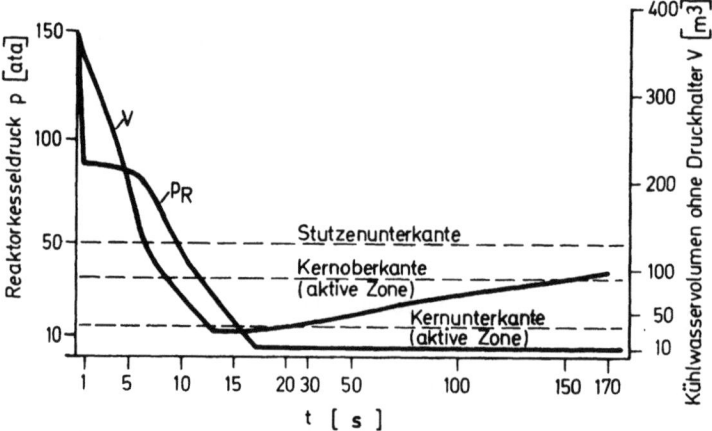

Bild 8.3. Zeitlicher Verlauf von Kühlmitteldruck und Kühlmittelvolumen im Reaktordruckbehälter nach einem großen Leck im kalten Strang

ist, hängt in komplizierter Weise von der unter (3) erwähnten Ausströmrate durch das Leck und dem Verhalten der Kreislaufkomponenten ab. Es ist dabei keinesfalls erwiesen, daß die größtmögliche Ausströmrate den konservativen Fall darstellt, so daß Leckdurchsatz und Ort des Lecks parametriert werden müssen.

(7) Etwa 0,4 s nach Detektion des Störfalls (niedriger Kühlmitteldruck, Wasserstand im Druckhalter, Druck im Containment) kommt es zur *Reaktorschnellabschaltung*, die bei großen Lecks im Prinzip nicht notwendig ist.

(8) Nach 10 bis 15 s hat der Systemdruck den Druck in den *Druckspeichern* unterschritten und diese beginnen einzuspeisen. Im Ringraum zwischen Reaktordruckbehälter und Kernzylinder (Bild 8.4) bildet sich ein Gegenstrom zwischen abwärts fließendem Wasser aus den Druckspeichern und aufwärts zum Leck fließenden Dampf aus. Dadurch wird möglicherweise ein Teil des in die kalten Stränge eingespeisten Druckspeicherwassers unmittelbar aus dem Leck wieder austreten (sog. *Bypass-Phase*). In die heißen Stränge eingespeistes Wasser (KWU) kann oberhalb des Kerns durch Kondensation den Dampfdruck erniedrigen und so die Dampfströmung im Raum oberhalb des Kerns und auch im Ringraum herabsetzen bzw. zeitweilig auch umkehren.

(9) Das *Ende der Blowdown-Phase* wird durch den Druckausgleich zwischen Primärkreis und Containment ($\approx$ 4 bis 5 bar) bzw. das Ende des Ausströmvorgangs definiert. Das noch von den Druckspeichern und ab etwa t = 30 s (abhängig davon, ob Netzstrom verfügbar ist oder die Notstromaggregate eingeschaltet werden müssen) von den Niederdruck-Notkühlsystemen eingespeiste Wasser verbleibt jetzt im Reaktorbehälter und läßt den Wasserspiegel steigen. Die Bezeichnungen lauten:

— Wiederauffüllphase (refilling), solange der Wasserspiegel sich noch unterhalb des Cores befindet,
— Flutphase (reflooding), nachdem er das Core erreicht hat.

Der *Wasserstand im Reaktordruckbehälter* am Ende der Blowdownphase ist dabei ein wichtiger Parameter für die Bestimmung der Zeit, die bis zum Fluten des Cores vergeht, und die für die erreichten Maximaltemperaturen maßgebend ist.

(10) *Wiederauffüllphase*, der Kern wird weiterhin durch Dampf und ggf. auch durch Wärmestrahlung gekühlt.

(11) In der *Flutphase* wird die Kühlung durch das Aufschäumen des Wasserspiegels und mitgerissene Wassertröpfchen verbessert.

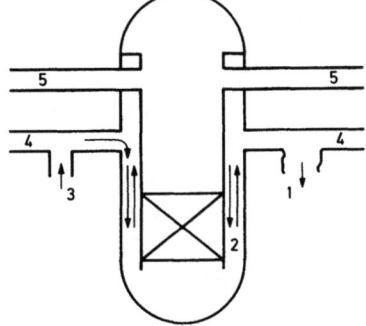

Bild 8.4. Gegenstrom im Ringraum durch nur kaltseitige Notkühleinspeisung (Druckspeicher) während des Blowdowns (Bypassphase)

1 Ausströmung aus dem Leck
2 Ringraum mit Gegenstrom von Dampf (aufwärts) und Wasser (abwärts)
3 Einspeisestelle eines Druckspeichers
4 Kalte Stränge
5 Heiße Stränge

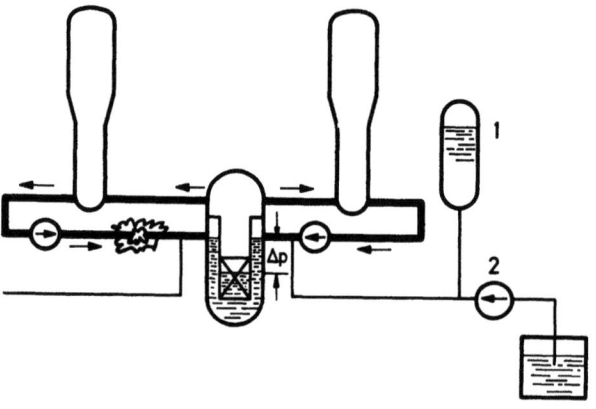

Bild 8.5. Abströmwege des im Core gebildeten Dampfes beim Fluten (Leck im kalten Strang)
1 Druckspeicher
2 Niederdruckpumpe des Notkühlsystems (nur kaltseitige Einspeisung)

(12) Die Geschwindigkeit, mit der in der Wiederauffüll- und besonders in der Flutphase das Notkühlwasser zuströmen kann, hängt von der Abströmmöglichkeit des gebildeten Dampfes ab (Bild 8.5). Der Dampf kann nur durch das Leck entweichen und muß dazu zunächst über die heißen Stränge und durch die Dampferzeuger gehen. Als treibende Druckdifferenz steht nur der Unterschied der Wasserspiegelhöhe im Core und im Ringraum zur Verfügung, so daß die Abströmverluste von Bedeutung sind. Das Problem wird auch als *Dampfverstopfung* (steam binding) bezeichnet.

Die Dampfverstopfung ist dann am schwerwiegendsten, wenn der Bruch zwischen der Pumpe und dem Dampferzeuger liegt. Bild 8.6a zeigt die Strömungswege im Querschnitt. Der Dampf kann entweder über den heißen Strang des gebrochenen Kreises direkt zum Leck oder über die heißen Stränge der intakten Kreisläufe zurück zum Ringraum und von dort über den kalten Strang des gebrochenen Kreislaufs zum Leck gelangen. Dabei spielen zwei Effekte eine Rolle:

- Eine möglicherweise im U-förmigen Rohrstück zwischen Dampferzeuger und Pumpe vorhandene Wasseransammlung,
- Nachverdampfung von mitgerissenen Wassertröpfchen durch Wärmezufuhr im sekundärseitig noch heißen Dampferzeuger und die damit verbundene Vergrößerung des Dampfvolumens.

Bild 8.6b verdeutlicht das im Längsschnitt und zeigt, wie auf dem zweiten Strömungsweg (3 Stränge) der Pumpenwiderstand den Druckverlust zusätzlich erhöht.

Das Bild 8.6b zeigt auch, daß die Wassersäule im Ringraum durch die Wärmezufuhr aus der noch heißen Druckbehälterwand aus einem Zweiphasengemisch besteht, das eine entsprechend verminderte Dichte hat.

Es gibt 3 Möglichkeiten, im Hinblick auf die Dampfverstopfung günstigere Bedingungen zu schaffen:

(a) Rückschlagklappen im Corezylinder (Bild 8.7) entlasten den Dampf direkt in den Ringraum und über den kalten Strang zum Leck. Diese Lösung wird bei den Anlagen der Babcock & Wilcox Co. gewählt.

(b) Einspeisung in den unteren Sammelraum (lower plenum injection). Dadurch werden schon während der Blowdown-Phase die Gegenstromeffekte vermie-

8.2 Kühlmittelverluststörfall des Leichtwasserreaktors

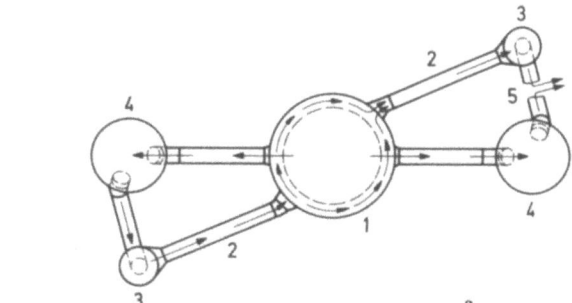

Bild 8.6 a, b. Abströmwege des im Core beim Fluten gebildeten Dampfes bei einem Leck zwischen Dampferzeuger und Pumpe [73]

a   Querschnitt (zur Vereinfachung sind nur zwei Kreisläufe gezeichnet)
1   Corezylinder
2   Kalter Strang (mit Notkühleinspeisung)
3   Kühlmittelumwälzpumpe
4   Dampferzeuger
5   Leckstelle

b   Längsschnitt
1   Ringraum
2   Core
3   Dampferzeuger-Heizrohre
4   Leckstelle

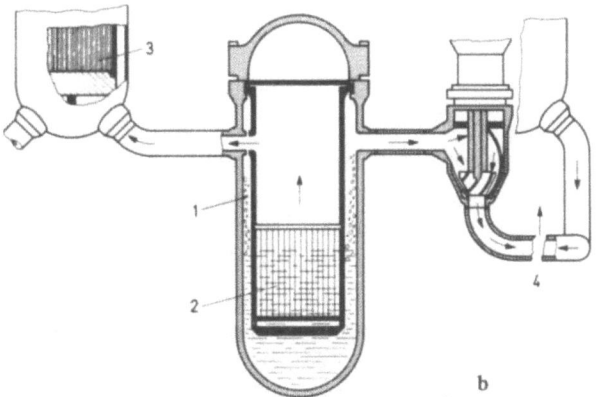

den und der treibende Druck kann größer sein. Ein praktischer Nachteil wäre die dadurch erforderliche Penetration des Reaktordruckbehälters im unteren Bereich mit der Erschwerung der Wiederholungsprüfbarkeit. Diese Lösung wird experimentell und theoretisch untersucht, aber bisher nicht angewendet.

(c) Zusätzliche Einspeisung von Notkühlwasser in die heißen Stränge (bzw. ins obere Plenum). In Bild 8.8 ist die Wirksamkeit dieser auch kurz „Heißeinspeisung" genannten Maßnahme gezeigt. Durch ein Umlenkblech am Einspeisestutzen erhält das Kühlmittel einen Impuls in Richtung Reaktorbehälter und wird durch den Aufprall auf die Regelstabführungsrohre fein verteilt. Der Dampf aus dem Core kann dann kondensieren und der Gegendruck wird abgebaut. Es muß dabei sichergestellt werden, daß

— die Restdampfströmung nicht zusätzliches Wasser in die noch heißen Dampferzeuger transportiert, und
— von oben in das Core eindringendes Wasser nicht eine Verstärkung des steam binding bewirkt. Da die Wassersäule am oberen Ende des Cores niedrig gegenüber der Wassersäule im Ringraum ist, hat dieser Effekt allerdings keine ernsthaften Auswirkungen.

Die Heißeinspeisung ist bei den KWU-Anlagen und bei einer geringen Zahl von W-Anlagen vorgesehen. Bei den *Siedewasserreaktoren* ist immer eine Dampfabströmung über die Druckentlastungsventile in die Kondensationskammer möglich.

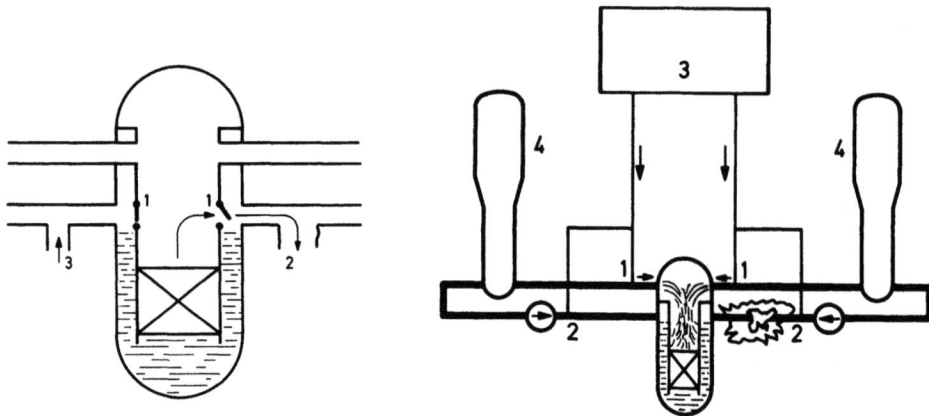

Bild 8.7. Verwendung von Rückschlagklappen zur Dampfentlastung beim Fluten
1 Rückschlagklappen
2 Leck
3 Einspeisestelle des Notkühlmittels (kaltseitig)

Bild 8.8. Dampfkondensation im oberen Plenum durch heißseitige Einspeisung der Notkühlung
1 heißseitige Einspeisestelle   3 Notkühlsystem
2 kaltseitige Einspeisestelle   4 Dampferzeuger

(13) Sobald die Brennstäbe vom eingefüllten Wasser lokal *benetzt* werden (Quenching), sinkt ihre Temperatur rasch ab und der Störfall ist nach dem Wiederauffüllen abgeschlossen. Der jetzt vorliegende Zustand der Brennelementhüllen ist maßgebend für die langfristige Kühlbarkeit, die durch das Nachkühlsystem gewährleistet werden muß.

Neben diesen Einzeleffekten sind die folgenden Phänomene über den ganzen Ablauf des Störfalls zu bestimmen.

(14) Die zeitabhängige Leistungserzeugung, insbesondere die Nachwärmeproduktion.

(15) Die *chemische Reaktion des Hüllmaterials* (Oxidation) mit dem Wasserdampf. Sie bewirkt eine Änderung der Materialeigenschaften (Versprödung) und eine zusätzliche Wärmequelle (und H_2-Bildung).

(16) Der Temperaturverlauf des Hüllmaterials, der seine mechanische Festigkeit gegenüber dem Spaltgasinnendruck bestimmt. Bild 8.9 zeigt ein Beispiel für einen konservativ errechneten Temperaturverlauf bei dem unterstellten Bruch im kalten Strang. Die Temperatur

— steigt wegen des raschen Erreichens der kritischen Heizflächenbelastung,
— fällt wieder wegen abklingender Wärmeleistung und Nebelkühlung,
— steigt mit fortschreitender Entleerung des Reaktordruckbehälters wieder an,
— sinkt dann in der Flutphase durch Tröpfchenkühlung und
— fällt rasch beim Benetzungsvorgang.

Bei großer Wärmedurchgangszahl im Spalt wird das erste, bei kleiner Wärmedurchgangszahl das zweite Maximum überwiegen, weil die gespeicherte Wärme früher oder später die Hülle erreicht.

Tabelle 8.2 gibt einen Überblick über die Phänomene beim großen Kühlmittelverluststörfall.

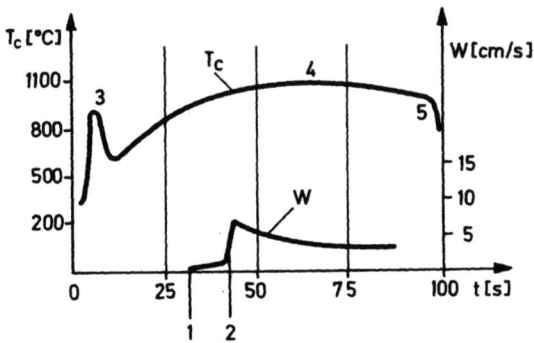

Bild 8.9. Konservativ gerechneter zeitlicher Verlauf der Hüllentemperatur im Heißkanal nach einem großen Leck im kalten Strang

T_c Hüllentemperatur
W Anstiegsgeschwindigkeit des Wasserspiegels
1 Reaktordruckbehälter leer, Niederdruckpumpen wirksam
2 Druckspeicher leer
3 1. Maximum (je nach Strömungsumkehr und Stagnation hier auch mehrere Maxima)
4 2. Maximum
5 Wiederbenetzung (Quenching)

Tabelle 8.2. Übersicht über die Phänomene bei Kühlmittelverluststörfall (großes Leck im kalten Strang)

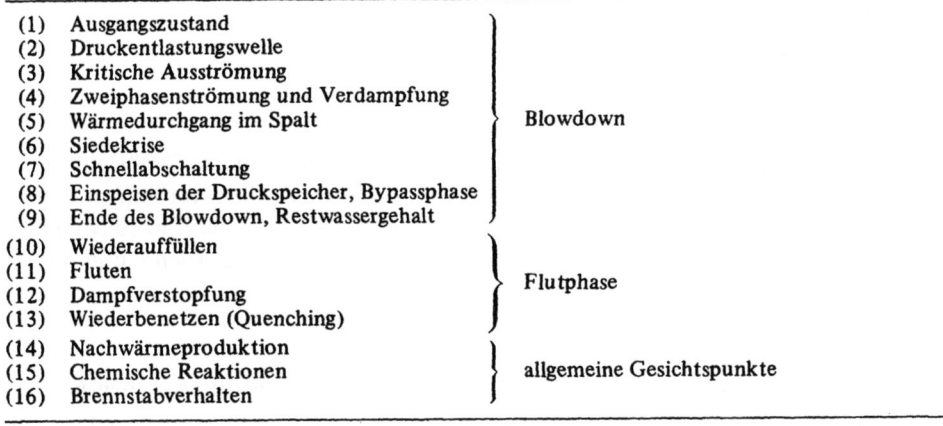

8.3 Standardrechenmethoden am Beispiel des Druckwasserreaktors

Als typisches Beispiel soll das Rechenprogramm RELAP-4/Mod 5 [4] beschrieben werden. Andere Programme wie SATAN IV und V ([5], Westinghouse), W-FLASH ([6], Westinghouse für kleinere Lecks), LECK ([7], KWU) und BRUCH-D ([8], GRS) sind in den Grundzügen ähnlich, aber häufig nicht so gut dokumentiert. Entsprechende Programme oder Versionen der schon genannten Programme werden auf Siedewasserreaktoren angewendet. Einige Programme sind Systemprogramme, die die Darstellung der Gesamtanlage mit ihren Komponenten erlauben und auch die Flutphase einschließen.

RELAP-4/Mod 5 löst die Erhaltungsgleichungen für Masse, Energie und Impuls in eindimensionaler Geometrie. Sie haben die Form:

$$A \frac{\partial \rho}{\partial t} = -\frac{\partial W}{\partial x} \quad \text{Masse}, \tag{8.1}$$

$$A \frac{\partial (\rho e)}{\partial t} = -\frac{\partial}{\partial x}\left[W\left(h + \frac{v^2}{2} + \Phi\right)\right] + q_w \frac{\partial A_w}{\partial x} \quad \text{Energie}, \tag{8.2}$$

$$A \frac{\partial (\rho v)}{\partial t} = -\frac{\partial (vW)}{\partial x} - A \frac{\partial p}{\partial x} - \rho g A \frac{\partial z}{\partial x} - \frac{\partial F_K}{\partial x} \quad \text{Impuls}. \tag{8.3}$$

Dabei bedeuten:
W Massenstrom,
ρ Dichte des Fluids,
A Strömungsquerschnitt,
v Geschwindigkeit des Fluids,
e gesamte spezifische Energie des Fluids $e = u + v^2/2 + \Phi$,
u spezifische innere Energie,
Φ Gravitationspotential $\partial \Phi/\partial z = g$,
z Höhenkoordinate,
q_w Wärmestromdichte an der Wand,
A_w wärmeübertragende Fläche an der Wand,
p thermodynamischer Druck,
F_K Reibungskraft,
t Zeitkoordinate,
x Weglängenkoordinate.

Zur Lösung wird das Primärsystem in Kontrollvolumina endlicher Größe eingeteilt, die willkürlich durch mehrfache Strömungswege (junction, Knoten) verbunden werden können (Bild 8.10). Die Gleichungen (8.1) bis (8.3) werden über die Kontrollvolumina integriert, der Druck ist dabei durch die Zustandsgleichung mit der Dichte und spezifischen inneren Energie verknüpft:

$$p = p(\rho, u). \tag{8.4}$$

Dampf und Wasser werden als homogene Mischung angenommen und stehen im thermischen Gleichgewicht miteinander. Auch Luft kann in der Zweiphasenmischung vorhanden sein und berücksichtigt werden. An dieser Stelle werden später die Grenzen des Modells erkennbar werden.

Die algebraische Massenerhaltungsgleichung für das Kontrollvolumen V_i lautet dann:

$$\frac{dM_i}{dt} = \Sigma_i W_{ij} \tag{8.5}$$

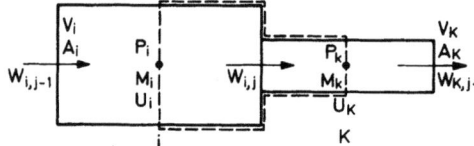

Bild 8.10. Kontrollvolumina für die Integration der Massen- und Energiegleichung (ausgezogen) bzw. der Impulsgleichung (gestrichelt)

8.3 Standardrechenmethoden am Beispiel des Druckwasserreaktors

M_i Masse im Volumen V_i,
W_{ij} Massenstrom in das Volumen V_i vom Knoten j.

Die Energiegleichung wird:

$$\frac{dU_i}{dt} = \frac{l_i}{2A_i} \frac{d}{dt}\left(\frac{\overline{W}_i^2}{\overline{\rho}_i}\right) + \sum_j W_{ij}\left(h_{ij} + \frac{v_{ij}^2}{2} + z_{ij} - \overline{z}_i\right) + Q_i \,. \tag{8.6}$$

Dabei bedeuten:

U_i gesamte innere Energie im Volumen V_i,
l_i Strömungslänge des Volumens V_i,
$\overline{W}_i$ mittlerer Massenstrom im Volumen V_i,
h_{ij} lokale Enthalpie des Fluids, das am Knoten j in das Volumen V_i eintritt oder es verläßt,
v_{ij} entsprechende lokale Fluidgeschwindigkeit,
$z_{ij} - \overline{z}_i$ Änderung der Höhenkoordinate zwischen dem Schwerpunkt des Volumens V_i und dem Knoten j,
Q_i in das Volumen V_i eingebrachte Wärmeleistung.

Der mittlere Massenstrom $\overline{W}_i$ wird als Funktion der an den Knoten ein- und austretenden Massenströme gebildet, wobei die Knoten durch einen Strömungsquerschnitt A_j gekennzeichnet sind.

Die Größe h_{ij} wird durch

$$h_{ij} = \overline{h}_i + \frac{\overline{v}_i^2}{2} - \frac{v_{ij}^2}{2} + (\Delta h_i)_q + (\Delta h_{ij})_s \tag{8.7}$$

bestimmt mit:

$\overline{h}_i$ mittlere Enthalpie des Volumens V_i,

$\dfrac{\overline{v}_i^2}{2}$ mittlere kinetische Energie des Volumens V_i,

$\dfrac{\overline{v}_{ij}^2}{2}$ kinetische Energie des Massenstroms W_{ij} unmittelbar stromaufwärts der Knotenfläche A_j,

$(\Delta h_i)_q$ Enthalpieänderung des Fluids zwischen dem Zentrum des Volumens bis zum Knoten durch Aufheizung in V_i,

$(\Delta h_{ij})_s$ Enthalpieänderung durch Phasentrennung am Knoten j innerhalb V_i.

Die Impulsgleichung kann in 5 verschiedenen Formen benutzt werden mit dem Unterschied kompressibel–inkompressibel und verschiedenen Methoden, beim Mischen verschiedener Ströme den mittleren Impuls zu ermitteln. Bild 8.10 hilft bei der Beschreibung der generellen Methode:

Gezeigt sind die Kontrollvolumina I und K, die Drücke p_K und p_L und die mittleren Massenströme $\overline{W}_K$ und $\overline{W}_L$ sind für die Zentren definiert, die Querschnittsflächen sind A_K und A_L. Der Strömungspfad von K nach L wird durch j abgekürzt. Die Impulsgleichung lautet dann:

$$I_j \frac{dW_j}{dt} = (p_I + p_{Igj}) - (p_K + p_{Kgj}) - F_{fI} - F_{fK} - F_{fr}$$

$$- \int_{I_{aus}}^{K_{ein}} dF - \int_I^K \frac{d(vW)}{A} \,. \tag{8.8}$$

Dabei bedeuten:

p_{Igj}, p_{Kgj} Druckunterschied durch Schwerkraft zwischen den Zentren der Volumina und dem Knoten j,

F_{fI}, F_{fK} Reibungsdruckverluste in den entsprechenden Halbvolumina,

F_{fr} Restreibung definiert durch stationäre Bedingungen,

$\int_{I_{aus}}^{K_{ein}} dF$ Expansions- bzw. Kontraktionsdruckverengung,

$\int_{I}^{K} \frac{d(vW)}{A}$ Impulsflußterme für Flächen- und Dichteänderungen zwischen K und L,

I_j Geometrische Trägheit für den Knoten j: $I_j = \frac{l_I}{2A_I} + \frac{l_K}{2A_K}$.

Als Unbekannte in dem System der drei Erhaltungsgleichungen und der Zustandsgleichung sind für jedes Kontrollvolumen zu ermitteln:
- Der thermodynamische Druck,
- die Fluiddichte,
- die innere Energie,
- der Massendurchsatz (bzw. die Fluidgeschwindigkeit).

Die über die Wände in das Fluid eingebrachte Energie wird zunächst über die neutronenkinetischen Gleichungen und später über die Nachwärmebeziehung [9] bestimmt. In der ersten Phase besteht deshalb eine Rückkopplung zwischen Blasengehalt und

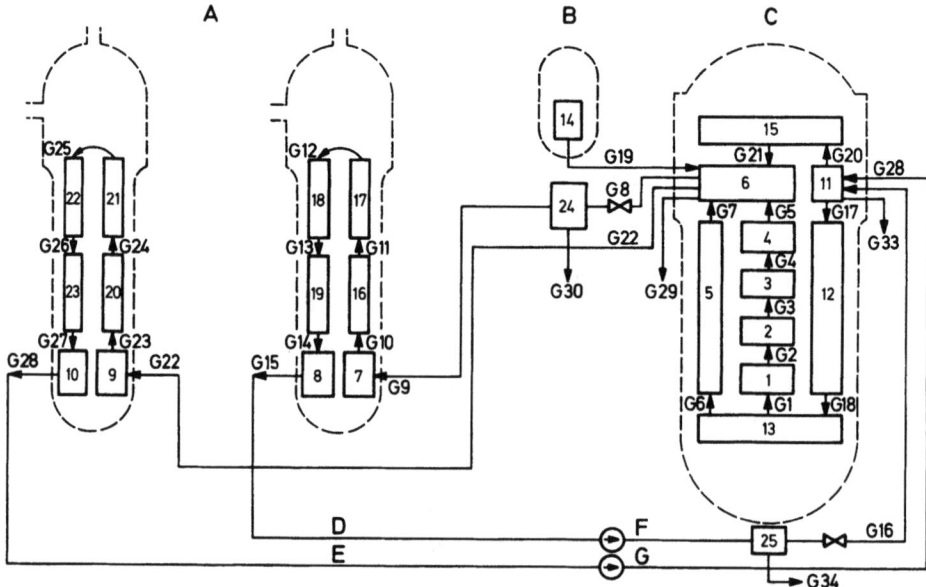

Bild 8.11. Beispiel für die Aufteilung der Kontrollvolumina eines Druckwasserreaktors für RELAP-Rechnungen

A Dampferzeuger
B Druckhalter
C Druckbehälter
D Gebrochener Strang (Ausströmung G 34)
E Intakter Strang
F Pumpe 1
G Pumpe 2

8.3 Standardrechenmethoden am Beispiel des Druckwasserreaktors

Reaktivität. Mit gewissen Modifikationen können deshalb Blowdownprogramme auch für ATWS-Berechnungen verwendet werden.

Einige besondere Eigenschaften und Fähigkeiten von RELAP-4/Mod 5 sollen nun in Anlehnung an den zuvor beschriebenen phänomenologischen Ablauf etwas genauer erläutert werden. Bild 8.11 zeigt dazu ein Beispiel für die Aufteilung eines Druckwasserreaktors in Kontrollvolumina.

(1) Ausgangszustand: Die Anfangsbedingungen sind frei wählbar.

(2) Druckentlastungswelle: Die in Bild 8.2 dargestellten Phänomene sind mit der eindimensionalen Geometrie, in der die Blowdownprogramme die Phänomene modellieren, nicht darstellbar. Es ist jedoch möglich, die Kontrollvolumina so zu verknüpfen, daß eine de facto zweidimensionale Struktur entsteht, die die Druckausbreitung etwa für eine Abwicklung des Ringraums zwischen Reaktordruckbehälter und Kernzylinder behandelt werden kann. Von dieser Art sind DAPSY [10], PWINCAD [11] und WHAMMOD [12], auch LECK [7] hat eine derartige Option. Unter der Voraussetzung, daß die begrenzenden Wände starr sind, kann die zeitliche Druckverteilung, die die Druckbehältereinbauten belastet, berechnet werden. Die Verformungen und Spannungen können dann in einem gesonderten strukturmechanischen Programm bestimmt werden. Die laufende Wechselwirkung zwischen Fluid und Struktur wird also nicht berücksichtigt. Es wird dabei davon ausgegangen, daß diese Rechenmethode konservativ ist, da das Nachgeben der Struktur in der Richtung auf einen Abbau der Spitzendrücke läuft.

(3) Die *Ausströmgeschwindigkeit* aus dem Leck erreicht im allgemeinen die kritische Geschwindigkeit. Sie ergibt sich aus der Energie- und Impulsgleichung, die hier für homogene, schlupffreie Strömung die Form annehmen

Energie: $v = \sqrt{2 \Delta h}$. (8.9)

Impuls: $d\left(\dfrac{W^2}{\rho} A\right) = -A\, dp - A\, \dfrac{f}{D} \dfrac{W^2}{2\rho}\, dL$. (8.10)

Dabei ist Δh die Enthalpieänderung in Strömungsrichtung, dL ist ein Längenelement in dieser Richtung, f der Reibungsfaktor.

Die verschiedenen physikalischen Modelle, die in die Programme eingesetzt werden können, unterscheiden sich in ihrer Behandlung der Zweiphasenströmung.

Drei wesentliche Methoden sind:

— Das homogene Gleichgewichtsmodell, das die Zweiphasenströmung durch ein homogenes, schlupffreies Gemisch mit einer einzigen Zustandsgleichung beschreibt und bei dem die flüssige und die gasförmige Phase miteinander im thermischen Gleichgewicht stehen.

— Das Moody-Modell [13], das auf der Annahme einer Ringströmung mit den daraus sich ergebenden Schlupfbeziehungen beruht. Beide Phasen stehen auch hier im thermodynamischen Gleichgewicht und haben den gleichen lokalen statischen Druck. Die Strömung ist isentropisch und Reibungseinflüsse werden deshalb vernachlässigt.

— Das Henry-Fauske-Modell [14], das den Schlupf vernachlässigt, die Expansion im Bereich geringen Dampfgehaltes als Nichtgleichgewichtsprozeß behandelt und die Reibung vernachlässigt.

In [15] wird eine daraus abgeleitete Rechenmethode auch mit experimentellen Ergebnissen verglichen, wobei sich eine befriedigende Übereinstimmung zeigt.

Die Ausströmrate ist außerdem von der nicht exakt vorhersehbaren Geometrie der Lecköffnung abhängig, die durch eine mehr oder minder große Strahleneinschnürung reduzierend wirkt. Dies wird durch einen parametrisch behandelten Zahlenfaktor $C \leqslant 1$ berücksichtigt.

(4) Die Beschreibung der *Zweiphasenströmung* innerhalb des Primärsystems in der Blowdown-Phase durch das zugrunde gelegte homogene Modell ist für große Bruchöffnungen und damit rasch ablaufende Vorgänge im System zutreffend. Bei langsameren Prozessen ist jedoch eine Trennung der beiden Phasen möglich, es müssen dabei auch nichtkondensierbare Gase (z. B. Stickstoff aus den Druckspeichern) berücksichtigt werden.

Dazu kann RELAP-4/Mod 5 zunächst rein formal Kontrollvolumina bearbeiten, in denen sich eine freie Oberfläche des Zweiphasengemisches mit darüber angeordnetem Gasraum befindet.

Das dazugehörige Blasenaufstiegsmodell nimmt einen linearen Verlauf der Gemischdichte mit der Höhe im Kontrollvolumen an. Eine Blasenaufstiegsgeschwindigkeit kann dabei eingegeben werden. Für Massenströme über etwa $3000 \text{ kg/m}^2 \cdot \text{s}$ setzt das Programm das Blasenaufstiegsmodell außer Funktion.

Bei vertikal übereinander angeordneten Kontrollvolumina arbeiten einige Programme noch mit Phasentrennung auch in weiter unten gelegeneren Volumina, wodurch sich unrealistisch abwechselnd flüssige und Dampfbereiche aufeinander stapeln. RELAP-4/Mod 5 hat die Option, dann mit nur einer Phasengrenzfläche im geeignet definierten „Stack" zu arbeiten (tiefer gelegene Volumina werden homogen gerechnet).

Für *vertikal* übereinander angeordnete Kontrollvolumina kann auch ein „vertical slip model" eingesetzt werden, das den

— gleichgerichteten Strom beider Phasen abwärts,
— gleichgerichteten Strom beider Phasen aufwärts,
— Gegenstrom der Gasphase aufwärts, der flüssigen Phase abwärts zu behandeln erlaubt.

Aus einem als bekannt vorausgesetzten Gesamtmassenstrom W_j und einer als bekannt vorausgesetzten Schlupfgeschwindigkeit (Geschwindigkeitsdifferenz beider Phasen) V_j können durch einfache, aus der Massenbilanz sich ergebende Beziehungen die Massenströme jeder Phase für sich an den Knoten bestimmt werden. In einer Korrelation, die Versuchsergebnisse [22—27] interpoliert, kann V_j als Funktion des Blasengehalts α dargestellt werden. Die Korrelation ergibt ähnliche Resultate wie das Zuber Churn turbulent drift flux model [28].

Horizontal angeordnete Kontrollvolumina erlauben eine getrennte Behandlung der Mischphase und des darüber befindlichen Gases mit Berücksichtigung der jeweils zugehörigen Strömungsquerschnitte.

Wenn eine umgekehrte, nach unten gerichtete Kerndurchströmung auftritt, interessiert die Frage, inwieweit den Ringraum aufwärts zum Leck strömender Dampf Wasser aus der unteren Kalotte des Reaktordruckbehälters mitreißt. Ein auf experimentellen Untersuchungen beruhendes Modell [29] kann eingesetzt werden.

(5) Die *Wärmedurchgangszahl im Spalt* wird als die Summe der Wärmeleitwerte durch Kontaktpunkte zwischen Hülle und Brennstoff, der Konduktanz des Gases im Spalt

8.3 Standardrechenmethoden am Beispiel des Druckwasserreaktors 203

und der effektiven Strahlungskonduktanz gebildet. Bei Vernachlässigung des ersten Beitrags wird die Konduktanz

$$h = \frac{k}{\Delta x + g} + h_{rad} \qquad (8.11)$$

mit

k   Wärmeleitfähigkeit der Gasmischung im Spalt,
Δx Spaltwerte,
g   Korrekturlänge für Akkomodation (Knudsenströmung im engen Spalt),
h_{rad} Strahlungswärmeübergangszahl.

(6) Die Wärmeübergangszahlen werden für verschiedene Bereiche nach unterschiedlichen Modellen bestimmt. Bild 8.12 gibt einen anschaulichen Überblick; die im RELAP-4/Mod 5 verwendeten Formeln sind unter Bezugnahme auf das Bild 8.12 in

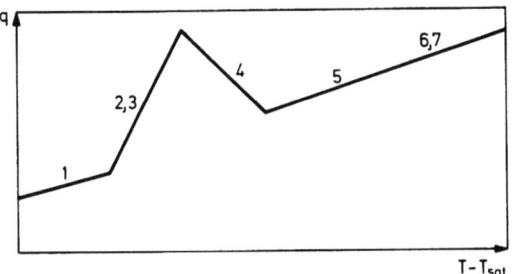
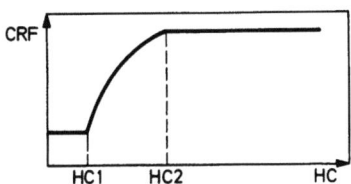

Bild 8.12. Bereiche des Wärmeübergangs beim Sieden
(Die Zahlen beziehen sich auf die Bereiche der Tabelle 8.3)
Bild 8.13. Carryover-Funktion CRF beim Fluten
HC: Höhe der Flüssigkeit im Core

Tabelle 8.3 zusammengestellt. Beim Auftreten der *Siedekrise* sind die Beziehungen von Groeneveld [20], Dongall und Rohsenow [21] und ggf. Bromley anwendbar. Dazu wird in jedem Zeitschritt die tatsächliche Wärmestromdichte mit der kritischen Wärmestromdichte verglichen, die nach den in [4] zusammengestellten Korrelationen berechnet werden kann. Sobald die erstere die letztere überschreitet, wird auf die entsprechenden Wärmeübergangsbeziehungen umgeschaltet. In vielen Fällen definiert man auch einfach eine Zeit nach Auftreten des Bruches als Beginn der Siedekrise (häufig wird hierfür beim großen Bruch im kalten Strang 0,1 s angenommen). Dies Verfahren hat den Vorteil der Einfachheit und vermeidet die Anwendung von meist für stationäre Verhältnisse gewonnenen Korrelationen auf die hier extrem transienten Prozesse.

(7) Die Reaktorschnellabschaltung und ggf. die Abschaltung über den Blasenkoeffizienten werden über die Neutronenkinetik modelliert. Die anschließende Nachwärmeproduktion ist durch Standardtabellen [9] gegeben.

(8) Beim *Einspeisen der Druckspeicher* in den kalten Strang kommt es im Ringraum zu einem Gegenstrom von aufwärts zum Leck strömendem Dampf und abwärts strömendem Wasser. Hier kann das bereits erwähnte „vertical slip model" eingesetzt wer-

Tabelle 8.3. Wärmeübergangskorrelationen im Verlauf des Kühlmittelverluststörfalls [4]

Bereich 1 Unterkühlte erzwungene Strömung, Dittus und Boelter [16]

$$h = 0{,}023 \frac{\lambda}{D} Pr^{0,4} Re^{0,8}$$

Bereich 2 Blasensieden, Thom [17]

$$q = \left[\frac{\Delta T_{sat} \exp(p/1260)}{0{,}072}\right]^2$$

Bereich 3 Sieden bei erzwungener Konvektion (Ringströmung), Schrock und Grossman [18]

$$h = (2{,}5) \cdot (0{,}023) \frac{\lambda}{D} Pr_f^{0,4} [Re_f(1-x)]^{0,8} X_{++}^{0,75}$$

Bereich 4 Übergangssieden, McDonough, Milich, King [19]

$$q = q_{CHF} - c(p)(T_w - T_{w,CHF})$$

Bereich 5 Stabiles Filmsieden, Groeneveld [20]

$$h = a \frac{kg}{De} Pr_w^c \left\{Re_g\left[x + \frac{\rho_g}{\rho_f}(1-x)\right]\right\}^b$$

$$\cdot \; 1{,}0 - 0{,}1 \, (1-x)^{0,4} \left[\frac{\rho_f}{\rho_g} - 1\right]^{0,4 \, d}$$

Die Konstanten a bis d sind in der Originalarbeit definiert.
Modifiziert Bromley

$$h = 0{,}62 \left[\frac{kg^3 \, h_{fg} \, \rho_g \, g \, (\rho_f - \rho_g)}{\eta_g \, L \, \Delta T_{sat}}\right]^{0,25}$$

$$L = 2\sqrt{\frac{g_c \, \sigma}{g(\rho_f - \rho_g)}}$$

Filmsieden bei niedrigem Druck, Dougall und Rohsenow [21]

$$h = 0{,}023 \frac{\lambda_g}{D} Pr_g^{0,4} \left\{Re_g\left[x + \frac{\rho_g}{\rho_f}(1-x)\right]\right\}^{0,8}$$

Bereich 6 Naturkonvektion des Dampfes und Strahlung

$$h = h_c + h_r$$
$$h_c = 0{,}4 \, (Gr \, Pr_f)^{0,2}$$
$$h_r = 0{,}23 \, \frac{1{,}714 \cdot 10^{-9} \, (T_w^4 - T_{sat}^4)}{\Delta T_{sat}}$$

Bereich 7 Erzwungene Konvektion überhitzten Dampfes, Dittus und Boelter [16] wie Bereich 1

den. Der Impulsaustausch wird durch „Flooding-Korrelationen" nach Wallis [30] oder Wallis-Crowley oder anderer experimenteller Untersuchungen [31–33] beschrieben, die die Volumenströme J_g (aufwärts) und J_e (abwärts) für Gas und Flüssigkeit in der Form:

$$W_1 = (a J_g)^{1/2} + W_2 \cdot (b J_e)^{1/2} \tag{8.12}$$

darstellen, wobei W_1 und W_2 experimentell bestimmte Parameter sind; a und b sind im wesentlichen Funktionen der Dichten der beiden Phasen, bei Wallis-Crowley geht auch die Spaltbreite ein.

8.3 Standardrechenmethoden am Beispiel des Druckwasserreaktors

In der Umgebung der Einspeisestelle ist die im Programm getroffene Annahme des thermodynamischen Gleichgewichtes zwischen beiden Phasen sicher nicht erfüllt. Nur der Vergleich mit Experimenten kann zeigen, wie stark sich das auf die wesentlichen Ergebnisse auswirkt.

(9) Das *Ende der Blowdown-Phase* (Ende der Bypass-Phase) wird ermittelt durch Bestimmung einer mittleren Geschwindigkeit des Fluids in einem vorher bestimmten Kontrollvolumen im Ringraum. Sobald diese Geschwindigkeit ihre Richtung umkehrt, ist das Ende der Blowdown-Phase erreicht. Dabei muß dann allerdings eine Modellierung des Containments mit seinem Druckaufbau zur Verfügung stehen.

(10)-(12) In der *Wiederauffüll- und Flutphase* müssen Nichtgleichgewichtseffekte in ihrer Auswirkung auf die Wärmeabfuhr im Kern und das Heraustragen von Notkühlwasser nach oben aus dem Kern (in die noch heißen Dampferzeuger) sowie der Abströmwiderstand des Dampfes (z. B. Pumpe) modelliert werden. Der hierfür verwendete Programmteil heißt RELAP-FLOOD. Der Reaktorkern wird durch ein Fluid-Kontrollvolumen mit einer Anzahl übereinander liegender beheizter Zonen dargestellt. Für die Wärmeübertragung werden empirische Ergebnisse aus den FLECHT-Versuchen [34, 35] eingesetzt.

Für die Austragung von Wasser (liquid entrainment) wird eine einfache Carry-over-Beziehung verwendet, die in Bild 8.13 gezeigte Carry-over-Funktion CRF, die das Verhältnis von aus dem Core austretenden Massenstrom $W_{aus}(t)$ zu dem eintretenden Massenstrom $W_{ein}(t)$ als Funktion des Füllstandes im Core darstellt.

(13) Die *Wiederbenetzung* ergibt sich aus Wasserstand und Wärmeübergangskriterien.

(14) Die *Nachwärmeproduktion* kann nach den bekannten Standards [9] ermittelt werden.

(15) Die Reaktionsrate der *chemischen Reaktion* zwischen Wasserdampf und Hüllmaterial wird durch die Baker-Just-Beziehung [36]

$$-\frac{dr}{dt} = \frac{0{,}0619}{R_0 - r} \exp(-41\,200/T) \qquad \begin{array}{ll} R_0, r & \text{Radien [inch]} \\ T & \text{Temperatur [K]} \end{array} \qquad (8.13)$$

dargestellt.

(16) Das *Brennelementverhalten* als Funktion der Temperatur wird für Rechnungen im Genehmigungsverfahren unter Benutzung von Teilen des früheren FRAP-Codes [37] ermittelt. Die Vorgehensweise ist hier empirisch.

- Die Ausdehnung des Brennstoffs wird nach Conway [38] durch eine quadratische Funktion der Temperatur dargestellt.
- Der Einfluß von Rissen auf die radiale Ausdehnung des Brennstoffs kann berücksichtigt werden.
- Die Dehnung des Hüllmaterials wird ermittelt als Summe der durch Innendruck, thermische Dehnung und plastischer Verformung bewirkten Effekte.
- Die plastische Verformung vor dem Bruch der Hülle wird auf der Grundlage der Daten von Hardy [39] bestimmt.

Das Programm benötigt dazu experimentell ermittelte Tabellen (a) der Bersttemperatur T_B als Funktion der Druckdifferenz Brennstab-Kühlmittel (seinerseits ermittelt aus Spaltgasfreisetzung, Temperatur und verfügbarem freien Volumen) und (b) der plastischen Radiusveränderung Δr_B beim Bersten als Funktion der Druckdifferenz.

Mit $\Delta T = T_B - T(t)$ wird für jeden Zeitschritt die Dehnung rein empirisch neu zu

$$\epsilon = 0{,}2 \frac{\Delta r_B}{r} \exp(-0{,}0153 \, \Delta T) \tag{8.14}$$

berechnet und der jeweils auftretende größte Wert gespeichert.

Für $\Delta T \leq 0$ wird Bersten angenommen und die dann erreichte Dehnung bzw. Radiusveränderung bleibt für den betrachteten axialen Abschnitt bestehen und führt zu einer entsprechenden Erhöhung des Druckabfalls der Strömung in dem betreffenden Kanal.

Ebenso wird der Betrag der Hüllrohroxidation ermittelt.

8.4 Experimentelle Verifikation der ablaufenden Prozesse

Die beim Kühlmittelverluststörfall ablaufenden Prozesse werden in verschiedenen Ländern sehr eingehend experimentell untersucht. Ein allgemeiner Überblick wird in [40] gegeben. Man unterscheidet Tests für Einzelphänomene (am. separate effect tests) und Integralexperimente, die ein komplettes Modell des Primärkreises von Druckwasserreaktoren enthalten und den Ablauf des gesamten Störfalls einschließlich der Notkühlmaßnahmen simulieren. Da sich eine völlige hydro- und thermodynamische Ähnlichkeit der Integralexperimente mit den Originalanlagen nicht herstellen läßt, dienen sie vor allem zur Code-Verifikation.

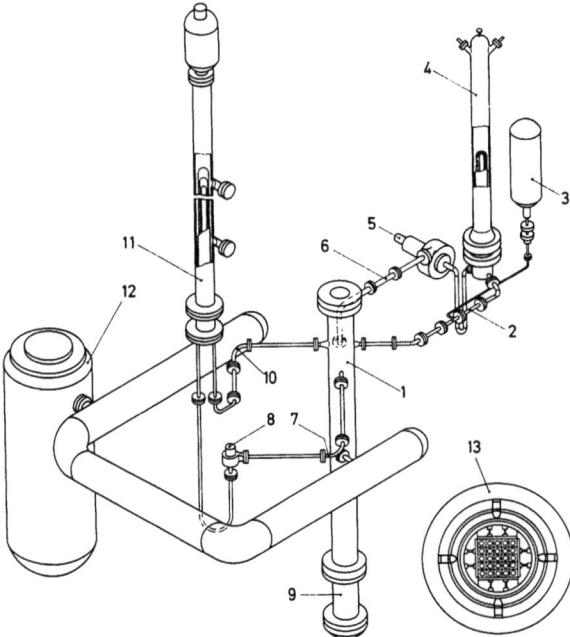

Bild 8.14. SEMISCALE Mod-2-Anordnung

1 Reaktorbehälter
2 Heißer Strang des intakten Kreislaufs
3 Druckhalter
4 Dampferzeuger
5 Kühlmittelpumpe
6 Kalter Strang
7 Simulator für kaltseitigen Bruch
8 Simulator für Pumpe im gebrochenen Strang
9 Verlängerung des Druckbehälters
10 Simulator für heißseitigen Bruch
11 Dampferzeuger im gebrochenen Strang
12 Containment-Simulator
13 Querschnitt durch den Druckbehälter

8.4 Experimentelle Verifikation der ablaufenden Prozesse

Bevor die Einzelphänomene in der bereits bekannten Reihenfolge behandelt werden, sollen die Integralexperimente kurz beschrieben werden. Die wichtigsten Anlagen sind SEMISCALE [41, 42] und LOFT [43] für den Druckwasserreaktor, TLTA [44] für den Siedewasserreaktor. Diese Anlagen befinden sich in den USA. Die Anlage LOBI (RS 109)[1] in Ispra, Italien, ist im Bau und wird neben anderen von der Bundesrepublik Deutschland getragen.

SEMISCALE (Bild 8.14) hat ein elektrisch beheiztes Core mit 1,6 MW thermischer Leistung, also etwa $1/1500$ der Leistung des Originals mit 40 Heizstäben von 1,68 m Länge. Die Anlage hat „$1\frac{1}{2}$" Kreisläufe, d. h. ein Kreislauf enthält Pumpe und Dampferzeuger, während der zweite Kreislauf („gebrochener Strang"), im Experiment der Kreislauf mit dem Bruch, diese Komponenten nur als Strömungswiderstände simuliert. Das Containment wird durch einen Abblasebehälter simuliert.

Die Tests umfaßten vor allem:
- Wärmeübergang und DNB-Verzugszeit beim Blowdown,
- Wärmeübergang beim Fluten,
- Wirkung alternativer Einspeisepositionen des Notkühlmittels.

Zur Zeit (1978) wird der Mod-3-Aufbau der Anlage fertiggestellt. Er soll 2 „aktive" Kreisläufe enthalten, um die Komponenteneffekte besser bestimmen zu können; die beheizte Corelänge soll 365 cm betragen, und es sollen neben den aus dem Aufbau sich ergebenden Unterschieden vor allem der Effekt einer Notkühleinspeisung in den Druckbehälteroberteil untersucht werden.

LOFT (*L*oss *o*f *F*low *T*est) (Bild 8.15) ist durch ein nukleares Core mit einer Leistung von 55 MW beheizt, die aktive Corehöhe ist 1,7 m; es sind 1300 Brennstäbe und 4 für den Druckwasserreaktor typische Steuerelemente vorhanden. Auch diese Anlage hat „$1\frac{1}{2}$" Kreisläufe. Auch in LOFT soll das transiente Verhalten des Reaktor- und

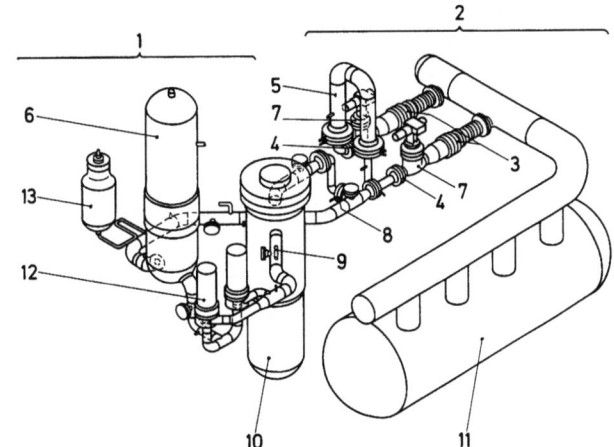

Bild 8.15. LOFT-Anordnung
1 Intakter Strang
2 Gebrochener Strang
3 Schnellöffnende Ventile
4 Bruchebenen
5 Dampferzeuger-Simulator
6 Dampferzeuger
7 Isolationsventile
8 Pumpensimulator
9 Notkühleinspeisestelle
10 Reaktorbehälter
11 Druckunterdrückungsbehälter (Containment)
12 Kühlmittelpumpen
13 Druckhalter

---

[1] RS 109 usw. bedeutet die Nr. des Vorhabens im deutschen Sicherheitsforschungsprogramm. Die GRS-F-Berichte informieren in regelmäßigen Zwischenräumen über die Ergebnisse. Einen entsprechenden Überblick über die US-Programme geben die vom NTIS, Oak Ridge, Tenn., veröffentlichten Bibliographien zum NRC-Programm, die EPRI-Berichte zum EPRI-Programm und speziell das jährlich stattfindende Water-Reactor Safety Research Information Meeting der NRC.

208 8 Verlust des Reaktorkühlmittels

Primärsystems unter Kühlmittelverlustbedingungen untersucht werden, sollen die Leistungsfähigkeit gegenwärtiger und alternativer Notkühlsysteme (besonders Einspeisestellen) untersucht und ihre Sicherheitsreserven abgesteckt werden.

Zur Zeit (Anfang 1978) sind die Versuche L1-1 bis L1-4 mit Druck und Temperatur, aber ohne nukleare Beheizung mit Notkühleinspeisung im kalten Strang und im Behälterunterteil abgeschlossen.

LOBI (Ispra) wird wie SEMISCALE elektrisch beheizt sein, aber volle Corehöhe, 2 Kreisläufe und etwa die doppelte Leistung besitzen.

TLTA hat 2 Kreisläufe, das Core entspricht einem Bündel mit 49 Brennstäben, aber voller Länge. Im Vordergrund steht hier die Untersuchung der Blowdown-Phase aus dem gesättigten Zustand.

Es gibt einige weitere Versuchsanlagen (FLECHT-SET in den USA und PKL in der Bundesrepublik Deutschland), bei denen das gesamte Primärsystem modelliert ist. Da ihr Aufgabenfeld jedoch auf den Wiederauffüll- und Flutvorgang begrenzt ist, sollen sie im Zusammenhang mit den Einzelphänomenen behandelt werden:

(1) Ausgangszustand ist hier nicht relevant.

(2) Untersuchungen zur Auswirkung der *Druckentlastungswelle* wurden im bundesdeutschen Vorhaben RS-16 für DWR- und SWR-Geometrie in einem 11,2 m hohen Druckbehälter, dessen Durchmesser gegenüber dem Original stark verringert ist, untersucht. Sie zeigen, daß die bisherige Auslegung der Corezylinder (Belastungen aus

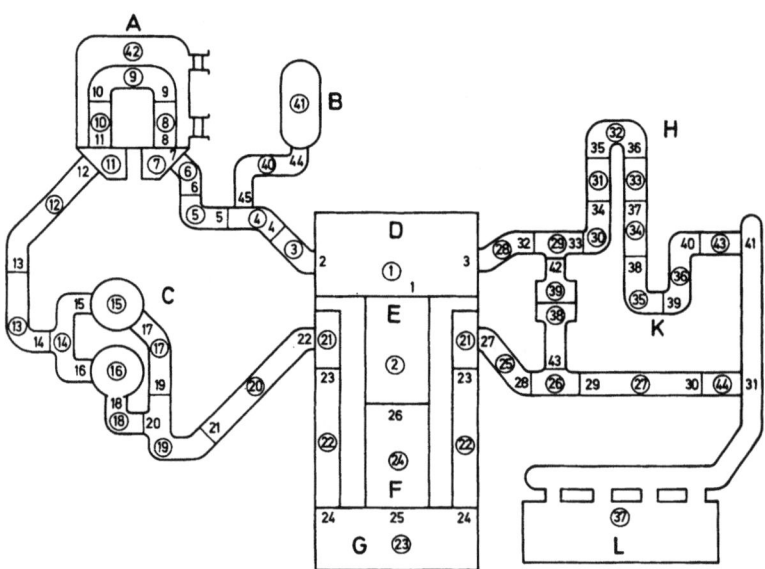

Bild 8.16. RELAP-4-Modell von LOFT [46]

Ⓧ Kontrollvolumina, x Knoten

A Dampferzeuger
B Druckhalter
C Kühlmittelpumpen
D Oberes Plenum
E Coresimulator
F Core
G Unteres Plenum
H Dampferzeugersimulator
K Pumpensimulator
L Druckunterdrückungssystem

8.4 Experimentelle Verifikation der ablaufenden Prozesse

Hydrodynamik mit starren Wänden bestimmt) unbedenklich ist. Die Verifikation verbesserter Analysemethoden (s. Abschnitt 8.6) mit gekoppelter Hydro- und Strukturdynamik soll durch das HDR-Experiment [45], das den Druckbehälter eines stillgelegten Versuchsreaktors benutzt, etwa ab 1979 erfolgen. Weitere Versuchsanlagen sind in [40] aufgeführt.

(3) Die *kritische Ausströmgeschwindigkeit* bestimmt vor allem den zeitlichen Druckabfall und wurde in RS-16, SEMISCALE, LOFT und TLTA gemessen. Es zeigt sich, daß im unterkühlten Bereich die Henry-Fauske-Beziehung [14] oder eine modifizierte Bernoulli-Gleichung [15], im Zweiphasenbereich die Moody-Beziehung [13] mit einem Reduktionsfaktor $\approx$ 0,6 bis 0,7 die Versuchsergebnisse gut beschreiben.

(4) Die Behandlung der *Zweiphasenströmung* in der Blowdown-Phase durch RELAP-4/ Mod 5 ist in [46] mit den Ergebnissen für den 2F-Bruch für SEMISCALE, LOFT und TLTA verglichen worden; zu LOFT s. auch [43, 47]. Insbesondere bei LOFT erwies es sich als erforderlich, die Parameterwahl in der Rechnung den besonderen Gegebenheiten des Experiments (z. B. Effekte der Mehrdimensionalität der Strömung im Ringraum) anzupassen. Bild 8.16 zeigt als Beispiel die Aufteilung von LOFT in Kontrollvolumina. Die Übereinstimmung zwischen Experiment und Theorie war dann befriedigend. Bei Druckabfall mit der Zeit zeigten die Rechenergebnisse z. T. ein geringfügig rascheres Absinken, der zeitliche Verlauf der Dichte stimmt gut überein, wenn es auch im Bereich rascher Oszillationen Unterschiede gibt, ähnliches gilt für den Massenstrom an verschiedenen Stellen. Die Berechnungsverfahren sind dadurch insgesamt bestätigt worden, Abweichungen können erklärt und methodisch berücksichtigt werden, die Grenzen der Anwendbarkeit sind bekannt und Hinweise auf die nächste Generation von Analysemethoden (s. Abschnitt 8.6) stehen zur Verfügung.

(5) Die *Wärmedurchgangszahl im Spalt* soll im Zusammenhang mit dem Temperaturverhalten des gesamten Stabes unter Punkt (16) behandelt werden. Messungen (out of pile bei Battelle Northwest) werden in [95] berichtet. Auch Untersuchungen im Rahmen des PBF-Programms (Power Burst Facility) [69] und anderer Versuche zum Brennstabverhalten sind hier zu erwähnen.

(6) Das Eintreten der *Siedekrise* beim Blowdown wurde u. a. in RS 37 (und mit Simulationsflüssigkeiten auch in RS 48), in SEMISCALE [41] und im Separate Effects Program [57] untersucht. Man bestimmt meist die sog. DNB-Verzugszeit, um die die Siedekrise gegenüber dem Auftreten des Lecks verzögert ist. Je nach Bruchlage und Bruchgröße besteht noch Blasenkühlung für Zeiten von einigen Zehntel Sekunden bis Sekunden. Statt der Anwendung der stationären DNB-Kriterien, wie sie am Beispiel RELAP-4/Mod 5 beschrieben wurde, können z. T. die DNB-Verzugszeiten unmittelbar in die Rechenprogramme eingegeben werden. Der Wärmeübergang im post-DNB-Bereich (stabiles Filmsieden) wird durch die Dougall-Rohsenow-Beziehung (Tabelle 8.3) sicher genug beschrieben. Im Bereich der mittleren und geringen Heizflächenbelastung wird ein zeitweises Wiederbenetzen mit entsprechend verbesserter Wärmeabfuhr beobachtet. Dadurch werden in diesen Bereichen die möglichen Hüllenschäden stark reduziert; die Effekte in den heißen Kanälen, in denen kein Wiederbenetzen stattfindet, sind dann voneinander ziemlich isoliert.

(7) Die *Reaktorschnellabschaltung* und die damit verbundene Leistungsreduktion bedarf keiner weiteren Verifikation.

(8), (9) Das *Einspeisen der Druckspeicher* während der Blowdown-Phase wurde in SEMISCALE [46] und LOFT [48] mit RELAP-Rechnungen verglichen (Einspeisung in den kalten Strang). Das Phänomen des Gegenstroms im Ringraum ist geometrieabhängig und die LOFT-Ergebnisse liegen im Prinzip deshalb näher am realen Fall als für SEMISCALE. Wenn man die im Experiment beobachteten Vorgänge, daß der Dampf auf der einen Seite des Ringraumes nach oben, das Wasser auf der anderen Seite nach unten strömt, durch Aufteilung des zum intakten Strang gehörigen Downcomers (㉑, 23, ㉒ in Bild 8.16) in zwei parallele Stränge („split downcomer") berücksichtigt, ergibt sich eine recht gute Übereinstimmung zwischen der im LOFT-L1-4-Experiment (noch ohne nukleares Core) gemessenen und der mit RELAP berechneten Flüssigkeitsmenge im Reaktordruckbehälter. Man hat dabei zugleich das Problem der Mehrdimensionalität der hydrodynamischen Prozesse und das Problem des in RELAP-4/Mod 5 nicht berücksichtigten thermischen Ungleichgewichts zwischen Dampf und eingespeistem Kühlmittel näherungsweise gelöst. Für den Anwendungsfall hat ebenfalls der Einfluß der größeren Dampfproduktion durch das wärmeerzeugende Core, des Ungleichgewichts und der Mehrdimensionalität einen Effekt.

Von besonderer Bedeutung hat sich bei transienten Phänomenen auch der Einfluß der noch heißen Druckbehälterwand auf die Dampfströmung erwiesen. In den USA werden auch bei Creare und Battelle-Columbus Bypass-Untersuchungen an Modellen im Maßstab 1:15 und 2:15 durchgeführt [49–51], die u. a. zu einer transienten Korrelation für das Gegenstromphänomen (flooding) im Ringraum führte, die Bedeutung des Wassermitrisses im Druckbehälterunterteil aufzeigten und Hinweise auf die Verbesserung stationärer flooding-Beziehungen gaben. Im weiteren Programm soll u. a. auch der Einfluß alternativer Notkühl-Einspeisestellen untersucht werden.

Die Bypassproblematik wird im Genehmigungsverfahren bewußt konservativ behandelt (s. Abschnitt 8.5).

(10)–(13) Der Wärmeübergang von der *Wiederauffüllung bis zum Wiederbenetzen* ist eines der am längsten und intensivsten untersuchten Probleme, da die Experimentiertechnik hier wegen der geringen Leistung der Brennelemente und der niedrigen Drücke einfacher ist. Von den vielen in [40] genannten Experimenten seien hier nur FLECHT in den USA [34, 35, 58] (15 × 15 und 17 × 17 DWR-Bündel, 7 × 7 SWR-Bündel) sowie RS 36 [53] (Bundesrepublik Deutschland, 340 Stäbe DWR, 7 × 7 Stäbe SWR) hervorgehoben. Die gefundenen Korrelationen sind weitgehend gesichert und in die Rechenprogramme aufgenommen worden.

Das Problem des Steam-binding und seine Beeinflussung durch die Notkühleinspeisung an unterschiedlichen Stellen erfordert die zusätzliche Nachbildung von mindestens 2 Kühlkreisen; das geschah in SEMISCALE [52], in PKL (Bundesrepublik Deutschland, RS 36 [56] 340 Stäbe) und in FLECHT-SET [40] (100 Stäbe).

Die SEMISCALE-Versuche [52] zeigten, daß die rascheste Flutung des Cores möglich ist, wenn das Notkühlmittel in den Druckbehälterunterteil eingespeist wird und so den Gegenstrom im Ringraum vermeidet. An zweiter Stelle stehen etwa gleichrangig die Einspeisung in den Druckbehälteroberteil (was etwa der Einspeisung in den heißen Strang mit Umlenkung Richtung Reaktorbehälter entspricht) und die wie in Bild 8.8 angeordneten Rückschlagklappen, während die Einspeisung nur in den kalten Strang die längsten Zeiten ergibt. Die PKL-Versuche [56] zeigten entsprechend, daß die Auffüllung des Cores mit Wasser im oberen Teil durch die heißseitige Einspeisung stark

8.4 Experimentelle Verifikation der ablaufenden Prozesse

beschleunigt wird. Die Ergebnisse zur heißseitigen Einspeisung wurden allerdings bisher nur in Anordnungen mit sehr kleinem Durchmesser untersucht. Effekte, die mit der Dreidimensionalität des Raums oberhalb des Cores zusammenhängen, werden zur Zeit überprüft.

(14) Eine eingehende Untersuchung und Fehleranalyse der *Nachwärmeerzeugung* [54, 55] ergab, daß die verwendeten Standards recht gut zutreffen und die im Genehmigungsverfahren gemachten Zuschläge an sich nicht mehr erforderlich sind.

(15) Neuere Untersuchungen zur Oxidation des Hüllmaterials (z. B. [67]) zeigen, daß die in den Codes verwendete Baker-Just-Beziehung konservativ ist.

(16) Das *Verhalten des Hüllmaterials* unter dem Einfluß der aufgebrachten Temperaturtransiente, des Spaltgasinnendrucks, der ablaufenden chemischen Reaktionen und der Bestrahlung ist zu einem besonderen Forschungsprogramm geworden.

(17) Das *Brennstabverhalten* unter der Wirkung von Temperatur und Innendruck war Gegenstand zahlreicher Out-of-pile- und einiger In-pile-Untersuchungen. Im Mittelpunkt des Interesses steht die plastische Dehnung der Hüllrohre, die zu einem axial begrenzten, ballonartigen Aufblähen („Ballooning") mit erheblichen Dehnungswerten und einer die Nachwärmeabfuhr möglicherweise beeinträchtigenden Blockade von Kühlkanälen führen kann.

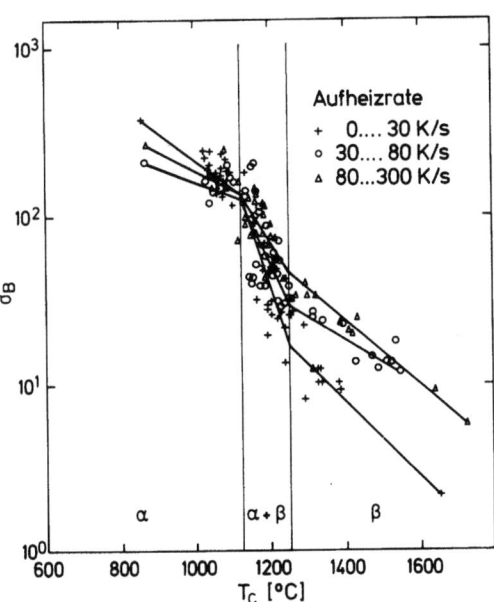

Bild 8.17. Berstspannung als Funktion der Hüllentemperatur [59]

σ_B: Berstspannung [N/mm²]
T_c: Hüllentemperatur [K]

Bild 8.18. Umfangsdehnung beim Bersten von Zircaloy-Hüllrohren [65]

ϵ: Umfangsdehnung
T_c: Bersttemperatur

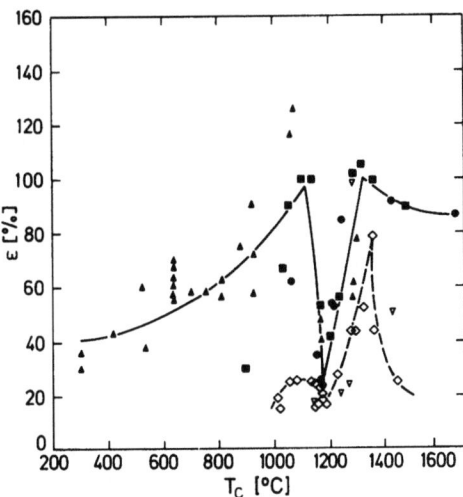

▲ Busby und Marsh [64], isotherm, Argon
● Hobson, Rittenhouse [61], Argon
■ Hardy [39], Vakuum
▽ Single-Rod-Burst-Tests, ORNL, Argon
◇ Single-Rod-Burst-Tests, ORNL, Dampf

Bild 8.17 gibt nach [59] ein typisches Beispiel für den Zusammenhang zwischen der aus dem Innendruck berechenbaren Berstspannung und der Temperatur. Ähnliche Ergebnisse wurden in [39, 60–63] berichtet, wenn auch hier die Spannungen teilweise niedriger liegen. Die Temperatur stieg dabei in Anlehnung an die Verhältnisse beim Kühlmittelverluststörfall linear mit der Zeit an mit einer Aufheizrate bis 300 K/s. Man erkennt eine Abhängigkeit der Berstspannung von der Aufheizrate; ebenso wird das unterschiedliche Verhalten des Zircaloys in der α-, α + β- und β-Phase deutlich. Die Kinetik der Phasenumwandlung bestimmt letzten Endes den Einfluß der Aufheizrate.

Die bis zum Bersten erreichte Dehnung der Hüllrohre wird allgemein als Funktion der Bersttemperatur (die über Bild 8.17 mit der Berstspannung zusammenhängt) aufgetragen. Ein Beispiel für den sich ergebenden Zusammenhang zeigt Bild 8.18 [65]. Ist die Spannung so beschaffen, daß das Bersten im Bereich der (α + β)-Phase um 1200 K auftritt, so ergeben sich vergleichsweise geringe Berstdehnungen. Bei etwa 30 % beiderseitiger Umfangsdehnung berühren sich die Hüllrohre zweier Stäbe.

Die folgenden Einflüsse müssen bei der Bestimmung der Dehnung berücksichtigt werden:

(a) *Aufheizrate:* Eine geringere Aufheizrate führt allgemein zu größeren Berstdehnungen.

(b) *Oxidierende Dampfatmosphäre* [66]: Bei Bersttemperaturen im β-Bereich (~ 1050 bis 1240 °C) setzt die Oxidation die Berstdehnung herab. In der α-Region und bei geringeren Aufheizraten (⩽ 50 K/s) wird die Berstdehnung durch die Oxidation erhöht. Im Zusammenhang mit der inhärent vorhandenen Ungleichförmigkeit des Hüllmaterials wird ebenfalls die Dehnung reduziert.

(c) *Dehnungsbehinderung und Asymmetrie:* Die Brennstoffpellets behindern die axiale Kontraktion (Querkontraktion) und damit das radiale Aufblähen. Im Brennstabbündel ist auch die Wirkung der Abstandshalter zu berücksichtigen [66].

Bild 8.19 zeigt den Einfluß von Anfangsdruck und Aufheizrate bei axialer Behinderung durch Pellets und Dampfatmosphäre in dreidimensionaler Darstellung. (Das Minimum in Abhängigkeit vom Druck entspricht dem Minimum in Abhängigkeit von der Bersttemperatur gemäß Bild 8.18).

Bild 8.20 zeigt die axiale Verteilung der Umfangsdehnung an einem Zircaloyrohr voller Länge, das bei einem Anfangsinnendruck von 70 bar mit cos-förmiger Leistungsverteilung indirekt beheizt und in Dampfatmosphäre von 12 beheizten Nach-

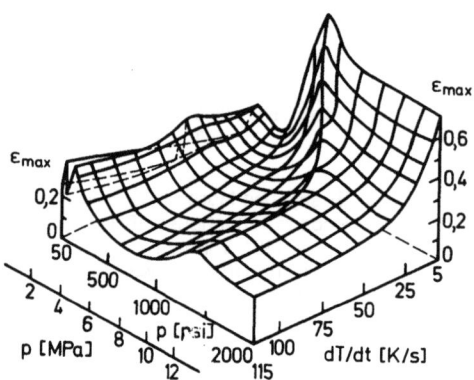

Bild 8.19. Berstdehnung von durch Pellets behinderten Hüllrohren als Funktion von Anfangsdruck und Aufheizrate [66] (Zircaloy-4 im Dampf)

ϵ_{max}: maximale Umfangsdehnung
p: Anfangs-Innendruck

8.4 Experimentelle Verifikation der ablaufenden Prozesse

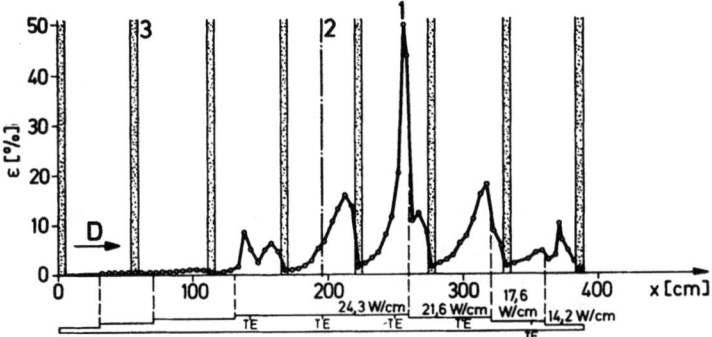

Bild 8.20. Umfangsdehnung an einem in Dampfatmosphäre annähernd cos-förmig beheizten Stab [67]
Berstdehnung 51 %, Berstdruck 59 bar, Bersttemperatur 880 °C, Aufheizrate 10 K/s
x: Entfernung vom unteren Ende der beheizten Zone [cm]
TE: Thermoelement
D: Dampf
1 Berststelle, 2 Stabmitte, 3 Abstandshalter

barstäben umgeben war (Aufheizrate 10 K/s) (PNS 4238 [2] [67]). Man erkennt den Einfluß der Abstandshalter auf die Begrenzung der Dehnung. Das Experiment zeigte auch ein sehr einseitiges, asymmetrisches Aufblähen, das ebenfalls die Wahrscheinlichkeit für größere Blockaden reduziert. Ähnliche Ergebnisse zeigen sich auch am Multirod-Burst-Test Programm in ORNL [68].

(d) In-pile-Verhältnisse. In PNS 4237 [67] sind in-pile-Versuche mit nicht vorbestrahlten Stäben durchgeführt worden. Die Ergebnisse zeigen nach der vorläufigen Auswertung kein wesentlich anderes Verhalten. Bei den hohen auftretenden Temperaturen ist auch mit einem Ausheilen der Strahlenschäden zu rechnen. Hier könnten auch noch Umverteilungsprozesse des Brennstoffs im geblähten Hüllrohr eine Rolle spielen. In den USA sind Versuche in der PBF (Power Burst Facility [69]) auch zum LOCA vorgesehen.

(e) Dehnung vor dem Bersten. Im allgemeinen wird ein Ansatz nach Art des Nortonschen Kriechgesetzes

$$\dot{\epsilon} = A\,\sigma^n \exp(-Q/RT) \qquad (8.15)$$

gemacht. Die Versuche zeigen aber, daß die Dehnrate stärker von der Spannung abhängt, als mit einem konstanten Exponenten n vereinbar ist. Es wurde deshalb eine Beziehung der Form

$$\dot{\epsilon} = A\,\sigma^n \exp -Q/(RT(1-\sigma/\sigma_B)^2) \qquad (8.16)$$

vorgeschlagen [59] mit σ_B als der temperaturabhängigen Berstspannung und $A = 1,2 \cdot 10^3\,(N/mm^2)^{-2,8} \cdot s^{-1}$, n = 2,8, Q = 46 800 cal/mol. Es ergab für die Meßdaten aus direkt beheizten Rohren in Luft bis zu Bersttemperaturen von etwa 1300 K eine befriedigende Übereinstimmung. Ein Vergleich mit den Meßdaten anderer Autoren steht noch aus (s. dazu auch [67]).

---

2 PNS: Projekt Nukleare Sicherheit, Karlsruhe.

8.5 Analyse des Kühlmittelverluststörfalls im Genehmigungsverfahren

Der vorangehende Abschnitt hat gezeigt, daß die Standard-Rechenprogramme in Teilbereichen die wahren Prozesse nur unvollkommen modellieren. Dies gilt insbesondere für

— Nicht-Gleichgewichts- und mehrdimensionale Phänomene in der Bypassphase,
— Nicht-Gleichgewichts- und mehrdimensionale Phänomene im Core und oberen Plenum in der Flutphase,
— Brennstabdeformation und Blockadebildung in ihrer wechselseitigen Beeinflussung unter Berücksichtigung des Abbrandeinflusses.

Im Genehmigungsverfahren müssen deshalb diese Punkte direkt oder indirekt durch konservative Annahmen abgedeckt werden. In den USA gelten hierfür die ECCS-Acceptance-Criteria [70]; in der Bundesrepublik Deutschland haben die entsprechenden Kriterien nicht den gleichen Detaillierungsgrad. Statt dessen werden die detaillierten Anforderungen an das Notkühlsystem in den Errichtungs- und Betriebsgutachten festgelegt. Ein Überblick hierzu wird in [71] gegeben.

Die Genehmigungsforderungen sollen wieder in der in den letzten Abschnitten benutzten Reihenfolge des Prozeßablaufs beschrieben werden. KWU und GRS [72] haben Rechnungen durchgeführt, um die Auswirkungen der einzelnen konservativen Annahmen auf die Maximaltemperatur der Brennstabhülle parametrisch zu bestimmen. Einige Werte für ΔT sollen als Indiz für den Grad der Konservativität der Annahmen jeweils genannt werden.

(1) Ausgangszustand. Es stehen nur die in Tabelle 8.1 aufgeführten Notkühleinrichtungen zur Verfügung. Dem entspricht die Anwendung des Einzelfehlerkriteriums in den USA, des Einzelfehler- und Reparaturkriteriums in der Bundesrepublik Deutschland. Es wird immer unterstellt, daß das in den gebrochenen Strang eingespeiste Notkühlwasser verlorengeht. Beim Störfalleintritt befinde sich der Reaktor auf 102% (USA) bzw. 106% (Bundesrepublik Deutschland) der Nennleistung, der Leistungsformfaktor habe den maximalen Auslegungswert. Da die Toleranz der Regelung etwa ± 2% beträgt, sind 106% Überleistung sehr konservativ. Eine Leistungsreduktion von 106% auf 100% würde die Temperatur im 1. Maximum um 26 °C, im zweiten um 47 °C senken. Eine Reduktion des verwendeten Leistungsformfaktors von 2,5 auf den wahrscheinlichen Wert von 2,0 brächte eine Temperaturreduktion im 1. Maximum um 75 °C, im zweiten um 135 °C.

(2) Druckentlastungswelle. Die Belastung der Strukturen wird unter der Annahme starren Verhaltens gerechnet.

(3) Kritische Ausströmung. Die Moody-Beziehung [13] mit mindestens 3 verschiedenen Koeffizienten zwischen 0,6 und 1 ist im Zweiphasengebiet zu verwenden.

(4) Zweiphasenströmung während des Blowdowns: Anwendung der für RELAP beschriebenen Modelle.

(5) Für die *Wärmedurchgangszahl im Spalt* sind die untere Einhüllende der Meßwerte und der Maximalwert der Durchmessertoleranz zwischen Hülle und Brennstoff einzusetzen. Unterstellt man die erwartete Relokation und Verdichtung des Brennstoffs, so kommt man von einer Referenz-Wärmeübergangszahl von 7,9 kW/m² K auf 25 kW/m² K.

8.5 Kühlmittelverluststörfall im Genehmigungsverfahren

Das würde das errechnete erste Maximum um ca. 100 °C, das zweite um 90 °C reduzieren.

(6) Für die *Siedekrise* sollen die im Zusammenhang mit RELAP-4/Mod 5 genannten Korrelationen eingesetzt werden. In der Bundesrepublik Deutschland wird eine Zeitverzögerung zwischen 2 F-Bruch im kalten Strang und DNB von nicht mehr als 0,1 s gefordert. Dabei wird ggf. der Durchsatz im heißen Kanal gegenüber dem mittleren Durchsatz um den Faktor 0,8 reduziert. (Erhöhte Maximaltemperatur um ca. 60 °C).

(7) Reaktorschnellabschaltung. Hierzu ist eine realistische Modellierung möglich.

(8) Einspeisen der Druckspeicher. Die Schwierigkeit der Modellierung der Nichtgleichgewichtsphänomene im Ringspalt führt dazu, daß in den USA bei Brüchen im kalten Strang alles vor dem Ende der Blowdown-Phase eingespeiste Notkühlwasser vom berechneten Inventar abgezogen werden muß bzw. daß in der Bundesrepublik Deutschland der Restwassergehalt am Ende des Blowdown im Reaktordruckbehälter (2-F-Bruch) Null sein muß. Wie Tabelle 3.6 zeigt, liegt der Ansprechdruck der KWU-Druckspeicher mit 25 bar deutlich unter den der W-Anlagen mit 45 bar. Unter der Annahme des Restwassergehalts Null ist dieser Wert konservativ, weil so weniger Wasser in der Blowdown- bzw. Bypassphase verlorengeht. Könnte man die Wasseraustragung genauer modellieren, so wäre möglicherweise ein höherer Ansprechdruck vorteilhafter, weil das Fluten dann eher beginnt.

(9) Das *Ende der Blowdown-Phase* wird dabei durch die Massenströme in den Ringraum-Kontrollvolumina, ggf. unter Berücksichtigung eines Mitführungskoeffizienten für die Tropfen aus dem eingespeisten Wasser, bestimmt.

Würden, wie es sich bei Benutzung der Wallis-Korrelation ergibt, noch etwa 3 m³ Wasser im Druckbehälter bleiben, würde die Temperatur im 2. Maximum um 10 °C sinken.

(10)–(13) Wiederauffüllen und Fluten
- Die untere Grenze der in den Wiederauffüllversuchen gemessenen Wärmeübergangszahlen ist zu verwenden ($\sim$30 W/m²s bei einem Mittelwert von 50 W/m²s). Das erhöht das zweite Temperaturmaximum um etwa 40 °C gegen den in der Realität zu erwartenden Werten.
- Die Höhe des Wasserspiegels wird ohne Berücksichtigung des Blasenanteils im Notkühlwasser (collapsed level) (Bundesrepublik Deutschland) berechnet.
- Alle intakten Kreisläufe werden als blockiert angenommen (Bundesrepublik Deutschland), nur möglich bei Wirksamkeit der heißseitigen Einspeisung oder Wirksamkeit der Rückschlagklappen im Corezylinder). Die Pumpenrotoren sollen fest stehen.
- Kühlung des Cores oberhalb der Flutzone durch trockenen Dampf (USA bei Flutraten < 2,5 cm/s) statt durch das zu erwartende Wasser-Dampf-Gemisch.
- Kondensationswirkungsgrad bei heißseitiger Einspeisung 0,6 (Bundesrepublik Deutschland, gemessen 0,8).
- Keine Strahlungsverluste von heißen an kalte Stäbe und an Steuerelement-Führungsrohre (Bundesrepublik Deutschland).
- Behandlung der Blockaden mit einem Parallelkanalmodell ohne Querströmung (konservativ).
- Durchsatz im Heißkanal = 0,8 × mittlerer Durchsatz (Bundesrepublik Deutschland).

(14) Nachwärmeerzeugung 1,2facher ANS-Standardbetrag. Ein Rückgang auf das 1,0fache (inzwischen experimentell abgesichert) ergäbe eine Reduktion des zweiten Maximums um mindestens 100 °C. Berücksichtigt man, daß durch die niedrigere Temperatur auch die $Zr-H_2O$-Reaktion zurückgeht und damit eine Wärmequelle reduziert wird, wird der Effekt noch deutlicher.

(15) Die *chemische Reaktion* zwischen Wasser und Zircaloy wird nach Baker-Just [36] bestimmt (konservativ gemäß [108–111]).

(16)–(17) Brennstabverhalten. Die folgenden Kriterien müssen nach einem Kühlmittelverluststörfall erfüllt werden:

(a) Die mit den konservativen Annahmen berechnete maximale Hüllentemperatur darf 1200 °C (2200 °F) nicht übersteigen.
(b) Die Oxidationstiefe soll nirgendwo 17 % der Hüllwandstärke überschreiten.
(c) Der erzeugte Wasserstoff darf nur 1 % der Menge erreichen, die bei Reaktion des gesamten Hüllmaterials (ausgenommen Spaltgasplenum) entstehen würde.
(d) Die Geometrie soll kühlbar bleiben.
(e) Die Nachwärme muß langfristig abführbar sein.

Nach heutiger Erkenntnis über das Brennstabverhalten ist die Erfüllung von (a) und (b) nicht hinreichend für die Erfüllung von (d), das deshalb eine gesonderte Untersuchung erfordert.

Zur genaueren Bewertung, ob im Hinblick auf das Aufblähen der Hüllrohre die Coregeometrie die Kühlung erlaubt, muß nach der heutigen Genehmigungspraxis ein sog. *Schadensumfangsbericht* vorgelegt werden. In ihm wird zunächst die statistische Verteilungsfunktion der errechneten maximalen Hüllentemperaturen ermittelt. Dabei werden die Verteilung

– der Stableistung über das Core,
– des Kühlmitteldurchsatzes um den statistischen Mittelwert,
– der Wärmeübergangs- und Wärmedurchgangszahlen um den statistischen Mittelwert,
– der Anfangsleistung und Nachwärmeleistung um den statistischen Mittelwert

ermittelt und zur Konstruktion der Temperatur-Verteilungsfunktion benutzt. Andere konservative Annahmen wie der Restwassergehalt am Ende des Blowdown oder die Auswirkung der Kreislaufwiderstände auf die Flutrate bleiben aus den obengenannten Gründen erhalten.

Bei einer sich so für das Beispiel eines KWU-Reaktors ergebenden konservativ gerechneten Verteilungsfunktion liegt das Häufigkeitsmaximum zwischen 700 und 800 °C und nur etwa 1 bis 2 % der Stäbe würden 900 °C, nur einzelne eine Temperatur von 1000 °C überschreiten.

Die sich so ergebende Funktion ist mit derjenigen für den Brennstabinnendruck zu falten, deren Häufigkeitsmaximum zwischen 50 und 60 bar liegt, mit etwa 5 % oberhalb 75 bar.

Der Nachweis der kühlfähigen Geometrie läuft dann darauf hinaus zu zeigen, daß die Zahl der Hüllrohre mit größeren Dehnungen, die die Kühlung beeinträchtigen könnten, gering ist und auf kleine isolierte örtliche Bereiche begrenzt ist.

Es sollte langfristig angestrebt werden, weniger konservative, realistischere Annahmen zur Berechnung der einzelnen Störfallphasen zu machen und die Sicherheitszuschläge statt dessen auf die ermittelten Brennstabtemperaturen zu verlagern, wo sie eigentlich hingehören.

8.6 Fortgeschrittene Analysenmethoden

Die voranstehenden Darlegungen haben gezeigt, daß die Analysemethoden für den Kühlmittelverluststörfall an einigen Stellen verbesserungsbedürftig sind, um die vereinfachten konservativen Genehmigungsprozeduren realistischer zu gestalten. Davon sind im wesentlichen 3 Bereiche betroffen.

(1) Mechanische Beanspruchung der Einbauten des Reaktordruckbehälters beim Blowdown

Die wesentliche Beanspruchung des Corezylinders wird durch die zu Beginn des Blowdown einlaufende und dann reflektierte Druckentlastungswelle bewirkt. Im Zusammenhang mit dem HDR-Programm werden in Karlsruhe gekoppelte Fluid-Strukturcodes entwickelt [45].

Die Fluidmechanik wird dabei im Code YAQUIR (der auf dem in Los Alamos entwickelten Programm YAQUI [74] aufbaut) mehrdimensional über ein Differenzenver-

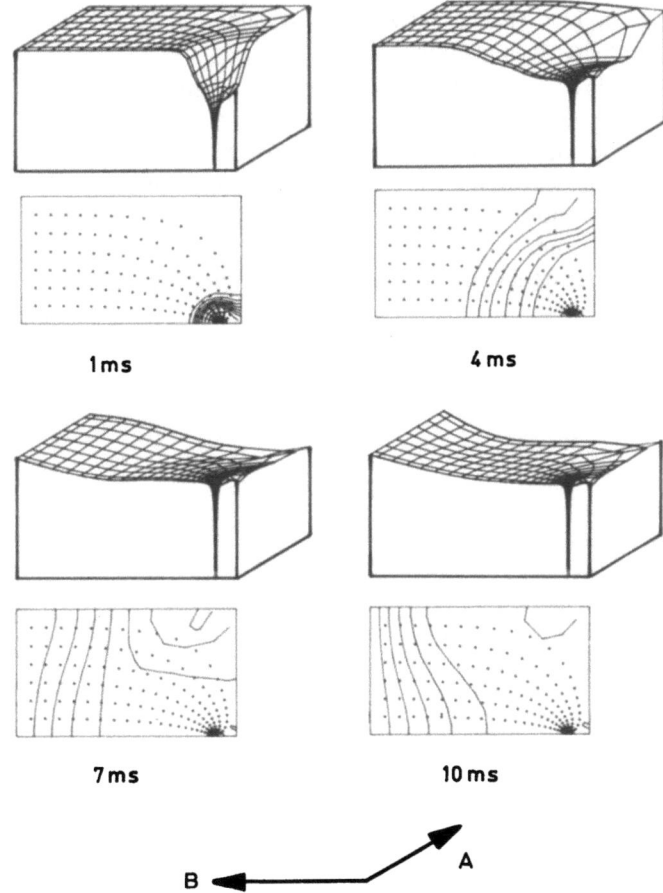

Bild 8.21. Zweidimensionales Druckfeld im abgewickelten Ringraum des HDR nach einem Blowdown [45]
A: Umfangsrichtung. B: Axiale Richtung

fahren halb- oder voll implizit gelöst. Üblich ist die zweidimensionale Abwicklung des Ringraums unter Ausnutzung der Symmetrieeigenschaften; eine neuere „2½"-dimensionale Darstellung erlaubt eine variable Tiefe der einzelnen zweidimensionalen Zonen. Der Systemcode FLUST (wie auch TRAC [75–79]) erlaubt die Verknüpfung mehrdimensionaler mit eindimensionalen Volumina (Ausströmstutzen, Inneres des Corezylinders) und Knoten. Bild 8.21 zeigt als Beispiel das zweidimensionale Druckfeld einer sich im abgewickelten Ringraum vom vorne rechts angeordneten Stutzen ausbreitenden Druckentlastungswelle [45].

Die Strukturmechanik wird durch das halbanalytische Schalenmodell CYLDY 2 beschrieben [80]. Fluid- und Strukturdynamik werden in STRUYA gekoppelt.

Ein anderes, voll 3dimensionales Fluidprogramm, das ebenfalls mit CYLDY 2 gekoppelt ist, ist FLUX [45], in dem fortgeschrittene numerische Methoden angewandt werden.

Ähnliche Entwicklungen zum gekoppelten Problem werden auch in Los Alamos durchgeführt [81, 82] und u. a. auch auf das HDR-Problem angewandt.

(2) Fluidmechanik und Zweiphasendynamik

Der in Los Alamos entwickelte Systemcode TRAC [75–79] hat die folgenden übergeordneten Fähigkeiten:
– Mehrdimensionale, nicht-homogene, Nichtgleichgewichts-Fluiddynamik,
– Darstellbarkeit aller Störfallphasen in einer kontinuierlichen Rechnung,
– Modularer Aufbau mit leichter Auswechselbarkeit der Einzelmodelle,
– Fortgeschrittene, von der Strömungsform abhängige Grundgleichungen,
– Wärmeübertragung vom Brennstab und von der Behälterwand nach heutigem Wissensstand,
– Effiziente halb oder voll implizite Lösungsalgorithmen.

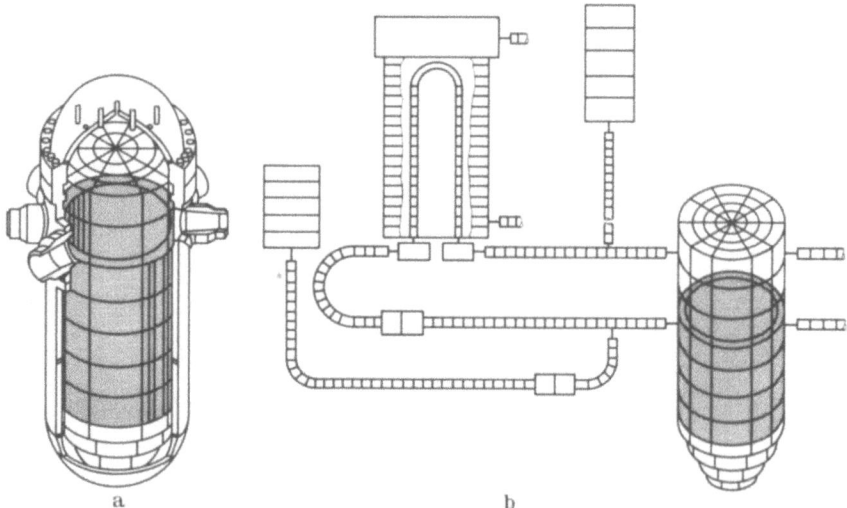

Bild 8.22a und b. Volumenaufteilung eines Druckwasserreaktors im TRAC-Code [76]
a Dreidimensionale Darstellung des Druckbehälterinneren
b Eindimensionale Darstellung eines Kreislaufs

8.6 Fortgeschrittene Analysemethoden 219

Im Reaktorbehälter sind die fluiddynamischen Gleichungen dreidimensional; für das 2-Fluid-Gemisch ergeben sich 6 Grundgleichungen [77]:
1. Massengleichung für die Mischung,
2. Massengleichung für den Dampf,
3. Energiegleichung für die Mischung,
4. Energiegleichung für den Dampf,
5. Impulsgleichung für den Dampf,
6. Impulsgleichung für die Flüssigkeit.

Die Behandlung der Gleichungen hängt von der Strömungsform ab. Für den Kreislauf werden die Gleichungen in der eindimensionalen Form verwendet. Für die Impulsgleichung wird die sog. Drift-flux-Näherung verwendet [83], die durch vereinfachende Annahmen (Relativgeschwindigkeit zwischen beiden Phasen zeitlich konstant) auf nur eine statt zweier Impulsgleichungen führt.

Die Moduln beinhalten z. B. ein verfeinertes Flut-Modell und eine verbesserte Darstellung des Brennstabverhaltens. Bild 8.22 zeigt die Aufteilung in die einzelnen Abschnitte für Reaktordruckbehälter und Kreislauf eines Druckwasserreaktors.

Ein Vergleich von TRAC-Rechnungen mit dem PKL-Experiment [78] ist am weitesten fortgeschritten, weitere Anwendungen und zugeordnete Versuche stehen bevor.

Eine weitere fortgeschrittene Entwicklung ist der THOR-Code des Brookhaven National Laboratory, in dessen Rahmen besonders einige Komponentenmodelle (z. B. Nichtgleichgewicht im oberen Plenum) [84—87] von Bedeutung sind.

Auch RELAP-4 wird weiterentwickelt [88]. Die Version Mod 6 enthält ein verbessertes Flutmodell mit bewegtem Gitter, lokales Entrainment, Wasserabscheidung und Wasserrückfall im oberen Plenum und Überhitzung im Core. Mod 7 ist für den Siedewasserreaktor gedacht und erlaubt z. B. die Behandlung der Sprühkühlung.

Mit RELAP-5 [89] wird eine schnellaufende, eindimensionale Methode, die mit einem 2-Fluid-Nicht-Gleichgewichtsmodell und 5 Gleichungen (nur eine Energiegleichung) arbeitet, entwickelt.

Auch die Pumpenmodelle werden verbessert.

(3) Brennstabverhalten

In das beschriebene RELAP-4/Mod 5 ist zur Beschreibung des Brennstabverhaltens der Code FRAP-T2 bzw. FRAP-S2 implementiert [37, 91]. Die Weiterentwicklung FRAP-T3 ist weitgehend fertiggestellt und verifiziert [90]. Modelle für Blockaden, Strukturverhalten, Wärmeleitung, Materialeigenschaften, Thermohydraulik und genehmigungsrelevante Auswertung werden in [92] aufgeführt.

Der Name steht für *Fuel Rod Analysis Program*, T für transient, S für stationär. Ein vergleichbares Programm ist SSYST in der Bundesrepublik Deutschland [106]. Der Code ist modular aufgebaut. Die Verteilung von Spannung, Dehnung und Verschiebung in Pellets und Hülle ist eine Funktion der radialen Temperaturverteilung und der aufgebrachten Lasten. FRAP wird mit COBRA für die dreidimensionale Kühlung des Cores und dann mit RELAP kombiniert.

FRAP-T4 soll enthalten (1978) (Kopplungen RELAP-4/Mod 6):
— Vorläufige Mehrstabmodelle,
— zweidimensionale Wärmeleitung,
— axiale Spaltgasströmung,
— Versagensmodelle,

— Modell für Brennstoffumlagerung,
— Transientenmodell (PCM: Power Cooling Mismatch).

FRAP-T5 (1979):
— Statistische Analyse,
— Fehlermodelle, die chemische und Bestrahlungseffekte einschließen.

FRAP-T6 (1980):
— Verbessertes Transientenmodell nach in-pile-Ergebnissen,
— optimierte Versagensmoduln aus Störfalltests,
— Mehrstabmodell.

Ähnliche Entwicklungen sind für SSYST vorgesehen.

Zur Gewinnung der notwendigen experimentellen Information wird zur Zeit ein weltweit koordiniertes Programm durchgeführt, das insbesondere auch für den Fall Ergebnisse liefert, daß sich Temperatur, Blockadewachstum und Strömung im Stabbündel gegenseitig beeinflussen.

8.7 Containmentbelastung beim Kühlmittelverluststörfall

8.7.1 Druckwasserreaktor

Für die mechanisch-thermische Belastung des Sicherheitsbehälters interessieren vor allem die folgenden Prozesse:
— Druckaufbau durch den freigesetzten Wasserdampf,
— Wärmeaufnahme durch die inneren Strukturen und die Wand (Druckabbau),
— Druckabbau durch Sprühsysteme und sonstige Kühleinrichtungen,
— transiente Druckdifferenzen zwischen einzelnen Anlagenräumen,
— Folgeschäden aus dem Kühlmittelverluststörfall (Strahlkräfte, Pumpen-Schwungradexplosion),
— Dichtheit unter Störfallbelastungen.

Ausgangsannahmen und Rechenverfahren sind insbesondere durch Regulatory Guide 1.57 (USA) bzw. Sicherheitskriterium 8.2 (Bundesrepublik Deutschland) geregelt.

Für den *Druckaufbau* ist nicht nur die gesamte Energie und Masse des Primärkühlmittels zu berücksichtigen, sondern auch
— der sekundärseitige Energie- und Masseninhalt eines Dampferzeugers bis zu den Absperrarmaturen,
— der Energieinhalt des gesamten Sekundärkreises, soweit er über die Dampferzeuger in den Sicherheitsbehälter übertragen wird,
— die Spalt- und Nachzerfallsleistung,
— die Speicherwärme aus Reaktorkern, Reaktordruckbehälter und -einbauten und Primärsystem,
— Reaktionswärme aus Zr-H_2O-Reaktion.

Bei der thermischen Reaktorleistung wird wieder ein konservativer Zuschlag gemacht, das freie Volumen des Sicherheitsbehälters wird entsprechend reduziert; gleiches gilt für die Größe der wärmeaufnehmenden Oberfläche.

8.7 Containmentbelastung beim Kühlmittelverluststörfall

Im übrigen gelten die Annahmen der Notkühlrechnung (z. B. Ausströmrate, Zuschlag zur Nachwärme). Für die Wiederauffüllphase wird konservativ angenommen, daß die gesamte Energieerzeugung im Core zur Verdampfung (anstatt zur Aufwärmung) von Notkühlwasser führt.

Thermodynamisches Ungleichgewicht (z. B. zwischen Dampf und Wasser im Sumpf) wird berücksichtigt.

Zum Auslegungsdruck des Sicherheitsbehälters wird ebenfalls ein Zuschlag gemacht, aus Auslegungstemperatur die maximale Ausgleichstemperatur der Sicherheitsbehälteratmosphäre, obwohl maximaler Druck und maximale Temperatur zu unterschiedlichen Zeitpunkten auftreten.

Die ausführlichsten experimentellen Untersuchungen sind im Programm RS 50 durchgeführt worden.

Rechencodes sind ZOCO V [103], COCO [104], CONTEMPT [96], CONDRU [105], BEACON [97] und andere.

8.7.2 Siedewasserreaktor

Die Belastung der Sicherheitsbehälter mit Druckabbausystem (Bilder 4.13 bis 4.16) ist komplexer als der Volldruck-Sicherheitsbehälter des Druckwasserreaktors. Sie setzt sich im Verlauf eines großen Kühlmittelverluststörfalls aus den folgenden Einzelbeiträgen zusammen (s. dazu Bild 8.23):

(1) Quasistatischer Druckaufbau in der Druckkammer (drywell) (0 bis 150 s).
(2) Durchblasen der Verbindung von Druckkammer und Kondensationskammer (wetwell) mit der maximalen Druckdifferenz zwischen beiden (0 bis 0,6 s).

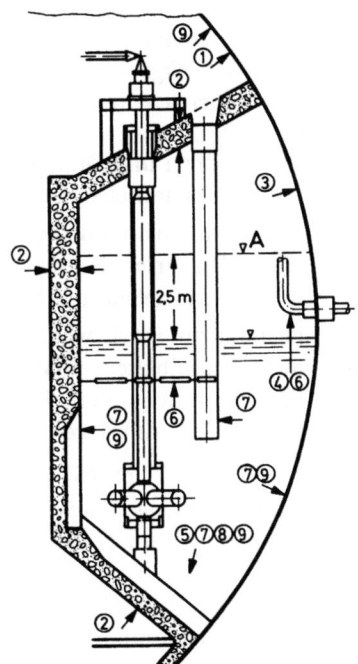

Bild 8.23. Kondensationskammer eines Siedewasserreaktors (KWU, Baulinie 69), Kräfte beim Kühlmittelverluststörfall. Die Zahlen beziehen sich auf die im Abschnitt 8.7.2 genannten Einzelphänomene.
A: Mittlere Höhe beim Wasseraufwurf

(3) Druckaufbau in der Kondensationskammer durch die aus der Druckkammer übergespülte Luft (0,6 bis 150 s), quasistatische Belastung.
(4) Anheben des Wasserspiegels der Kondensationskammer durch die übergespülte Luft (0,6 bis 1 s), vertikale dynamische Belastung der Strukturen über dem Wasserspiegel, Kompression der Luft unter der Kondensationskammerdecke (A).
(5) Rückfall des Wassers in der Kondensationskammer (1 bis 9 s), dynamische Belastung des Kondensationskammerbodens.
(6) Wasserbewegung in der Kondensationskammer (1 bis 9 s), Schleppkräfte auf die Strukturen.
(7) Kondensation (als Beschleunigung und Verzögerung von Wassermassen) an den Kondensationsrohren (nicht bei GE, MK 3 vorhanden).
 – Dampf mit Luftanteil (9 bis 80 s), quasi-harmonische Druckoszillationen, die sich auch auf die angekoppelten Wände und Lufträume übertragen können (bis ca. 40 Hz).
 – Reiner Dampf (80 bis 800 s), stochastisch verteilte, sehr kurze, aber hohe (einige Bar) Druckimpulse im Wasser (Impulsabstand im Sekundenbereich).
 Die beiden Phänomene sind nicht scharf getrennt, sonder gehen ineinander über. Sie belasten in erster Linie die unter dem Wasserspiegel liegenden Kondensationskammerwände dynamisch und führen durch asymmetrischen Verlauf der Strömungsvorgänge aber auch zu stochastischen Horizontalkräften an den Mündungen der Kondensationsrohre.

Auch die *Druckentlastung* des Reaktorkühlsystems durch die Entlastungs- oder Sicherheitsventile (die ggf. auch gleichzeitig mit dem Kühlmittelverluststörfall stattfindet, sonst aber auch zu den Transienten gezählt werden kann) bringt ähnliche Belastungen des Wasserraumes mit sich.
Hier ist zu nennen
(8) Das Ausstoßen des Luftpfropfens aus der Entlastungsleitung beim Öffnen des Ventils (Luftgewehreffekt) kann den Boden und die Wand der Kondensationskammer erheblich belasten. Abhilfe durch Vorbedampfung des Entlastungsrohrs (s. Bild 8.23).
(9) Oszillationen und Druckstöße durch die Kondensation des ausströmenden Dampfes. Die dynamischen Lasten steigen mit
 – der Massenstromdichte des ausströmenden Dampfes,
 – der Wassertemperatur im Kondensationsbecken (die Blasen können näher an die Wand gelangen, bevor sie kondensieren).

Phänomenologisch werden bei den hier vorliegenden hohen Massenstromdichten nicht Einzelblasen entstehen und kondensieren, sondern eine konische Dampfkerze wird sich unterhalb des Entlastungsrohres ausbilden. Die wirksamste Abhilfe ist durch das Anbringen von Verteilerdüsen (Bild 8.23) geschehen.

Die Effekte (2) bis (6) wurden besonders in den USA untersucht [98]. Durch die verhältnismäßig enge Bauweise der torusförmigen Kondensationskammer im GE-Mark-1-Siedewasserreaktor (Bild 4.16) ergaben sich hier gewisse Probleme beim Wasseraufwurf.
Die Effekte (5) und (7) bis (9) sind in der Bundesrepublik Deutschland geklärt worden. Die Kondensation an den Kondensationsrohren (7) wurde (anlagenbedingt hier allerdings nur für lufthaltigen Dampf) in der stillgelegten Reaktoranlage Marviken [99]

gemessen, mit Einzelrohren etwa natürlicher Größe auch im GKM-Versuch [100] und mit einigen Rohren im verkleinerten Maßstab [107]. Class [101] hat die Ergebnisse theoretisch interpretiert und auf die Originalanordnungen übertragen. Die Konstruktion kann die auftretenden Belastungen mit hinreichendem Sicherheitsabstand aufnehmen.

Die Bestätigung der Beherrschung der Effekte bei der Druckentlastung (8) und (9), insbesondere die Wirksamkeit der Verteilungsdüsen, erfolgte durch Messungen unmittelbar an der Anlage Brunsbüttel [102].

Bei den neueren Siedewasserreaktoren mit Betoncontainments und tiefliegender Kondensationskammer ist das Problem der dynamischen Belastung ohnehin weniger kritisch.

Literatur zu Kapitel 8

1. Reactor Safety Study, Main Report. NRC, National Technical Information Service, PB-248 201, Oct. 1975
2. Deutsche Reaktorsicherheitsstudie, Zwischenbericht. GRS-Fachgespräch, München, 4. Nov. 1977, GRS-10
3. Reactor Safety Study, App. I. NRC, National Technical Information Service, PB-248 202, Oct. 1975
4. RELAP-4/Mod 5, A Computer Program for Transient Thermal-Hydraulic Analysis of Nuclear Reactors and Related Systems, Vol. 1. ANCR-NUREG-1335, Sept. 1976
5. SATAN-4 Digital Code, A Comprehensive Space-Time Dependent Analysis of Loss-of Coolant, WCAP-7750, Aug. 1971
6. Espositov, J.; Kesavan, K.; Maul, B.: W-FLASH – A Fortran-IV Computer Program for Simulation of Transients in a Multi-Loop PWK. WCAP-8261, Revision 1, July 1974
7. Hughes, G. A.: Kurzbeschreibung des digitalen Rechenprogramms LECK. KWU-Report Nr. 33/74
8. Karwat, H.; Wolfert, K.; BRUCH-D, A Digital Program for Pressurized Water Reactor Blowdown Investigations. Nucl. Eng. Des. 11 (1970) 241–254
9. Decay Energy Release Rates Following Shutdown of Uranium Fuelled Thermal Reactors. ANS Standards Committee, Oct. 1971
10. Grillenberger, T.: The Computer Code DAPSY for the Calculation of Pressure Wave Propagation in the Primary Coolant System of LWR. Report MRR-I-66 (1976)
11. Pana, P.; Müller, M.: Nucl. Eng. Des. 36 (1976) 183–190
12. Persönliche Mitteilung GRS, Köln
13. Moody, F. J.: Maximum Flow Rate of a Single Component, Two-Phase Mixture, J. Heat Transfer. Trans. ASME, 87 (1965) 134–142
14. Henry, R. E.; Fauske, H. K.: The Two-Phase Critical Flow of One Component Mixtures in Nozzles, Orifices and Short Tubes, J. Heat Transfer, Trans. ASME (May 1971) 179–187
15. Pana, P.; Müller, A.: Subcooled and Two-Phase Critical Flow States and Comparison with Data. Nucl. Eng. Des., 45 (1978) 117–126
16. Dittus, F. W.; Boelter, L. M. K.: Heat Transfer in Automobile Radiators of the Tubular Type. Univ. Calif. Publ. 2 (1930) 443–461
17. Thom, J. R. S., et al.: Boiling in Subcooled Water During Flow Up Heated Tubes or Annuli. Proc. Inst. Mech. Eng. London (Part 3C) 180 (1966) 226–246

18. Schrock, V. E.; Grossman, L. M.: Forced Convection Boiling Studies. Final Report on Forced Convection Vaporization Project, TID-146 32 (1959)
19. McDonough, J. B., Milich, W.; King, E. C.: Partial Film Boiling with Water at 2000 psia in a Round Tube. MSA Research Corporation, Technical Report 62 (1958)
20. Groeneveld, D. C.: An Investigation of Heat Transfer in the Liquid Deficient Regime. AECL-3281 (Rev.), Dec. 1968, Rev. Aug. 1969
21. Dougall, R. L.; Rohsenow, W. M.: Film Boiling on the Inside of Vertical Tubes with Upward Flow of the Fluid at Low Qualities. MIT-TR-9079-26 (1963)
22. Fantini, L.; Lorengi, A.; Pisoni, C.: Comparative Investigation of Some Characteristics of Co-Current and Countercurrent Two-Phase Flow. Energ. Nucl., No. 1 (Jan. 1974)
23. Shulman, H. L.; Molstad, M. C.: Ind. Eng. Chem. 42 (1950) 1058
24. Towell, Strand, Ackerman: Paper 10-10, Am. Inst. Chem. Eng. / Inst. Chem. Eng. Joint Meeting London (June 1965)
25. Ellis: Paper B1, Vertical Gas Liquid Flow Problems, Symp. on Two-Phase Flow, Exeter (June 1965)
26. Lackme, C.: Wall Effect and Scale Up Problem in Co-Current Bubble Flow. Proc. of Int. Symp. on Research in Co-Current Gas-Liquid Flow, Univ. of Waterloo, Sept. 18–19, 1968
27. Whitbeck, J. F.: Countercurrent Flow Characteristics of Annuli with Non Idealized Fluid Entrance and Exit, M.S. Thesis. Univ. of Idaho, Moscow, Idaho, March 1973
28. Zuber, N.; Findlay, J. A.: Average Volumetric Concentration in Two-Phase Flow Systems. J. Heat Transfer (Nov. 1965) 453
29. Crowley, C. J.; Block, J. A.: Preliminary Results of ECC Bypass and Lower Plenum Voiding Tests at above Ambient Pressures. Creare Technical Memo, TM-410 (July 1975)
30. Wallis, G. B.: One Dimensional Two-Phase Flow. McGraw Hill 1969, p. 336–347
31. Crowley, C. J.; Wallis, G. B.; Ludwig, D. L.: Steam/Water Interactions in a Scaled PWR Reactor Annulus. Rep. No. COO-2294-4, Dartmouth College (Sept. 1974)
32. Wallis, G. B.; Crowley, C. J.; Block, J. A.: ECC Bypass Studies, AIChE Symp. on LWR Safety. Boston, Mass. Sept. 10, 1975
33. Crowley, C. J.; Block, J. A.: ECC Delivery Study – Experimental Results and Discussion. TN 217, Creare Inc., Hanover, New Hampshire (Oct. 1975)
34. Cadek, F. F., et al.: PWR FLECHT (Full Length Emergency Cooling Heat Transfer), Final Report, WCAP-7665 (April 1971)
35. Cadek, F. F., et al.: PWR FLECHT Final Report Supplement, WCAP-7931 (Oct. 1972)
36. Baker, Jr. L. R.; Just, L. C.: Studies of Metal-Water Reactions, III. Experimental and Theoretical Studies of the Zirconium-Water Reaction. ANL-6548 (May 1962)
37. Dearien, J. A., et al.: FRAP-T2, A Computer Code for the Transient Analysis of Oxide Fuel Rods, Vol. 1. Aerojet Nuclear Co., Interim Report I-309-3-5.1 (July 1975)
38. Conway, J. B., et al.: Thermal Expansion and Heat Capacity of UO_2 to 2200 °C. ANS 6 (1963) 153
39. Hardy, D. G.: High Temperature Expansion and Rupture Behaviour of Zircaloy Tubing. CONF-73034, p. 254–273 (March 1973)
40. Fabic, S.: Data Sources for LOCA Code Verification. Nucl. Saf. 17 (1976) 671–685
41. Zane, J. O.: SEMISCALE Loss-of-Coolant Experiments. 4th Water Reactor Safety Research Information Meeting, Gaithersburg, Md. (Sept. 1976)
42. Hanson, D. J.: SEMISCALE Reflood Results. 4th Water Reactor Safety Research Information Meeting, Gaithersburg, Md. (Sept. 1976)
43. Leach, L. P.; Ybarrondo, L. J.; McPherson, G. D.: Experimental Emergency Core Cooling Results from LOFT Non-Nuclear Tests. Nucl. Technol. 33 (1977) 126–149
44. Dix, G. E.; Sozzi, G. L.: BWR Blowdown Heat Transfer Program, Results and Analysis. 4th Water Reactor Safety Research Information Meeting, Gaithersburg, Md. (Sept. 1976)
45. Krieg, R.; Schlechtendahl, E. G.; Scholl, K.-H.: Design of the HDR-Experimental Program on Blowdown Loading Responsen of PWR Vessel Internals. Nucl. Eng. Des. 43 (1977) 419–435
46. Barnum, D. J.: RELAP-4/Mod 5, Improvements and Predictive Capability. 4th Water Reactor Safety Research Information Meeting, Gaithersburg, Md. (Sept. 1976)
47. Ybarrondo, L. J.; Naff, S. A.: Examination of LOFT Scaling and Nonnuclear Experimental Results. 4th Water Reactor Safety Research Information Meeting, Gaithersburg, Md. (Sept. 1976)
48. Leach, L. P.: Results of LOFT L1-4 Experiment and Comparison of Experimental Results to Analythical Model Predictions with the RELAP-4 Computer Code. 5th Water Reactor Safety Research Information Meeting, Gaithersburg, Md. (Nov. 1977)
49. Carbiener, W. A.: 2/15 Scale Bypass Experiments. 5th Water Reactor Safety Research Information Meeting, Gaithersburg, Md. (Nov. 1977)

50. Block, J. A.: Transient Plenum Refill. 5th Water Reactor Safety Research Information Meeting, Gaithersburg, Md. (Nov. 1977)
51. Serkiz, A.: ECC Bypass Results. 5th Water Reactor Safety Research Information Meeting, Gaithersburg, Md. (Nov. 1977)
52. North, P.: Investigation of Alternate ECC Injection Concepts in SEMISCALE Mod-1 System. 5th Water Reactor Safety Research Information Meeting, Gaithersburg, Md. (Nov. 1977)
53. Riedle, K., et al.: Reflood and Spray Cooling Heat Transfer in PWR and BWR Bundles. ASME Paper 76-HD-10 (1976)
54. Spinrad, B. I.: The Sensitivity of Decay Power to Uncertainties in Fission Product Yields. Nucl. Sci. Eng. 62 (1977) 35
55. Bjerke, M. A.; Holm, J. S.; Shay, M. R.; Spinrad, B. I.: A Review of Short-Term Fission Product Decay Power. Nucl. Saf. (1977)
56. Mayinger, F.; Hein, D.; Winkler, F.: Efficiency of Combined Cold and Hot Leg Injection. 23rd Annual ANS-Meeting, New York (June 1977)
57. Thomas, D. G.: Summary of Results from PWR-Blowdown Heat Transfer Separate Effects Program. 5th Water Reactor Safety Research Information Meeting, Gaithersburg, Md. (Nov. 1977)
58. Hochreiter, L.: NRC/W/EPRI FLECHT Low Flooding Rate Skew Axial Profile Results. 5th Water Reactor Safety Research Information Meeting, Gaithersburg, Md. (Nov. 1977) s. dazu auch WCAP-9108 und WCAP-9183 sowie für Untersuchungen zum Cosinus-Profil WCAP-8651 und WCAP 8838
59. Brzoska, B.; Cheliotis, G.; Kunick, A.; Senski, G.: A New High Temperature Deformation Model for Zircaloy Clad Ballooning under Hypothetical LOCA Conditions. 4th Int. Conf. Structural Mechanics in Reactor Technology, San Francisco, Paper C1/8 (Aug. 1977)
60. Hobson, D. O.; Osborne, M. F.; Parker, G. W.: Comparison of Rupture Data from Irradiated Fuel Rods and Unirradiated Cladding. Nucl. Technol., 11 (1971) 479
61. Wadell, Jr., R. D.; Rittenhouse, P. L.: High Temperature Burst Strength and Ductility of Zircaloy Tubing. ORNL-TM-3289 (March 1971)
62. Clay, B. D.; Healey, T.; Redding, G. B.: The Deformation and Rupture of Zircaloy-2 Tubes During Transient Heating. CSNI-Specialist Meeting, Spatind, Norway (Sept. 1976)
63. Chung, H. M.; Garde, A. M.; Lin, E. S. M.; Kassner, T. F.: Mechanical Properties of Zircaloy Containing Oxygen. ANL 76-15 (1976)
64. Busby, C. C.; Marsh, K. B.: High Temperature Deformation and Burst Characteristics of Recrystallized Zircaloy-4-Tubing. WAPD-TM 900
65. Cotrell, W. B.: Review of 4th Water Reactor Safety Research Information Meeting. Nucl. Saf., 18 (1977) 133–152
66. Kassner, T. F.; Chung, H. M.; Garde, A. M.: Development of Embrittlement Criteria for Zircaloy Cladding. 5th Water Reactor Safety Research Information Meeting, Gaithersburg, Md. (Nov. 1977)
67. Projekt Nukleare Sicherheit, Halbjahresbericht 1977/1, Karlsruhe, KfK 2500 (Sept. 1977)
68. Chapman, R.: Preliminary Results of MRBT Program. 5th Water Reactor Safety Research Information Meeting, Gaithersburg, Md. (Nov. 1977)
69. McDonald, P. E., et al.: Performance of Unirradiated and Irradiated PWR Fuel Rods Tested under Power-Cooling-Mismatch Conditions. 5th Water Reactor Safety Research Information Meeting, Gaithersburg, Md. (Nov. 1977)
70. United States of America, AEC, Acceptance Criteria for Emergency Core Cooling Systems, Light-Water-Cooled Nuclear Power Reactors. Docket No. RM-50-1 (Dec. 1973)
71. Smidt, D., Salvatori, R.: Safety Technology for Accident Analysis and Consequence Mitigation. ANS-Conference, Washington, D.C. (Sept. 1976)
72. Persönliche Mitteilung, KWU und GRS
73. W-Sicherheitsbericht
74. Amsden, A. A., Hirt, C. W.: YAQUI, An Arbitrary Lagrangian-Eulerian Computer Program for Fluid Flow at all Speeds. LA-5100, Los Alamos (March 1973)
75. Jackson, J.: Overview of TRAC Program. 5th Water Reactor Safety Research Information Meeting, Gaithersburg, Md. (Nov. 1977)
76. Pryor, R. J.: Status of TRAC Code Development. 5th Water Reactor Safety Research Information Meeting, Gaithersburg, Md. (Nov. 1977)
77. Liles, D. R.: Fluid Dynamics and Heat Transfer Methods in TRAC. 5th Water Reactor Safety Research Information Meeting, Gaithersburg, Md. (Nov. 1977)
78. Vigil, J. C.: TRAC Developmental Verification. 5th Water Reactor Safety Research Information Meeting, Gaithersburg, Md. (Nov. 1977)
79. Bleiweiss, P.: TRAC Applications. 5th Water Reactor Safety Research Information Meeting, Gaithersburg, Md. (Nov. 1977)

80. Ludwig, A.; Krieg, R.: Nucl. Eng. Des. 43 (1977) 437–453
81. Rivard, W.: Development and Application of Advanced Component Codes for Two-Phase Flow and Hydroelastic Analysis. 5th Water Reactor Safety Research Information Meeting, Gaithersburg, Md. (Nov. 1977)
82. Dienes, J. K.; Hirt, C. W.: Computer Simulation of the Hydroelastic Response of a Pressurized-Water Reactor to Sudden Depressuration. 4th Water Reactor Safety Research Information Meeting, Gaithersburg, Md. (Sept. 1976)
83. Hirt, C. W.; Romero, N. C.: Application of a Drift-Flux Model to Flashing in Straight Pipes. LA-6005-MS, Los Alamos (1975)
84. Wulff, W.: THOR-Code Program Overview. 5th Water Reactor Safety Research Information Meeting, Gaithersburg, Md. (Nov. 1977)
85. Jones, O. C.; Saha, P.: Non-Equilibrium Vapor Generation. 5th Water Reactor Safety Research Information Meeting, Gaithersburg, Md. (Nov. 1977)
86. Ruger, C. J.: Two-Region Core Interface Tracking. 5th Water Reactor Safety Research Information Meeting, Gaithersburg, Md. (Nov. 1977)
87. Lekach, S. V.: Coupling Discrete and Lumped Parameter Pipes in THOR-1 Framework. 5th Water Reactor Safety Research Information Meeting, Gaithersburg, Md. (Nov. 1977)
88. Katsma, K. R.: RELAP-4 (Mod 6 and 7), LWR Reflood Code Development and Verification. 5th Water Reactor Safety Research Information Meeting, Gaithersburg, Md. (Nov. 1977)
89. Ransom, V. H.: RELAP-5 Code Development and Results. 5th Water Reactor Safety Research Information Meeting, Gaithersburg, Md. (Nov. 1977)
90. Coleman, D. R.; Laats, E. T.: FRAP-T3, A Computer Code for Transient Analysis of Oxide Fuel Rods. Model Verification Report, Vol. II, TREE-NUREG-1163 (Oct. 1977)
91. Coleman, D. R.; Laats, E. T.: FRAP-S2, A Computer Code for Steady State Analysis, Vol. II, Model Verification. TREE-NUREG-1107 (July 1977)
92. Dearien, J. A.: New Models in FRAP-Codes. 5th Water Reactor Safety Research Information Meeting, Gaithersburg, Md. (Nov. 1977)
93. Gulden, W., et al.: Dokumentation SSYST-1. Ein Programmsystem zur Beschreibung des LWR-Brennstabverhaltens bei Kühlmittelverluststörfällen. KfK 2496, Karlsruhe (Aug. 1977)
94. Meyder, R.; Raff, S.; Sengpiel, W.: Sample Calculations on Fuel Rod Behaviour During a LOCA with the Code System SSYST-Mod 1. Nucl. Eng. Des. 43 (1977) 455–462
95. Garnier, J. E.; Begej, S.: Ex-Reactor Gap Conductance Measurements. 5th Water Reactor Safety Research Information Meeting, Gaithersburg, Md. (Nov. 1977)
96. CONTEMPT, Westinghouse
97. Well, R. A.: BEACON Containment Analysis Code – Development and Developmental Verification. 5th Water Reactor Safety Research Information Meeting, Gaithersburg, Md. (Nov. 1977)
98. Pitts, J. H.; Cauley, E. W.: Experimental Results from 1/5 Scale Mark I BWR Pressure Suppression Systems. 5th Water Reactor Safety Research Information Meeting, Gaithersburg, Md. (Nov. 1977)
99. Sullivan, C. W.; Krang, R. L.: Multidimensional Pool Swell Results. 5th Water Reactor Safety Research Information Meeting, Gaithersburg, Md. (Nov. 1977)
100. Chan, R. K. C.: Pool Swell Code Development. 5th Water Reactor Safety Research Information Meeting, Gaithersburg, Md. (Nov. 1977)
101. Class, G.: Theoretische Untersuchung der Druckpulsentstehung bei der Dampfkondensation im Druckabbausystem von Siedewasserreaktoren – Rechenprogramm KONDAS. KfK 2487, Karlsruhe (Okt. 1977)
102. Appelt, K. D., et al.: Untersuchung der Druckpulsationen in Druckabbausystemen und der dynamischen Reaktion des Sicherheitsbehälters im Rahmen der Entlastungsventilversuche im Kernkraftwerk Brunsbüttel. KfK-Ext. 8/75-5 (Jan. 1976)
103. Brosche, D.: ZOCO-V, Ein Rechenmodell zur Berechnung von zeitlichen und örtlichen Druckverteilungen in Reaktorsicherheitsbehältern. Bericht MRR 104, Garching (April 1972)
104. COCO, KWU, private Mitteilung
105. CONDRU, GRS, private Mitteilung
106. Gulden, W., et al.: Dokumentation SSYST-1, Ein Programmsystem zur Beschreibung des LWR-Brennstabverhaltens bei Kühlmittelverluststörfällen. KfK 2496, Aug. 1977
107. Schnauder, H.; Cramer, M.: Kondensationsversuche in der KWU-Großbehälteranlage in Karlstein. KfK-Ext. 8/76-1 (Febr. 1977)
108. Cathcart, J. V., et al.: Zirconium Metal-Water Oxidation Kinetics IV. Reaction Rate Studies, ORNL/NUREG 17 (Aug. 1977)
109. Biederman, R. R.; Ballinger, R. G.; Dobson, W. G.: A Study of Zircaloy-Steam Oxidation Reaction Kinetics. EPRI NP-225 (Sept. 1976)

110. Suzuki, M.; Kawasaki, S.; Furuta, T.: Zircaloy-Steam Reaction und Embrittlement of the Oxidized Zircaloy Tube under postulated Loss of Coolant Accident Conditions. JAERI-M 6879 (Dez. 1976)
111. Leistikow, S.; Schanz, G.; v. Berg, H.: Kinetik und Morphologie der isothermen Dampf-Oxidation von Zircaloy 4 bei 700–1300 °C. KfK 2587 (1978)

9 Einwirkungen von außen

Einwirkungen von außen, die bei der Auslegung und Störfallanalyse berücksichtigt werden müssen, sind
— Hochwasser,
— Stürme und Tromben,
— Erdbeben

als natürliche Ereignisse, sowie
— chemische Explosionen in der Nachbarschaft,
— Flugzeugabsturz

als zivilisationsbedingte Ereignisse.

Im Sinne der im Kapitel 2 gegebenen Einteilung sind die Einwirkungen von außen eine besondere Klasse von common-mode-Fehlern, in die, obwohl nicht „von außen" kommend, auch
— Brände

gehören.

Der erste und der letzte Punkt bedürfen hier allerdings keiner besonderen Diskussion, da ihre Beherrschung in den Bereich der konventionellen Bautechnik gehört. Abdichtung gegen *Hochwasser* und für die Brandverhütung und -bekämpfung räumliche Trennung redundanter Stränge, Verwendung nicht oder jedenfalls schwer entflammbarer Materialien, Abschottung der einzelnen Bereiche, Verwendung von Rauch- und Hitzedetektoren und der Einbau von Löschanlagen sind Stand der Technik. Bei den Löschanlagen im Kernkraftwerk muß allerdings gewährleistet werden, daß eine Fehlbetätigung nicht ihrerseits die Anlagensicherheit beeinträchtigt. Deshalb ist eine zu weitgehende Automatisierung hier nicht empfehlenswert.

Der Brand in der Anlage von Browns Ferry [1], der zum Ausfall mehrerer redundanter Nachkühleinrichtungen in zwei Kernkraftwerksblöcken führte, ist auf eine klare Verletzung einiger der genannten Grundsätze zurückzuführen.

Stürme bzw. Tromben ergeben eine äußere mechanische Belastung des Sicherheitsbehälters oder Reaktorgebäudes, wobei vor allem die letzteren wegen der hohen möglichen Druckdifferenzen und der Geschoßwirkung von mitgeführten Trümmerstücken bedeutsam sind.

Dadurch ergibt sich eine Verwandtschaft mit der Belastung durch *Flugzeugabsturz*. Muß hierbei der Absturz größerer und schnellerer Maschinen berücksichtigt werden, so können auch die vom Reaktorgebäude auf die inneren Strukturen, insbesondere das Primärsystem übertragenen dynamischen Lasten von Bedeutung werden. Gegebenenfalls spielt auch der Brand ausgelaufenen Treibstoffes eine Rolle.

Auch die *chemische Explosion* ergibt eine Stoßbelastung des Reaktorgebäudes durch die ankommende Druckwelle, die ggf. an den Gebäuden reflektiert wird.

9.1 Stürme und Tromben (Tornados), Flugzeugabsturz

Im Unterschied zu den bisher genannten Belastungen umfaßt das *Erdbeben* ein ganzes Spektrum möglicher Anregungen und ist in seiner Wahrscheinlichkeit im Hinblick auf seine Stärke und auf seinen Frequenzbereich vorauszubestimmen. Auch hier erfaßt die dynamische Anregung nicht nur das Gebäude, sondern auch die angekoppelten inneren Strukturen. Wegen der umfassenden Problematik werden die Belastungen durch Erdbeben hier am ausführlichsten dargestellt.

9.1 Stürme und Tromben (Tornados), Flugzeugabsturz

Stürme und Tromben spielen in einigen Teilen der USA eine größere Rolle als in Europa. Auslegungsannahmen für die USA sind in Reg. Guide 1.76 [2] vorgeschrieben. In der Bundesrepublik Deutschland muß im Gegensatz zu den USA gegen den Absturz schnellfliegender Militärmaschinen ausgelegt werden. Die dadurch erforderlichen Maßnahmen decken Stürme und Tromben mit ab. Deshalb soll der Flugzeugabsturz etwas genauer behandelt werden.

(1) Wahrscheinlichkeit

Es ist bekannt, daß sich die meisten Flugzeugabstürze im Zusammenhang mit Start und Landung ereignen. Schließt man die unmittelbare Umgebung der Flughäfen mit den entsprechenden Schneisen aus der Betrachtung aus, so ergibt sich im übrigen Bereich in erster Näherung eine örtliche Gleichverteilung. Dann wird die mittlere Absturzhäufigkeit P_A

$$P_a = N \cdot \frac{F_p}{F} p . \tag{9.1}$$

Dabei ist N die Gesamtzahl der Abstürze über einem bestimmten Gebiet F (z. B. Fläche der Bundesrepublik), F_p ist die Projektionsfläche der Anlage, in deren Bereich für die Abschaltung und Nachwärmeabfuhr wichtige Systeme liegen, p die Wahrscheinlichkeit, daß innerhalb F_p empfindliche Teile getroffen werden (räumliche Trennung). Mit $N = 10$, $F_p = 10^4 \, m^2$ und $F = 2{,}5 \cdot 10^9 \, m^2$, $p = 0{,}1$ ergäbe sich $P_a = 4 \cdot 10^{-6}$. Für derartige Zahlenwerte, auch wenn sie sich durch eine noch konservativere Betrachtungsweise um ein oder zwei Größenordnungen erhöhen sollten, ist ein wesentlicher Beitrag zum Risiko (s. dazu das folgende Kapitel) an sich nicht mehr zu erwarten und besondere Maßnahmen in Richtung auf einen Vollschutz ($p \to 0$) erübrigen sich.

Auch die für spezielle Standorte durchgeführten Feinanalysen, bei denen die einzelnen Flugstraßen, Unterschiede zwischen Sicht- und Instrumentenflug, Häufigkeit der verschiedenen Flugzeugtypen u. dgl. berücksichtigt werden, führen im Grundsatz zu den gleichen Zahlenwerten.

Wenn in der Bundesrepublik dennoch ein Vollschutz gegen den Absturz schnellfliegender Militärmaschinen verlangt wird, so sind 2 Gründe dafür maßgeblich:
- Die Anlagen sollen im Grundkonzept standortunabhängig werden (Nähe von heutigen oder zukünftigen Flugplätzen),
- es soll implizit und unspezifisch auch ein Schutz gegen andere unvorhersehbare Ereignisse, z. B. Einwirkungen Dritter gewährleistet werden.

Die Berücksichtigung schnellfliegender Militärflugzeuge deckt den Absturz von Sportflugzeugen und kleineren Privatflugzeugen voll mit ab. Verkehrsflugzeuge haben eine erheblich geringere Absturzwahrscheinlichkeit. Ihre gegenüber Militärflugzeugen größere Masse wird durch die größere Ausdehnung und eine größere Verformungsfähigkeit kompensiert, so daß auch sie implizit mit erfaßt werden.

(2) Lastannahmen beim Absturz schnellfliegender Militärmaschinen

Da die für Abschaltung und Nachwärmeabfuhr notwendigen redundanten Systeme außerhalb des Sicherheitsbehälters räumlich getrennt sind, kommt es in erster Linie darauf an, den letzteren baulich zu schützen. Dazu ist eine entsprechende Betonstruktur vorgesehen.

Auch diese Vorgehensweise ist in sich konservativ, da eine Verletzung des Sicherheitsbehälters wegen der aus Abschirm- und anderen Gründen vorhandenen Einschließung des Primärkreises noch lange keine Verletzung der Abschalt- und Nachkühlfähigkeit bedeutet.

Dennoch geht man davon aus, daß der Sicherheitsbehälter intakt bleiben muß. Dabei sind für die Schutzstrukturen zwei Schadensmechanismen zu unterscheiden:

(a) Gesamtbelastung des Gebäudes durch den Kraftstoß,
(b) örtliche Penetration am Auftreffpunkt.

(a) Die zeitabhängige Gesamtlast P ergibt sich

$$P(t) = \frac{d(mv)}{dt} = m\frac{dv}{dt} + v\frac{dm}{dt}. \tag{9.2}$$

Die Verzögerung dv/dt ergibt sich bei Annahme eines starren Gebäudes aus dem Verformungswiderstand des Flugkörpers. Sein Höchstwert ist durch die Berstlast

$$P_B = \text{Max}\left(m\frac{dv}{dt}\right) \tag{9.3}$$

gegeben.

Ist q(x) die Massenverteilung entlang der Längsachse des Flugkörpers, so wird

$$\frac{dm}{dt} = q\frac{dx}{dt} = q \cdot v. \tag{9.4}$$

Damit ergibt sich die Formel von Riera [4]

$$P(t) = P_B(x(t)) + q(x(t)) \cdot v^2(t), \tag{9.5}$$

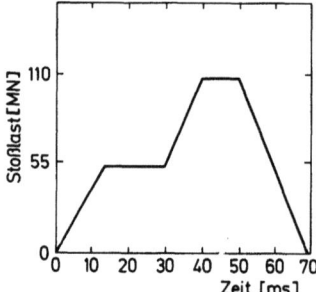

Bild 9.1. Stoßlast-Zeit-Diagramm für die Auslegung des Reaktorgebäudes deutscher Anlagen gegen Flugzeugabsturz [6]

9.2 Chemische Explosionen

die aufgrund der beschriebenen Voraussetzungen konservative Werte liefert, wie in [5] diskutiert wird. Dort wird für eine Phantom II von 20 t und eine Absturzgeschwindigkeit von 215 m/s = 733 km/h das Stoßlast-Zeit-Diagramm des Bildes 9.1 hergeleitet, wie es als Auslegungsanforderung in die RSK-Leitlinien [6] aufgenommen wurde. Als Auftrefffläche sind — wichtig für die Festigkeitsberechnung — 7 m² anzunehmen.

(b) Örtliche Penetration. Durch Versuche [7–9] wurde die Eindringtiefe von Projektilen in Betonwände verschiedener Güteklassen untersucht. Die Penetrationsdicke ist dabei größer als die Eindringtiefe, da an der Rückseite Material abplatzt.

Die Auswertung in [5] führt für v = 215 m/s zu Penetrationsschutzdicken von 135 cm für Beton der Güte Bn 250, von 100 cm für Bn 450. Für die sog. Vollschutzdicke wird nochmals ein Zuschlag von etwa 40 cm gemacht.

Daneben dürfen (nunmehr nur auf der Außenseite mögliche) Treibstoffbrände die Abschalt- und Nachkühlfunktion nicht beeinträchtigen. Eine möglicherweise empfindliche Stelle ist dabei die Luftansaugung für die Notstromdiesel.

9.2 Chemische Explosionen

Chemische Explosionen können in ortsfesten Anlagen oder beim Transport von explosionsgefährdeten Stoffen in der Nachbarschaft von Kernkraftwerken auftreten. Dies gilt insbesondere für Anlagen an schiffbaren Flüssen, auf denen z. B. Flüssiggastanker verkehren.

Die wesentlichen Folgerungen für Planung und Bau des Kernkraftwerkes sind:
(a) Auslegung des Reaktorgebäudes und der für die Gewährleistung von Abschaltung und Nachwärmeabfuhr erforderlichen Systeme auf Widerstandsfähigkeit gegen Druckwellen und die dadurch induzierten Schwingungen,
(b) Anordnung der Gebäude so, daß sie nicht als Verdämmung für die Explosionswolke wirken und die Deflagration in eine Detonation umschlagen lassen (speziell bei ungesättigten Kohlenwasserstoffen),
(c) Beschränkungen für die Lagerung und den Umgang mit explosionsfähigen Stoffen in der Umgebung des Kernkraftwerkes (Mengen-Abstandsgesetz).

Als Beispiel seien einige Forderungen der deutschen Richtlinien [3] genannt:
Zu (a): Auslegung allgemein gegen linearen Druckanstieg an der Gebäudewand in 0,1 s auf 0,45 bar, dann noch 0,1 bis 2 s Abfall auf 0,30 bar. Quasistatisches allseitiges Verharren des Überdrucks für 1 s. Die Druckwelle muß aus jeder Richtung kommen können.

Zu (b): Die Innenhöfe müssen Druckentlastungsöffnungen von mindestens 20 % der umschlossenen Fläche besitzen. Fokussierende Anordnungen, lange Gassen, turbulenzerzeugende Strukturen müssen vermieden werden.

Zu (c): Es soll ein Mengen-Abstandsgesetz der Form

$$R = 8 M^{1/3}$$

R   Sicherheitsabstand in m
M   Masse des explosionsfähigen Stoffes in kg

eingehalten werden.

9.3 Erdbeben

(1) Allgemeines und Maßeinheiten für die Stärke von Erdbeben
(Übersichtsartikel dazu [10, 11])
Erdbeben entstehen gewöhnlich, wenn der Untergrund (Fels) der durch Verschiebungen aufgebauten Verformung nicht mehr widerstehen kann und bricht. Dabei wird die Verformungsenergie freigesetzt und breitet sich in elastischen Wellen aus. Der Fokus oder das *Hypozentrum* ist die Stelle, wo der ursprüngliche Bruch auftritt, das *Epizentrum* ist die senkrechte Projektion des Hypozentrums auf die Erdoberfläche. Der Bereich, in dem Energie freigesetzt wird, ist nicht notwendig auf das Hypozentrum begrenzt.

Die elastischen Wellen sind Transversalwellen (Scherwellen, S-Wellen), Longitudinalwellen (P-Wellen) und Oberflächenwellen. Die ersteren führen in erster Linie am Aufpunkt zu horizontalen Bewegungen des Baugrundes und entsprechenden horizontalen Lasten am Bauwerk. Diese haben i. a. größere Auswirkungen als die vertikalen Lasten, für die das Bauwerk ohnehin ausgelegt ist.

Die Stärke eines Erdbebens wird in unterschiedlichen Einheiten gemessen:

(a) Magnitude M
Die Magnitude ist ein Maß für den Seismographenausschlag A in 100 km Entfernung vom Epizentrum:

$$M = \log_{10}(A/A_0) \tag{9.6}$$

mit A_0 als Referenzamplitude.

Die Magnitude ist kein unmittelbares Maß für die Auswirkungen eines Erdbebens; außerdem liegen Messungen über Ereignisse in den früheren Jahrhunderten nicht vor.

(b) Intensität I
Wo keine instrumentellen Meßwerte zur Verfügung standen, wurde das Ausmaß der Erschütterung anhand der aufgetretenen Schäden durch verschiedene Intensitäts-Skalen beschrieben. Ein Beispiel ist die modifizierte Mercalli-Skala, die zwölf Intensitätswerte unterscheidet. Als Beispiel seien die Stufen VII bis IX wiedergegeben, die sowohl wegen ihrer Wahrscheinlichkeit als auch wegen ihrer Stärke in unserem Zusammenhang von Interesse sind:

VII: Jeder läuft nach draußen; je nach Qualität unterschiedlicher Gebäudeschaden; wird von Autofahrern bemerkt.
VIII: Wandfelder aus dem Fachwerk geworfen; Umstürzen von Wänden, Monumenten und Kaminen; Auswerfen von Sand und Schlamm; Autofahrer beunruhigt.
IX: Gebäude von den Fundamenten geschoben, Rißbildung, aus dem Lot gedrückt; Risse im Boden; Bruch unterirdischer Leitungen.

Es gibt halbempirische Gesetze für den Zusammenhang zwischen Magnitude und Intensität von der Form [12]

$$I = c_1 + c_2 M - c_3 \ln R , \tag{9.7}$$

wo c_1, c_2, c_3 empirische Konstanten sind, R der fokale Abstand. Wegen der Unschärfe der Intensitätsskala und der Nichtberücksichtigung vieler Parameter sind solche Gesetze als grobe Näherungsformeln zu betrachten.

9.3 Erdbeben

(c) Verschiebung, Geschwindigkeit, Beschleunigung und Responsespektren

Spitzenwerte der Bodenbeschleunigung sind aus dem Grunde nicht allein ausreichend für die Beschreibung der Auswirkungen eines Erdbebens, weil einmal der Frequenzbereich und damit das Verhalten der an den Boden der gekoppelten Strukturen nicht erfaßt und weil andererseits auch die Zeitdauer des Bebens nicht berücksichtigt wird. Es werden erst neuerdings Akzelerogramme aufgezeichnet; ausreichendes Material liegt jedoch nur aus den Zonen vor, in denen starke Beben häufiger sind. Aus den am Boden gemessenen Beschleunigungen $\ddot{x}_g(t)$ lassen sich die sog. Antwortspektren (Responsespektren) ermitteln, wenn man $\ddot{x}_g(t)$ auf einen einfachen Einmassenschwinger (Bild 9.2) wirken läßt.

Bild 9.2. Einfacher Massenschwinger zur Erzeugung des Antwortspektrums [16]

Der Ausschlag der Antwortschwingung ist dann [16]

$$x(t) = -\frac{1}{\omega_D} \int_0^t \ddot{x}_g(\tau) e^{-\xi w(t-\tau)} \sin \omega_D(t-\tau) \, d\tau \tag{9.8}$$

mit

ω_D Kreisfrequenz des gedämpften Schwingers
ω Kreisfrequenz des ungedämpften Schwingers

$\xi = \dfrac{1}{2\pi} \ln \dfrac{x_k}{x_{k+1}}$: Lehrsches Dämpfungsmaß

Das Responsespektrum wird aus den Maximalwerten der so ermittelten Wege, Geschwindigkeiten und Beschleunigungen gebildet:

Eine Pseudoverschiebung

$$S_d = \max |x(t)|,$$

Pseudogeschwindigkeit

$$S_r = \max |\omega_D x(t)|,$$

Pseudobeschleunigung

$$S_a = \max |\omega_D^2 x(t)|. \tag{9.9}$$

Bild 9.3 zeigt ein typisches Antwortspektrum für ein spezielles Erdbeben als Funktion der Eigenschwingungsdauer für verschiedene Dämpfungswerte. Ordinate ist die Pseudogeschwindigkeit. Wegen des in (9.9) gegebenen Zusammenhanges können in der loglog-Darstellung auch die entsprechenden Verschiebungs- und Beschleunigungsskalen eingetragen werden.

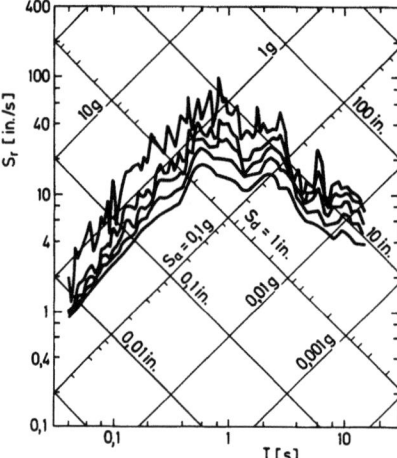

Bild 9.3. Antwortspektrum des El-Centro-Erdbebens (1940) mit verschiedenen Dämpfungswerten [10]
S_v: Pseudogeschwindigkeit,
T: Periode,
S_d: Pseudoverschiebung,
S_a: Pseudobeschleunigung.
Die Dämpfungswerte betragen 0, 2, 5, 10 und 20%

Die rms-Beschleunigung (root mean square)

$$\text{rms} = \left[\frac{1}{t_D} \int_0^{t_D} \ddot{x}_g(t)\, dt\right]^{1/2} \qquad t_D \text{ Dauer des Bebens}$$

wird als Maß für die Auswirkungen angesehen und mit der Intensität in Verbindung gebracht.

Die Beschleunigung und die Responsespektren allein sind hierfür kein ausreichendes Maß, da sie die Dauer des Bebens nicht berücksichtigen. Es ist bekannt, daß Beben langer Dauer und kleinerer Spektralintensität bzw. Beschleunigung die gleichen Auswirkungen haben wie Beben kurzer Dauer und größerer Spektralintensität bzw. Beschleunigung.

So sind Beziehungen, die z. B. die Bodenbewegung Y (Verschiebung, Geschwindigkeit oder Beschleunigung) mit der Magnitude M, die nach (9.7) mit I zusammenhängt, verknüpfen, mit einem Unsicherheitsband behaftet. Typische Relationen sind [12]:

$$Y = b_1 e^{b_2 M} R^{-b_3}. \tag{9.10}$$

Bild 9.4 [10] gibt eine Zusammenstellung von verschiedenen Korrelationen, aus der die Bandbreite klar zu erkennen ist.

Außerdem wird aus Bild 9.4 die Abhängigkeit der Beschleunigung bei gegebener Intensität von der Bodenbeschaffenheit deutlich. Aus den Responsespektren des Bildes 9.5 wird dies noch klarer: Im Bereich der niederen Frequenzen ergeben lockere Böden höhere Beschleunigungswerte als feste Böden oder gar felsiger Untergrund. (Ebenso bewirken lockere Böden eine Energieverlagerung in den unteren Frequenzbereich.) Deshalb spielen die lokale Bodenbeschaffenheit und der Transfer zwischen Fokus und Standort (genaue R-Abhängigkeit in (9.7) oder (9.10)) in der Bestimmung der zu erwartenden Beanspruchung eine wichtige Rolle.

Dies wird bei entsprechenden Regelwerken (z. B. in der Bundesrepublik Deutschland die Regel KTA 2201) in konservativer Weise berücksichtigt, wenn z. B. Umrechnungstabellen zwischen Intensität (Erwartungswerte für den Standort bekannt) und

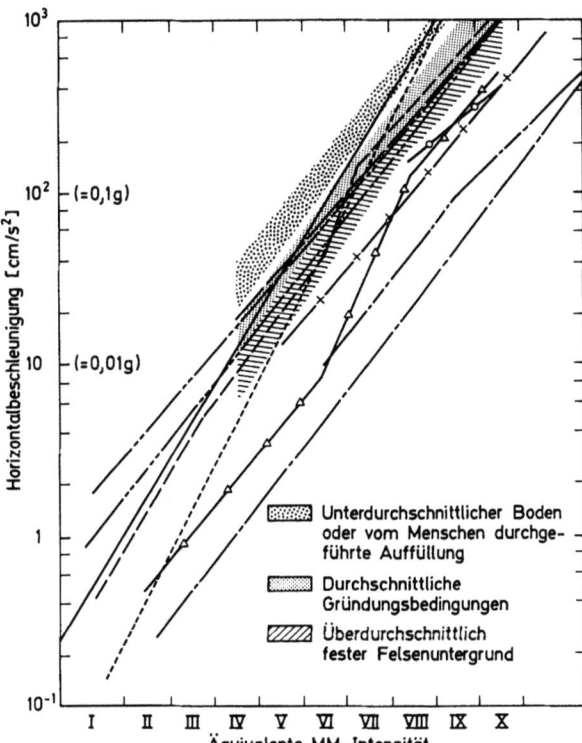

Bild 9.4. Korrelationen für die horizontale Erdbebenbeschleunigung als Funktion der Intensität [10]

Beschleunigung (Ausgangswert für die Auslegungsrechnung) gegeben werden. Die Dauer des zu berücksichtigenden Bebens wird dabei ebenfalls konservativ angenommen.

Die vertikalen Beschleunigungen liegen unter den Horizontalbeschleunigungen und haben auch geringere Auswirkungen auf das Bauwerk, das ja, wie schon erwähnt, vom Prinzip her für die Aufnahme vertikaler (allerdings meist statischer) Belastungen ausgelegt ist.

(2) Auslegung gegen Erdbeben

In den sicherheitstechnischen Regelwerken (z. B. Regulatory Guide 1.60, KTA 2201) wird die zu berücksichtigende Stärke des Erdbebens „deterministisch" vorgegeben. Man unterscheidet dabei das Auslegungserdbeben (Normal Operation Earthquake NOE), das die Anlage ohne Schäden überstehen soll und das Sicherheitserdbeben (Safe Shut Down Earthquake SSE), bei dem Zerstörungen auftreten können, die Abschalt- und Nachkühlfunktion sowie der Einschluß etwa freigesetzter Aktivität aber erhalten bleiben müssen.

Die Stärke des Bebens wird als Intensität oder Horizontalbeschleunigung aus der historischen Erfahrung unter Berücksichtigung der geologischen und tektonischen Beschaffenheit einer repräsentativen Umgebung des Standortes vorgegeben, wobei der zu berücksichtigende Umkreis für das Sicherheitserdbeben größer ist als für das Auslegungserdbeben.

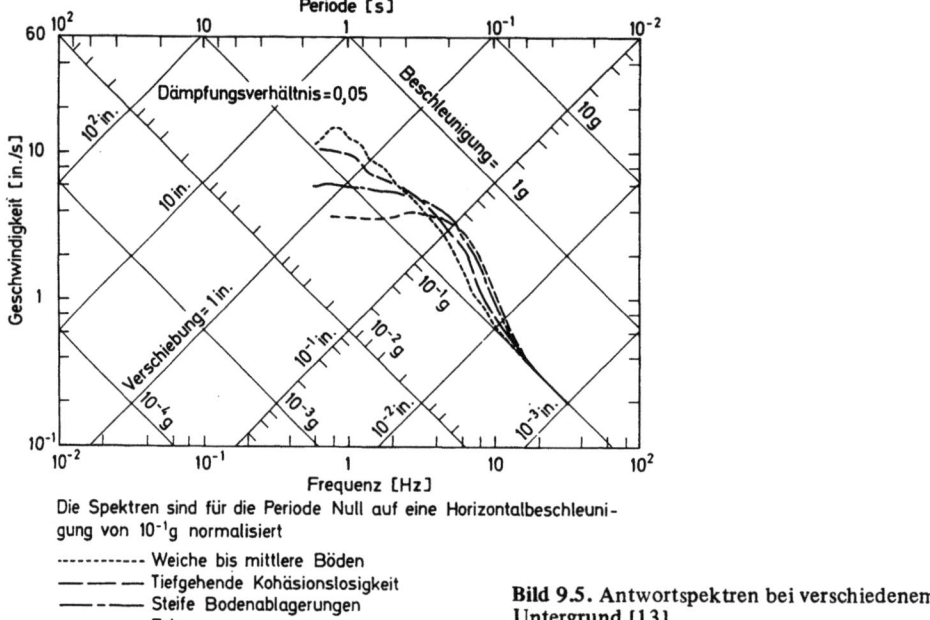

Bild 9.5. Antwortspektren bei verschiedenem Untergrund [13]

Die Auslegung gegen größere Erdbeben wird dadurch erschwert, daß sie seltene Ereignisse sind und deshalb für die meisten Standorte keine ausreichenden spezifischen Daten, insbesondere Akzelerogramme zur Verfügung stehen.

Deshalb werden für viele Untersuchungen künstlich generierte Werte benutzt: Man nimmt bekannte Akzelerogramme und variiert bei festgehaltenem Spektrum die Phasenlage der einzelnen Anteile unter Benutzung von Zufallszahlen bei Festhaltung der geologischen Besonderheiten.

Dabei werden zwei wesentliche Methoden unterschieden:
(a) die Zeitverlaufsmethode (time-history-M.),
(b) die Methode der Antwortspektren (response-spectra).

(a) Die time-history-Methode

läuft darauf hinaus, das durch ein gedämpftes Feder-Masse-System (ggf. auch mit nichtlinearer Charakteristik) oder eine Anordnung finiter Elemente dargestellte Bauwerk den Beschleunigungszeitverläufen gemessener oder stochastisch generierter Erdbeben auszusetzen und daraus die Belastungen zu bestimmen. Um eine statistisch ausreichende Absicherung zu erhalten, muß die Rechnung mit einer ganzen Anzahl von angenommenen Erdbeben wiederholt werden; ebenso muß sie jeweils über einige Zeit laufen, ehe an den einzelnen Stellen unterschiedlich die maximalen Belastungen auftreten. Bei hinreichend langer Rechnung erhält man die Vertrauenswerte, d.h. die Wahrscheinlichkeiten, mit denen bestimmte maximale Kräfte oder Momente noch überschritten werden können. Man erkennt, daß das Verfahren sehr aufwendig ist. Bei den relativ steifen Gebäuden des Kernkraftwerkes ist es i. a. deshalb nicht erforderlich (auch im Hinblick auf die ohnehin gegebenen Unsicherheiten in den Eingangsparametern und in der Modellabbildung), wohl dagegen für die eingebauten maschinentechnischen Komponenten, Rohrleitungen usw.

9.3 Erdbeben

Deshalb wurde in den USA die zweite Methode,

(b) die Methode der Responsespektren

entwickelt. Auf der Basis einer von Newmark et al. [14] durchgeführten Auswertung verschiedener Erdbeben wird in Regulatory Guide 1.60 [15] das in Bild 9.6 gezeigte Responsespektrum als Auslegungsgrundlage vorgeschrieben. Sein Vertrauenswert ist 84%, d. h. es wird mit einer Wahrscheinlichkeit von 84% nicht überschritten (1 σ-Kurve), vorausgesetzt die Bewegung der Erdoberfläche ist richtig eingegeben. Deren maximale Beschleunigung entspricht dem Grenzwert des Responsespektrums für hohe Frequenzen.

Für die Analyse wird das Bauwerk in diskrete, durch Federn verbundene Massenpunkte m(k) aufgeteilt [16]. Es werden dann die wichtigsten Eigenschwingungsformen i bestimmt. A_i ist ihre auf den Maximalbetrag 1 normierte Amplitude.

Dann wird gebildet:

$$L_i = \frac{\sum m(K) A_i(K)}{\sum m(K) A_i^2(K)} \quad \text{Beteiligungsfaktor}$$

S_i Beschleunigungswert des Responsespektrums für die Eigenfrequenz der i-ten Eigenform

$A_i(K)$ Auf 1 normierte Amplitude der i-ten Eigenform am Ort der Masse m(k).

Die auf m(K) wirkende Kraft aus der i-ten Eigenform ist dann

$$H_{iK} = m(K) L_i S_i A_i(K)$$

und bei Zusammenfassung aller Eigenschwingungsformen

$$H_K = \sqrt{\sum_i H_{iK}^2} \quad \text{(das entspricht einer statistischen Überlagerung der einzelnen Maximallasten).}$$

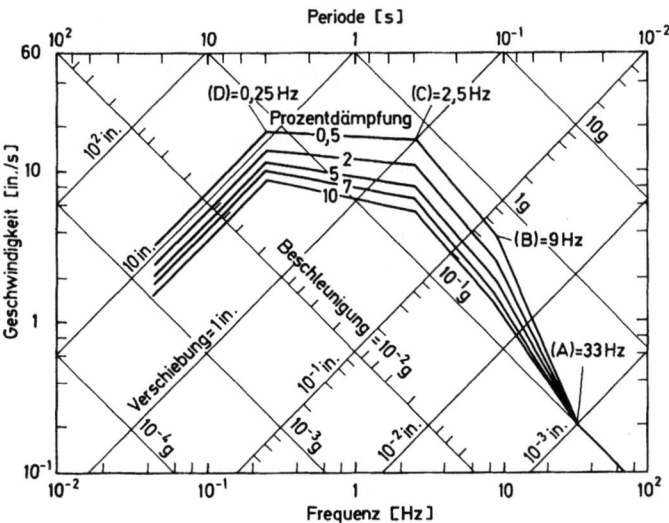

Die Spektren sind für die Periode Null auf eine Horizontalbeschleunigung von 10^{-1}g normalisiert

Bild 9.6. Antwortspektrum als Auslegungsbasis nach R. G. 1.60

Die so ermittelten Querkräfte – bei den Momenten geht man entsprechend vor – bilden zusammen mit Querkräften aus anderen Ursachen dann die Gesamtbelastung des Gebäudes.

Die Methode der Antwortspektren gilt nur für den linear-elastischen Fall, der aber i. allg. konservativ ist. Sie liefert nur statistische Maximalwerte, keine Phasenbeziehungen der Belastung.

Das Responsespektrum des Bildes 9.6 ist standortunabhängig, wobei allerdings bei seiner Definition Messungen auf unterschiedlichen Böden verwendet worden sind. Man kann im konventionellen Bereich in der einfachsten Weise die Standortabhängigkeit, wie sie aus Bild 9.5 hervorgeht, durch Multiplikation mit einem konstanten Verstärkungsfaktor erreichen, für Kernkraftwerke reicht das aber i. allg. nicht aus.

Für eine genauere Analyse und insbesondere dann, wenn ein steifes Bauwerk in den Boden eingebettet ist, müssen die gegenseitigen Boden-Bauwerk-Wechselwirkungen im einzelnen berücksichtigt werden. Als Beispiel wird ein von Seed und Lysmer [17] entwickeltes Verfahren mit finiten Elementen beschrieben.

Dazu wird die in Bild 9.7 gezeigte Anordnung durch 1-, 2- oder 3 dimensionale finite Elemente diskretisiert. Dabei wird der Boden bis zum darunterliegenden Felsen mit erfaßt, von dem die Erschütterung ausgeht. Da die Messungen aber gewöhnlich an der Erdoberfläche gemacht werden, muß das Spektrum am Felsenuntergrund zunächst rückwärts daraus berechnet werden. Dazu geht man von einem im freien Feld an der Oberfläche liegenden Punkt mit einem z. B. nach Reg. Guide 1.60 vorgegebenen Spektrum aus und ermittelt über ein (ggf. auch eindimensionales) Finitelement- oder Feder-Masse-System das entsprechende Spektrum im Untergrund. Da dieser Prozeß nicht eindeutig ist, werden z. B. nach [18] statistische Verfahren verwendet. Anschließend wird wieder zum Gebäude hochgerechnet und dessen Anregung bestimmt. Die viskoelastischen Eigenschaften des Bodens müssen für die einzelnen Schichten bekannt sein. Bei Messungen im Humboldt-Bay-Kraftwerk wurde für das Ferndale-Erdbeben vom 7.6.1975 eine befriedigende Übereinstimmung zwischen Messung und Theorie erzielt [19]. Weitere Verfahren in [11]. Statt finiter Elemente werden auch Feder-Masse-Dämpfer-Systeme verwendet (frequenzabhängige Federcharakteristik). So ist eine Kombination sowohl mit der Zeitverlaufsmethode wie mit der Methode der Antwortspektren möglich.

Neben der Schwierigkeit, die zum Teil nichtlinearen Eigenschaften und insbesondere die Dämpfung des Bodens richtig zu erfassen, bereitet die Modellierung der Randbedingungen an dem ja etwas willkürlich aus der Erdoberfläche herausgeschnittenen Boden-Teilstück Probleme. Die Randelemente müssen in der richtigen Weise für die vom Standort wieder abgestrahlte Energie „durchlässig" sein. Die Abbildung der realen Verhält-

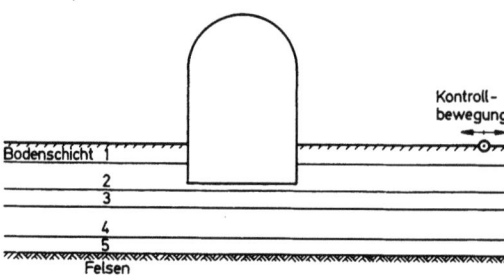

Bild 9.7. Kopplung von Gebäude und Baugrund

9.3 Erdbeben

nisse auf das Modell erfordert also beträchtliche Kenntnisse und ist für den Erfolg der Rechnung entscheidend.

Neben der rechnerischen Erfassung aber ist die konstruktive Ausführung ein wesentlicher Faktor für die Gewährleistung der Erdbebensicherheit. Dazu sind Komponenten und Systeme so zu gestalten, daß nach Überschreiten der Elastizitätsgrenze eine in allen Bereichen möglichst große und gleichmäßig verteilte plastische Verformung möglich ist. Dadurch wird über die errechneten Grenzbelastungen hinaus ein erheblicher Sicherheitsfaktor gewährleistet.

(3) Wahrscheinlichkeit von Erdbeben

Für die Risikobestimmung ist die Auftretenswahrscheinlichkeit größerer Erdbeben, z. B. solcher, die das Sicherheitserdbeben überschreiten, von Bedeutung.

Cornell [20] geht aus von einem von Richter und anderen aufgestellten Zusammenhang zwischen Häufigkeit n pro Jahr und Magnitude M:

$$\log_{10} n = a - bM . \qquad (9.11)$$

Für größere Magnituden ist eine Extrapolation dieser Korrelation über statistisch gesicherte Werte hinaus erforderlich. Über (9.7) wird auf die Intensität umgerechnet. Für den dadurch hereinkommenden fokalen Abstand R muß ebenfalls eine Verteilungsfunktion gefunden werden. Cornell nimmt dazu eine Gleichverteilung der Ereigniswahrscheinlichkeit entlang der verursachenden Störung in der Erdrinde an. Mit der Annahme, daß die verursachenden Ereignisse einer Poissonverteilung folgen, ergibt sich schließlich ein Ausdruck für die kumulative Wahrscheinlichkeit, daß $I > i$, eine vorgegebene Grenzintensität.

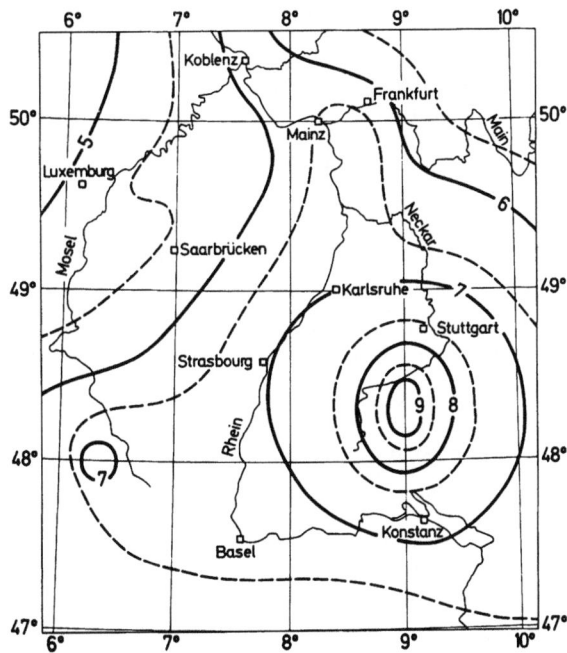

Bild 9.8. Erdbebenintensitäten mit der Eintrittsrate $2 \cdot 10^{-3}$/a für das Oberrheingebiet [21]

Ahorner und Rosenhauer [21] haben mit der hier skizzierten Methodik den Zusammenhang zwischen Intensität und Wahrscheinlichkeit für deutsche Standorte berechnet. Bild 9.8 zeigt als Beispiel die konservativ gerechnete Intensitätsverteilung von Beben mit der Eintrittsrate von $2 \cdot 10^{-3}$/a für das Oberrheingebiet. (In dieser Größenordnung sollte die Wahrscheinlichkeit des Auslegungserdbebens liegen.)

Eine seismische Risikoanalyse besteht aus den folgenden Einzelschritten:
- Bestimmung der Häufigkeitsverteilung bestimmter Erschütterungsstärken,
- Wahrscheinlichkeitsverteilung dadurch ausgelösten Komponentenversagens (z. B. bei Annahme einer Riß- und Bruchzähigkeitsverteilung nach Methoden der Bruchmechanik),
- Wahrscheinlichkeitsverteilung, daß das Komponentenversagen zum Systemversagen (z. B. Kernschmelze) führt.

Die weiteren Schritte entsprechen dann denen der bekannten Risikoanalysen. Wegen der vorhandenen Sicherheitsfaktoren ist das Ereignis Systemversagen nicht gleichbedeutend mit einer Überschreitung der Werte des Sicherheitserdbebens. Untersuchungen hierüber finden sich bei Newmark u. a. [22]. In WASH-1400 wird daraus gefolgert, daß Erdbeben keinen nennenswerten Risikobeitrag liefern. Diese Aussage wird von Hsieh und Okrent kritisiert [23], so daß hier die Diskussion noch anhält.

Literatur zu Kapitel 9

1. NRC Report to the Congress on Abnormal Occurences. NUREG 75/090 (1975)
2. Regulatory Guide 1.76, Nuclear Regulator Commission
3. Bundesminister des Inneren, Richtlinie für den Schutz von Kernkraftwerken gegen Druckwellen aus chemischen Reaktionen. Bundesanzeiger 179, S. 1/3, 22. 9. 1976
4. Riera, J. D.: On the Stress Analysis of Structures Subjected to Aircraft Impact Forces. Nucl. Eng. Des. 8 (1968) 415
5. Drittler, K.; Gruner, P.; Sütterlin, L.: Zur Auslegung kerntechnischer Anlagen gegen Einwirkungen von außen. Teilaspekt: Flugzeugabsturz (Zwischenbericht) IRS-W-7, Dez. 1973
6. Leitlinien der Reaktorsicherheitskommission für die sicherheitstechnische Auslegung von Druckwasserreaktoren. Ges. f. Reaktorsicherheit, Köln, 1977
7. US Army, Fundamentals of Protective Design (non nuclear), TM 5-855-1, 1965
8. Schardin, H., u. a.: Ziviler Luftschutz, 12 (1954) 283
9. Chelapati, C. V.; Kennedy, R. P.; Wall, I. B.: Nucl. Eng. Des. 19 (1972) 333
10. Werner, S. D.: Engineering Characteristics of Earthquake Ground Motions. Nucl. Eng. Des. 36 (1976) 367-395
11. Werner, S. D.: Procedures for Developing Vibratory Ground Motion Criteria at Nuclear Plant Sites. Nucl. Eng. Des. 36 (1976) 411-441
12. Kanai, K.: An Empirical Formula for the Spectrum of Strong Earthquake Motions. Bull. Eq. Res. Inst. 39 (1961) 85-95
13. Seed, H. B.; Ugas, C.; Lysmer, J.: Site Dependent Spectra for Earthquak-Resistant Design. EERC-74-12, Univ. Calif. Berkeley, Nov. 1974
14. Newmark, N. M., et al.: Seismic Design Spectra for Nuclear Power Plants. J. Power Div. Am. Soc. Civ. Eng. 99 (P 02) (Nov. 1973)
15. Regulatory Guide 1.60, Nuclear Regulatory Commission
16. Müller, F. P.: Erdbebensicherung von Bauwerken. Seminar des Instituts für Beton und Stahlbeton, Universität Karlsruhe, Okt. 1974
17. Seed, H. B.; Lysmer, J.: Solid Structure Interaction Analysis by Finite Element Methods – State of the Art, 4th Int. Conf. on Structural Mechanics in Reactor Technology, Paper K 2/1, San Francisco, Aug. 1977
18. Romo-Organista, M. P.; Lysmer, J.; Seed, H. B.: Finite Element Random Vibration Method for Soil-Structure Interaction Analysis. 4th Int. Conf. on Structural Mechanics in Reactor Technology, Paper K 2/3, San Francisco, Aug. 1977

Literatur 241

19. Valera, J. E., et al.: Soil Structure Effects at the Humboldt Bay Power Plant in the Ferndate Earthquake of June 7, 1975, Report No. VCB/EERC-77/02, Jan. 1977
20. Cornell, C. A.: Engineering Seismic Risk Analysis. Bull. Seismol. Soc. Am. 58 (1968) 1583–1606
21. Ahorner, L.; Rosenhauer, W.: Seismic Risk Evaluation for the Upper Rhine Graben and its Vicinity. Erscheint in Journ. of Geophysics
22. Ang, A. H.-S.; Newmark, N. M.: A Probabilistic Seismic Safety Assessment of the Diablo Canyon Nuclear Power Plant. Report to the U.S. Nuclear Regulatory Commission, Newmark Consulting Services, Urbana, Ill., Nov. 1977
23. Hsieh, T.-M., Okrent, D.: Some Probabilistic Aspects of the Seismic Risk of Nuclear Reactors. UCLA-Eng-76113, Dec. 1976

10 Zerstörung des Reaktorkerns

Das Auftreten von Störungen (Transienten, Lecks) in Verbindung mit dem Versagen oder der Nicht-Verfügbarkeit der für die Beherrschung dieser Störungen vorgesehenen Sicherheitseinrichtungen muß schließlich zu einer Zerstörung des Reaktorkerns führen. Nicht in jedem Fall ist genau bekannt, wieviel Systemausfälle genau zu dieser Situation führen: Es gibt z. B. bisher noch kaum Untersuchungen darüber, wieviel und welche zusätzlichen Sicherheitseinrichtungen noch ausfallen können, bevor nach einer Transienten ohne Schnellabschaltung beim Leichtwasserreaktor endgültig eine nicht mehr kühlbare Geometrie erreicht wird. Man kann erwarten, daß etwa ein zusätzlicher Ausfall von Teilen des Notspeisewassersystems oder einzelner Entlastungsventile bis zu einer bestimmten Grenze immer noch nicht zur Kernschmelze führt. Ebenso ist nach einem Kühlmittelverluststörfall nicht genau klar, ab wann nach Überschreiten der Notkühlkriterien der Kern nicht mehr kühlbar wird. In den Sicherheitsstudien, in denen erstmals umfassend die Wahrscheinlichkeit des Kernschmelzens untersucht wurde, werden deshalb konservative Annahmen für das Eintreten dieses Unfalls vorausgesetzt.

Die Zerstörung des Reaktorkerns beim *Leichtwasserreaktor* ist ein Unfall, für dessen Beherrschung keine besonderen Sicherheitseinrichtungen mehr vorgesehen sind. Sie hat schließlich eine größere Aktivitätsfreisetzung in die Umgebung zur Folge und die Wirksamkeit des Sicherheitsbehälters und ggf. seiner Kühleinrichtungen besteht im wesentlichen darin, diese Freisetzung mehr oder weniger zu verzögern und so durch Abklingen der Aktivität und durch inzwischen mögliche Notfallschutzmaßnahmen zu einer Verringerung der Auswirkungen zu führen. Die Rasmussenstudie hat gezeigt, daß dies in einem überraschend großen Umfang der Fall ist.

Beim *schnellen Reaktor* sind Einrichtungen zur Beherrschung der Kernzerstörung vorgesehen. Da hier kein einfaches Niederschmelzen stattfindet, sondern mechanische Energie freigesetzt werden kann, sind Sicherheitsbehälter und Primärkreis zur Aufnahme dieser Energie ausgelegt, das geschmolzene Core wird u. U. im gekühlten „Corecatcher" aufgefangen.

10.1 Kernschmelzunfall beim Leichtwasserreaktor

10.1.1 Störfallablaufdiagramme für die Einleitung des Kernschmelzens

Die Bilder 10.1 bis 10.6 zeigen nach [1] die Ablaufdiagramme, die bei verschiedenen Lecks und bei Transienten als Ausgangsereignisse für Druck- und Siedewasserreaktoren zum Kernschmelzen führen. Die Diagramme sprechen im wesentlichen für sich selbst. Funktion der Sicherheitssysteme bedeutet dabei Funktion im spezifizierten Mindestumfang. Für die Wahrscheinlichkeitsermittlung werden die Ausfallwahrscheinlichkeit

10.1 Kernschmelzunfall beim Leichtwasserreaktor

oder die Nichtverfügbarkeit der einzelnen Teilsysteme aus Fehlerbäumen ermittelt und in das Ablaufdiagramm eingetragen. Der in [1] betrachtete Druckwasserreaktor besitzt keine Wärmetauscher im Notkühlsystem, deshalb hat das Wärmeabfuhrsystem des Containments hier eine wesentliche Bedeutung, die so für die hier beschriebenen KWU- und W-Anlagen nicht gegeben ist.

Folgende Bemerkungen seien ergänzend angebracht:

Bild 10.1: *DWR, großes Leck* (> 15 cm Durchmesser). Das Schnellabschaltsystem wird nicht benötigt, der Blasenkoeffizient reicht zur Abschaltung aus. Die einzigen Systeme, deren Ausfall für das Auftreten einer Kernschmelze bedeutungslos ist, sind das Containment-Sprühsystem (Injektion; das damit verbundene Wärmeabfuhrsystem CHRS wird dagegen gebraucht) und das NaOH-Dotiersystem.

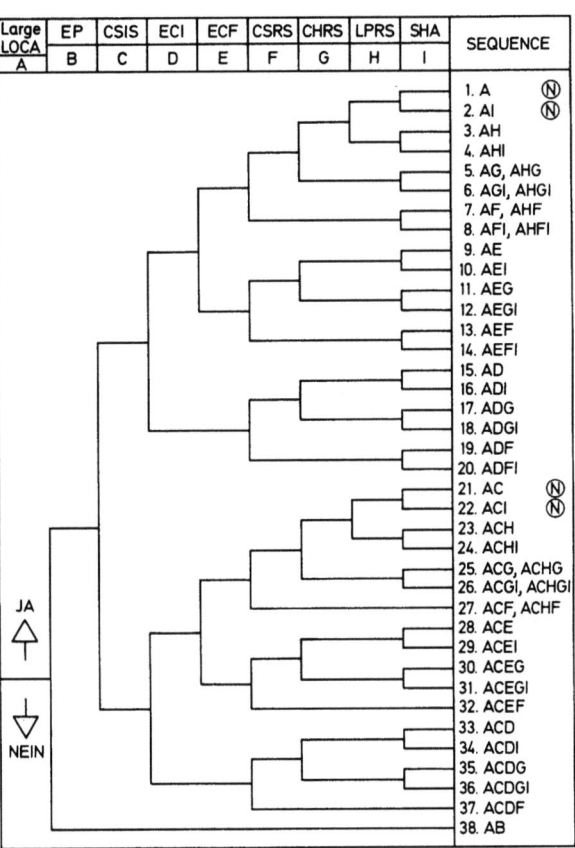

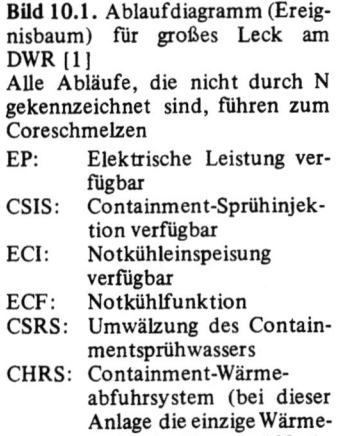

Bild 10.1. Ablaufdiagramm (Ereignisbaum) für großes Leck am DWR [1]
Alle Abläufe, die nicht durch N gekennzeichnet sind, führen zum Coreschmelzen

EP: Elektrische Leistung verfügbar
CSIS: Containment-Sprühinjektion verfügbar
ECI: Notkühleinspeisung verfügbar
ECF: Notkühlfunktion
CSRS: Umwälzung des Containmentsprühwassers
CHRS: Containment-Wärmeabfuhrsystem (bei dieser Anlage die einzige Wärmesenke des Not- und Nachkühlsystems)
LPRC: Niederdruck-Notkühlumwälzung
SHA: Zugabe von NaOH (zur Spaltproduktauswaschung)

Bild 10.2: *DWR, mittleres Leck* (5 bis 15 cm Durchmesser). Hier muß die Schnellabschaltung zusätzlich funktionieren. Bezüglich der Relevanz der übrigen Sicherheitssysteme gilt das zum großen Leck Gesagte.

Bild 10.3: *DWR, kleines Leck* (1 bis 5 cm Durchmesser). Diese Lecks entziehen, besonders wenn sie im kalten Strang auftreten, dem Reaktor nur wenig Energie. Deshalb ist als zusätzliche Wärmesenke das Notspeisewassersystem mit der sekundären Druckentlastung erforderlich. Die besondere Bauweise der Notkühlsysteme der betrach-

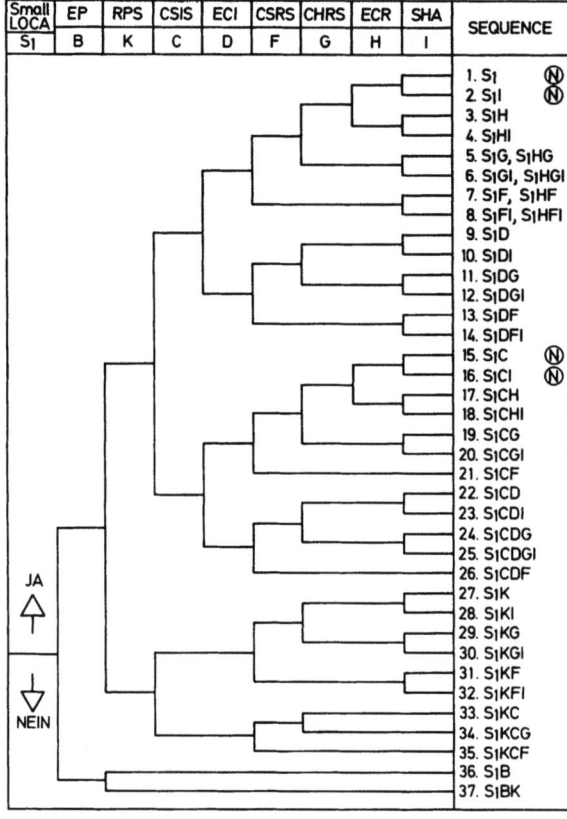

Bild 10.2. Ablaufdiagramm für mittleres Leck am DWR [1].
Alle Abläufe, die nicht durch N gekennzeichnet sind, führen zum Coreschmelzen.
Bezeichnungen wie in Bild 10.1
RPS: Reaktorschutzsystem (Schnellabschaltung)

teten Anlage (Wärmeabfuhr nur über die Containmentkühlung) bringt es außerdem mit sich, daß bei Ausfall des Containmentsprühsystems nicht genügend Wasser im Sumpf sein kann, um Kavitation der Niederdruckpumpen auszuschließen.

Bild 10.4: *DWR-Transienten*. Hier kommt klar heraus, daß die Entlastungsventile am Druckhalter die Funktion des Schnellabschaltsystems ersetzen können und daß das Hauptkühlsystem bzw. das Notspeisewassersystem mit der sekundären Druckentlastung die wesentliche Wärmesenke darstellen, während das normale (Niederdruck-)Nachkühlsystem nicht unbedingt erforderlich ist. Bei Versagen des Primärkreises durch Überdruck wird angenommen, daß die Druckentlastungswelle den Kern in eine unkühlbare Geometrie bringt.

Bild 10.5: *SWR, großes Leck*. Es gelten im Prinzip die gleichen Grundsätze wie beim entsprechenden Fall des Druckwasserreaktors. Der nukleare Zwischenkühlkreis (service water system), der sekundärseitig die Nachwärme übernimmt, ist hier explizit im Ablaufdiagramm, statt wie beim DWR in den zugehörigen Fehlerbäumen berücksichtigt.

Beim mittleren und kleinen Leck ist die Situation nicht prinzipiell anders, deshalb wird auf die Wiedergabe der Ablaufdiagramme verzichtet.

Bild 10.6: *SWR-Transienten*. Statt RPS (Schnellabschaltsystem) steht hier RS (Reaktor unterkritisch). Dies muß langfristig gegeben sein, deshalb ist ggf. auch das

10.1 Kernschmelzunfall beim Leichtwasserreaktor

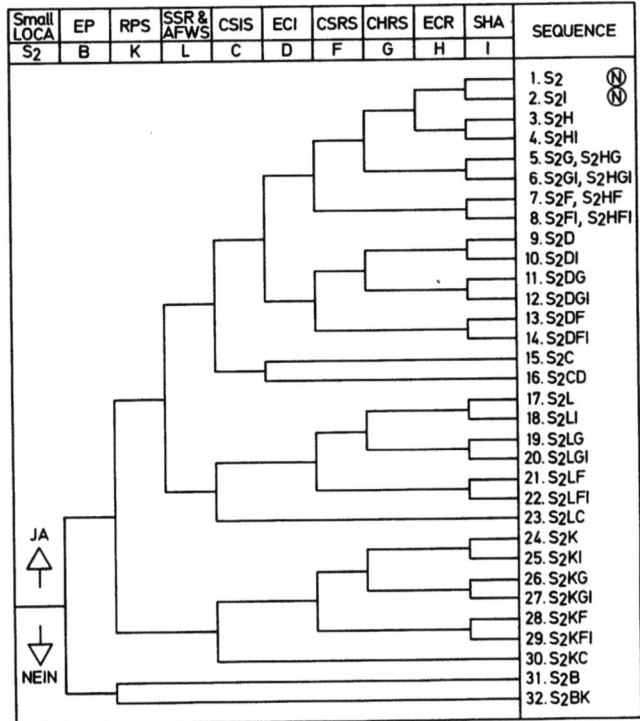

Bild 10.3. Ablaufdiagramm für kleines Leck am DWR [1].
Alle Abläufe, die nicht durch N gekennzeichnet sind, führen zum Coreschmelzen.
Bezeichnungen wie in Bild 10.1 und 10.2.
SSR und AFWS: Sekundäre Dampfabgabe und Notspeisewassersystem

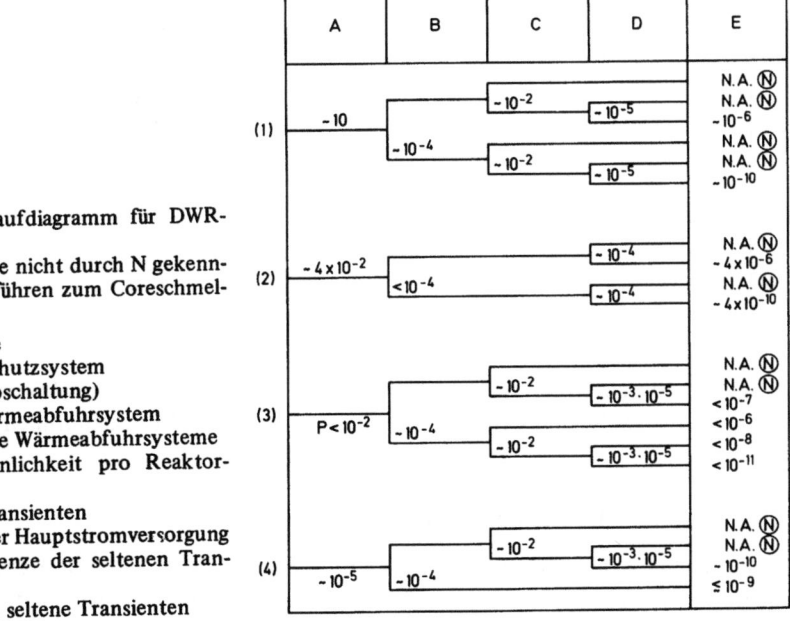

Bild 10.4. Ablaufdiagramm für DWR-Transienten.
Alle Abläufe, die nicht durch N gekennzeichnet sind, führen zum Coreschmelzen

- A: Transiente
- B: Reaktorschutzsystem (Schnellabschaltung)
- C: Haupt-Wärmeabfuhrsystem
- D: Alternative Wärmeabfuhrsysteme
- E: Wahrscheinlichkeit pro Reaktorjahr
- (1): Betriebstransienten
- (2): Verlust der Hauptstromversorgung
- (3): Obere Grenze der seltenen Transienten
- (4): Allgemein seltene Transienten

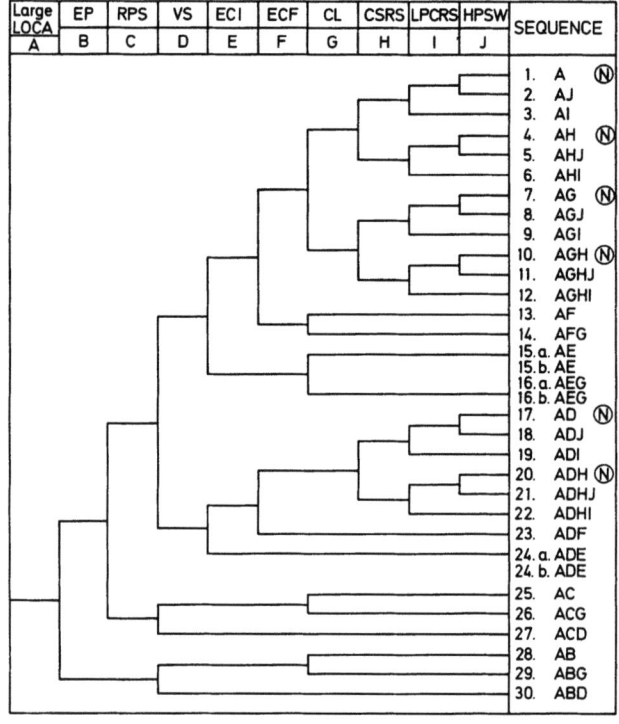

Bild 10.5. Ablaufdiagramm für großes Leck am SWR [1]. Alle Abläufe, die nicht durch N gekennzeichnet sind, führen zum Coreschmelzen.
Bezeichnungen wie in den vorhergehenden Abbildungen

VS: Druckunterdrückung verfügbar
CL: Containmentleckage (< 100 %/Tag)
CSRS: Umwälzung des Coresprühsystems verfügbar
LPCRS: Niederdruck-Not- und Nachkühlumwälzung verfügbar
HPSW: Hochdruck-Nebenkühlsystem verfügbar

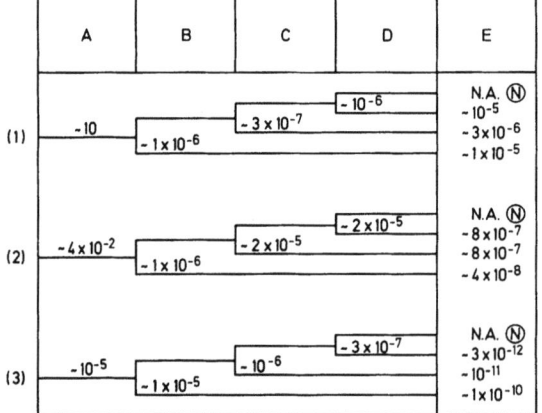

Bild 10.6. Ablaufdiagramm für SWR-Transienten [1]
A: Transienten
B: Reaktor unterkritisch
C: Wasser im Reaktordruckbehälter verfügbar (durch Speisewassersystem, Hochdrucknotkühleinspeisesystem, Coreisolationskühlsystem und Niederdrucknotkühlsystem)
D: Wärmeabfuhrsysteme
E: Wahrscheinlichkeit pro Reaktorjahr
(1): Betriebstransienten
(2): Ausfall der Hauptstromversorgung
(3): Seltene Transienten

langsame Einfahren der Steuerstäbe oder, wenn vorhanden, die Einspritzung von Bor ausreichend. (Schnellabschaltung durch Abschalten der Umwälzpumpen gemäß Kapitel 7.5).

10.1.2 Ablauf des Kernschmelzens

Nach Maßgabe der Ablaufdiagramme gibt es eine ganze Anzahl unterschiedlicher Ereignisfolgen, die zu unterschiedlichen Zeiten nach Eintritt des Primärereignisses und mit unterschiedlichen Randbedingungen zum Kernschmelzen führen. Sie lassen sich alle im Prinzip in die folgenden Phasen einteilen:

(1) Leersieden und Schmelzen des Cores
Nach den Ablaufdiagrammen kann man drei Typen unterscheiden:
— Nach einem Leck oder sonst aus dem drucklosen Zustand fällt die Nachwärmeabfuhr aus und das Core siedet leer.
— Das nach einem Kühlmittelverlust entleerte Core wird nicht wieder aufgefüllt.
— Das nach einer Transiente ohne Schnellabschaltung mit Überdruckversagen (Ausfall der Entlastungsventile) deformierte Core kann trotz Vorhandensein von Wasser nicht gekühlt werden und schmilzt in sich zusammen.

Die gebräuchlichen Rechenprogramme modellieren den ersten Typ; der zweite kann als Grenzfall mit Leersiedezeit Null verstanden werden, der zeitliche Ablauf des dritten läßt sich abschätzen.

Die Modellierung dieser ersten Phase ist methodisch mit derjenigen des Flutvorganges nach dem Kühlmittelverluststörfall verwandt. Als Beispiele seien die Programme BOIL [2] und MELSIM [3] genannt. Es sind darin zu berücksichtigen:
— Die Nachwärme als Funktion der Zeit,
— die Reduktion der Wärmequelldichte durch Verflüchtigung von Spaltprodukten,
— die durch die Zirkon-Dampf-Reaktion produzierte Wärme,
— der Wärmeübergang an die Wasser-Dampf-Reststömung,
— die Wärmestrahlungsverluste,
— die Wärmebilanz von Brennstoff und Kühlmittel.

Gegenüber den Flutprogrammen ist vor allem der zweite Punkt neu hinzugekommen. BOIL benutzt dazu die folgenden, aus [4] abgeleiteten Beziehungen:

Zwischen 815 und 1095 °C hängt der Bruchteil der freigesetzten Spaltprodukte RP nur von der Leistungsvorgeschichte des betrachteten Abschnitts ab und es gilt

$$RP = 0{,}13\,(F - 1{,}35)$$

mit F als dem lokalen Leistungsüberhöhungsfaktor. Für $F < 1{,}35$ wird $RP = 0$.
Für Temperaturen > 1095 °C hängt RP von der Abschnittstemperatur T ab und es gilt

$$RP = 0{,}471\,(1 - F/3{,}65)\,(T/3000 - 0{,}67)$$

(T hier in °F). Der so sich ergebende Verlust an Nachwärme wird jedoch auf maximal 30 % begrenzt.

In [5] wird über ein experimentelles Programm berichtet, in dem zunächst an Corium (inaktive Simulation einer Coreschmelze mit Spaltprodukten) und danach auch an aktivem Material Freisetzungsuntersuchungen gemacht werden. Sie hängen nicht nur von der Temperatur, sondern auch von der Umgebungsatmosphäre, dem Druck und einem möglichen Gasdurchsatz ab.

Ebenso werden in [6] Niederschmelzversuche mit elektrisch beheizten UO_2-Zr-Stäben berichtet, die den Versagensmodus in Abhängigkeit von Temperatur, Leistungsverteilung und umgebender Atmosphäre klären sollen.

In Bild 10.7 ist nach BOIL-Rechnungen die Zeit aufgetragen, die nach dem Aussetzen der Wärmeabfuhr des gefluteten Kerns und Einsetzen des Leerdampfens vergeht,

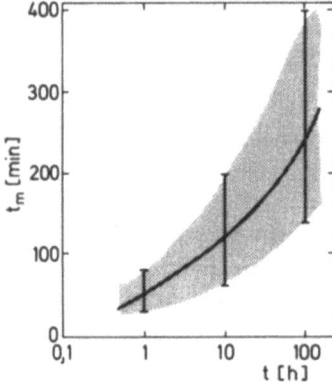

Bild 10.7. Zeit bis zum Schmelzen von 80% eines DWR-Kerns [2]
t: Zeit nach Abschaltung, bei der Leersieden des Cores beginnt, [Stunden]
t_m: Kernschmelzzeit, [min]

bis 80% des Brennstoffs geschmolzen sind. Dabei wurde angenommen, daß zwischen 50 und 100% des Zirkons (Mittelwert 75%) mit dem Wasserdampf reagiert haben. Nach neueren Ergebnissen kann der Sauerstoff auch aus dem UO_2 stammen [7].

(2) Durchschmelzen des Cores

Die inzwischen geschmolzenen Anteile des Cores gelangen schließlich durch die Coretrageplatte in den unteren Teil des Reaktordruckbehälters. Dabei ist anzunehmen, daß das zunächst im mittleren axialen Bereich aufgeschmolzene Material in den unteren kalten Strukturen wieder erstarrt und daß sich darüber ein Pool aus der Schmelze bildet. (Über solche Stopfenbildung s. z.B. [8, 9].) Da über den tatsächlichen Ablauf der Prozesse keine volle Klarheit besteht, wird in [2] parametrisiert und BOIL enthält zwei Optionen mit einem Schmelzpool, die sich in den Wärmeübertragungsmodes unterscheiden und eine Option, bei der das Material jedes geschmolzenen Kontrollvolumens sofort nach unten fällt. Es zeigt sich, daß der weitere Unfallablauf deutlich von diesen unterschiedlichen Annahmen abhängt.

Im geschmolzenen Pool bilden sich Naturkonvektionszellen aus. Die daraus folgende Wärmeabfuhr nach oben, unten und an die Seiten ist, auch unter Berücksichtigung des Einschmelzens in andere Strukturen, ziemlich eingehend untersucht worden [10–15].

(3) Übergang des Cores in das untere Plenum des Reaktordruckbehälters, Dampfexplosion

Bei bestimmten Unfallpfaden (z.B. Coreschmelze aus dem zunächst gefluteten Zustand) befindet sich Wasser im unteren Plenum des Reaktordruckbehälters. Es kann heute noch nicht ausgeschlossen werden, daß es zu einer Dampfexplosion kommt, wenn der heiße geschmolzene Brennstoff mit diesem Wasser in Berührung kommt. Das energetische Potential dieser Dampfexplosion ist um so größer, je mehr Brennstoff in je kürzerer Zeit mit dem Wasser zusammenkommt. In diesem Sinne ist die Bildung eines Pools in der vorangehenden Phase, der dann plötzlich durchschmilzt, der ungünstigere Fall.

Bei der Dampfexplosion oder auch physikalischen Explosion kommt es nach der Mischung einer heißen Flüssigkeit mit einer niedrigsiedenden kalten Flüssigkeit zu einer plötzlichen Fragmentation der heißen Flüssigkeit. Durch die dadurch gebildete sehr

10.1 Kernschmelzunfall beim Leichtwasserreaktor

große Wärmeübertragungsfläche führt zu einer heftigen und ggf. explosiven Verdampfung der kalten Flüssigkeit.

Zusammenfassende Darstellungen über den heutigen Wissensstand auf diesem Gebiet werden in [16, 17] gegeben. Die Phänomene wurden dabei wesentlich eingehender für die Kombination UO_2-Na als für die Kombination UO_2-H_2O erforscht. Danach läßt sich folgendes feststellen:

(a) Um zu einer größeren Stoffmassen einbeziehenden Reaktion zu kommen, muß zunächst eine *„grobe" Durchmischung* der beiden Flüssigkeiten erfolgen. Dies kann vor allem dann geschehen, wenn beide durch einen Dampffilm voneinander getrennt sind, die Grenzflächentemperatur also über dem Leidenfrostpunkt der niedrigsiedenden Komponente liegt.

(b) Es herrscht heute weitgehende Übereinstimmung darüber, daß der eigentliche Fragmentationsvorgang hydrodynamische Ursachen hat. Fauske [18] versucht den Nachweis zu führen, daß die weitgehende Fragmentation nur dann möglich ist, wenn die Kontakttemperatur T_K zwischen heißer und kalter Flüssigkeit (z. B. nach dem Zusammenbrechen des Dampffilms) über der Temperatur der spontanen Siedekeimbildung der kalten Flüssigkeit liegt. Diese ergibt sich aus der Keimbildungsrate J nach den Regeln der statistischen Thermodynamik zu

$$J = A(T) \exp[-W \cdot f(\theta)/kT]$$

mit

A(T) Faktor, der die Details des Keimbildungsprozesses beschreibt
W   reversible Keimbildungsarbeit
$f(\theta)$ Funktion zur Berücksichtigung des Kontaktwinkels θ.

Die Kontakttemperatur zwischen den Flüssigkeiten mit den Temperaturen T_1 und T_2 ergibt sich dabei zu [17]

$$T_K = \frac{\alpha_1 T_1 + \alpha_2 T_1}{\alpha_1 + \alpha_2} \qquad \alpha = \sqrt{k \rho c}$$

k Wärmeleitfähigkeit
ρ Dichte
c spezifische Wärme.

Die bisherigen Experimente mit einer ganzen Anzahl von Flüssigkeitskombinationen stützen diese Theorie. Board und Hall [19] sagen allgemeiner, daß die Fragmentation durch eine durch die „grobe" Mischung laufende Schockwelle erfolgt, die sich dabei energetisch aus bereits ablaufenden explosiven Verdampfungsvorgängen speist (autokatalytischer Ablauf). Als erster Auslöser (Trigger) können heftige Verdampfungsvorgänge („violent boiling" in der Übergangsphase zwischen Blasen- und Filmverdampfung) oder der Zusammenbruch des Dampffilms wirken. Das „violent boiling" kann dabei als allgemeinerer Fall der bei Fauske herangezogenen heftigen Verdampfung oberhalb der spontanen Keimbildungstemperatur betrachtet werden.

(c) Eine Schlüsselrolle in der *Bewertung* spielt dabei die *Wärmeleitfähigkeit der heißen Flüssigkeit*. Ist sie gering, so ist schon der für Erzeugung und der groben Durchmischung erforderliche isolierende Dampffilm nicht aufrechtzuerhalten.

Bei geringer Wärmeleitfähigkeit der heißen Flüssigkeit liegt weiterhin die Kontakttemperatur unter der spontanen Keimbildungstemperatur und neuere Versuche [20] zeigen auch ganz klar, daß auch das violent boiling in der Übergangsphase an schlecht wärmeleitenden Oberflächen (Metalloxide) weitaus milder und inkohärenter als bei guten Leitern erfolgt, so daß die Auslösung der Fragmentation nicht mehr möglich wird.

In diesem Sinne hat UO_2 wegen seiner geringen Wärmeleitfähigkeit auch ein geringes Potential für eine Dampfexplosion mit Wasser.

In jedem Falle zeigen die bisherigen Experimente, daß die Energieausbeute von Dampfexplosionen jeweils weit unter den theoretisch möglichen Werten lag.

In [2] wird aus dem zum damaligen Zeitpunkt vorliegenden Kenntnisstand eine Wahrscheinlichkeit einer Zerstörung des Reaktordruckbehälters durch eine sehr energetische Dampfexplosion von $1/100$ bezogen auf alle Coreschmelzunfälle abgeschätzt.

Die Auswirkungen werden nach einem einfachen Modell berechnet, bei dem die Größe der fragmentierten Teilchen parametrisch vorgegeben wird. Sie führen zu einem Versagen des Reaktordruckbehälters mit einem nachfolgenden Versagen des Sicherheitsbehälters durch Sprengstücke. Dieser Unfallpfad ist deshalb so ernsthaft, weil er zur frühen Aktivitätsfreisetzung in die Umgebung führt.

(4) Durchschmelzen des unteren Plenums

Für den im unteren Plenum befindlichen Schmelzpool gelten die schon oben zitierten Wärmeübergangsbeziehungen. Neben den Modellen des BOIL-Codes seien hier noch die Programme THEKAR [21] und BILANZ [22] erwähnt. Durch die Zulegierung des schmelzenden Stahls werden Schmelzpunkt und andere Materialeigenschaften verändert. Die Durchschmelzzeit liegt nach [2] zwischen 50 und 160 min, nach [22] zwischen 20 und 40 min (mit Versagen im oberen Teil der Bodenkalotte) und ggf. sogar noch kürzer. Wegen ihrer kurzen Dauer hat die Durchschmelzzeit durch den Reaktordruckbehälter keinen großen Einfluß auf den Unfallablauf.

(5) Coreschmelze im Containment

Nach dem Durchschmelzen des Reaktordruckbehälters gelangt die Kernschmelze auf den aus Beton bestehenden Boden des Containments. Hier spielen sich die folgenden Prozesse ab, die aus zahlreichen Experimenten bekannt sind:

(a) Der Beton gibt Wasser ab (Bild 10.8 zeigt die zugehörigen Temperaturbereiche für das Beispiel eines silikatischen Betons), schmilzt je nach dem Anteil an Oxiden aus dem Kern bei unterschiedlich hoher Temperatur (Bild 10.9) und mischt sich vollständig damit [23, 26]. Der Wasserdampf kann zum Druckaufbau im Containment beitragen.

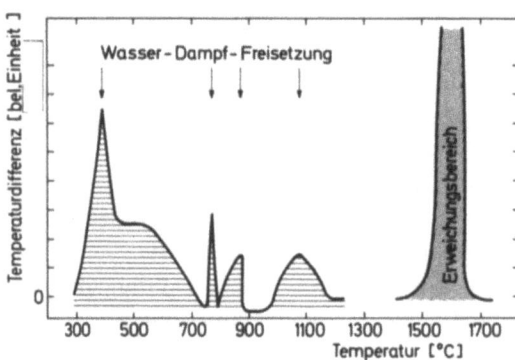

Bild 10.8. Temperaturbereiche der Wasserabgabe und des Schmelzens von Beton mit silikatischen Zuschlagstoffen [23]

10.1 Kernschmelzunfall beim Leichtwasserreaktor

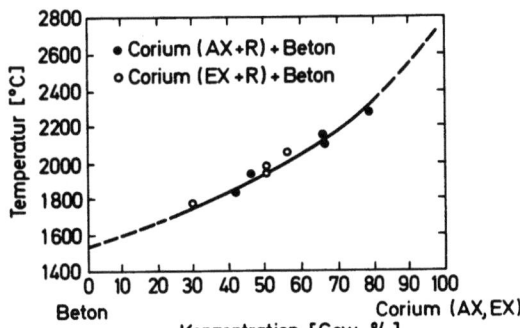

Bild 10.9. Erweichungstemperatur von Wechselwirkungsprodukten aus Corium und Beton [23]

(b) In den USA sind vielfach karbonatische Zuschlagstoffe zum Beton gebräuchlich, während in der Bundesrepublik Deutschland silikatische Beimengungen verwendet. werden. Der karbonatische Beton wird schon bei geringeren Temperaturen zerstört und gibt dabei CO_2 ab, das ebenfalls zur Druckbelastung des Containments führt.

(c) Der in der Schmelze enthaltene Stahl – er stammt aus dem Reaktordruckbehälter oder aus der Bewehrung des Betons – reagiert unter H_2-Bildung mit dem Wasser aus dem Beton. Entsprechende Experimente mit großen, induktiv beheizten Stahlmengen im Kontakt mit Beton werden z. Z. bei Sandia, USA, durchgeführt und sind auch aus [27] bekannt.

(d) Der Wärmeübergang zwischen Schmelze und noch festem Beton wird stark durch die Turbulenz der aufsteigenden Wasserdampfblasen bestimmt. Rechenprogramme wie BETON [14] und andere rechnerische Modelle [24, 25] lassen die Prozesse darstellen.

(e) Untersuchungen zur Form des eindringenden Pools (schmal und tief oder breit und flach) sind bisher nur mit Simulationsmaterialien gemacht worden. Je nach den hierzu gemachten Annahmen ergaben sich in [2] zwischen 7 und 36 Stunden zum Durchdringen eines 3 m dicken Betonfundamentes für eine Kernschmelze, die 3 Stunden nach Unfallbeginn auf die Bodenplatte gefallen ist.

(6) Containmentversagen

Bild 10.10 zeigt nach [2] das Ablaufdiagramm für Versagen des Sicherheitsbehälters eines Druckwasserreaktors nach einem Kernschmelzunfall. Es folgen aufeinander die Verzweigungspunkte:

α   Dampfexplosion im Reaktordruckbehälter
β   Leckage am Containment (z. B. durch nicht geschlossene Durchdringungen)
γ   Verbrennen von Wasserstoff
δ   Überdruckversagen
ε   Durchschmelzen.

Es sind dabei nach [2] einige Orientierungswerte für die Wahrscheinlichkeiten angegeben, obwohl diese im einzelnen natürlich von dem speziellen Pfad, über den die Coreschmelze eingeleitet wird, abhängen.

Die *Dampfexplosion* wurde bereits behandelt.

Die Wahrscheinlichkeit der *Containmentleckage* wird nicht durch den Ablauf der Coreschmelze, sondern wie für einen unabhängigen Fehler aus der Nichtverfügbarkeit der Abschlußorgane bestimmt.

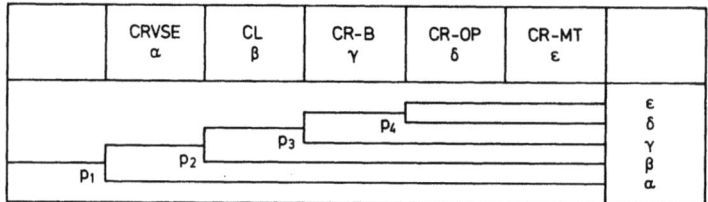

$p_\alpha = p_1$
$p_\beta = (1-p_1)p_2$
$p_\gamma = (1-p_1)(1-p_2)p_3$
$p_\delta = (1-p_1)(1-p_2)(1-p_3)p_4$
$p_\epsilon = (1-p_1)(1-p_2)(1-p_3)(1-p_4)$

Bild 10.10. Ablaufdiagramm mit Wahrscheinlichkeitswerten für Containmentversagen eines Druckwasserreaktors [2]

CRVSE: Containmentversagen durch Dampfexplosion
im Reaktordruckbehälter $p_\alpha \approx 10^{-2}$
CL: Containmentleck $p_\beta \approx 2 \cdot 10^{-3}$
CR-B: Containmentversagen durch H_2-Verbrennung $p_\gamma \approx 10^{-1}$
CR-OP: Containmentversagen durch Überdruck $p_\delta \approx 4 \cdot 10^{-2}$
CR-MT: Containmentversagen durch Durchschmelzen $p_\epsilon \approx 1$

In [2] wird festgestellt, daß für das 3-Komponenten-Gemisch Wasserstoff–Luft–Wasserdampf der Konzentrationsbereich, in dem eine Detonation möglich ist, nicht erreicht wird, daß dagegen ein *Abbrennen des H_2* möglich ist, wenn — u. a. abhängig von der Lage des Lecks im Reaktorsystem und der Funktion des Containmentsprühsystems — die Zündtemperatur überschritten wird. Dadurch kann der Zeitpunkt des Überdruckversagens des Containments um 1 bis 2 Stunden nach vorne verschoben werden. (In [2] wird nur der Wasserstoff aus der Zr-H_2O-Reaktion berücksichtigt.)

In der Mehrzahl der Fälle wird das Containment langfristig durch Durchschmelzen verletzt.

Ob und wann es zum *Überdruckversagen* kommt, hängt neben H_2-Verbrennung und CO_2-Bildung von der Wasserdampfbildung ab. Versagensarten der Kühlung, bei denen der ganze Wasservorrat des Notkühlsystems zunächst im noch intakten Core verdampft wird bevor dieses schmilzt (z. B. Versagen der Nachwärmeabfuhr, nicht aber der Einspeisung), sind hier u. U. ungünstiger als solche, bei denen ein Teil des Wasservorrats nicht eingesetzt wird.

Der Versagensdruck liegt dabei natürlich über dem Auslegungsdruck und auch über dem 1,3fachen dieses Wertes, bei dem die Druckprobe ausgeführt wird.

Beim *Siedewasserreaktor* ergibt sich grundsätzlich eine ähnliche Situation, wobei aber das kleinere Volumen des Sicherheitsbehälters mit Druckunterdrückungssystem anfälliger gegen Überdruckversagen durch die erzeugten nichtkondensierbaren Gase bzw. die Wasserstoffverbrennung ist. Aus den gleichen Gründen ist hier neben der möglichen Dampfexplosion im Reaktordruckbehälter auch die Dampfexplosion im Containment zu betrachten, die beim Druckwasserreaktor nach [2] keine gefährlichen Auswirkungen hat. Die Dichtheit zwischen Kondensations- und Druckkammer ist für die Vermeidung eines frühen Containmentversagens von Bedeutung (Zuverlässigkeit der Druckausgleichsventile).

10.1.3 Gesamtergebnisse für den Leichtwasserreaktor

Faßt man, ohne auf die Einzelabläufe einzugehen, die Ergebnisse der Sicherheitsstudien zusammen, so ergeben sich die in Tabelle 10.1 zusammengefaßten Wahrscheinlichkeitswerte. Diese sind mit den zu Bild 10.10 angegebenen Wahrscheinlichkeiten für das Containment zu kombinieren, wobei sich die verschiedenen Schadenskategorien aus der Zeit bis zum Containmentversagen ergeben.

Die Freisetzung, Ausbreitung und Wirkung der Radioaktivität, die die Schadenskategorien bestimmen, sind jedoch nicht mehr Gegenstand dieses Buches, das sich auf die anlagentechnischen Sicherheitsaspekte und ihre Begründung begrenzt.

Tabelle 10.1. Wahrscheinlichkeit von Coreschmelzunfällen bei Leichtwasserreaktoren (bezogen auf 1 Jahr)

Auslösendes Ereignis	WASH-1400 PWR	WASH-1400 BWR
Großes Leck	$3 \cdot 10^{-6}$	$3 \cdot 10^{-7}$
Mittleres Leck	$7 \cdot 10^{-6}$	$3 \cdot 10^{-7}$
Kleines Leck	$2 \cdot 10^{-5}$	$4 \cdot 10^{-7}$
Transienten	$1 \cdot 10^{-5}$	$3 \cdot 10^{-5}$

10.2 Kernzerlegung beim natriumgekühlten schnellen Reaktor

Beim natriumgekühlten schnellen Reaktor sind im Gegensatz zu den Leichtwasserreaktoren zwei Schnellabschaltsysteme vorhanden, um ein Ungleichgewicht zwischen Leistungserzeugung und Kühlung zu verhindern. Wegen der diversitären Ausführung der Abschaltsysteme wird hier vollständiger Ausfall extrem unwahrscheinlich. Unterstellt man ihn dennoch der Analyse, kann es zu einem Verdampfen des Kühlmittels und/oder zu einem Niederschmelzen der Brennelemente kommen. Beides bewirkt eine Reaktivitätszufuhr mit der Möglichkeit, eine überpromptkritische Leistungsexkursion einzuleiten, in der das Core unter Freisetzung mechanischer Energie zerlegt wird. Obwohl die negative Dopplerrückwirkung und andere Reaktivitätseffekte einen dämpfenden Einfluß auf die Exkursion haben, erfolgt die Abschaltung erst durch die Corezerlegung selbst (disassembly).

10.2.1 Ablaufdiagramm für den Kernzerlegungsstörfall

In Bild 10.11 ist ein einfaches Störfallablaufdiagramm dargestellt. Die möglichen Anfangsereignisse sind bereits in Abschnitt 6.3.1 aufgezählt worden und gehören in die Kategorie der Transienten, die hier auch Leckagen an den Kühlsystemen einschließen. Als Verzweigungspunkte treten auf:
— Die Abschaltung,
— die Nachwärmeabfuhr,
— die Containmentfunktion.

Die Containmentfunktion ist im Gegensatz zu den Leichtwasserreaktoren unabhängig von den vorangehenden Ereignissen: Auch bei einer Corezerstörung bleibt sie, wenn nicht zusätzliche Fehler auftreten, erhalten. (Wirkung des Corecatchers. Auch die tankinternen Na-gekühlten Strukturen können u. U. den Kern auf Dauer halten.)

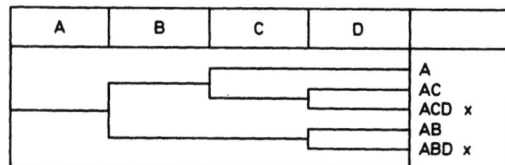

Bild 10.11. Ablaufdiagramm für einen Corezerlegungsstörfall eines natriumgekühlten schnellen Reaktors, Transienten.
A: Auslösendes Ereignis
B: Schnellabschaltung verfügbar
C: Nachwärmeabfuhr verfügbar
D: Containmentfunktion verfügbar
Die angekreuzten Pfade führen zu einer wesentlichen Freisetzung von Aktivität

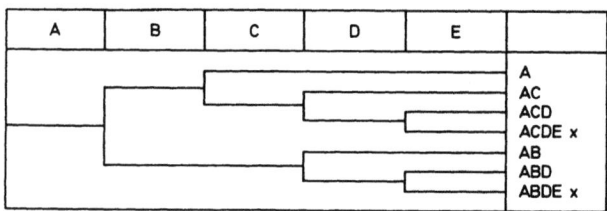

Bild 10.12. Ablauf für einen Corezerlegungsstörfall eines natriumgekühlten schnellen Reaktors, Propagation lokaler Kühlungsstörungen
A: Lokale Durchflußstörung
B: Detektion
C: Abschaltung
D: Verhinderung von Propagation
E: Nachwärmeabfuhr und Containmentfunktion
Die angekreuzten Pfade führen zu einer wesentlichen Freisetzung von Aktivität

Es gibt Untersuchungen zu der Frage, ob undetektierte lokale Kühlungsstörungen (z. B. Verstopfung einer Anzahl Unterkanäle im Brennelement) durch Schadenspropagation das Abschaltsystem außer Funktion setzen oder unmittelbar durch Coredeformation eine Leistungsexkursion auslösen können [28, 29]. Für diesen Fall erhält man das Ablaufdiagramm des Bildes 10.12. Die Untersuchungen zeigen, daß die Wahrscheinlichkeit für einen derartigen Schadensverlauf sehr klein ist. Die Detektion B von lokalen Durchflußstörungen durch Verstopfung einer Anzahl von Unterkanälen in einem Brennstabbündel ist kaum durch die Änderung der Brennelementaustrittstemperatur, sehr viel besser aber über die infolge lokaler Übertemperaturen erzeugten Hüllschäden möglich. Die dabei austretenden Spaltprodukte können über Detektoren verzögerter Neutronen (DND) festgestellt werden. So kann der Reaktor abgeschaltet werden, bevor eine Schadenspropagation eintritt, die prinzipiell über lokales Schmelzen oder über eine lokale Dampfexplosion (s. dazu allerdings die Darlegungen in 10.2.5) möglich ist. Aber auch hier ist das Containment eine weitere unabhängige Barriere.

10.2.2 Der Ablauf des Durchsatzstörfalls ohne Schnellabschaltung

Man kann in Anlehnung an die Darstellung in Abschn. 6.3 zwei wichtige Gruppen unter den auslösenden Transienten unterscheiden; den Kühlungsausfall und die Leistungsexkursion. Das einschneidenste Ereignis für einen Kühlungsausfall ist der Ausfall der primären Umwälzpumpen. Deshalb werden auch die Abkürzungen:
— Kühlungsausfall.   LOF (loss of flow), Durchsatzstörfall
— Leistungsexkursion: TOP (transient overpower), Reaktivitätsstörfall

10.2 Kernzerlegung beim natriumgekühlten schnellen Reaktor

verwendet. Das einleitende LOF-Ereignis (Transienten mit Pumpenabschaltung) ist wahrscheinlicher (ca. 10/a) als das TOP-Ereignis in der Form eines unkontrollierten Auslaufens von Steuerstäben (ca. 10^{-1}/a). Deshalb sollen die nachfolgenden Betrachtungen sich auf den Durchsatzstörfall ohne Schnellabschaltung konzentrieren. Zusätzlich zum LOF- bzw. TOP-Ereignis wird gemäß Bild 10.11 ein Ausfall der (redundanten) Schnellabschaltung unterstellt, obwohl die Wahrscheinlichkeit hierfür sehr gering ist.

Bild 10.13 gibt einen Überblick über die verschiedenen Phasen im Ablauf des Störfalls [30]. Der Ablauf orientiert sich an den Verhältnissen beim SNR-300; bei anderer Bauweise (high leakage) oder größter Leistung können sich die einzelnen Phasen gegeneinander verschieben und die Einzelphänomene unterschiedliches Gewicht erhalten.

In den neueren Arbeiten konnten dabei neben der Reaktivitätszufuhr auch dispergierende Effekte modelliert werden, die die Reaktivität herabsetzen.

Die *Einleitungsphase* umfaßt die Ereignisse in dem Zeitbereich, in dem die Brennelementkästen noch intakt, die Kühlkanäle aber schon teilweise von Natrium entleert und ein Teil der Brennstäbe zerstört sind. Rechenprogramme zur Modellierung der Einleitungsphase sind CAPRI-2/BREDA-2 [31, 32], HOPE [33] und SAS 3D [34].

Nach der Einleitungsphase gibt es drei Möglichkeiten für den weiteren Ablauf, die von Einzelheiten der Einleitungsphase abhängen. Die am weitesten rechts in Abb. 10.13 gezeichneten Pfade haben die geringsten, die am weitesten links gezeichneten die größten Folgewirkungen.

Bei der *Phase früher Abschaltung* erfolgt frühzeitig eine Brennstoffdispersion, wobei praktisch keine mechanische Energie freigesetzt und große Teile der Coregeometrie noch erhalten bleiben.

In der *Übergangsphase* dagegen sind große Teile des Cores zusammengeschmolzen. Es bildet sich ein aller Voraussicht nach durch Krusten des in den kalten äußeren Strukturen erstarrten Kernmaterials eingeschlossener (bottled up) Pool aus Brennstoff und dem Stahl der Hüllen und Strukturen, der als Folge der inneren Wärmequellen

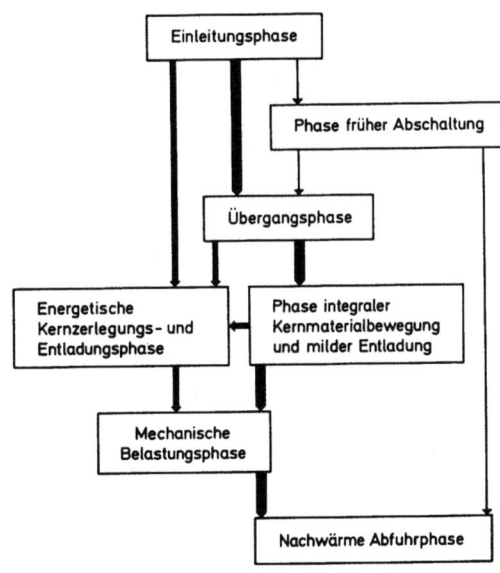

Bild 10.13. Überblick über die einzelnen Phasen des Durchsatzstörfalls (LOF) ohne Schnellabschaltung

siedet. Fauske, Epstein u. a. [35, 36] haben gezeigt, daß dadurch ein Aufschäumen, eine Dispersion des Brennstoffs im Pool bewirkt wird, die eine Rekritikalität (2. Kritikalität) verhindern. Eine zusammenfassende Darstellung, die sich auch mit den Gegenargumenten auseinandersetzt, findet sich in [36]. Dort wird auch gezeigt, daß nach neueren Erkenntnissen eine Krustenbildung im oberen Teil des Cores und damit die vollständige Einschließung des Brennstoffpools unwahrscheinlich ist. Dadurch werden die dispersiven Prozesse bis zur völligen Abschaltung erleichtert.

Durch zunehmende Dispersion, vor allem nach oben oder unten, kann es zu einer *integralen Kernmaterialbewegung* kommen, die unter nur geringer mechanischer Energiefreisetzung (*milde Entladung*) den Kern in den endgültig unterkritischen Zustand überführt. Im Programm wie FX2 POOL [37] wird die Übergangsphase modelliert.

Es besteht aber auch die prinzipielle Möglichkeit, bei anderem Ereignisablauf aus der Einleitungsphase, aus der Übergangsphase (durch eine Kompaktion des Pools) oder aus der Phase integraler Kernmaterialbewegung in eine *energetische Kernzerlegungs- und Entladungsphase* hineinzulaufen. Hier laufen Prozesse der Wechselwirkung zwischen Reaktivität, Leistung, Druckaufbau und Kernzerlegung ab.

Es folgt dann die *mechanische Belastungsphase*, in der die freigesetzte Energie zur Verformung der Tankstrukturen, des Tanks und ggf. angeschlossener Rohrleitungen führt. Die Modellierung erfolgt durch Programme wie REXCO-HEP [40], ICECO [41], ARES [42] u. a.

Schließlich folgt dann die *Nachwärmeabfuhrphase*, in der die Nachwärme möglicherweise aus dem noch an Ort und Stelle befindlichen (aber teilweise zerstörten) Core an-

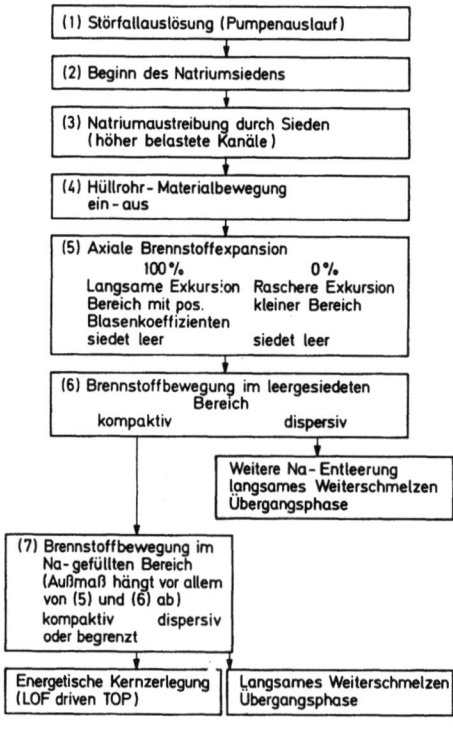

Bild 10.14. Einzelphänomene der Einleitungsphase des Durchsatzstörfalls ohne Schnellabschaltung in ihrer Auswirkung auf den weiteren Ablauf

10.2 Kernzerlegung beim natriumgekühlten schnellen Reaktor

fällt. Nach einer milden Zerlegung werden Corefragmente auf tankinternen Strukturen abgelagert und können dort gekühlt werden, während sonst die Nachwärme vom im inneren oder äußeren Corecatcher angelangten Core abgeführt werden muß.

Entsprechende Störfallanalysen sind vor allem für den Clinch River Reaktor [43] und für den SNR-300 [30, 44] veröffentlicht worden. Mit Unterschieden im Detail kommen sie allgemein zu dem Ergebnis, daß der Ablauf über die Übergangsphase mit nachfolgender milder Kernzerlegung der wahrscheinlichste ist (stark angezogene Pfeile in Bild 10.13). Da aber einzelne Mechanismen in ihrem Ablauf noch nicht voll verifiziert sind, werden daneben noch konservativ bestimmte *energetische Grenzfälle* behandelt. Ihr Ergebnis wird der Genehmigung zugrunde gelegt.

Bild 10.14 gibt eine etwas genauere Darstellung der Einleitungsphase mit einigen Schlüsselphänomenen. Diese sind maßgebend dafür, ob der nachfolgende Ablauf mehr oder weniger energetisch erfolgt.

Wir haben dann (Schlüsselphänomene sind hervorgehoben) mit sich überlappender zeitlicher Reihenfolge:

(1) Pumpenauslauf (ohne Schnellabschaltung des Reaktors) nach einer bekannten Charakteristik.
(2) Natriumsieden in den höher belasteten Kanälen (zunächst am oberen Ende in Bereichen negativen oder wenig positiven Blaseneffektes).
(3) *Natriumaustreibung durch Sieden* aus den höher belasteten Kanälen, Beginn der Leistungsexkursion (unterpromptkritisch). Die Frage, inwieweit die Siedevorgänge in den einzelnen Brennelementen kohärent ablaufen, spielt dabei eine wichtige Rolle.
(4) *Hüllrohr-Materialbewegung* durch Schwerkraft (in den Reaktor, negative Reaktivität) oder durch die Natriumdampfströmung (aus dem Reaktor, positive Reaktivität).
(5) *Axiale Brennstoffexpansion* (negative Reaktivität). Bei voller Berücksichtigung (100 %) können größere Kernbereiche leersieden, ehe die Brennstäbe versagen. Wichtig für den Ablauf von (7).
(6) *Frühe Brennstoffbewegung in leergesiedeten Kanälen:* Kompaktiv oder dispersiv durch Spaltgas, Natriumdampf und evtl. Stahldampf. Stark dispersive Brennstoffbewegung führt nach Leersieden weiterer Kanäle schließlich in die Übergangsphase, wobei das Leistungsniveau durch das Ausmaß der axialen Expansion nach (5) mitbestimmt wird.
Bei wenig dispersiver Brennstoffbewegung verläuft der Leistungsanstieg rascher, und es kommt in den weniger belasteten Kanälen zum Brennstabversagen, während sie noch mit Natrium gefüllt sind.
(7) *Brennstabversagen in teilweise oder ganz mit Natrium gefüllten Kühlkanälen* (im stationären Betrieb geringer belastete Kanäle). In diesem Falle ist die Hülle verhältnismäßig kalt und besitzt eine Restfestigkeit. Dadurch sind es andere Phänomene, die einen mehr kompaktiven oder dispersiven Ablauf bewirken. Bei dispersivem Ablauf (oder wenn die Bereiche mit positivem Blasenkoeffizienten schon leergesiedet sind, weil die axiale Brennstoffexpansion nach (5) den Leistungsanstieg bremst) wird wieder die Übergangsphase erreicht; bei kompaktiver Brennstoffbewegung kommt es jetzt zur promptüberkritischen Leistungsexkursion mit energetischer Kernzerlegung (durch Durchsatzstörung bewirkten Überlaststörfall, amerikanisch: LOF driven TOP).

Die Effekte (4) bis (6), besonders aber die beiden letzten, wirken dabei gemeinsam zusammen bei der Ausgangssituation und dem Ausmaß des betroffenen Bereiches von (7).

10.2.3 Diskussion und Bewertung der Schlüsselphänomene in der Einleitungsphase

Die in Bild 10.14 schematisch zusammengestellten Schlüsselphänomene sollen nun vertieft diskutiert und bewertet werden.

Die Einleitungsereignisse (1) und (2) bedürfen dabei keiner besonderen Betrachtung.

Die *Natriumaustreibung durch Sieden* (3) wird durch experimentell verifizierte Modelle [45] gut beschrieben. Die in- und out-of-pile-Experimente umfassen Bündel bis zu 7 Stäben [51]. Es ist gezeigt worden, daß die Zahl der Stäbe in einem Bündel keine Rolle für die Bewegung der Grenzfläche Dampf-Flüssigkeit mehr spielt, sobald der Blasenquerschnitt etwa 80 bis 85 % der Kühlkanäle ausfüllt. Das flüssige Na wird dann gegen Reibungs- und Trägheitskräfte durch den Dampf wie durch einen Kolben ausgetrieben. Auf den Brennstäben bleibt zunächst ein flüssiger Na-Film zurück, der die wachsende Dampfblase speist und erst später austrocknet. Ein wesentlicher Siedeverzug wird für Na unter Reaktorbedingungen (freier Na-Spiegel) nicht erwartet. Die theoretische Beschreibung des Siedevorganges stimmt im Bereich von 10 bis 15 % mit den Experimenten überein.

Bei der *Hüllrohr-Materialbewegung* (4) steht die Mitnahme geschmolzenen Materials durch die Natriumdampfströmung im Mittelpunkt („flooding"). In einer repräsentativen Bündelgeometrie durchgeführte Experimente mit Woods-Metall auf Kupferrohren [36] zeigen, daß die Hüllrohrbewegung inkohärent und pulsationsartig bei nur geringen Nettoverschiebungen erfolgt. Dabei spielen Einflüsse der Dreidimensionalität eine wichtige Rolle: In Plattenanordnungen [46] und bei in-pile-Experimenten mit geringer Stabzahl [47] ergibt sich eine stärkere Austragung.

Die *axiale Brennstoffexpansion* (5) hat neben dem Dopplereffekt einen großen Einfluß auf die Reaktivität und kann wesentlich zur Kompensation der Natrium-Blasenreaktivität beitragen. Bei der entsprechend verlangsamten Leistungssteigerung werden vor dem Brennstabversagen größere Bereiche mit positivem Blasenkoeffizienten leergesiedet und die Möglichkeit des LOF-driven-TOP nach (7) im natriumgefüllten Kanal nimmt ab. Die wesentliche Frage ist, wie sich die volumetrische in axiale Expansion umsetzt. Dabei spielen

— das transiente radiale Temperaturprofil im Brennstoff,
— die Brennstoffrißstruktur,
— die transiente Volumenänderung des Brennstoffs unter dem Einfluß von Spaltgas,
— die Wechselwirkung Brennstoff–Hülle,
— transientes Brennstoffkriechen,
— der im stationären Betrieb entstandene Hohlraum

eine wichtige Rolle.

Experimente mit direkt elektrisch beheiztem Brennstoff [48] zeigen eine starke axiale Expansion. Die In-pile-Ergebnisse, besonders bei stärkerem Abbrand, sind nicht ganz eindeutig. Haben Brennstoff und Hüllrohr engen Kontakt, so kann letzteres die Brennstoffausdehnung behindern. Es gibt jedoch noch keine für den Durchsatzstörfall repräsentativen Experimente, bei denen das Hüllrohr durch die vorherige Erwärmung über das Kühlmittel stark aufgeweitet worden ist.

10.2 Kernzerlegung beim natriumgekühlten schnellen Reaktor

Aufgrund dieser Sachlage wird die axiale Brennstabexpansion bei einer konservativen Grenzbetrachtung (energetischer Grenzfall) nicht berücksichtigt [30, 43].

Die (frühe) *Brennstoffbewegung im leergesiedeten Bereich* (6) geht davon aus, daß die Hüllrohre vor dem Brennstoff sehr geschwächt oder geschmolzen sind. Nachdem die Brennstoffsäule zunächst in der Bündelgeometrie etwas abgeknickt ist, kann man im wesentlichen zwei Varianten des weiteren Ablaufs unterscheiden.

(a) Der Brennstoff ist wenig abgebrannt oder die Aufheizung erfolgt langsam (im Sekundenbereich). Dann kommt es wie in Bild 10.15 zu einem Aufschmelzen und Herabfließen des Brennstoffs im Stabinnern, evtl. auch zu einem Austreten durch Risse. Ein solches Verhalten wurde vor allem im TREAT-L4-Experiment [49] und einigen out-of-pile-Experimenten [50] festgestellt. Diese Brennstoffbewegung, auch als Zusammensacken oder slumping bezeichnet, ist kompaktiv.

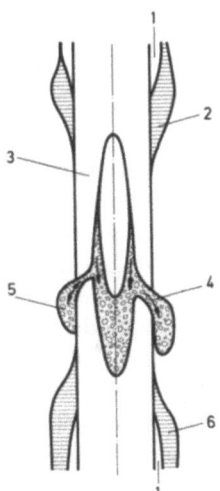

Bild 10.15. Aufschmelzen und Herabfließen des Brennstoffs in leergesiedeten Kühlkanälen

1 festes Hüllrohr
2 wieder erstarrendes Hüllrohr
3 fester Brennstoff
4 Brennstoffrisse
5 Brennstoffschmelze
6 geschmolzenes Hüllrohr

(b) Wenn der Brennstoff stark abgebrannt ist und die Leistungstransiente im Zehntelsekunden-Bereich abläuft, ist das in Bild 10.16 gezeigte Aufschäumen des Brennstoffes zu erwarten, dessen dispersive Wirkung durch die Natrium- oder Stahldampfströmung noch verstärkt werden kann. Die experimentelle Bestätigung dieses Verhaltens erfolgte durch das TREAT-L5-Experiment [49] sowie in geringerem Maße durch die F1- und F2-Experimente (ausführlichere Bewertung in [30]).

Hat, wie im Falle sehr starker Leistungstransienten, die Hülle auch im entleerten Kühlkanal noch eine Restfestigkeit, so wird sie unter dem Innendruck durch Brennstoffschwellen und Spaltgas nach einem durch die Spannung oder Dehnung definierten Berstkriterium schließlich versagen und es wird ebenfalls ein dispersives Verhalten erwartet. Hierfür gibt es allerdings, abgesehen von dem in den Bedingungen nicht ganz zutreffenden TREAT-E7-Experimenten [49], noch keine experimentelle Bestätigung.

Obwohl so besonders bei abgebranntem Brennstoff nach dem Schmelzen in leergesiedeten Kanälen eine dispersive Bewegung zu erwarten ist, wird sie bei pessimistischen Grenzbetrachtungen nicht berücksichtigt [30, 43].

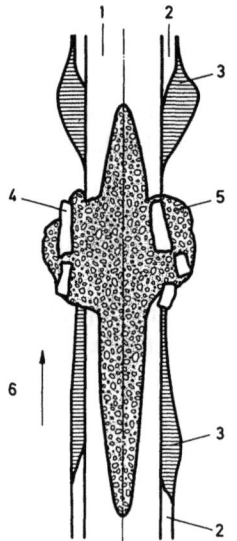

Bild 10.16. Dispersive Brennstoffbewegung beim Aufschmelzen in leergesiedeten Kühlkanälen

1 fester Brennstoff
2 festes Hüllrohr
3 geschmolzenes Hüllrohr
4 feste Brennstoffsegmente
5 aufgeschäumte Brennstoffschmelze
6 Natriumdampfströmung

Je nachdem, wie stark die in den Punkten (3) bis (6) beschriebenen kompaktiven oder dispersiven Effekte zur Wirkung kommen, erreicht der Reaktor die prompte Kritikalität mit teilweise noch mit Natrium gefüllten Kühlkanälen oder auch nicht (Bild 10.14). Eventuell also kommt es zum *Brennstabversagen und zur Brennstoffbewegung im Na-gefüllten Bereich* (7). Die Vorbedingung hierfür ist ein starker Leistungspuls im Millisekundenbereich. Es kann dann zu den in Bild 10.17 dargestellten Vorgängen kommen: Die Hüllrohre versagen an einer sich aus einem Spannungs- oder Dehnungskriterium (Dehnratenabhängigkeit!) ergebenden axialen Position. Durch den entstandenen Riß wird, wenn bei entsprechendem Abbrand ein hinreichender Spaltgasdruck ansteht, flüssiger Brennstoff in das Kühlmittel getrieben. Im Kanal kommt es je nach Ausmaß der Brennstofffragmentation zu einer physikalischen Reaktion (s. Abschnitt

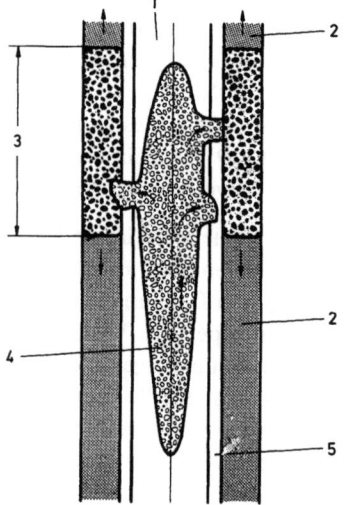

Bild 10.17. Mechanisches Brennstabversagen in natriumgefüllten Kernbereichen (LOF-driven-TOP-Szenario)

1 fester Brennstoff
2 flüssiges Natrium
3 Brennstoff-Natrium-Reaktionszone
4 spaltgashaltige Schmelzzone unter hohem Druck
5 relativ kaltes Hüllrohr

10.2 Kernzerlegung beim natriumgekühlten schnellen Reaktor

10.2.5) mit rascher Na-Verdampfung, durch die Brennstoff mitgenommen wird unter entsprechend gegenläufigen Auswirkungen auf die Reaktivität. Im Stabinnern strömt flüssiger Brennstoff zum Riß. Befindet sich dieser nahe der Coremittelebene, so kann hierdurch eine kompaktive Reaktivitätserhöhung bewirkt werden. Überwiegt dieser Effekt, so kommt es zu einer überpromptkritischen Exkursion, dem LOF-driven-TOP.

Die folgenden Gesichtspunkte stehen jedoch dem möglichen energetischen Ablauf dieses Ereignisses entgegen:

— Aufgrund des noch vorhandenen Natrium-Restdurchsatzes liegen die maximale Hüllrohrtemperatur und damit die wahrscheinlichste Versagensposition oberhalb der Coremittelebene.
— Bei der dem hohen Abbrand entsprechenden Hochtemperaturversprödung des Hüllrohrs ist bruchmechanisch zu erwarten, daß ein einmal eingeleiteter Riß rasch zu größerer Länge wächst.

Durch diese beiden Phänomene wird eine effektive Brennstoffbewegung in Richtung Kernmitte verhindert.

Konstruktiv läßt sich das Brennstabversagen in der Coremittelebene mit nachfolgender Kompaktion auch durch hohle Brennstoffpellets unterbinden.

Durch pessimistische Grenzbetrachtungen können auch hier die herrschenden Unsicherheiten überbrückt werden. Die Natriumaustreibung aus dem Kühlkanal wird im allgemeinen voll mitgenommen. Im Falle des nachfolgenden Beispiels wird die Netto-Brennstoffbewegung aus im Brennstab zum Riß strömenden und im Kühlkanal ausgetragenen Material gleich Null gesetzt.

10.2.4 Analyse und Ergebnisse des Durchsatzstörfalls ohne Schnellabschaltung am Beispiel des SNR-300

Für den Durchsatzstörfall ohne Schnellabschaltung sind Analysen zum CRBR [43] und zum SNR-300 [30, 39] veröffentlicht worden. Für beide ist zur Beschreibung der Einleitungsphase das SAS-Codesystem eingesetzt worden. Am Beispiel des SNR sollen die Ergebnisse beschrieben werden.

(a) Einleitungsphase

Die Einleitungsphase kann durch Programme oder Programmsysteme wie CAPRI-2/BREDA-2 [31, 32] (Karlsruhe), HOPE [33] (University of California, Los Angeles) oder SAS 3D [34] (Argonne National Laboratory) modelliert werden. Der letztgenannte Code soll hier in seinem Aufbau und seinen Ergebnissen vorgestellt werden. Das Programm erlaubt auch die Darstellung der Phänomene der Brennstoffdispersion in der Phase der frühen Abschaltung.

Bild 10.18 gibt einen Überblick über die Struktur des SAS 3D-Codes. Nach der Berechnung des stationären Zustandes (die Namen der zugehörigen Moduln beginnen mit S, die der Transienten mit T) erfolgt zeitschrittweise die Behandlung der Transienten. Der Kern kann in bis zu 34 Kanälen dargestellt werden, dabei wird in SSPK und TSPK die punktkinetische Näherung verwendet.

In PRIMAR wird der Verlauf des Kreislaufdruckes mit der Durchsatzreduktion ermittelt.

In TSCOOL wird die Aufheizung des Kühlmittels berechnet, wobei nach Überschreiten einer vorgegebenen Überhitzungstemperatur nach einem Mehrblasen-Siedemodell die Na-Austreibung beginnt.

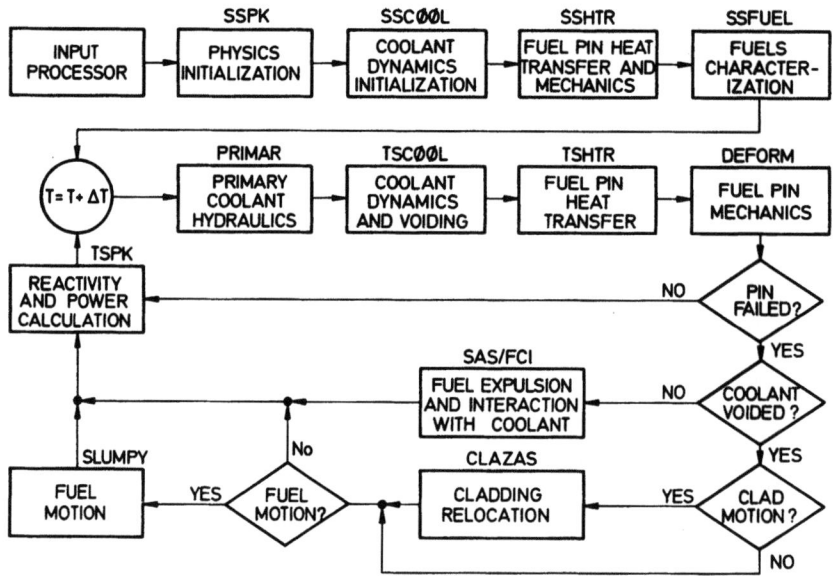

Bild 10.18. Vereinfachte Darstellung der Struktur des SAS 3D-Codes

In TSHTR werden die transienten Temperaturänderungen im Brennstab einschließlich der Aufschmelzvorgänge in Brennstab und Hülle bestimmt. Dabei werden auch Änderungen der Dichte und die Spaltgasfreisetzung ermittelt.

Die thermischen und mechanischen Lasten führen zur Deformation (z. B. axiale Expansion) in DEFORM und ggf. zum Brennstabversagen.

Jetzt muß entschieden werden, ob der Kanal leer oder gefüllt ist. Es werden die oben beschriebenen Phänomene modelliert.

(b) Übergangsphase

Auf eine genaue Modellierung wurde im betrachteten Beispiel verzichtet. Eine einfache Wärmebilanz zeigt in Verbindung mit [36], daß das Zweiphasengemisch hinreichend dispers ist, um eine erneute starke Kritikalität zu vermeiden. Mögliche milde Rekritikalitäten tragen zu einer milden Entlastung in das Tankvolumen bei.

(c) Energetische Kernzerlegung

Programme wie VENUS-III [38] oder KADIS [39] lösen die Energie-, Impuls- und Kontinuitätsgleichung in Verbindung mit einer Zustandsgleichung des verdampfenden Brennstoffs, mit Wärmequellen nach der Punktkinetik und geeigneter Berechnung der Reaktivität. Die Kernzerlegung durch den Druckaufbau wird in [39] in Lagrangeschen Koordinaten durch ein Maschennetz beschrieben, das sich mit der Materie bewegt und deformiert. Das erleichtert die Behandlung von sich bewegenden Grenzflächen, führt aber bei zu großen Deformationen der Maschen auf numerische Probleme. Deshalb werden heute häufig Eulersche (feste) Maschengitter bevorzugt [38]. In eindimensionaler Form kann die Zerlegung auch mit dem SAS-Modul SLUMPY verfolgt werden.

(d) Belastung des Reaktortanks bei energetischer Zerlegung

Die Ausbreitung der Druckwelle im umgebenden Natrium und die Verformung des Tanks und der inneren Strukturen wird durch Modelle dargestellt, die den unter (c)

10.2 Kernzerlegung beim natriumgekühlten schnellen Reaktor

beschriebenen in bezug auf die Hydromechanik verwandt sind. Ein Überblick über die verwendeten Methoden wird in [52] gegeben. Besonders erwähnt werden sollen Programme wie REXCO-HEP [40], ICECO [41] und ARES [42]. Ihre Verifikation erfolgt durch Sprengversuche in wassergefüllten Tankmodellen [53, 54]. Untersuchungen mit realistischeren Modellen und mit größerer plastischer Verformung des Tanks sind zur Zeit im Gange. Häufig wird jedoch als Maß für die Tankbelastung auch einfach die mechanische Arbeit angegeben, die bei isentroper Brennstoffexpansion auf das Schmelzgasvolumen des Tanks ($\sim 70\,m^3$) geleistet wird. In [43] wird statt dessen auch die Arbeit bei Expansion auf 1 bar angegeben.

(e) Nachwärmeabfuhr aus dem zerstörten Core

Eine allgemeine Übersicht über die Probleme und Kenntnisse zur Nachwärmeabfuhr wird in [56] gegeben. Es sei dazu auch auf die im Zusammenhang mit dem LWR in den Abschnitten 10.1.2 (4) und (5) zitierten Arbeiten hingewiesen.

Die Naturkonvektion im Tank reicht beim SNR-300 mit großer Wahrscheinlichkeit aus [55], den Kern dort zu kühlen. Sollte ein Durchschmelzen des Tanks dennoch auftreten, gelangt das Core in den externen Corecatcher, der die aus dem geschmolzenen Pool nach unten abgegebene Wärme aufnimmt (Bild 5.9). Die nach oben über das Natrium abgegebene Wärme wird durch Strahlung und Konvektion an die Wände des Containments und von da nach außen abgegeben.

(f) Ergebnisse

In Tabelle 10.2 sind die für die Berechnung getroffenen Annahmen zusammengestellt. Sie sprechen im allgemeinen für sich. Zunächst muß zwischen dem frischen und dem abgebrannten Kern unterschieden werden. Dafür sind die folgenden Unterschiede bedeutsam:

— Die Leistungsverteilung im frischen Kern ist weniger flach, die Natriumaustreibung durch Sieden ist darum weniger kohärent,
— da kein Spaltgas vorhanden ist, kommt es nicht im gleichen Maße zur frühen Brennstoffdispersion in den leergesiedeten Kanälen,
— die Spaltgas-getriebene Brennstoffbewegung in den nicht entleerten Kanälen findet im frischen Kern nicht statt. Lediglich die Dichteänderung beim Schmelzen kommt später und in geringerem Maße zur Wirkung,
— statt dessen findet die Natriumaustreibung aus den Bereichen positiver Blasenreaktivität durch Sieden bei — wegen der besseren mechanischen Eigenschaften der frischen Hüllrohre und wegen des fehlenden Spaltgasdrucks — weitgehend intakten Hüllrohren statt. Dadurch kann sich im energetischen Grenzfall in den Brennstäben ein hoher Dampfdruck aufbauen, der für rasche Zerlegung und Abschaltung sorgt.

Je nachdem, ob es sich um den Referenzfall oder den energetischen Grenzfall handelt, werden beim abgebrannten Kern verschiedene Versagenskriterien herangezogen. Wenn im energetischen Grenzfall die Brennstoffdispersion durch Spaltgas nicht wirken soll, ist es logisch, ein nicht vom Spaltgas abhängendes Kriterium, in diesem Falle einfach den Anteil des geschmolzenen Brennstoffes (Schmelzfraktion), heranzuziehen.

In Tabelle 10.3 sind die berechneten Ergebnisse dargestellt. Die für die Expansion auf das Schutzgasvolumen berechneten Energien liegen mit 60 und 13 MJ erheblich unter den 370 MJ, für deren Aufnahme das Containment aufgrund der behördlichen Auflagen ausgelegt sein muß.

Tabelle 10.2. Berücksichtigung wichtiger Phänomene bei der LOF-Störfallsimulation des SNR-300 (Annahmen)

		Frischer Kern [44] Referenzfall	Abgebrannter Kern [30]	energetischer Grenzfall
Axiale Expansionsrückwirkung		Nein	Ja	Nein
Separate Hüllrohrbewegung		Ja	Ja	Unbedeutend
Materialbewegung in leergesiedeten Kanälen	Aufbrechen	60% Schmelzfraktion	Schmelzen des gashaltigen Gefüges	50% Schmelzfraktion
	Spaltgasdispersion	Nein	Ja	Nein
	Kopplung an die Natriumdampfströmung	Nein	Ja	Nein
	Stahldampfdispersion	Nein	Ja	Nein
Versagen und BNR in nicht oder teilweise leergesiedeten Kanälen	Versagensablauf	14 cm Riß 60% Schmelzfraktion	15 cm Riß Berstspannung	5 cm Riß, Coremitte, 50% Schmelzfraktion
	Brennstoffejektion	Druck im Zentralkanal durch Gasfreisetzung bzw. Dichteänderung		
	Brennstoff-Natrium-Reaktion	10 ms Fragmentations- und Mischungszeitkonst. 117 μ	Cho-Wright-Modell [57] 250 μ	Instantane Fragmentation 100 μ
	Axiale Brennstoffbewegung im Stab	Nein	Nein	Nein
	Axiale Brennstoffbewegung im Kühlkanal	Nein	Nein	Nein

Tabelle 10.3. Energetische Eingrenzung für Durchsatzstörfälle ohne Schnellabschaltung im SNR-300

	Maximaltemperatur °C	Maximaldruck bar	Masse geschmolzener Brennstoff kg	Therm. Energie der Schmelze MJ	Mechanische Energie[a] MJ
Grenzfall frischer Kern	4450	24	4790 (83%)	2900	13
Grenzfall abgebrannter Kern	4800	53	6440 (98%)	5600	60

[a] isentrope Brennstoff-Expansionsarbeit auf 70 m³ Schutzgasvolumen

10.2 Kernzerlegung beim natriumgekühlten schnellen Reaktor

Bild 10.19 zeigt den zeitlichen Leistungs- und Reaktivitätsverlauf, die Zahlen bedeuten den Beginn des Natriumsiedens in den entsprechenden Kanälen. Der Corezustand geht aus Bild 10.20 hervor. Man erkennt, daß beim Referenzfall (und ähnlich beim frischen Kern) bei Beginn des Stabversagens ein wesentlich größerer Kernbereich bereits leergesiedet ist.

Betrachtet man den *Reaktivitätsstörfall ohne Schnellabschaltung*, so ändern sich die Verhältnisse nicht wesentlich, wenn man die langsame Reaktivitätszufuhr betrachtet, wie sie etwa durch das unkontrollierte Ausfahren der Regelstäbe möglich ist. Unter-

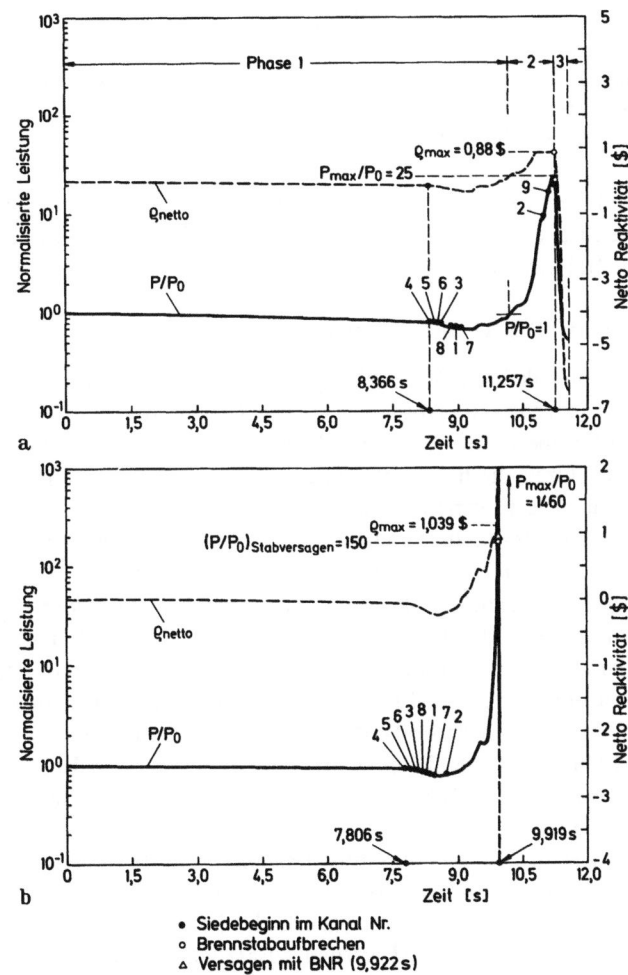

- Siedebeginn im Kanal Nr.
- ○ Brennstabaufbrechen
- △ Versagen mit BNR (9,922 s)

Bild 10.19 a, b. Zeitlicher Verlauf von Leistung und Nottoreaktivität beim Durchsatzstörfall ohne Schnellabschaltung im SNR-300 [30]

a Referenzfall } des abgebrannten Kerns
b Energetischer Grenzfall

Phase 1: Anfangsphase mit konstanter Leistung
Phase 2: Natriumexpulsion mit Leistungsexkursion
Phase 3: Brennstabaufbrechen und Dispersion bis zum Durchschmelzen der Kastenwände

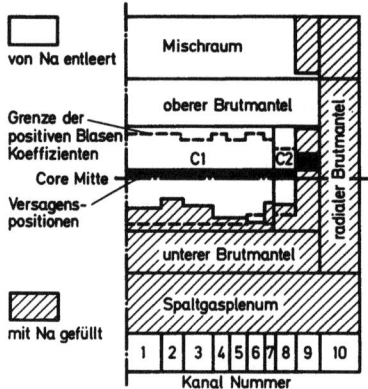 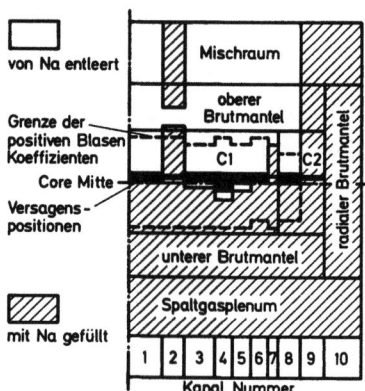

Bild 10.20 a, b. Corezustand beim ersten Aufbrechen der Stäbe
a Referenzfall
b Energetischer Grenzfall } des abgebrannten Kerns

stellt man jedoch, wie es gelegentlich ohne Bezug zu aktuellen Gegebenheiten geschehen ist, eine wesentlich raschere und größere Reaktivitätszufuhr, so sind größere Energiefreisetzungen möglich.

10.2.5 Die Bedeutung der Dampfexplosion für den Ablauf des Kernzerlegungsstörfalls

Die physikalische Wechselwirkung zwischen geschmolzenem Brennstoff und Kühlmittel wurde schon in Abschnitt 10.1.2, (3) für den Fall von UO_2 und Wasser diskutiert. Durch die hohe Wärmeleitfähigkeit des Natriums im Vergleich zur niedrigen des UO_2 und durch die hohe Sättigungstemperatur des Natriums sind die Bedingungen für eine kohärente Fragmentation und Verdampfung noch ungünstiger als bei Wasser. Die Kontakttemperatur liegt deutlich unter der Erstarrungstemperatur des UO_2 und insbesondere unter der Temperatur der spontanen Siedekeimbildung im Na, so daß nach Fauske [18] eine Dampfexplosion ausgeschlossen werden kann. Wegen der schlechten Wärmeleitfähigkeit des UO_2 und der guten des Na ist es aber auch nicht möglich, die Filmverdampfung als Vorbedingung für die grobe Durchmischung lange genug aufrechtzuerhalten und durch den Filmzusammenbruch oder das in engem Zusammenhang damit auftretende „violent boiling" einen starken Trigger bereitzustellen. Deshalb sind auch im Hinblick auf die allgemeineren Vorstellungen von Board und Hall [19] bei den im hier betrachteten Störfall vorliegenden Konfigurationen kohärente Dampfexplosionen auszuschließen.

Die in [16, 17] zusammenfassend dargestellten Experimente zeigen, daß nur dann eine heftige Wechselwirkung erfolgt, wenn Na in UO_2, nicht aber wenn UO_2 in Na injiziert wird (Einschluß des Na erlaubt die Aufheizung auf die Temperatur der spontanen Keimbildung. In [16] werden zusätzliche Experimente zur Vertiefung des physikalischen Verständnisses vorgeschlagen.

Die physikalische Wechselwirkung, Dampfexplosion oder Brennstoff-Natrium-Wechselwirkung (BNR) ist an drei Stellen für den Ablauf und die Auswirkung des Kernzerlegungsstörfalls von Bedeutung:

1. Für die Natriumejektion beim Versagen von Brennstäben im Na-gefüllten Bereich des Kerns (Phänomen (7) in Bild 10.14).

10.2 Kernzerlegung beim natriumgekühlten schnellen Reaktor

2. Für den Ablauf der milden Entladevorgänge, insbesondere im Zusammenhang mit der Übergangsphase postulierten Jackson und Boudreau [58] einen hypothetischen Fall, bei dem ein nach einer milden Kernzerlegung nach oben sich bewegender Teil des Brennstoffs durch eine BNR mit Druckaufbau in das Restcore zurückgetrieben wird. Dadurch entstehen eine steile Reaktivitätszufuhr mit entsprechend hoher nachfolgender Energiefreisetzung.
3. Für die Umwandlung der in der Exkursion erzeugten thermischen in mechanische Energie haben Hicks und Menzies [59] zuerst gezeigt, daß bei einer hypothetisch unterstellten innigen Vermischung von Natrium und geschmolzenem Brennstoff, wie sie bei einer kohärenten Fragmentation annähernd realisiert würde, der Wirkungsgrad der Energieumwandlung mit Na als Arbeitsmedium sehr gesteigert werden könnte.

Die Einspritzung von Brennstoff in den Kühlkanal mit anschließender *Kühlmittelejektion* (1) erfüllt nach dem oben Gesagten nicht die Voraussetzungen für eine BNR. Trotzdem nimmt man eine rasche Durchmischung und Fragmentation mit einer vorgegebenen Teilchengröße an (s. Tabelle 10.1) und berechnet nach entsprechenden Modellen (z. B. [57]) die Wärmeübertragung und dynamische Kühlmittelverdampfung. Da hierdurch die Energiefreisetzung im abgebrannten Kern, pessimistischer Grenzfall, wesentlich bestimmt wird, ist das Vorgehen hier besonders konservativ.

Die Rückbeschleunigung von Brennstoff gemäß Jackson-Boudreau setzt eine kohärente Fragmentation voraus. Diese Bedingung ist aufgrund der hydrodynamischen Verhältnisse in der hier vorliegenden Konfiguration nicht gegeben und wird zusätzlich durch den als treibendes Medium zwangsläufig vorhandenen Gasanteil (Brennstoffdampf, Natriumdampf, Spaltgas) weiter verhindert. Dies zeigen auch mit Thermit ausgeführte Experimente von Henry et al. [61]. Die durchaus möglichen lokalen Druckspitzen reichen zur Erzielung einer kohärenten Rückbeschleunigung nicht aus.

Aus den gleichen Gründen kann beim Durchsatzstörfall ohne Schnellabschaltung (und entsprechend bei Reaktivitätsstörfällen durch Ausfahren der Regelstäbe) das aus dem Kern bereits vorher ausgedampfte Natrium nicht maßgeblich zur *Energieumwandlung* (3) beitragen.

10.2.6 Schlußfolgerungen für den natriumgekühlten schnellen Brutreaktor, Ausblick auf künftige Anlagen

Das Ziel der weltweit geführten Untersuchungen des Kernzerlegungsstörfalls ist der Nachweis, daß selbst bei Vorliegen der Anfangsbedingungen keine energetische Kernzerlegung, sondern nur milde Prozesse stattfinden. Damit läßt sich die Sicherheitsgewährleistung in der folgenden Weise in 5 sich überdeckenden Ebenen darstellen (s. auch Lines of Assurance des US-Department of Energy).

(1) *Basissicherheit,* hier Zuverlässigkeit der Hauptwärmesenke und der tankinternen Rohrleitungen. Die Gewährleistung der druckführenden Umschließung wie beim DWR ist dagegen nicht relevant.
(2) *Störfallverhinderung* durch diversitäre zweite Schnellabschaltsysteme (entsprechend der ATWS-Beherrschung durch Sicherheitsventile beim DWR) und Nachwärmeabfuhrsysteme. Die hohe Kühlmitteltemperatur macht hier im Gegensatz zum DWR reine Naturkonvektionssysteme möglich.

(3) *Schadensbegrenzung im Kern* durch den Nachweis, daß die Wahrscheinlichkeit für einen energetischen Ablauf nicht größer als 10^{-2} ist. (Dieser Wert entspräche der Wahrscheinlichkeit für eine energetische Dampfexplosion beim DWR.)
(4) *Begrenzung der Schadensfortpflanzung* vor allem durch die Möglichkeit der tankinternen Nachwärmeabfuhr auch aus dem zerstörten Kern. Auch für diese Ebene wird eine Nichtverfügbarkeit von 10^{-2} angestrebt. Im DWR ist sie nicht gegeben, eine Kernschmelze kann nicht auf Dauer im Tank gehalten werden.
(5) *Begrenzung der Aktivitätsfreisetzung*. Hier wäre bei konsequenter Entsprechung zum DWR kein zusätzlicher Einschluß mehr erforderlich; dennoch sollte das Containment z. B. so eingerichtet sein, daß ein Druckaufbau durch Dampfbildung nach einer Kernschmelze vermieden werden kann (Vermeidung von Beton in entsprechenden Bereichen, Einsatz sog. „Schmelzbetten").

Der Schwerpunkt der Sicherheitsmaßnahmen sollte dabei klar auf den Ebenen (1) und (2) liegen. So besteht die Möglichkeit, ein sehr hohes Sicherheitspotential zu realisieren.

Literatur zu Kapitel 10

1. Reactor Safety Study, WASH-1400, Appendix I. Accident Definition and Use of Event Trees. PB-248202, October 1975
2. Reactor Safety Study, WASH-1400, Appendix VIII. Physical Processes in Reactor Meltdown Accidents. PB-248207, October 1975
3. Hassmann, K., et al.: Analytische Untersuchungen der Niederschmelzphase, FRGMRT-RS 73, Abschlußbericht, Kraftwerk Union, Erlangen, Nov. 1976
4. Carbiener, W. A.; Ritzman, R. L.: An Evaluation of the Applicability of Existing Data to the Analytical Description of a Nuclear Reactor Accident. Quarterly Report, April–June, 1970, BMI-1885 (June 1970)
5. Albrecht, H., et al.: PNS 4243, Versuche zur Erfassung und Begrenzung der Freisetzung von Spalt- und Aktivierungsprodukten beim Coreschmelzen. KfK 2500, Kernforschungszentrum Karlsruhe, Sept. 1977
6. Hagen, S., et al.: PNS 4241, Experimentelle Untersuchung der Abschmelzphase von UO_2-Zircaloy-Brennelementen bei versagender Notkühlung. KfK 2500, Kernforschungszentrum Karlsruhe, Sept. 1977
7. Hagen, S., et al.: PNS 4241, Experimentelle Untersuchung der Abschmelzphase von UO_2-Zircaloy-Brennelementen bei versagender Notkühlung. KfK 2435, Kernforschungszentrum Karlsruhe, April 1977
8. Epstein, M., et al.: Analytical and Experimental Studies on Transient Fuel Freezing. Conf. 761001, paper 22/4, Chicago 1976
9. Gasser, R. D.; Kazimi, M. S.: A Study of Post-Accident Molten Fuel Downward Streaming Through the Axial Shield Structure in the Liquid Metal Fast Breeder Reactor. Nucl. Technol. 33 (1977) 248–259
10. Kulacki, F. A.; Goldstein, R. J.: Thermal Convection in a Horizontal Fluid Layer with Uniform Volumetric Energy Sources. J. Fluid Mech. 55 (1971) 271
11. Peckover, R. S.; Hutchinson, I. M.: Thermal Convection Driven by Internal Heat Sources–An Annotated Bibliography. UKAEA Research Group Report, CLM-123, Culham Laboratory, 1973
12. Jahn, M.; Reinecke, H. H.: Free Convection with Internal Heat Sources, Calculations and Measurements. Proc. 5th Int. Heat Transfer Conf., 3, p. 74, Tokyo, 1974
13. Fieg, G.: Experimental Investigations of Heat Transfer Characteristics in Liquid Layers with Internal Heat Sources. Conf. 761001, Vol. IV, pp. 2047–2055, Chicago, Oct. 1976
14. Reinecke, H.-H., et al.: Verhalten der Kernschmelze beim hypothetischen Störfall. BMFT RS 166, Institut f. Verfahrenstechnik der T.U. Hannover, Jahresbericht 1976

15. Baker, L., et al.: Heat Removal from Molten Fuel Pools, Conf. 761001, Vol. IV, pp. 2056–2065, Chicago, Oct. 1976
16. Board, S. J.; Caldarola, L.: Fuel Coolant Interaction in Fast Reactors. ASME Symp. on the Thermal and Hydraulic Aspects of Nuclear Reactor Safety, Vol. 2, pp. 195–222, Atlanta, Nov. 1977
17. Henry, R. E.; Cho, D. H.: An Evaluation of the Potential for Energetic Fuel-Coolant Interactions in Hypothetical LMFBR Accidents. ASME Symp. on the Thermal and Hydraulic Aspects of Nuclear Reactor Safety, Vol. 2, pp. 223–238, Atlanta, Nov. 1977
18. Fauske, H. K.: On the Mechanism of UO_2-Na Vapor Explosions. Nucl. Sci. Eng. 51 (1973) 95–101
19. Board, S. J.; Hall, R. W.; Hall, R. S.: Detonation of Fuel Coolant Explosions. Nature 254 (1975) 319–321
20. Ladisch, R.: KfK-Bericht. Wird demnächst veröffentlicht
21. Mayinger, F., et al.: Untersuchung thermohydraulischer Prozesse für den Wärmeaustausch in Coreschmelzen. BMFT-RS 48/1, Abschlußbericht, Bd. III, Institut für Verfahrenstechnik der T.U. Hannover, Okt. 1975
22. Hassmann, K., et al.: Theoretische Bestimmung von Energiebilanzen an der Reaktordruckbehälterwand und Containmentwand für DWR und SWR, BMFT RS 72a/b. Kraftwerk Union, Erlangen, Nov. 1975
23. Holleck, H., et al.: Zustand, Reaktionsverhalten, Technologie und Stoffdaten von LWR-Materialien beim Coreschmelzen, PNS 4244/4245. KfK 2500, Kernforschungszentrum Karlsruhe, Sept. 1977
24. Alsmeyer, H., et al.: Ein Modell zur Beschreibung der Wechselwirkung einer Kernschmelze mit Beton. KfK 2395, Kernforschungszentrum Karlsruhe, Okt. 1977
25. Schramm, R.; Reinecke, H. H.: Thermohydraulics of the Interaction between Molten Core Material and Reactor Concrete, Vol. IV, pp. 2087–2094, Conf. 761001, Chicago, Oct. 1976
26. Mnir, J. F.; Powers, D. A.; Dahlgren, D. A.: Studies on Molten Fuel Concrete Interactions, Vol. IV, pp. 2095–2104, Conf. 761001, Chicago, Oct. 1976
27. Baker, L., et al.: Interactions of LMFBR Core Debris with Concrete, pp. 2105–2114, Conf. 761001, Chicago, Oct. 1976
28. Smidt, D.; Schleisiek, K.: Fast Breeder Safety against Propagation of Local Failures. Nucl. Eng. Des. 40 (1977) 393–402
29. Fauske, H. K.: Fast Breeder Safety: An Overview Including Implications of Alternate Fuel Cycles. ASME Symp. on the Thermal and Hydraulic Aspects of Nuclear Reactor Safety, Atlanta, Nov. 1977
30. Royl, P., et al.: Untersuchungen zu Kühlmitteldurchsatzstörfällen im abgebrannten EOL Mark 1A Kern des SNR-300. Kernforschungszentrum Karlsruhe, wird demnächst veröffentlicht.
31. Struwe, D.; Royl, P., et al.: CAPRI–A Computer Code for the Analysis of Hypothetical Core Disruptive Accidents in the Predisassembly Phase. Conf. 740401, p. 1525 (1974)
32. Kuczera, B.: BREDA, Ein Rechenmodell für die Verformung des Brennstabes eines Na-gekühlten Schnellen Brutreaktors unter transienter Belastung. KfK 1729, Kernforschungszentrum Karlsruhe 1972
33. Rumble, E. T.; Kastenberg, W. E.; Okrent, D., et al.: Fuel Movement Investigations During LMBFR Overpower Excursions Using a New Model. Conf. 740401, p. 1556 (1974)
34. Calahan, J. E.; Ferguson, D. R., et al.: A Preliminary User's Guide to Version 1.0 of the SAS 3D Accident Analysis Computer Code. Argonne National Laboratory
35. Fauske, H. K.: Boiling Flow Regime Maps in LMFBR HCDA Analysis. Trans. Am. Nucl. Soc. 22 (1975) 385–386
36. Epstein, M.: Melting, Boiling and Freezing: The Transition Phase in Fast Reactor Safety Analysis. ASME Symp. on the Thermal and Hydraulic Aspects of Nuclear Reactor Safety, Vol. 2, pp. 171–193, Atlanta, Nov. 1977
37. Abramson, P. B.: FX2POOL: A Dynamic Two-Dimensional Multi-Fluid Hydro/Thermodynamic and Neutronics Model for Boiling Pools. Conf. 740401, p. 1541 (1974)
38. Weber, D. P., et al.: VENUS III: A Eulerian Disassembly Code. Trans. Am. Nucl. Soc. 21 (1975) 219
39. Schmuck, P., et al.: KADIS: Ein Computerprogramm zur Analyse der Kernzerlegungsphase bei hypothetischen Störfällen in schnellen natriumgekühlten Brutreaktoren. KfK 2497, Kernforschungszentrum Karlsruhe 1977
40. Chang, Y. W.; Gvildys, J.: REXCO-HEP: A Two-Dimensional Computer Code for Calculating the Primary System Response in Fast Reactors. ANL-75-19, June 1975
41. Wang, C. K.: ICECO–An Implicit Eulerian Method for Calculating Fluid Transient in Fast Reactor Containment. ANL 75-81, Dec. 1975

42. Doerbecker, K.: ARES: Ein zweidimensionales Rechenprogramm zur Beschreibung der kurzzeitigen Auswirkungen einer hypothetischen unkontrollierten nuklearen Exkursion auf Reaktortank, Drehdeckel und Einbauten, gezeigt am Beispiel des SNR-300. Reaktortagung Hamburg, 1972
43. Meyer, J. F., et al.: An Analysis and Evaluation of the Clinch River Breeder Reactor Core Disruptive Accident Energetics. NUREG-0122 (1977)
44. Fröhlich, R., et al.: Analyse schwerer hypothetischer Störfälle für den SNR-300 Mark 1A Reaktorkern. KfK 2310, Kernforschungszentrum Karlsruhe 1976
45. Peppler, W.: Sodium Boiling in Fast Reactors: A State of the Art Review. ASME Symp. on the Thermal and Hydraulic Aspects of Nuclear Reactor Safety, Vol. 2, pp. 123–154, Atlanta, Nov. 1977
46. Theofanous, T. G., et al.: Clad Relocation Dynamics–The Physics and Accident Evolution Implifications. Conf. 761001, Chicago, Oct. 1976
47. Spencer, B. W., et al.: Summary and Evaluation of R-Series Loss-of-Flow Safety Tests in TREAT. Conf. 761001, Chicago, Oct. 1976
48. Wrona, B. J., et al.: Fuel Slumping Behaviour, ANL-RDP-23. Argonne National Laboratory, p. 5.7, Dec. 1973
49. Dickerman, C. E., et al.: Status and Summary of TREAT In-Pile Experiments on LMFBR Response to Hypothetical Core Disruptive Accidents. ASME Symp. on the Thermal and Hydraulic Aspects of Nuclear Reactor Safety, Vol. 2, pp. 19–50, Atlanta, Nov. 1977
50. Wrona, B. J., et al.: Mechanical Response of UO_2 Subjected to Transient Heating. Nucl. Technol. 32 (1977) 276
51. Henry, R. E., et al.: Sodium Expulsion Tests for the Seven Pin Geometry. Conf. 740401, p. 1188 (1974)
52. Chang, Y. W.; Gvildys, J.: Structural Dynamics in LMFBR Containment Analysis, A Brief Survey of Computational Methods and Codes. Trans. 4th Int. Conf. on Structural Mechanics in Reactor Technology. Paper E 1/1, San Francisco, Aug. 1977
53. Benuzzi, A., et al.: Validation of Explosion Containment Codes: Analysis of Bare Rigid Models in the COVA Programme. Trans. 4th Int. Conf. on Structural Mechanics in Reactor Technology, Paper E 2/3, San Francisco, Aug. 1977
54. Cagliostro, D. J., et al.: Response of Simple Scale-Model Reactor Vessel to a Simulated HCDA Loading. Trans. 4th Int. Conf. on Structural Mechanics in Reactor Technology. Paper E 2/4, San Francisco, Aug. 1977
55. Struwe, D.; Grötzbach, G.; Meyder, R.: Thermohydraulic Core Debris Behaviour in the SNR-300 Reactor Vessel after HCDA's. Proc. of the European Nuclear Conf., pp. 758–773, Paris 1975
56. Gluekler, E. L.; Baker, L.: Post Accident Heat Removal in LMFBR's. ASME Symp. on the Thermal and Hydraulic Aspects of Nuclear Reactor Safety, pp. 285–324, Atlanta, Nov. 1977
57. Cho, D. H., et al.: Pressure Generation by Molten Fuel-Coolant Interactions Under LMFBR Conditions. Conf. 710302, p. 25 (1971)
58. Boudreau, J. E.; Jackson, J. F.: Recriticality Considerations in LMFBR Accidents. Proc. of the Fast Reactor Safety Meeting, Conf. 740401-P3, p. 1265–1289, Beverly Hills, April 1974
59. Hicks, E. P.; Menzies, D. C.: Theoretical Studies on the Fast Reactor Maximum Accident. Proc. Conf. Safety, Fuels and Core Design of Large Fast Power Reactors. ANL-7120, p. 654 (1965)
60. Fauske, H. K.: Some Aspects of Liquid–Liquid Heat Transfer and Explosive Boiling, Conf.-740401 Proc. Fast Reactor Safety, Beverly Hill, P2, 992–1005 (1974)
61. Henry, R. E., et al.: Experiments on Pressure Driven Fuel Compaction with Reactor Materials. Proc. International Meeting on Fast Reactor Safety and Related Physics. Oct. 5–8, Chicago, Ill. 1976

11 Sicherheitstechnisch bedeutsame Vorkommnisse an Kernkraftwerken

Die Erfahrungen mit dem Betrieb und aus Störungen von Kernkraftwerken dienen dazu, die in den vorangehenden Kapiteln dargebotenen Darstellungen prinzipieller Natur an konkreten Einzelbeispielen zu verdeutlichen, zu vertiefen und an einigen Stellen auch zu erweitern. Besondere Vorkommnisse müssen der Genehmigungsbehörde gemeldet werden und werden von dieser veröffentlicht. Die entsprechenden Berichte (NRC-Reports on Current Events, NRC-Computer Listings of Licensee Event Reports) über die USA erscheinen im „Atomic Energy Clearing House", ausführliche Darstellungen können über den „Nuclear Regulatory Commission's Public Document Room", 1717 H Street, NW, Washington D.C., USA, bezogen werden. Auch die Zeitschrift „Nuclear Safety" bringt regelmäßig Zusammenfassungen und Einzeldarstellungen. In der Bundesrepublik werden Kurzberichte über besondere Vorkommnisse an ausländischen und deutschen Anlagen in der A-Reihe der Kurzinformation der Gesellschaft für Reaktorsicherheit (GRS), Glockengasse 2, 5000 Köln 1, berichtet. In diesem Zusammenhang sei auch auf den ebenfalls bei der GRS erschienenen Bericht des Bundesministers des Innern, „Besondere Vorfälle in Kernkraftwerken der Bundesrepublik Deutschland", Berichtszeitraum 1965 bis 1977 vom Juli 1977, hingewiesen.

Für die USA wurden beispielsweise zwischen April 1974 und Dezember 1976 einige tausend Vorkommnisse gemeldet. Unfälle mit Kernschmelzen und dadurch bedingter größerer Freisetzung von Radioaktivität sind nicht vorgekommen. Ebenso sind Störfälle der in den Kapiteln 7 bis 9 beschriebenen Art, also Transienten ohne Schnellabschaltung, größerer Kühlmittelverlust mit vorübergehendem Trockengehen des Cores und schwerwiegende äußere Einwirkungen in Form von Flugzeugabsturz, chemischer Explosion und Erdbeben nicht aufgetreten.

Die meisten Vorfälle betrafen relativ unbedeutende Komponentenausfälle an Betriebs- und Sicherheitssystemen. Sie wurden zum großen Teil bei den routinemäßigen Prüfungen entdeckt oder machten sich durch Anzeigen der Überwachungssysteme bemerkbar. Sie gehören weitgehend zur Klasse der Einzelfehler oder unabhängigen Fehler. Ihre Auswertung trägt zur Verbesserung der Basisdaten für die probabilistische Risikoanalyse bei und wird systematisch betrieben. Solche Ereignisse sollen hier nicht weiter behandelt werden. Da hier nur die Sicherheitstechnik im Hinblick auf den Umgebungsschutz behandelt wird, wird auch nicht auf unplanmäßige Aktivitätsabgaben, die nicht im Zusammenhang mit Störfällen standen und die sich i. a. innerhalb der betrieblich zulässigen Grenzen hielten oder auf einzelne unzulässige Strahlenexpositionen oder Unfälle des Betriebspersonals eingegangen.

Einige Vorkommnisse sind dagegen von exemplarischer Bedeutung, weil sie auf mögliche Schwachstellen in den Anlagen aufmerksam gemacht haben. Sie betreffen

(1) Die Ausführung von unter Druck stehenden Rohrleitungen und Behältern, also die Basissicherheit.

(2) Abhängige oder common-mode-Fehler mit dem Potential, mehrere redundante Sicherheitssysteme außer Funktion zu setzen, die bei Prüfungen entdeckt wurden.
(3) Abhängige Fehler oder mehrere gleichzeitig auftretende Einzelfehler, die im Zusammenhang mit Störfällen zutage traten.

(1) Fehler an der druckführenden Umschließung

Die bisherige Erfahrung hat gezeigt, daß die Fehler zum größten Teil bei routinemäßigen Prüfungen entdeckt wurden. Wo dies in einigen Fällen nicht der Fall war, gaben sich die entstandenen Risse durch kleine Leckagen zu erkennen, die zu einer Erhöhung der Aktivität im Sicherheitsbehälter und entsprechenden Anzeigen führten, die dann Anlaß für eine lokale Kontrolle und Feststellung waren. Das sog. „Leck-vor-Bruch"-Kriterium erwies sich in diesen Fällen als gültig.

Die festgestellten Mängel lassen sich in einige größere Gruppen gliedern:

(a) Ungünstige Materialauswahl für Komponenten

In der Bundesrepublik sind sog. höherfeste Feinkornstähle üblich, die sich durch hohe Werte der Streckgrenze auszeichnen, aber besonders empfindlich auf Fehler in der Verarbeitung (Vorwärmen und Schweißen, Warmverformung bei der Montage) reagieren. Solche Werkstoffe wurden z. B. für die Frischdampf-, Druckentlastungs- und Speisewasserleitungen der Siedewasserreaktoren der KWU-Baulinie 69 verwendet (s. Bild 4.15).

Bei der Anlage Würgassen wurden am 25. 2. 1973 und am 17. 7. 1973 Leckagen und Risse in Kühlmittelleitungen gefunden. Als Ursache für den erstgenannten Fall wird auch eine einmalige Überlastung (Wasserschlag) angegeben. Insgesamt wurde neben den schadhaften eine Anzahl gleichartiger Formstücke ausgewechselt.

Bei der Anlage Phillipsburg I wurde im Februar 1978 noch vor der Inbetriebnahme festgestellt, daß die Enden der Teilstücke der Speisewasserleitungen beim Kalibrieren vor dem Zusammenschweißen warmgemacht und danach zu rasch abgekühlt worden waren. Dadurch war es in einer schmalen Zone beiderseits der Schweißnähte zu Aufhärtungen und Zähigkeitsverminderungen gekommen.

Auch bei anderen Komponenten wurden derartige Werkstoffe eingesetzt. Es gibt verschiedene Behälter in den Anlagen, deren Ausfall zwar keine unmittelbare sicherheitstechnische Bedeutung hat, die aber bei einem Bersten durch Sprengstücke und Druckwellen Folgeschäden von höherem Gefahrenpotential bewirken können. Deshalb wurde 1974 vom Bundesminister des Innern verfügt, daß die Schnellabschaltbehälter der Siedewasseranlagen Isar, Würgassen, Brunsbüttel und Philippsburg I nach einer angemessenen Frist ausgewechselt werden müssen. (Bei den KWU-Anlagen sind Sammelbehälter für ganze Steuerstabgruppen, nicht Einzelbehälter für jeden Stab wie bei den GE-Anlagen vorgesehen.)

Aus dem gleichen Grund muß nach festgestellten Schäden (23. 6. 1975, 7. 5. 1976) der im Sekundärsystem angeordnete Speisewasserbehälter des DWR-Kraftwerks Biblis A ausgewechselt werden.

Auch bei Sicherheitsbehältern wurde ein höherfester Feinkornbaustahl eingesetzt. So wurden während der Montageprüfungen in der Wärmeeinflußzone des Sicherheitsbehälters der DWR-Anlage Esenshamm Risse festgestellt, die behoben werden konnten. Auch an den Schweißnähten des Kondensationskammerbodens der SWR-Anlage Brunsbüttel traten während der Bauarbeiten Risse auf, die dort allerdings auch durch die komplizierte Konstruktion (Doppelboden) bedingt sein können.

Auch in der Wärmeeinflußzone von Schweißnähten an Rohrleitungen sind kleine Leckagen aufgetreten (z. B. DWR Arkansas I, 1.12.1976).

(b) Spannungsrißkorrosion

In den GE-Siedewasserreaktoren Dresden II, Millstone I und Quad Cities II wurden im September 1974 Risse in den Umwälzschleifen festgestellt. Bei Dresden II wurden auch Rißanzeichen in verschiedenen anderen Rohrleitungen gefunden. Durch Risse in den Anfahrleitungen (für die Kühlmittelumwälzpumpen) trat in Dresden II am 15.1.1975 eine Leckage auf. Die Nachprüfung ergab ähnliche Schäden in Millstone I und Quad Cities II. Ursache war in allen Fällen Spannungsrißkorrosion.

(c) Schwingungen

Schwingungsrisse wurden festgestellt an einer Abzweigung der Hauptspeisewasserleitung des SWR Dresden III (Nov. 1974), am Speisewasserverteilerring SWR Dresden II (Febr. 1975 2 Risse in Umfangsrichtung) und SWR Quad Cities II (April/Mai 1975) festgestellt. Durch falsche Installation und Schwingungen haben sich (April/Mai 1975) beim SWR Quad Cities II Verschraubungen der Strahlpumpen gelöst. Bei der gleichen Anlage riß August/September 1975 eine Schwachlast-Speisewasserleitung durch Schwingungen ab. Die Auswertung ergab auch Fehler bei der Schweißnahtvorbereitung. Schwingungen waren auch die Ursache für die Beschädigung der Anschlußschweißnaht einer Entleerungsarmatur der Sperrwasserversorgung einer Kühlmittelumwälzpumpe, die am DWR Stade am 18.4.1976 zu einer Primärkühlmittelleckage führte.

(d) Schäden an Dampferzeugerrohren

In einer Anzahl von US-DWR-Anlagen, Point Beach I, Robinson, Surry I und II, Turkey Point 3 und 4, Indian Point 2 und San Onofre und anderen, ebenso bei der deutschen Anlage Obrigheim traten Leckagen und andere Schäden an den Dampferzeuger-Heizrohren auf. Die Rohre bestehen hier aus dem stark nickelhaltigen Werkstoff Inconel 600, auf der Sekundärseite sind aber auch ferritische Einbauten, insbesondere die Abstandshalterplatten vorhanden. Deshalb muß das Speisewasser alkalisch sein. Das dazu bis etwa 1974 verwendete Natriumphosphat griff das Inconel 600 der Rohre an und führte zu den frühen Schäden. Auf Empfehlung des Herstellers wurde die Zugabe von Natriumphosphat dann durch das sog. All-Volatile-Verfahren (AVT, Hydrazin) ersetzt. Hier stellte sich der pH-Wert jedoch als zu gering heraus und es kann zu Korrosion der Abstandshalterplatten insbesondere in Bereichen geringer Speisewasserströmung kommen. Die Korrosionsprodukte setzen sich zwischen Dampferzeugerrohr und Abstandshalterplatte. Dadurch, daß sie etwa das 6fache Volumen des Ausgangsmaterials haben, bewirken sie ein Einbeulen der Rohre (tube denting) und andererseits Deformationen an den Abstandshalterplatten. Diese wiederum kann zu Spannungsspitzen in den U-Bögen der Rohre mit nachfolgender Spannungsrißkorrosion führen.

Die Schäden wurden durch Prüfungen, in einzelnen Fällen durch Leckage und Anstieg der Sekundäraktivität detektiert. Es kam zu keiner Freisetzung über die betrieblich zulässigen Werte hinaus.

In den meisten Anlagen wurden inzwischen neue Rohrwerkstoffe (z. B. in Obrigheim inzwischen wie bei den anderen deutschen Anlagen Inconel 800) eingesetzt.

(e) Bestrahlungseinfluß auf Reaktordruckbehälter

In einer Anzahl früherer Anlagen ist der Kupfergehalt in den Schweißnähten höher, als den heutigen Anforderungen entspricht. Das könnte bei DWRs zu einer vorzeitigen Bestrahlungsversprödung führen; bei SWRs ist der Neutronenfluß zu gering. An voreilenden Materialproben wird dies Problem zur Zeit überwacht. Zur Zeit ist jedoch noch ein ausreichender Sicherheitsabstand gegeben.

(2) Bei Prüfungen entdeckte abhängige Fehler

(a) Mängel im Reaktorschutzsystem

Beim DWR Zion I wurde im Sept. 1974 bei abgeschaltetem Reaktor ein Auslegungsfehler in der Logik des Sicherheitseinspeisesystems (Not- und Nachkühlsystem) entdeckt. Ein weiterer Verdrahtungsfehler dieser Anlage wurde im November 1974 gemeldet.

Beim DWR Trojan I wurde am 6. 2. 1975 festgestellt, daß 11 Relaisspulen in 4-kV- und 1-kV-Schalteinrichtungen für 48 V statt für 125 V ausgelegt waren. 5 der Spulen gehörten zum Reaktorschutzsystem. Bei einigen hätte das Versagen im Anforderungsfall einen Alarm ausgelöst. In der SWR-Anlage Würgassen wurde am 22. 9. 1976 auf einigen Kontakten in zwei Relais-Gruppen ein grauer Belag festgestellt. Dies gab Veranlassung zur Relais-Überprüfung in kürzeren Abständen und Behebung der Ursachen. Im SWR Kahl war es am 29. 7. 1965 wegen einer ungenügend ausgehärteten Korrosionsschutzschicht zu einem Festkleben der Endrelais des Reaktorschutzsystems gekommen.

(b) Nichtverfügbarkeit der Notstromversorgung

Mit den Notstromdieseln traten in verschiedenen Anlagen Probleme auf. Bei den Dieseln besteht deshalb eine gewisse Empfindlichkeit gegen abhängige Fehler, weil ihre Funktion von einer Anzahl Hilfseinrichtungen abhängt: Startautomatik, Brennstoffversorgung, Ölversorgung, Kühlwasserversorgung, Luftversorgung, Ankopplung an die Verbraucher u. a. m.

Beim SWR Hatch I traten im Februar 1975 an den Notstromdieseln verschiedene Schwierigkeiten auf. Ein Zeitschalter sprach zu früh an, die Luftzufuhr wurde durch Rost in den Lufteinlaßöffnungen behindert, so daß die erforderliche Drehzahl nicht erreicht wurde. Bei einem Eigenbedarfstest fiel ein Diesel wegen Wasser im Brennstofftank aus. Es bestand die Möglichkeit, daß auch die beiden anderen Diesel davon betroffen worden wären.

Beim SWR Würgassen wurden am 28. 8. 1972 durch einen auslegungsbedingten Schaltungsfehler in der Anfahrautomatik beim Übergang von der Fremdnetzversorgung auf die Notstromversorgung alle 4 Notstromdiesel von der Stromschiene getrennt. Zur Beseitigung des Fehlverhaltens wurden Handeingriffsmöglichkeiten in den Schaltungsablauf vorgesehen. Am 17. 9. 1973 waren an der gleichen Anlage die Notstromdiesel durch Alterung der Startbatterien nicht verfügbar. Bei einer Prüfung fielen beim SWR Brunsbüttel am 31. 10. 1976 alle 3 Notstromdiesel aus, weil der Saugschieber der Nebenkühlwasserpumpe 1 nicht geöffnet war und die Umschaltung auf die Reservepumpe wegen einer gestörten Meßstelle nicht funktionierte. Durch Einbau einer Verriegelung „offen" für die Saugschieber wurde die Fehlerursache beseitigt. Im SWR Millstone II waren am 15. 5. 1977 beide Dieselaggregate nicht betriebsbereit, weil die Ventile für die Kraftstoffversorgung geschlossen waren.

In allen Fällen stand diversitär die Versorgung aus mehreren Stromnetzen zur Verfügung.

(c) Probleme mit Druckentlastungsventilen

Die Druckentlastungsventile, wie auch die Sicherheitsventile sind im allgemeinen in der Öffnungsfunktion zuverlässiger als in der Schließfunktion. Da das sicherheitstechnische Gewicht des Öffnens das des Schließens weit überwiegt, ist dies im Grundsatz nicht schädlich. Nicht schließende Ventile führten aber zu einigen Betriebsstörungen, die bei Hinzukommen weiterer Fehler auch Folgeschäden bewirkten.

Besonders häufig trat das unplanmäßige Öffnen oder Offenbleiben der Entlastungsventile bei den Siedewasserreaktoren in Erscheinung. Hier treten die Entlastungsventile bei jeder Transiente in Funktion, die zu einer Reaktorschnellabschaltung mit Isolationsabschluß führt, also mit einer mittleren Eintrittswahrscheinlichkeit $\geqslant 1/a$. Die Anlagen der GE-Bauart besitzen außerdem in der Größenordnung von 10 parallelgeschalteten Entlastungsventilen.

So ereigneten sich unbeabsichtigte Druckentlastungen in den Anlagen Würgassen (12.4.1972, Probebetrieb), Cooper (Juli 1974, bei Prüfungen blockierten 2 Entlastungventile in Offenstellung hier auch im September 1974), Browns Ferry I (27.9.1974), Peach Bottom II (Oktober 1974, Ventil öffnet sich aus zunächst unbekannter Ursache), Brunswick II (Aug./Sept. 1975, zwei Druckentlastungen mit einer Woche Abstand, eine weitere am 15.7.1976) und Pilgrim I (13.9.1975 nach Notstromfall) und in Edwin I Hatch (29.7.1976 durch menschliches Versagen bei Überwachungsarbeiten).

In vielen Fällen wurden die Ereignisse durch Fehler an den Vorsteuerventilen verursacht (Verschleiß, Verschmutzung). Der Vorfall von Würgassen hatte Folgen, die die Bezeichnung Störfall rechtfertigen; er wird deshalb unter Punkt (3) nochmals behandelt werden.

In einem Fall (SWR Duane Arnold I) wurde am 28.3.1977 festgestellt, daß ein Teil der Entlastungsventile nicht beim eingestellten Grenzdruck öffneten. (Nicht Sicherheitsventile!)

Bei den Druckwasserreaktoren ereignete sich im Primärkreis bei Oconee III (Aug./Sept. 1975) ein Fall, daß nach einer beim Anfahren aufgetretenen Drucktransiente ein Druckentlastungsventil auf dem Druckhalter öffnete und in Offenstellung versagte. In der Anlage Neckarwestheim öffnete sich am 30.12.1976 durch Einfrieren zweier Impulsleitungen ein sekundäres Sicherheitsventil kurzzeitig. Ferner ließ sich am 21.9.1977 im Zusammenhang mit einer Anfahrtransiente auf der Sekundärseite des Dampferzeugers unter nicht für den Normalbetrieb typischen Bedingungen ein Entlastungsventil nicht öffnen und versagte ein Sicherheitsventil in Offenstellung. Dieser Störfall wird ebenfalls unter (3) behandelt werden.

(d) Störungen im Not- und Nachkühlsystem bzw. Borierungssystem

Bei zwei DWRs, nämlich Indian Point II (Juli 1974) und Obrigheim (1968), verschloß auskristallisierte Borsäure Rohrleitungen des Boreinspeisesystems bzw. im ersten Fall des Sicherheitseinspeisesystems. Die Ursache hing teilweise mit dem Ausfall der hier vorgesehenen Heizer zusammen.

(e) Wasserschlag

Dampfführende Leitungen, in denen sich in Stillstandsphasen Kondenswasserpfropfen bilden, sind bei der Wiederinbetriebnahme durch Wasserschlag gefährdet. Unter Punkt (1) wurde bereits ein entsprechendes Ereignis in Würgassen vermerkt. Im SWR Duane

Arnold wurden im Juli 1974 Rohraufhängungen und Erdbebensicherungen beschädigt. Ähnliche Auswirkungen gab es in der gleichen Zeit im Speisewassersystem des DWR Zion I und des SWR Dresden III. Ein besonderer Wasserschlageffekt wurde in mehr als 20 in den USA berichteten Ereignissen im Dampferzeuger von Druckwasserreaktoren festgestellt. Bei bestimmten Transienten (Ausfall oder Schnellabschaltung der Speisewasserpumpen) sinkt der Wasserspiegel im Dampferzeuger so weit ab, daß der Speisewasserverteiler (ringförmiges Rohr mit Austrittsöffnungen an der Unterseite) im Dampfraum liegt (s. Bild 3.7). Der anschließend durch die Pumpen des Notspeisewassersystems in den Verteiler eingespeiste Kaltwassermengenstrom ist so gering, daß er nicht den ganzen Rohrquerschnitt einnimmt. So kann Dampf eindringen und gelegentlich durch Pfropfen kalten Wassers eingeschlossen werden. Die anschließende Kondensation führt zu Wasserschlägen, die Komponenten und Rohrleitungsaufhängungen beschädigen können und im Falle der Anlage Indian Point 2 zu einem Bruch der Speisewasserleitung (45 cm Durchmesser) innerhalb des Containments führten. Bei den KWU-Anlagen tritt das Notspeisewasser über einen eigenen Stutzen in den Dampferzeuger ein. Ähnliche Probleme sind hier deshalb nicht bekanntgeworden.

(f) Unverfügbarkeit des Notkühlsystems

Beim DWR Maine Yankee wurde versäumt (berichtet im Juni/Juli 1975), alle 3 Absperrventile des Flutbehälters (nur einer vorhanden) zu öffnen.

(g) Schwerbeweglichkeit von Steuerstäben

Bei Stabfalltests wurde in einigen deutschen und amerikanischen Anlagen eine Schwergängigkeit von Steuerstäben beobachtet. Die meist konstruktiv bedingten Ursachen wurden beseitigt.

(h) Ungeeignetes Kabelmaterial

Nach Materialtests in den Sandia-Laboratorien zeigte sich, daß bestimmte, in einigen US-Kernkraftwerken eingesetzte Kabelverbinder den Bedingungen des Kühlmittelverluststörfalls nicht standhalten könnten (Druck, Temperatur, Dampfatmosphäre usw.) und Kabel für Sicherheitseinrichtungen ausfallgefährdet wären. Daraufhin wurde eine Anzahl Anlagen von der NRC überprüft.

(3) Störfälle

Die Grenze zwischen Störfällen und einigen der im vorangehenden Punkt genannten Ereignisse ist durchaus fließend. Wenn ein Entlastungsventil unbeabsichtigt öffnet, seine Fehlfunktion also nicht bei Tests entdeckt wird, liegt eine Betriebsstörung vor. Wenn die Folgen unmittelbar oder durch Hinzukommen anderer Ereignisse ernsthafter werden oder wenn das Ereignis Mängel aufdeckt, soll es in diesem Zusammenhang Störfall genannt werden. Die Störfälle in den amerikanischen und deutschen Anlagen sollen in ihrer zeitlichen Reihenfolge berichtet werden:

(a) Leckage und Bersten eines Niederdruckbehälters im Containment.
DWR Obrigheim am 3. 2. 1972

Bei Vollastbetrieb wurde durch versehentliches Öffnen einer Entwässerungsarmatur von der Warte aus eine Verbindung zwischen Primärkreis und Anlagenentwässerungssystem geschaffen. Die vorhandene zweite, nur vor Ort zu betätigende Armatur stand offen. Durch den Überdruck barst ein Entwässerungsbehälter und richtete erheblichen

11 Sicherheitstechnisch bedeutsame Vorkommnisse an Kernkraftwerken

Sachschaden an. Schnellabschaltung und Sicherheitseinspeisung funktionierten ordnungsgemäß. Nach einiger Zeit konnte die Leitung abgesperrt werden. Die kontrollierte Aktivitätsfreisetzung über das Lüftungssystem des Sicherheitsbehälters lag im betrieblich zugelassenen Rahmen.

(b) Beschädigung der Kondensationskammer. SWR Würgassen am 12. 4. 1972
(s. Bild 4.15)
Im Laufe von Inbetriebnahmeprüfungen ließ sich ein Druckentlastungsventil nicht schließen. Dadurch strömte Dampf in die Kondensationskammer. Durch eine Schnellabschaltung hätte dieser anomale Zustand rasch beendet werden können. Bei einer dadurch bewirkten relativ geringfügigen Druckreduktion hätte sich, wie sich später herausstellte, das defekte Entlastungsventil wieder geschlossen.

Statt dessen versuchte das Betriebspersonal, die Leistung langsam zu reduzieren, um eine rasche Abkühlung des Reaktordruckbehälters durch die bei einer Schnellabschaltung erwartete Druckentlastung über das offene Ventil zu vermeiden. Dadurch erhöhte sich die Wassertemperatur in der Kondensationskammer über den zulässigen Wert und die dynamischen Kondensationsvorgänge führten zu Druckpulsationen. Dadurch wurde ein am Boden der Kondensationskammer zur Verstärkung angeschraubter schwerer Doppel-T-Träger losgerüttelt und durch die Schraublöcher (etwa 50 von je etwa 27 mm Durchmesser) floß Wasser in den Sicherheitsbehälter.

Der Wasseranfall wurde durch das Reaktorschutzsystem als Kühlmittelverlust interpretiert und löste die automatische Schnellabschaltung aus. Durch das Wasser wurden insbesondere die Antriebsmotoren der Steuerstäbe beschädigt. Die hydraulisch betätigte Schnellabschaltung wurde nicht beeinträchtigt.

In der Folge wurden die Probleme der Druckpulse bei der Kondensation eingehend untersucht. Die Kondensationskammern von Würgassen und 4 weiteren Anlagen der gleichen Baulinie wurden verstärkt. Die prinzipiellen Probleme sind bereits in den Kapiteln 4 und 8 behandelt worden.

(c) Örtliche Leistungsspitze mit Hüllrohrschäden im SWR Dresden III am 30. 10. 1974
Der Reaktorkern befand sich gerade im Maximum der Xenonvergiftung. In diesem Zustand ergeben die sonst üblichen geringen Steuerstabbewegungen keine merkliche Leistungsänderung. Das Flußmaximum sollte in die untere Kernhälfte verlegt werden; dies konnte nur durch eine verhältnismäßig große Steuerstabbewegung erreicht werden. Es wurde nicht bedacht, daß nach Abbau der Xenonvergiftung der Neutronenfluß im unteren Kernbereich entsprechend stark ansteigen muß. Dies führte zu größeren Hüllrohrschäden, die über die Abgasaktivität jedoch rasch detektiert wurden. Die Aktivitätsabgabe blieb unter den genehmigten Betriebswerten.

Man kann diesen Störfall als Sonderfall des in Bild 6.6 mit (2) bezeichneten Ereignisses „örtliche Leistungsspitzen durch Fehlposition von Regelstäben oder Brennelementen" ansehen. Es war nicht ausreichend bedacht worden, daß die Xenonvergiftung die richtige Stabstellung zeitabhängig werden läßt.

(d) Kabelbrand in Browns Ferry (3 SWR) am 22. 3. 1975
Zum Zeitpunkt des Vorfalls waren zwei Blöcke mit voller Leistung in Betrieb, der dritte war noch in Bau. An der Kabeldurchführung zwischen Rangierverteilerraum und Kabelkanal (der zur Anlage III führt) prüfte ein Monteur die Abdichtung mit einer offenen Kerzenflamme. Ein Flackern zeigte eine Undichtigkeit an. Man dichtete diese mit Polyurethanschaum ab und prüfte unmittelbar danach auf die gleiche Weise. Der

Luftstrom sog an einer undichten Stelle die Flamme in das frische Dichtungsmittel hinein und entzündete es. Als Folge kam es zu einem Kabelbrand auf etwa 13 m Länge. Qualm und Wärmeentwicklung und die Enge des nur bekriechbaren Kanals erschwerten die Löscharbeiten, die sich über 7 Stunden hinzogen.

Da Steuerkabel der redundanten Notkühlsysteme im gleichen Kanal verlegt waren, fielen verschiedene Sicherheitssysteme für die Nachwärmeabfuhr aus. (Keine räumliche Trennung!)

In Block I wurden etwa 20 min nach Beginn des Brandes sämtliche Teilsysteme des Not- und Nachkühlsystems angeregt und da der Füllstand in Ordnung war, von Hand abgeschaltet. In der Folge waren sie nicht mehr einschaltbar. Der Reaktor wurde von Hand abgeschaltet.

Das durch das Verschwinden der Dampfblasen bewirkte Absinken des Füllstandes um ca. 1 m wurde durch die turbinengetriebenen Speisepumpen ausgeglichen. 45 min nach Störfallbeginn fiel die Stromversorgung an verschiedenen Notschienen und Steuerkabeln aus. Kurz darauf schlossen die Frischdampf-Isolationsventile ohne ersichtlichen Grund und sperrten so die Hauptwärmesenke ab. Damit entfiel auch die Dampfversorgung der Antriebsturbinen für die Speisepumpen. Nach weiteren 30 min wurden die Entlastungsventile geöffnet und der Reaktordruck auf ca. 20 bar abgesenkt, so daß die Kondensatboosterpumpen die Einspeisung übernehmen konnten. Dabei sank der Füllstand bis auf 1,5 m über Kernoberkante ab.

Etwa 6 Stunden nach Störfallbeginn ließen sich die von Hand ansteuerbaren Entlastungsventile nicht mehr öffnen, weil ein Magnetventil für die Steuerluft schloß. Dadurch stieg der Kühlmitteldruck über die Förderhöhe der Kondensatboosterpumpen und erreichte Werte von über 40 bar. Für die Einspeisung stand nur eine Steuerstabantriebspumpe zur Verfügung.

Durch ein provisorisches E-Kabel zum ausgefallenen Magnetventil wurde nach weiteren 3 Stunden die Steuerluftzufuhr zu den Entlastungsventilen wiederhergestellt. Nach der Druckabsenkung wurde die Nachwärmeabfuhr durch die Kondensatboosterpumpen übernommen. Damit war die Nachwärmeabfuhr gesichert.

Zusammenfassend soll noch einmal aufgelistet werden, welche Sicherheitseinrichtungen bei Block I intakt blieben und welche ausfielen:

Es wurden nicht beeinträchtigt und standen zur Verfügung:
- Beide Sicherheitsventile,
- 11 Entlastungsventile mit der Einschränkung, daß die Handbetätigung zeitweilig ausfiel,
- Steuerstabantriebspumpen,
- Notstrom (3 von 4 Dieseln),
- Sicherheitsbehälter,
- Abluftfilteranlage,
- 2 der 8 Umluftkühler im Sicherheitsbehälter,
- Vergiftungssystem,
- Kondensatboosterpumpen.

Nicht funktionsfähig waren:
- Alle automatischen und Handanregungen des Nachspeisesystems und des Notkühlsystems,
- zeitweilig die Handanregung der Entlastungsventile,

— zeitweilig die gesamte nukleare Instrumentierung,
— zeitweilig Instrumentierung für Füllstand und Temperatur der Kondensationskammer sowie Druckkammerdruck,
— 50% der Steuerstabpositionsanzeigen (die erfolgte Schnellabschaltung konnte jedoch von allen Stäben bestätigt werden),
— Aktivitätsüberwachung im Brandbereich, im Reaktorgebäude und Maschinenhaus.

Als Reserve für die Kühlmitteleinspeisung hätten noch zur Verfügung gestanden:
— 2 weitere Kondensatboosterpumpen bei Drücken um 20 bar,
— 3 Kondensatpumpen bei Drücken um 10 bar,
— durch Montage eines Verbindungsstückes hätte das turbinengetriebene Nachspeiseaggregat (RCIC) wieder in Betrieb genommen werden können, um auch bei hohem Druck die langfristige Nachwärmeabfuhr zu ermöglichen.

Auch in Block 2 der Anlage gab es einige Ausfälle durch das Feuer. Die Not- und Nachkühlsysteme blieben jedoch funktionsfähig. Die Handansteuerung der Entlastungsventile fiel auch hier zeitweilig aus, doch hielt die automatische Anregung den Druck auf etwa 72 bar. Als eines der Entlastungsventile in Offenstellung klemmte, kam es zu einer Druckentlastung.

Die wichtigsten Schlußfolgerungen, die aus diesem Störfall gezogen wurden, waren
— schwer entflammbare Kabelisolationen und
— unbrennbares Isolationsmaterial an Kabeldurchführungen zu verwenden,
— verbesserte Feuerbekämpfungseinrichtungen und -maßnahmen (ggf. eher Verwendung von Wasser),
— verbesserte Abschottung,
— verbesserte räumliche Trennung bei der Verlegung,
— Verbot der Dichtheitsprüfung mit offener Flamme.

(e) Abgasexplosionen in verschiedenen SWR-Anlagen, insbesondere Cooper am 5. 11. 1975

Im Abgas der SWR-Anlagen ist radiolytisch erzeugter Wasserstoff enthalten. Dadurch kam es verschiedentlich zu Wasserstoffexplosionen im Abgassystem, so 1974 in der Anlage Monticello, am 19.1.1976 in der Anlage Brunswick II. In der Anlage Cooper ereignete sich eine Wasserstoffexplosion im Sumpf des Reaktorgebäudes, als man Luftproben entnehmen wollte und zu diesem Zweck einen Probensammler einschaltete (Funken an den Kohlebürsten des Elektromotors). Die Ursache dafür, daß Wasserstoff in diesen Bereich gelangen konnte, war ein irrtümlich geschlossenes Isolationsventil im Abgassystem (nicht richtig montierte Positionsanzeige). Dadurch konnte Abgas über die Prüfleitungen der Loopflansch-Dichtungen in den Sumpf gelangen.

Durch die Explosion wurden 2 Personen verletzt. Die Schäden an der Anlage waren gering.

Zwei Monate später kam es im Abgasgebäude dieser Anlage zu einer Explosion, die das Abgasgebäude zerstörte. Ursache war die Vereisung der Abgabestelle, die wegen eines fehlerhaften Durchsatzmessers nicht rechtzeitig detektiert wurde. Wegen der angestiegenen Luftaktivität im Gebäude war dieses aber rechtzeitig geräumt worden.

Das Abgassystem als solches ist nicht unmittelbar sicherheitsrelevant. Indirekte Rückwirkungen auf die Anlage, wie im Falle der Explosion im Sumpf festgestellt, müssen allerdings vermieden werden.

(f) Brand der Erregerwicklung des Hauptgenerators des DWR Zion 2 am 19.9.1976
Die Auswirkungen dieses Störfalls haben an sich keine sicherheitstechnische Bedeutsamkeit, da der Hauptgenerator kein Sicherheitssystem ist. Da er aber zeigt, daß Sicherheitseinrichtungen bei fehlerhafter Bedienung auch schädliche Auswirkungen auf Betriebssysteme haben können, soll er trotzdem erwähnt werden.

Bei dem Versuch, eine der beiden Ausgleichsbatterien von der 125-V-Gleichstromschiene (s. Bild 3.38) zu trennen, wurde eine der beiden Schienen durch einen Schaltfehler stromlos. (Trennung von der Batterie vor Verbindung mit der Nachbarschiene.) Das führte zum Steuerstromausfall einiger wichtiger Geräte und bewirkte folgerichtig eine Schnellabschaltung des Reaktors. Dabei konnte eine Hauptspeisewasserpumpe nicht abgeschaltet werden und führte in zwei Dampferzeugern zu einer schnellen Abkühlung und zu einem primärseitigen Druckabfall. Dadurch wurde die Sicherheitseinspeisung ausgelöst.

Wegen des ausgefallenen Steuerstroms unterblieb die Abtrennung der 4,16-kW-Schienen vom Hauptgenerator (Bild 3.38).

Dadurch konnte der Hauptgenerator über die Notstromgeneratoren angetrieben werden. Zufällig befand sich einer der Notstromdiesel im Probebetrieb und speiste in die 4,16-kV-Schiene ein. Da der Hauptgenerator nicht mehr erregt war, wurde seine Wicklung überlastet und es kam zu einem Brand, der durch das CO_2-System gelöscht wurde, aber erheblichen Schaden anrichtete.

(g) Überspeisung des Zweikreis-SWR Grundremmingen I am 13.1.1977
Kurz nacheinander fielen beide 220-kV-Abnahmeleitungen durch Isolatorbrüche wegen ungewöhnlicher Kälte aus. Die Anlage begann nach einem kurzen Überschwingen der Turbinendrehzahl auf Eigenbedarfsversorgung überzugehen. Durch ein „Leistungsschalterimpulsgerät" bzw. ein nachträglich eingebautes „Lastsprungrelais" wurden folgende Maßnahmen ausgelöst:
— Öffnen der Umleitstation,
— Schließen der Turbineneinlaßventile,
— Unwirksammachen des Drehzahlreglers,
— Abschaltung der Umwälzpumpe I.

Die ersten 3 Maßnahmen sollten nach 2 s wieder abgesteuert werden. Der Fall, daß der Lastabwurf durch Abschalten der Freileitungen und nicht durch Öffnen des Blockleistungsschalters geschehen kann, war jedoch nicht berücksichtigt worden. Dadurch blieben alle 4 Maßnahmen bestehen, bis nach 32 s der Blockleistungsschalter durch den Unterfrequenzschutz ausgelöst wurde. Inzwischen war die Turbinendrehzahl auf $1400\,\text{min}^{-1}$ (Sollwert $1500\,\text{min}^{-1}$) abgesunken. Der jetzt erst wieder eingeschaltete Drehzahlregler öffnete die Turbineneinlaßventile deshalb voll.

Bei den Zweikreisanlagen wird im Gegensatz zu den Einkreisanlagen das Turbineneinlaßventil mit zur Drehzahlregelung herangezogen. Der dadurch bewirkte Druckabfall wurde vom Reaktorschutzsystem als „Leck in der Frischdampfleitung" interpretiert und löste
— Reaktorschnellabschaltung,
— Isolationsabschluß,
— Containmentabschluß,
— Zuschalten des Notkondensators,

— Anlaufen der Notstromdiesel,
— Lastübernahme auf 110-kV-Fremdnetz
aus.

Die Schiene, die u. a. die Speisewasserregelung und -absperrung mit Strom versorgt, kann von zwei Notstromschienen versorgt werden. Die zu diesem Zeitpunkt vorhandene Frequenzdifferenz zwischen Generator und 110-kV-Netz ermöglichte keine unterbrechungslose Umschaltung. Die eine Notstromschiene war 1,3 s, die andere 0,7 s stromlos. Gerade bei dieser Zeitdifferenz aber sprach das sog. „Pumpverhinderungsrelais" an, das ein „Pumpen", also ein instabiles abwechselndes Zu- und Abschalten der beiden Notstromschienen verhindern sollte. Dadurch konnte der Speisewasserstrom nicht reduziert werden und es kam zum Überspeisen des Reaktordruckbehälters mit Druckanstieg und Öffnen der Sicherheitsventile. Nach etwa 14 min sprach durch Druckerhöhung im Gebäude auf 1,5 m WS das Gebäudesprühsystem an.

Innerhalb von ca. 10 min fiel der Reaktordruck von etwa 80 bar auf 10 bar ab. Die Speisewasserpumpe wurde von Hand abgeschaltet.

Da die Sicherheitsventile zeitweise mit Wasser beaufschlagt wurden, wurde eines der 14 Sicherheitsventile fast vollständig abgerissen. Auch bei anderen zeigten sich Beschädigungen.

Die gesammelten Erfahrungen führten zu einer Anzahl von Verbesserungen. Es sollte betont werden, daß eine Überspeisung im Gegensatz zur Unterspeisung eine sicherheitsgerichtete Störung ist.

(h) Störfall beim Kritischmachen des DWR Neckarwestheim am 21. 9. 1977

Nach Revisionsarbeiten sollte der Reaktor durch Entborieren (Zuspeisen von Deionat) wieder kritisch gemacht werden. Dabei sollte mindestens eine Steuerstabbank teilweise eingefahren sein, um im Bereich hoher Reaktivitätswirksamkeit zu bleiben. Da dies unterblieb und das Meßgerät für die Borkonzentration einen Nachlauf hatte, kam es zu einer unbeabsichtigten Überkritikalität, die bei 8 % Leistung durch das Schnellabschaltsystem abgefangen wurde. Für sich betrachtet wäre das eine Transiente, aber kein Störfall gewesen. Im Zusammenhang damit traten jedoch einige Komponentenfehler zutage.

Vor Beginn der Störung waren wegen des Nulleistungszustandes (Wärmezufuhr im wesentlichen durch Umwälzpumpen) Primär- und Sekundärtemperatur nahezu gleich. Dadurch lag der Sekundärdruck dicht unter dem Ansprechdruck der Sicherheitsventile. Infolge der Transiente öffnete das Sicherheitsventil eines Dampferzeugers zeitweise, wodurch der angestiegene Primär- und natürlich der Sekundärdruck abgesenkt wurden. Die sekundärseitige Druckentlastung wurde als Dampfleitungsbruch interpretiert und führte zum Schließen der FD-Absperrschieber. Ein Wiederöffnen ist erst nach bestimmten administrativen Prozeduren möglich.

Über eine der Anfahrspeisepumpen (s. Abschnitt 3.5 und Bild 3.28) wurde der Dampferzeuger wieder aufgefüllt, dessen Sicherheitssystem angesprochen hatte. Dabei stieg der Druck im Dampferzeuger infolge adiabatischer Kompression an. Um ein zweites Ansprechen des Sicherheitsventils zu vermeiden, gab es zwei Möglichkeiten: Ein Wiederöffnen der Frischdampf-Absperrschieber oder eine Druckentlastung über die Entlastungsventile. Die erste Möglichkeit war noch nicht verfügbar, weil die administrativen Prozeduren zur Aufhebung des sicherheitsgerichteten Schließbefehls noch nicht abgeschlossen waren; ein Ansprechen des Motorschutzes des Stellmotors aber führte dazu, daß sich das Druckentlastungsventil nicht öffnen ließ.

Ebenso ließ sich ein Umführungsventil zum FD-Absperrschieber nicht öffnen, da eine Ader im Motorkabel gebrochen war (Einzelfehler).

Also öffnete das Sicherheitsventil am Dampferzeuger nochmals. Wegen der sehr geringen Wärmeleistung führte dies zu einer starken Druckreduktion. Der geringe Druck hatte zur Folge, daß die Rückstellkräfte nicht ausreichten, um gegen die Reibungskräfte das Sicherheitsventil wieder zu schließen und der Dampferzeuger dampfte aus.

Es wurden also 3 unabhängige Fehler festgestellt:
— Nichtöffnen des Entlastungsventils,
— Nichtöffnen des Umführungsventils,
— Nichtschließen des Sicherheitsventils.

Der erste und der letzte Punkt sind besonders interessant. Als Ursache für das Nichtöffnen des Entlastungsventils wurde ein zu geringer Kabelquerschnitt der Stromversorgung des Stellmotors festgestellt. Der Stellmotor lief zunächst an — deshalb wurde der Effekt bei der Erprobung nicht bemerkt — bevor er durch den Motorschutz abgeschaltet wurde. Der zweite Punkt ist ein typischer, prinzipiell nie ganz ausschließbarer Einzelfehler, der in diesem Fall durch Montagearbeiten verursacht wurde. Der dritte Punkt war für den normalen Leistungsbetrieb nicht relevant, da hier der verbleibende Druck die Schließfunktion ausreichend unterstützt hätte.

Da die Öffnungsfunktion des Sicherheitsventils einwandfrei gegeben war, hatte dieser Störfall kein wesentliches Gefährdungspotential.

(i) Leck an der Frischdampfleitung in Turbinennähe beim SWR Brunsbüttel

Am 18.6.1978 riß zwischen Stellventil und Turbinengehäuse ein Blindstutzen der Nennweite 80 mm ab. Nach den Feststellungen im Betriebshandbuch muß bei Auftreten von Dampf im Maschinenhaus die Schnellabschaltung eingeleitet werden, was jedoch nicht erfolgte. Bei einem länger als 300 s anstehenden Signal „Druck im Maschinenhaus > 5 mb" wird außerdem in 2v3-Verknüpfung eine automatische Reaktorschnellabschaltung ausgelöst. Durch die Verzögerung sollten Störeinflüsse auf den Druck wie z. B. bei starkem Wind ausgeschlossen werden. Diese Einrichtung war entgegen den Vorschriften vom Betriebspersonal unwirksam gemacht worden. Da dies neuartige Signal während der vorausgehenden Inbetriebnahmephase noch nicht an das Reaktorschutzsystem angeschlossen war, hatte sich hier offensichtlich eine falsche Einschätzung seiner Bedeutung gebildet.

Auf diese Weise strömte für etwa 3 Stunden leicht radioaktiver Dampf in das Maschinenhaus und nach Öffnen der Klappen am Dach auch ins Freie. Das Personal fand keine erhöhte Aktivitätsabgabe (Edelgas) am Kamin, die Anzeige der Ortsdosis im Maschinenhaus, die erhöhte Werte aufwies, wurde nicht beachtet. Am Personal, das das Maschinenhaus beging, wurde keine Kontamination festgestellt. Die Anlage wurde schließlich durch ein von diesem Störfall unabhängiges Signal abgeschaltet. In der Umgebung wurde keine über das zulässige Maß hinausgehende Aktivität festgestellt, die Folgen waren also geringfügig. Es sind nach Aussage des Betreibers etwa 100 t Dampf ins Maschinenhaus, davon etwa 1 t ins Freie abgegeben worden.

Dieser Störfall zeigt wohl am deutlichsten die Problematik menschlichen Verhaltens. Der Zielkonflikt des Betriebspersonals ergab sich daraus, daß die zulässige Aktivitätsabgabe im Normalbetrieb im Vergleich zu den Werten nach der Strahlenschutzverordnung sehr tief angesetzt war. Ferner trat aufgrund der technischen Besonderheiten des

Stopfbuchsen-Sperrdampfsystems bei jedem Abschalten eine Aktivitätsspitze auf. Deshalb wurde befürchtet, daß eine weitere Abschaltung zur Ausschöpfung der zulässigen Abgabewerte führen und den Weiterbetrieb für den Rest des laufenden Jahres unmöglich machen könnte. Aus den gleichen Gründen war auch eine nach dem Abschalten auftretende erhöhte Ortsdosis nicht ungewöhnlich.

Daraus ergeben sich einige Schlußfolgerungen:
- Verletzungen von Betriebsvorschriften müssen unnachsichtig geahndet werden,
- zusätzliche Anzeigen (hier Ortsdosismessungen) müssen stärker ins Bewußtsein gebracht werden (z. B. durch akustische Signale),
- durch geeignete Belehrungen und Übungen ebenso durch technische Maßnahmen (Reduzierung von Fehlabschaltungen und Fehlalarmen) muß dem „Gewöhnungseffekt" entgegengewirkt werden,
- sicherheitsgerichtete Auflagen (hier Abgabedosis) sollten auf die betriebliche Wirklichkeit abgestimmt sein, notfalls sollten bei dieser technische Verbesserungen (z. B. Sperrdampfsystem) durchgesetzt werden,
- es muß dem Personal in aller Deutlichkeit klargemacht werden, daß es keinen Zielkonflikt zwischen Sicherheit und Ökonomie geben darf.

(4) Schlußbemerkung

Die hier aufgeführten Vorkommnisse unterstreichen nochmals die folgenden Aussagen, die in unterschiedlicher Form an verschiedenen Stellen dieses Buches gemacht wurden:
(a) Es wäre eine Illusion zu erwarten, daß in einem Kernkraftwerk Fehler in der Konstruktion, in der Fertigung oder im Betrieb ausgeschlossen werden können. In allen Bereichen muß mit menschlichem Versagen gerechnet werden.
(b) In der weit überwiegenden Zahl der Fälle — nur wenige konnten hier genannt werden — wurden diese Fehler bei den betrieblichen Prüfungen oder durch sicherheitstechnisch unbedeutende Störungen entdeckt. War die druckführende Umschließung betroffen, wurde in jedem Falle das „Leck-vor-Bruch-Kriterium" erfüllt. Bei den in Prüfungen entdeckten abhängigen (common mode) Fehlern war in jedem Falle genügend Diversität gegeben.
(c) Auch bei den hier als Störfälle bezeichneten Ereignissen war immer genügend Redundanz oder Diversität vorhanden, so daß selbst bei einem noch deutlich ungünstigeren Ablauf noch ausreichende Sicherheitsbarrieren vorhanden gewesen wären. Das Mehrstufenkonzept hat sich also bewährt. Am weitestgehendsten wurde es bei dem Brand von Browns Ferry beansprucht. Aber gerade ein solches Ereignis kann durch einen besonders klaren Katalog von Gegenmaßnahmen für die Zukunft ausgeschlossen werden.
(d) Die bisher festgestellten Vorkommnisse waren außerordentlich lehrreich und führten zum besseren Verständnis der Systeme auch unter extremen Betriebsbedingungen. Die Erfahrungen und festgestellten Fehler geben Anlaß zu Verbesserungen, die sich auf mehr als die unmittelbar betroffenen Komponenten beziehen und dadurch einen Gewinn an Sicherheit bringen.
(e) Menschliches Fehlverhalten war in vielen Fällen der Auslöser der Vorkommnisse. Auch wenn sich gezeigt hat, daß der Abstand zu katastrophalem Ablauf durch das Gesamtkonzept stets hinreichend groß blieb, müssen hier die wesentlichsten Beiträge zur weiteren Verbesserung der Reaktorsicherheit geleistet werden.

Ergänzung: Beschreibung und vorläufige Auswertung des Vorfalls von Harrisburg

Zur Zeit des Unfalls in der DWR-Anlage Three Miles Island bei Harrisburg, Pa., am 28.3.1979, war das vorliegende Buch bereits im Druck. Dieser Ergänzungsabschnitt gibt eine Darstellung nach dem Erkenntnisstand vom 22.4.1979. In der Feststellung und Bewertung der Fakten herrschte zwischen allen Experten in den USA und der Bundesrepublik Deutschland Übereinstimmung. Die folgenden Untersuchungen werden sicherlich noch viele Details aufhellen. Es ist aber nicht zu erwarten, daß sich das Gesamtbild wesentlich ändern wird.

Die Anlage ist ein Druckwasserreaktor der Babcock & Wilcox Co. von etwa 880 MW elektrischer Leistung. Der wesentliche Unterschied zu den hier behandelten Westinghouse-Systemen ist der Einsatz eines Geradrohr-Dampferzeugers statt des in Bild 3.6 und 3.7 dargestellten Typs. Die Kühlmittelaustrittsleitung (heißer Strang) wird vom Reaktordruckbehälter über einen U-Bogen oben in den Dampferzeuger eingeführt, von unten kehrt das Primärwasser über die Hauptkühlmittelpumpe zurück. Die Anlage hat zwei Primärkreisläufe. Wichtig ist, daß der sekundäre Wasserinhalt der Geradrohr-Dampferzeuger nur etwa $1/6$ desjenigen der bekannten U-Rohr-Dampferzeuger beträgt. Dadurch führen sekundäre Störungen (Transienten) schneller zu primären Druck- und Temperaturänderungen. Im übrigen ist der Reaktor mit Sicherheitssystemen nach den hier besprochenen amerikanischen Spezifikationen ausgerüstet.

Der Ereignisablauf war der Folgende:

— Um etwa 4.00 Uhr Ortszeit schalteten sich die Hauptspeisewasserpumpen (s. Bild 3.28) wegen Ausfalls der Kondensatpumpen ordnungsgemäß ab. Die Turbine ging in Schnellschluß.

Nach 3 bis 6 s öffnete sich ein elektromagnetisches Entlastungsventil am Druckhalter (Primärsystem), da der Ansprechdruck erreicht war, kurz darauf erfolgte Reaktorschnellabschaltung durch hohen Druck. Soweit handelt es sich um normale Vorgänge bei einer zu erwartenden Betriebstransiente.

— Als der Primärdruck auf den Wert abgesunken war, bei dem das Entlastungsventil schließen sollte, versagte es in Offenstellung (und dieser Zustand blieb für etwa 2 Stunden bestehen).

— Die Notspeisewasserpumpen liefen ordnungsgemäß an (2 x 50% elektrisch angetrieben, 1 x 100% mit Dampfantrieb); wegen einer Reparatur waren aber beide Ventile in der Verbindung zu den Dampferzeugern geschlossen, so daß keine Einspeisung erfolgte. Die Dampferzeuger dampften in wenigen Minuten aus.

— Bei etwa 110 bar (2 min nach Störfalleinleitung) sprach das Hochdruck-Einspeisesystem des Not- und Nachkühlsystems (Aufbau ähnlich Bild 2.22) ordnungsgemäß an und förderte Wasser in den Primärkreis. Nach 5 (erste Pumpe) bzw. 10 min (zweite Pumpe) wurde es von Hand abgeschaltet, da der Sollwasserstand im Druckhalter überschritten wurde. Diese Abschaltung erfolgte, zumindest nach dem subjektiven Urteil der Betriebsmannschaft, zurecht, da die Fördermenge die Abblaseverluste überwog und der Förderdruck bei den amerikanischen Systemen über dem Abblasedruck des Entlastungsventils liegt. Sonst wäre der Druckhalter überspeist worden.

— 6 min nach Störfalleinleitung kam es bei Sättigungsdruck zu einer stärkeren Kühlmittelverdampfung im Primärkreis. Insbesondere sammelte sich vermutlich Dampf

im oberen U-Bogen der heißseitigen Kühlmittelleitungen, was später die Naturkonvektion unterband.
- 8 min nach Einleitung wurden die Ventile des Notspeisewassersystems geöffnet und die Dampferzeuger sekundärseitig wieder mit Wasser versorgt.
- Da sich das Druckhalter-Entlastungsventil nicht geschlossen hatte, öffnet sich ca. 8 bis 16 min nach Einleitung die Berstmembran des Abblasebehälters (Wasservorlage) und Primärkühlmittel strömte in das Containment.
- Im weiteren Verlauf wurde das Hochdruck-Einspeisesystem noch verschiedentlich von Hand eingeschaltet, wobei der Druckhalter-Wasserstand als einziges Kriterium diente.
- In der Folge hat das Betriebspersonal offensichtlich nicht erkannt, daß der Primärkreis über das Druckhalter-Abblaseventil laufend Kühlmittel verlor. Das lag daran, daß der angezeigte Druckhalter-Wasserstand, abgesehen von einzelnen Schwankungen, normal blieb, da der aus dem Primärkreis ausströmende Dampf ein Abfließen des Druckhalterwassers durch die Verbindungsleitung verhinderte. Ob der besondere Systemaufbau der B & W-Anlage dies begünstigte, muß noch überprüft werden. Die Betriebsmannschaft beachtete offensichtlich nicht die anderen Signale, die in der Folge eindeutig auf einen Kühlmittelverlust hinwiesen wie insbesondere eine hohe Differenz zwischen Ein- und Austrittstemperatur, hohe Temperaturanzeigen der Incore-Thermoelemente und Containmentdruck. Die Hochdruckeinspeisung des Notkühlsystems wurde deshalb zunächst nicht wieder eingeschaltet, weil der Druckwasserstand ein gefülltes System vortäuschte.
- 70 bis 100 min nach Einleitung wurden die Hauptkühlmittelpumpen wegen Kavitation (Sättigungsdruck) abgeschaltet.
- 2 Stunden und 20 min nach Einleitung wurde schließlich der Kühlmittelverlust durch Schließen eines Vorventils zum Entlastungsventil beendet. In der gesamten Zeit sind schätzungsweise 150 bis 200 t Reaktorkühlmittel in das Containment geströmt.
- Im zeitlichen Zusammenhang mit dem Abschalten der Hauptkühlmittelpumpen bzw. mit dem Schließen des Entlastungsventils traten im oberen Teil des Cores sehr hohe Temperaturen auf, die auf einen teilweise unbedeckten Kern oder auf Filmsieden hinweisen. Es kam zur Wasserstoffbildung aus der Zirkon-Wasser-Reaktion.
Zu dieser Kühlungsreduktion kam es entweder durch den Ausfall der Kühlmittelumwälzung nach der Pumpenabschaltung (vorher wurde trotz des reduzierten Wasserstandes genügend Wasser in den Kern gespritzt) oder durch die Kompression des Dampf-Wasser-Gemisches im Kern durch den Druckanstieg nach Beendigung der Druckentlastung.
Möglicherweise sind beide Effekte aufgetreten, da es in der Folge im Zusammenhang mit einem mehrfachen Öffnen und Schließen des Druckentlastungssystems noch ein- bis zweimal zu einem teilweisen Trockengehen des Kerns kam.

- In der Zeit, als dies vor sich ging, war das Betriebspersonal mit anderen Aufgaben beschäftigt:

  • Durch das offene Ventil, evtl. auch durch das Containment-Sprühsystem standen im Sumpf 1 bis 2 m Wasser. Da Schäden an elektrischen Einrichtungen befürchtet wurden, wurde ein Teil des Wassers in das Hilfsanlagegebäude gepumpt. Durch Überspeisen lief Wasser auf den Boden dieses Gebäudes, und es kam zu

einer Aktivitätsfreisetzung (vorwiegend Xe), die sicherlich die Aufmerksamkeit stark beanspruchte.
- In einem Dampferzeuger wurde ein Leck vermutet; die Dampferzeuger wurden abwechselnd isoliert und der eine schließlich abgeschaltet. Der andere stand für die Nachwärmeabfuhr zur Verfügung.
— 16 Stunden nach Einleitung wurde eine Hauptkühlmittelpumpe in Betrieb genommen, ebenso wurde das Hochdruck-Einspeisesystem des Notkühlsystems wieder eingeschaltet.
— Von da ab wurde der Kern wieder ordnungsgemäß gekühlt, der Druck lag bei etwa 70 bar, die Wassertemperatur zunächst bei 200 bis 250 °C.
— Der durch die Zirkon-Wasser-Reaktion entstandene Wasserstoff war zum größten Teil über das offene Abblaseventil ins Containment gelangt und hatte dort zu einer Konzentration von 1,5 bis 2,5 Gew.-% geführt (Zündgrenze für Deflagration 4 %, für Explosion 8 %). Außerdem befand sich eine Wasserstoffblase im Druckbehälteroberteil oberhalb der Kühlmittelstutzen. Wegen des fehlenden Sauerstoffes (radiolythisch erzeugter Sauerstoff rekombinierte wegen des Wasserstoffüberschusses im Strahlenfeld) bestand hier jedoch keine Explosionsgefahr.
— Am 2.4. wurde durch Druckabsenken und weiteres Abkühlen die Gasblase in die Kühlmittelströmung gebracht und, teilweise über die Druckhaltersprühleitung, in den Druckhalter geleitet und gelangte von dort in das Containment. Der Wasserstoffanteil der Containmentatmosphäre wurde durch Rekombinatoren abgebaut.
— Im Kern sind 10 bis 30 % des Hüllmaterials oxidiert. Ein Brennstoffschmelzen wird jedoch aufgrund der Wasserzusammensetzung ausgeschlossen.
— Temperatur und Druck wurden langsam abgesenkt und am 4.4.1979 wurde die Übernahme der Kühlung durch das Niederdruck-Nachwärmeabfuhrsystem vorbereitet.
— Durch die Überspeisung im Hilfsanlagengebäude und durch kontrollierte Gasabgabe aus dem Volumenregelsystem wurde einige Male Aktivität über Filter und Kamin abgegeben, wobei nur Edelgase freigesetzt wurden. Die maximale Dosisbelastung am gegenüberliegenden Flußufer wird mit etwa 50 mrem angegeben. Die Aktivitätsabgabe war damit gering.

Diskussion:

Die folgenden Sachverhalte waren in erster Linie für den Kernschaden maßgebend:
1. Die 8minütige Unverfügbarkeit des Notspeisewassersystems ist durch menschliches Versagen bedingt. Ein *unvermaschtes* Notspeisewassersystem allerdings hätte trotzdem nicht zum vollständigen Ausfall geführt, da im Reparaturfall nur eines der vier unvermaschten Teilsysteme hätte abgesperrt werden müssen.
2. Die Dampferzeuger der U-Rohr-Bauart hätten wesentlich länger durch Ausdampfen Wärme abgeführt. Die Reaktor-Schnellabschaltung wäre nicht erst durch hohen Primärdruck, sondern bereits durch niedrigen Dampferzeuger-Wasserstand ausgelöst worden (s. S. 90).
3. Das Druckhalterabblaseventil blieb in Offenstellung hängen. Kapitel 11 zeigt, daß dies Ereignis häufig vorkommt. Eine Absperrung durch das Vorventil wurde versäumt. Bei den deutschen Anlagen hat das Vorventil eine automatische Steuerung, die es bei offenbleibendem Entlastungsventil nach 5 s schließt. Auch dadurch wäre der Unfall vermieden worden.

4. Die Hochdruckeinspeisung des Notkühlsystems hatte einen Förderdruck oberhalb des Ansprechdrucks des Abblaseventils. Dadurch wurde ein Abschalten für notwendig gehalten, das noch dazu von Hand erfolgte und die automatische Steuerung unwirksam machte. Ein System mit geringerem Förderdruck (s. Tabelle 3.6 und Bild 3.35) erfordert keine Abschaltung, die Automatik muß darum nicht abgeschaltet werden. Bei manueller Betätigung ist der Mensch offenbar nicht immer in der Lage, auch diversitäre Signale, in diesem Falle neben dem Wasserstand auch Kühlmitteldruck, Containmentdruck usw. mit einzubeziehen, sondern neigt zu voreiligen Hypothesen. Die Automatik ist hier zuverlässiger. So wäre es nicht zu einer Entleerung des Primärkreises und zur Unterbindung der Naturkonvektion gekommen.
5. Bei Lecks im Primärkreis wäre automatisch über die Dampferzeuger eine Abkühlung mit 100 K/h und die damit verbundene Druckabsenkung eingeleitet worden. Damit wäre verhältnismäßig bald das Niederdruck-Nachkühlsystem verfügbar gewesen. Dazu ist allerdings die Aufrechterhaltung der Naturkonvektion erforderlich (keine Dampfblasen in hochgelegenen Teilen des Primärkreises).

Der Unfall ist wesentlich durch menschliches Versagen zustande gekommen, weil
— das Notspeisewassersystem nicht gleich verfügbar war und vor allem, weil
— der Zustand des Primärkreises offensichtlich über mehrere Stunden nicht richtig erkannt wurde, weil das Betriebspersonal durch andere Aufgaben überfordert war.

Der erste Punkt scheint eine klare Antwort auf den auf S. 76 beschriebenen deutschamerikanischen Meinungsstreit über den Wert vermaschter und unvermaschter Systeme zu geben.

Der zweite Punkt wäre durch eine durchgehende Automatisierung vermieden worden. Auch hier gibt es eine deutsch-amerikanische Meinungsverschiedenheit: automatisches System mit starrem Ablauf auf der einen Seite oder viele Eingreifmöglichkeiten des Personals mit erhöhter Flexibilität auf der anderen Seite (bei Bevorzugung der vermaschten Bauweise ist dieser Standpunkt konsequent, da die Vermaschung ja gerade flexibles Eingreifen ermöglichen soll).

Der Ausfall des Notspeisewassersystems und das Offenbleiben der Entlastungsventile waren im Prinzip vorhersehbare Ereignisse. Das Ausdampfen des Primärsystems *bei gefülltem Druckhalter* wurde so nicht erwartet und trug offenbar wesentlich zu der menschlichen Fehlbeurteilung der Situation bei.

Man muß gewiß auch in Zukunft davon ausgehen, daß niemals alle möglichen Detailabläufe vorhersehbar sind. Die Gesamtkonzeption muß durch hinreichend viele sich überdeckende Ebenen auch unvorhergesehenen Ereignissen standhalten.

Harrisburg hat erstmals gezeigt, daß bestimmte Sicherheitskonzepte im Zusammenhang mit einem im Hinblick auf die Situation durchaus erklärbaren menschlichen Versagen nicht ausreichend sind. Die Analyse zeigt aber auch, daß andere bekannte Konzepte die Beschädigung des Kerns verhindert hätten und daß Entmaschung und Automatisierung hier wichtige Sachverhalte sind.

Zweifellos wird Harrisburg zu einer vertieften kritischen Bearbeitung der Reaktorsicherheit führen. Im Detail werden weitere Verbesserungen gemacht werden. Ich glaube aber, daß gerade Harrisburg die in diesem Buch dargelegten Grundsätze bestätigt und Gesichtspunkte für ihre weitere Entwicklung aufzeigt.

Sachverzeichnis

Abblaseventile (s. auch Druckentlastungsventile) 190
Abgasexplosion 279
Abschaltung der Umwälzpumpen 169
Analogteil 85
An- und Abfahrpumpen 62
Antwortspektren (Response-spektren) 233
ATWS 169
Ausfall der Hauptstromversorgung 65
– Stromversorgung 63
Ausfallrate 23
Ausführungsform, unvermaschte 21
–, vermaschte 21
Auslegungserdbeben 11, 235
Auslegungsstörfall 139, 188
Ausströmgeschwindigkeit 201
–, kritische 192
Auswahlschaltung 62, 63, 148
A-von-n-System 9
Axialpumpen 101

Baker-Just-Beziehung 205
Basissicherheit 3, 55, 271
Beckenkühlsystem 118
Belastungsphase, mechanische 256
Berstspannung 212
Betätigungs-Relais 85
Betriebssystem 2
Blasenbildung 169
Blasengehalt 104
Blasenkoeffizient 130
Blowdown-Phase 192
Boreinspeisung 169
Borierungssystem 142, 275
Brand der Erregerwicklung des Hauptgenerators 280
Brennelemente 31
Brennelement-Lagerbecken 29
Brennstabversagen und Brennstoffbewegung im Na-gefüllten Bereich 260
Brennstoffbewegung im leergesiedeten Bereich 259
Brennstoffdispersion 255
Brennstoffexpansion, axiale 258
Brennstoff-Natrium-Wechselwirkung (BNR) (s. auch Dampfexplosion) 266
Bruch 125
– der Frischdampfleitung 62
Bruchmechanik 40
Bruchzähigkeit 44

Bypass-Phase 193
– -Problematik 210

Common-mode-failures 7
– – -Fehler, abhängige 272
Containment, intermediäres 135
–, primäres 135
–, – oder inneres 136
–, sekundäres 136
Containmentleckage 251
Core, heterogenes 130
Corecatcher 242
–, externer 136
–, interner 135
Core-Isolations-Kühlsystem 111

Dampfblasenkoeffizient 104
Dampferzeuger 34, 61, 62, 64
Dampfexplosion 248, 266
Dampfverstopfung (steam binding) 194
Deionatbehälter 66
Detektoren verzögerter Neutronen (DND) 166, 254
Disassembly 253
Dispersion 128
– des Brennstoffs 256
Diversität 10
DNB-Verhältnis 34, 144, 146
DND 166
Dopplerkoeffizient 105, 128, 144
Druckabsenkung 80
Druckbehälter 106
Druckbehälterversagen 36, 191
Druckbelastung, dynamische 118
Druckentlastungssystem 100, 109
Druckentlastungsventile (s. auch Abblaseventile) 65, 118, 275
Druckentlastungswelle 192, 201
Druckhalter 34, 36
Druckkammer 115, 118
Druckproben 49, 50, 54, 55, 58, 59, 60
Druckspeicher 68, 190, 193
Druckunterdrückungssystem 98, 114
Druckwasserreaktor 169
Durchmischung, grobe 249
Durchschmelzen 251

Einbauten des Reaktordruckbehälters 28
Einleitungsphase 255
Einspeisephase 70, 73

Sachverzeichnis

1-von-2-System 9
Einwirkungen, äußere 29, 87
– Dritter 7, 11, 29
– von außen 7, 228
Einzelfehler 76
Emergency-conditions 2
Ende der Blowdown-Phase 193
Entmaschen (s. auch Ausführungsform, unvermaschte) 67, 72
Epizentrum 228, 232
Ermüdung 127
Explosionen, chemische 228, 231
Ex-venting 137

Fail-Safe 87, 108
Fail-Safe-Prinzip 9, 85
Fault-conditions 2
Fehler, abhängige 7, 274
–, systematische 7
–, unabhängige 6
–, ursächlich verknüpfte 7
Fehlerbaum 14
Finger-Regelstäbe 31
FLECHT-SET 208
Flooding-Korrelationen 204
Fluchtlicht 80
Flugzeugabsturz 228
Flußformfaktor 33
Flutbehälter 72
Flutphase (reflooding) 193
Folgenbegrenzung 3, 4
Fragmentationsvorgang 249
Frischdampfleitungsbruch 30

GAU 139
Gebäudeabschluß 80
Gegenstrom 193
Gegenstromphänomen (flooding) 210
Geschwindigkeit, kritische 201
Gleichgewichtsmodell, homogenes 201
Grenzfälle, energetische 257

Hauptkühlmittelpumpen 35
Hauptspeisewasserpumpen 65
Hauptwärmeabfuhrsystem 28, 61, 100, 107
Heißeinspeisung 195
Heißrisse 46
Heizflächenbelastung, kritische 34
Henry-Fauske-Modell 201
High-leckage-cores 130
Hochdruckeinspeisesystem 68, 71, 74
Hochdruckeinspeisung 190
Hochdrucksprühsystem 112
Hochwasser 228
Homogenes Modell 202
Hüllrohrkoeffizient 132
Hüllrohrmaterialbewegung 258
Hypozentrum 232

Inconel 35
Incore-Neutronenflußinstrumentierung 31
Intensität 232
Interfacing Systems LOCA 70, 73
Isolationsventile 107, 108, 109, 119

Kabelbrand in Browns Ferry 277
Kaltrisse 46
Kaltwassertransiente 30
Kerbschlagbiegeversuch 45
Kerbschlagzähigkeit 127
Kernschmelze 242, 246
Kernzerlegung 253
Kernzerlegungsphase, energetische 256
Kernzerlegungsstörfall 122, 135
Kompaktion 128
Kondensatbehälter 65
Kondensationsbecken 115, 118
Kondensationskammer 110, 115, 118, 277
Kondensatpumpen 62
Kontamination des Kühlwassers 27
Krieg 13
Kühlmittelstrom, reduzierter 88
Kühlmittelstutzen 39
Kühlmitteltemperaturkoeffizient 173
Kühlmittelverlust 1, 88
Kühlmittelverluststörfall 30, 70, 188
Kühlungsausfall 254

Langzeitverhalten 127
Leck 125
Leistungsexkursion 254
–, überpromptkritische 253
Leistungsformfaktor (peaking factor) 192
Leistungsspitze, örtliche 277
Liquid entrainment 192
LOBI 207
LOCA 188
LOF 254
LOF-driven-TOP 261
LOFT 207
Logikteil 85
Loop 126
Loop-System 123

Magnitude 232
Moody-Modell 201

Nachkühlbetrieb 71, 73
Nachkühlpumpe 72
Nachwärmeabfuhr 80, 136
Nachwärmephase 256
Nachwärmeproduktion 196
NaOH-Zusatz 94
Natriumaustreibung durch Sieden 258
Naturkonvektion 157
NDT-Temperatur 45
Nebenkühlwassersystem 75
Neutronengift, abbrennbares 31
Nichtgleichgewichtseffekte 205
Niederdruck-Einspeisesystem 112
Niederdruck- und -umwälzsystem 68
– -Nachkühlsystem 190
– -Sprühsystem 112
Niederdrucksystem 72
Niederschmelzkoeffizient 132
Notkühlsystem 91
Not- und Nachkühlsystem 34, 100, 110, 118, 134, 169, 190

Not- und Nachwärmeabführsystem 29, 67, 108
Notspeisesystem 100
Notspiegel 123
Notstandssystem 11, 90, 100, 119
Notsteuerstelle 91
Notstromsystem 30, 80, 100
Notstromversorgung 79, 123, 274
Notwasserpumpe 134
Notwassersystem 29, 65, 66, 82
N-16-Aktivität 28

Oberflächenrißprüfung 51

PBF 173
PCM 173
Pelliniversuch 45
Phase früher Abschaltung 255
PKL 208
Plenum, oberes 191
–, unteres 191
Pool 126
Pool-Reaktor 135
Pool-System 123, 125
Primärereignisse 14
Prinzip der räumlichen Trennung 10
– sicheren Richtung (fail safe) 9
Prüfungen, wiederkehrende 55
Pumpen 34

Qualitätssicherung 51
Quenching 196

Rasmussenstudie (s. auch Sicherheitsstudie) 99
Reaktion des Hüllmaterials, chemische (Oxidation) 196
Reaktivitätskoeffizient der Verbiegung 131
Reaktivitätsstörfall ohne Schnellabschaltung 265
Reaktordruckbehälter 34, 36
Reaktorgebäude 92
Reaktorkern 28, 100, 104, 128
Reaktorschnellabschaltung 65, 193
Reaktorschutzsystem 30, 84, 100, 190, 274
Reaktorsicherheitsbehälter (Containment) 91, 100
Redundanz 9, 61, 78
–, vermaschte 66
Referenz-Bruchzähigkeit 44
Regelstab 33
Regelsystem 29, 64, 100, 108
Rekombinatoren 119
Rekritikalität 256
Relaxationsrisse 46
Response Spektren 237
Reventing 118, 137
Rezirkulationsphase 70, 73, 74
Ringraum (Downcomer) 34, 74, 190
Risikostudien (s. auch Sicherheitsstudie) 119
Rißlängen, kritische 50
Rißverteilung 59
Rißwachstum 48
–, kritisches 41

Schadenumfangsbericht 216
Schäden an Dampferzeugerrohren 273
Schlupfgeschwindigkeit 202
Schnellabschaltsystem 169, 190
Schnellabschaltung 104, 142
Schockwelle 249
Schwingungen 273
SEMISCALE 207
Sicherheitsbehälter (s. auch Containment) 114, 135
Sicherheits-Sprühsystem 91
Sicherheitserdbeben 11, 235
sicherheitsgerichtet, eindeutig 85
Sicherheitsstudie (s. auch Rasmussenstudie und Risikostudie) 67, 78, 84, 90, 122
Sicherheitssysteme 2
Sicherheitsventile 65, 169, 275
Siedekeimbildung, spontane 249
Siedekrise 192
Siedewasserreaktor 169, 190
Sigma-Phasen-Bildung 127
Spannungen, primäre 40
–, sekundäre 40
Spannungsarmglühen 46
Spannungsintensitätsfaktoren 43
Spannungsrißkorrosion 273
Speisewasserbehälter 62
Speisewasserpumpe 62
Steam-Binding 194
Störfälle 2, 272, 276
Störfallanalyse 139
Störfallverhinderung 3, 4
Störungen, betriebliche 2
Strahlpumpen 102
Strang, heißer 190
–, kalter 68, 190
Strömungsbegrenzer 108
Stromversorgung 80, 100
Stuck rod 145, 147, 150
Stürme und Tromben 228
Stutzeninnenkante 107

Tank, innerer 125
Thermoschock 126, 127
Time-History-Methode 236
TLTA 207
TOP 254
Transienten 1, 139
– ohne Schnellabschaltung (ATWS) 169
Trennung der Phasen 202
–, räumliche 75, 87
Turbinenregelventil 61
Turbinenumleitstation 63

Überdruckversagen 251
Ultraschallprüfung 51, 107
Umschließung, druckführende 28, 34, 100
Umwälzpumpen 125
Unfälle 2
Ungleichgewicht, thermisches 210
Untersysteme, sicherheitsrelevante 28
Unverfügbarkeit 23
Unvermascht 21

Sachverzeichnis

Upper shelf 44
Upset conditions 2

Vakuumbrecher 118
Verbiegung 131
Verbrennen von Wasserstoff 251
Verlust des Reaktorkühlmittels 139
Vermaschung 19, 21
Versagen, sprödes 40
Versagenswahrscheinlichkeit 23
Vertical slip model 202
Verzögerte Neutronen 166, 254
Voidreaktivität 130
Volldruck-Containment 91, 98
Vollständigkeitsnachweis 139
Volumenregelsystem 71, 79, 142
– und Boreinspeisesystem 30
Vorsteuerventil 275

Wärmeausdehnung, axiale 130
Wärmeeinflußzone 45
Wahrscheinlichkeiten 20
Wasserschläge 111, 275
Wasserstoffaufbau im Sicherheitsbehälter 94
Wasserstoffkonzentration, zündfähige 119
Wasserstoffmischsystem 91
Widerstands-Zeitwerte 12
Wiederauffüllphase (refilling) 193

Zerstörung des Reaktorkerns 242
Zustandsgleichung 198
2-F-Bruch 36, 188
Zweiphasenströmung 192
2-von-3-System 9
Zwischenkühlsystem, nukleares 75
Zwischenwärmetauscher 121

Engineering Compendium on Radiation Shielding

3 Volumes

Prepared by numerous specialists. Editors: R. G. Jaeger (Editor-in-Chief), E. P. Blizard, A. B. Chilton, M. Grotenhuis, A, Hönig, Th. A. Jaeger, H. H. Eisenlohr (Coordinating Editor) Sponsored by International Atomic Energy Agency, Vienna

This Compendium, published under the sponsorship of the International Atomic Energy Agency, is an authoritative and up-to-date summary of nuclear radiation shielding technology. Presenting contributions by more than a hundred of the outstanding specialists in this field, it offers the most complete presentation of this subject currently available in a single work. International in scope, the Compendium covers the theoretical and experimental results of shielding research workers in almost every country having nuclear energy programs. It reviews basic concepts and calculational techniques, compiles definitive data required for shielding calculations, and offers many examples to illustrate the methods described. In addition to the fundamentals underlying the shielding of X-rays, gamma rays, electrons, neutrons and protons, it provides an understanding of the approach to the shielding problems presented by nuclear reactors, hot cells, particle accelerators, radioisotopes, and fission product deposition from nuclear explosions. There is a full discussion of many of the practical problems inherent in shield design, such as shield heating, effects of ducts and voids, and the choice of materials. In general, Volume 1 encompasses the more fundamental and theoretical aspects; Volume II und III, the more applied.

Springer-Verlag
Berlin
Heidelberg
New York

Volume 1
Shielding Fundamentals and Methods

1968. 467 figures. XII, 537 pages
Cloth DM 354,–
ISBN 3-540-04080-3

Contents: Dosimetric Fundamentals and Irradiation Limits. – Radiation Sources. – Radiation Attenuation Methods. Photon Attenuation. – Neutron Attenuation. – Extended Radiation Sources (Point Kernel Integrations). – Radiation Induced Heat Generation. – Ducts and Voids in Shields. – Subject Index.

Volume 2
Shielding Materials

1975. 329 figures. XI, 436 pages
Cloth DM 368.–
ISBN 3-540-05075-2

Contents: Nuclear, Physical and Mechanical Properties and Technology of Shielding Materials: Materials for Shielding Against Gamma Rays. – Material for Shielding Against Neutrons and Gamma Rays. – Technology and Structural Aspects of Selected Shielding Materials. – Effect of Heating on Properties of Concrete. – Optimal Choice of Shielding Materials.

Volume 3
Shield Design and Engineering

1970. 506 figures. XII, 478 pages
Cloth DM 354,–
ISBN 3-540-05076-0

Contents: Shielding of Shipping Containers for Radiation Sources. – Shielding of Fixed Storage Installations. – Design and Shielding of Medical Radiation Rooms. – Design and Shielding of Irradiation Facilities. – Design and Shielding of Hot Cells for Research. – Shielding of Electron Accelerators. – Shielding of Nucleon Accelerators. – Shielding of Irradiated Fuel Processing and High-Level Waste Storage Facilities. – Shielding of Research Reactors. – Shielding of Stationary Power Reactors. – Shielding of ShipPropulsion Reactors. – Subject Index.

Prices are subject to change without notice

Hütte:
Taschenbücher der Technik
Herausgeber: Wissenschaftlicher Ausschuß des Akademischen Vereins Hütte e.V.
29. Auflage

Elektrische Energietechnik
Band 1
Maschinen
Bandherausgeber: W. Böning
1978. 456 Abbildungen, 73 Tabellen.
XX, 622 Seiten
Gebunden DM 128,-
ISBN 3-540-08585-8

Inhaltsübersicht:
Allgemeine Grundlagen: Formelzeichen, Größen und Einheiten. Normen und Bestimmungen. Schaltzeichen. Werkstoffe. Meßtechnik. – Grundzüge der Projektierung und Berechnung: Bauformen, Schutzarten, Klemmbezeichnungen. Grundgesetze der elektrischen Berechnung. Elektrische Entwurfsberechnung. Mechanische Entwurfsberechnung. Entwärmung elektrischer Maschinen. Umweltfragen. – Aufbau, Kenngrößen und Betriebsverhalten von elektrischen Maschinen: Gleichstrommaschinen. Synchronmaschinen. Asynchronmaschinen. Kleinmotoren. Bahnmotoren. Sondermaschinen. – Prüfung und Betriebsüberwachung von elektrischen Maschinen: Messungen bei der Prüfung. Praktische Betriebsfragen und Wartung elektrischer Maschinen. – Sachverzeichnis.

Band 2
Geräte
Bandherausgeber: W. Böning
1978. 272 Abbildungen, 69 Tabellen.
XIV, 401 Seiten
Gebunden DM 88,-
ISBN 3-540-08563-7

Inhaltsübersicht:
Allgemeine Grundlagen. – Stromrichter. – Transformatoren, Drosselspulen, Meßwandler und Überspannungsableiter. – Kondensatoren. – Akkumulatoren, Primärzellen, Energie-Direktumwandlung. – Geräte der Hochenergiephysik.

Preisänderungen vorbehalten

H. Happoldt, D. Oeding
Elektrische Kraftwerke und Netze
5., völlig neubearbeitete Auflage 1978. 508 Abbildungen, 87 Tabellen. X, 673 Seiten
Gebunden DM 198,-
ISBN 3-540-08305-7

Aus den Besprechungen der 4. Auflage:
„... Das Buch braucht nicht empfohlen zu werden. Es gehört zu den meist benützen Werken, zu denen die Starkstromtechniker aller Richtungen greifen."
H. Sequenz in: EuM, Elektronik und Maschinenbau

P. Berliner
Kühltürme
Grundlagen der Berechnung und Konstruktion
1975. 123 Abbildungen. X, 189 Seiten
Gebunden DM 74,-
ISBN 3-540-06732-9

Aus den Besprechungen:
„Der Verfasser hat sich die Aufgabe gestellt, dem Leser einen Überblick vom Stand der wissenschaftlichen und industriellen Erkenntnisse in der Kühlturmtechnik zu geben. Bereits nach flüchtiger Durchsicht des Buches muß dieses Vorhaben als gelungen bezeichnet werden... Die sehr umfangreichen Literaturhinweise am Ende eines jeden Kapitels ermöglichen dem Leser, sich vertiefend über den behandelten Stoff zu informieren. Die zusammenfassende Darstellung über die Grundlagen in der Kühlturmtechnik kann allen Interessierten und auf dem Gebiet Tätigen in Forschung und Industrie empfohlen werden."
J. Buxmann in: Brennstoff-Wärme-Kraft

H.-J. Thomas
Thermische Kraftanlagen
Hochschultext
1975. 278 Abbildungen. VI, 386 Seiten
DM 58,-
ISBN 3-540-06779-5

Aus den Besprechungen:
„... Dem Verfasser ist es gelungen, in einem Buch zusammenfassend die Gebiete zu behandeln, die zum Verständnis der Funktion von thermischen Kraftwerken nötig sind... Hervorzuheben sind die klare Darstellungsweise, die vielen übersichtlichen Skizzen und Bilder und vor allem das umfangreiche Literaturverzeichnis, welches dem Leser Hinweise für ein tieferes Eindringen in den behandelten Stoff ermöglicht. Das Buch kann all denen empfohlen werden, die sich über die Funktion von thermischen Kraftanlagen unterrichten wollen, sei es als Anfänger oder als Fachmann eines anderen Fachgebietes."
H. Petermann in: Zeitschrift für Flugwissenschaften

Springer-Verlag
Berlin Heidelberg New York

MIX
Papier aus verantwortungsvollen Quellen
Paper from responsible sources
FSC® C105338

If you have any concerns about our products,
you can contact us on
ProductSafety@springernature.com

In case Publisher is established outside the EU,
the EU authorized representative is:
**Springer Nature Customer Service Center GmbH
Europaplatz 3, 69115 Heidelberg, Germany**

Printed by Libri Plureos GmbH
in Hamburg, Germany